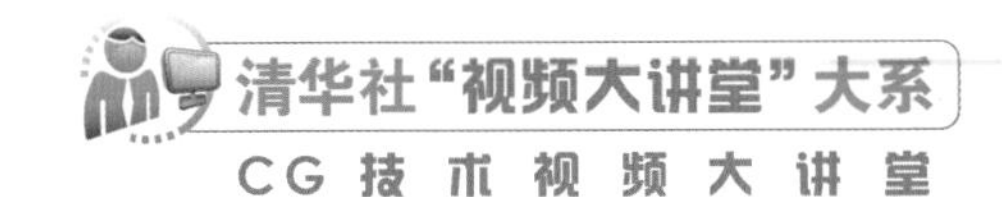

中文版 Final Cut Pro X 从入门到精通

实战案例版

袁诗轩 编著

清華大学出版社
北 京

内容简介

本书是 Final Cut Pro X 的学习宝典，全书通过 1100 多张图片全程图解＋ 300 多分钟视频演示＋ 190 多个技能实例演练＋ 3 个综合案例实战，介绍视频的制作与后期处理，让读者快速从入门到精通软件，从小白成为视频制作大咖。

全书共 15 章，包括 Final Cut Pro X 的基础知识、Final Cut Pro X 的常用操作、掌握项目文件的剪辑知识、解析媒体素材的操作方法、学习素材文件的剪辑技巧、妙用素材文件的滤镜特效、制作视频画面的转场特效、制作视频素材的抠像特效、调整视频素材的色彩色调、制作影视的荧屏解说字幕、制作背景音乐的音频特效、渲染导出视频的文件格式、制作卡点视频——《照片卡点》、制作定格视频——《定格画面》以及制作延时视频——《星河耿耿》，希望读者学完以后，可以举一反三，制作出更多专业、大气、精美的视频。

本书适合 Final Cut Pro X 的初、中级读者阅读，特别是视频爱好者、影视制作人、婚庆视频编辑等，同时也可以作为各类计算机培训机构、中等职业学校、中等专业学校、职业高中和技工学校的辅导教材。另外，本书除了纸质内容之外，随书资源包中还给出了书中案例的素材文件、效果文件、教学视频以及 PPT 电子教案，读者可扫描图书封底的“文泉云盘”二维码，获取其下载方式。

图书在版编目（CIP）数据

中文版Final Cut Pro X从入门到精通：实战案例版/袁诗轩编著. —北京：清华大学出版社，2021.6
（清华社“视频大讲堂”大系CG技术视频大讲堂）
ISBN 978-7-302-58105-5

I. ①中… II. ①袁… III. ①视频编辑软件 IV. ①TN94

中国版本图书馆CIP数据核字（2021）第084509号

责任编辑： 贾小红
封面设计： 飞鸟互娱
版式设计： 文森时代
责任校对： 马军令
责任印制： 宋 林

出版发行： 清华大学出版社
网 址： http://www.tup.com.cn，http://www.wqbook.com
地 址： 北京清华大学学研大厦A座 **邮 编：** 100084
社 总 机： 010-62770175 **邮 购：** 010-62786544
投稿与读者服务： 010-62776969，c-service@tup.tsinghua.edu.cn
质 量 反 馈： 010-62772015，zhiliang@tup.tsinghua.edu.cn
印 装 者： 三河市铭诚印务有限公司
经 销： 全国新华书店
开 本： 185mm×260mm **印 张：** 19.75 **字 数：** 500千字
版 次： 2021年8月第1版 **印 次：** 2021年8月第1次印刷
定 价： 99.80元

产品编号：089852-01

PREFACE

前言

Final Cut Pro X 是苹果公司开发的一款专业视频非线性编辑软件，拥有完善的基于文件的工作流程，提供了组织媒体、编辑、添加效果、改善音效以及颜色分级等功能，因迅捷、易用和可靠的稳定性，为广大专业制作者和自媒体人所广泛使用，是混合格式编辑的绝佳选择。Final Cut Pro X 专为视频后期制作环境而设计，特别针对视频制作爱好者、无带化视频制播者和新媒体工作者。

本书的主要特色

- 丰富的功能应用：工具、按钮、菜单、命令、快捷键、理论、实战演练等应有尽有，内容详细、具体，是一本自学手册。
- 精简的技能解析：190 多个案例解析，让读者可以掌握软件的核心与高效处理各种视频和音频的技巧。
- 配套的资源赠送：300 多分钟书中实例的演示视频，200 多款与书中同步的素材和效果源文件，可以随调随用。

本书的细节特色

- 5 大篇幅内容安排：本书结构清晰，全书分为 5 篇，即软件入门篇、视频剪辑篇、专业特效篇、后期处理篇、案例实战篇，读者可以学习到本书中精美实例的设计与制作方法，掌握 Final Cut Pro X 软件的核心技巧，提高水平，学有所成。
- 15 章软件技术精解：本书体系完整，从多个使用方向对 Final Cut Pro X 进行了 15 章专题的软件技术讲解，包括 Final Cut Pro X 的基础知识、Final Cut Pro X 的常用操作、掌握项目文件的剪辑知识、解析媒体素材的操作方法、学习素材文件的剪辑技巧、妙用素材文件的滤镜特效、制作视频画面的转场特效、制作视频素材的抠像特效、调整视频素材的色彩色调、制作影视的荧屏解说字幕、制作背景音乐的音频特效、渲染导出视频的文件格式、制作卡点视频——《照片卡点》、制作定格视频——《定格画面》以及制作延时视频——《星河耿耿》。
- 300 多分钟视频播放：对于书中的大部分技能实例的操作，录制了带语音讲解的演示视频，时间长达 300 多分钟，读者在学习 Final Cut Pro X 精选实例时，可以结合书本和视频一起学习，轻松方便，达到事半功倍的效果。
- 190 多个精辟实例演练：全书将软件各项内容细分，通过精辟范例的设计与制作方法，帮助读者在掌握 Final Cut Pro X 基础知识的同时，灵活运用各选项进行相应实例的制作，从而提高读者在学习与工作中的效率。
- 1100 多张图片全程图解：本书采用了 1100 多张图片，对 Final Cut Pro X 的技术、实例的讲解进行了全程式的图解，通过大量辅助的图片，让实例的内容变得更加通俗易懂，便于读者快速领会。

本书的主要内容

- 软件入门篇：第 1 ～ 2 章，介绍 Final Cut Pro X 的基础知识和基本操作等。
- 视频剪辑篇：第 3 ～ 5 章，介绍项目文件的管理技能、操作方法、剪辑技巧等。
- 专业特效篇：第 6 ～ 10 章，介绍制作视频滤镜特效、转场特效、抠像特效、屏幕字幕及调整色调的方法等。
- 后期处理篇：第 11 ～ 12 章，介绍制作音乐特效和渲染视频文件格式的方法等。
- 案例实战篇：第 13 ～ 15 章，介绍制作卡点视频、定格视频和延时视频的方法等。

本书的特别提醒

书中采用的素材案例界面都是编写此书时的截图，Final Cut Pro X 的事件日期会根据当日的时间自动生成，因此在提供的视频中，素材的事件日期可能会存在差异，但并不会影响操作。另外，本书提供的部分素材时间较长，笔者在操作时已经进行了二次剪辑，读者请以素材的实际操作为准，适当对素材进行剪辑与调整，根据书中提示，举一反三操作即可。

本书的作者信息

本书由袁诗轩编著，参加编写的人员还有禹乐，在此表示感谢。感谢黄建波、徐必文、王甜康、苏苏等人提供的素材。由于时间仓促，书中难免存在疏漏与不妥之处，欢迎广大读者来信咨询和指正，读者可扫描封底文泉云盘二维码获取作者联系方式，与我们交流、沟通。

本书的版权声明

本书及配套资源所采用的图片、动画、模板、音频、视频和创意等素材，均为所属公司、网站或个人所有，本书引用仅为说明（教学）之用，绝无侵权之意，特此声明。

编　者

2021 年 7 月

CATALOG

目录

PART ONE

软件入门篇

第1章 入门：Final Cut Pro X的基础知识

第2章 进阶：Final Cut Pro X的常用操作

第 3 章

提升：掌握项目文件的剪辑知识

第 4 章

编辑：解析媒体素材的操作方法

PART THREE
专业特效篇

第7章

转场：制作视频画面的转场特效

第8章

合成：制作视频素材的抠像特效

第 9 章

调色：调整视频素材的色彩色调

第 10 章

字幕：制作影视的荧屏解说字幕

PART FOUR **后期处理篇**

第11章

音效：制作背景音乐的音频特效

第12章

输出：渲染导出视频的文件格式

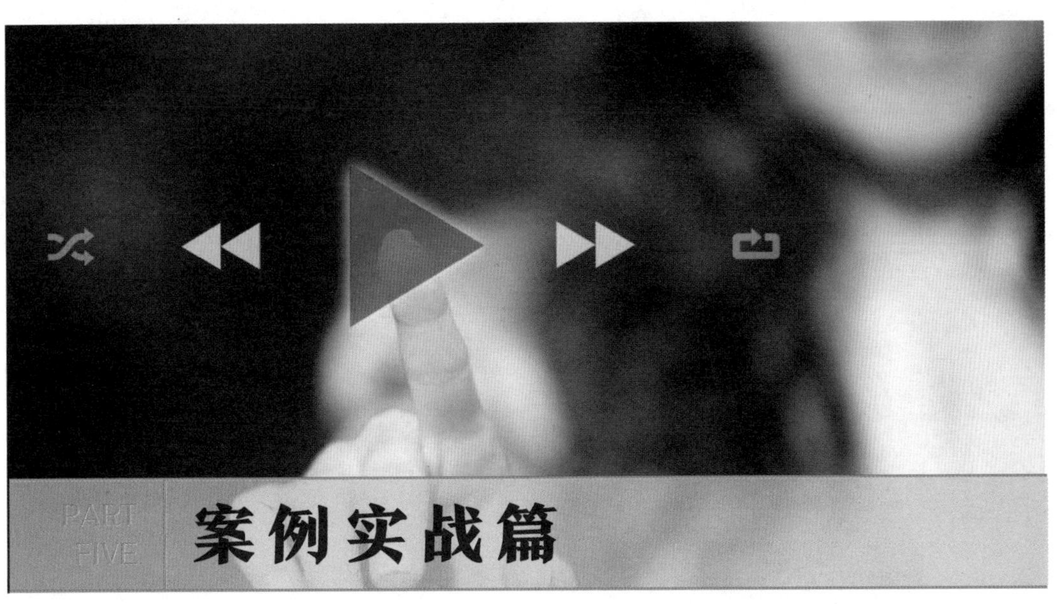

PART FIVE 案例实战篇

第13章

制作卡点视频——《照片卡点》

第14章

制作定格视频——《定格画面》

第15章

制作延时视频——《星河耿耿》

PART ONE

01

软件入门篇

CHAPTER 01
第 1 章

入门：Final Cut Pro X 的基础知识

Final Cut Pro X 是一款视频与音频处理软件，编辑视频与音频是它的看家本领。在使用 Final Cut Pro X 编辑文件之前，需要先了解其界面知识，如认识菜单栏、事件资源库、事件检视器等内容。清楚了解界面的工作区域，可以更好、更快地编辑视频与音频文件。

~ 知识要点 ~

- 认识菜单栏：Final Cut X 的各种命令操作
- 事件资源库：素材文件导入后的存储位置
- 事件检视器：查看素材文件的画面效果
- “时间线”面板：编辑素材的重要窗口
- 预设区域：默认状态下的预设工作区
- 自定工作区：灵活调整自定义工作区
- 保存工作区：保存设置完成的工作区

~ 本章重点 ~

- 认识菜单栏：Final Cut X 的各种命令操作
- 事件检视器：查看素材文件的画面效果
- 预设区域：默认状态下的预设工作区
- 保存工作区：保存设置完成的工作区

1.1 初识：Final Cut Pro X 的工作界面

Final Cut Pro X 的工作界面主要由四大工作区组成，分别是浏览器、检视器、检查器和时间线，如图 1-1 所示。一般情况下，打开工作界面时显示为空白，只有新建或打开一个工程文件后，才有一个完整的工作界面。

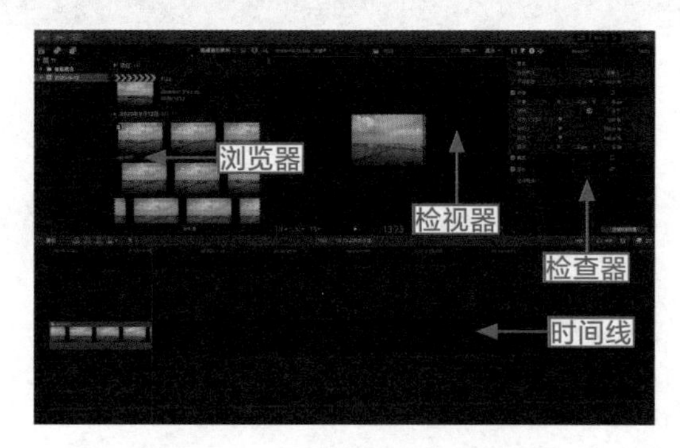

图 1-1　Final Cut Pro X 的工作界面

1.1.1　认识菜单栏：Final Cut Pro X 的各种命令操作

菜单栏位于 Final Cut Pro X 工作界面的最上方，其中有 10 组菜单，分别是 Final Cut Pro、“文件”、“编辑”、“修剪”、“标记”、“片段”、“修改”、“显示”、“窗口”和“帮助”，如图 1-2 所示。用户可以在编辑素材时选择相应的菜单命令进行操作。

 Final Cut Pro　文件　编辑　修剪　标记　片段　修改　显示　窗口　帮助

图 1-2　菜单栏

下面对各菜单的含义进行介绍。

图 1-3　Final Cut Pro 菜单

- Final Cut Pro 菜单：主要用于对软件属性进行设置，包含“关于 Final Cut Pro”“偏好设置”“命令”“下载附加内容”“提供 Final Cut Pro 反馈”“服务”等命令，如图 1-3 所示。
- “文件”菜单：主要用于对素材文件进行操作，包含“新建”“打开资源库”“关闭资源库‘11’”“资源库属性”“导入”“对媒体进行转码”“检查媒体的兼容性”“重新链接文件”“导出 XML”“导出字幕”“共享”等命令，如图 1-4 所示。
- “编辑”菜单：主要用于一些常规编辑操作，包含“撤销”“重做”“剪切”“拷贝”“拷贝时间码”“粘贴”“粘贴为连接片段”“删除”“替换为空隙”“全选”“选择片段”“取消全选”“选择”“粘贴效果”“粘贴属性”“移除效果”“表情与符号”等命令，如图 1-5 所示。
- “修剪”菜单：主要用于对素材的剪辑操作，包含“切割”“全部切割”“接合片段”“修剪开头”“修剪结尾”“修剪到播放头”“延长编辑”“将音频对齐到视频”“向左挪动”“向右挪动”等命令，如图 1-6 所示。

图 1-4　“文件”菜单

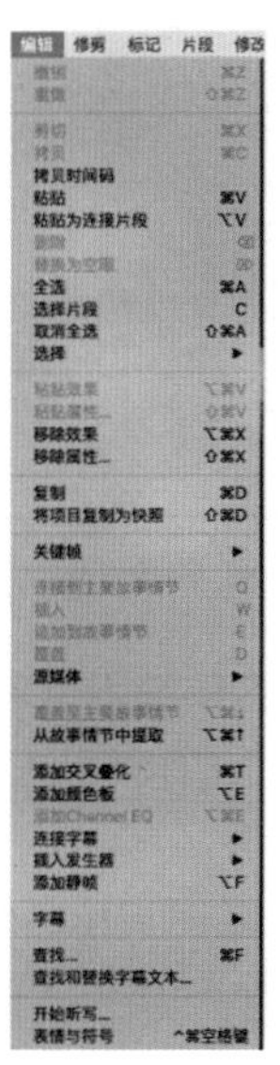

图 1-5　“编辑”菜单

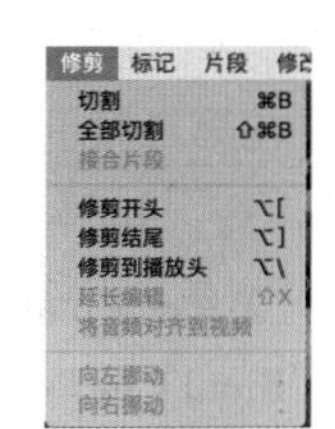

图 1-6　“修剪”菜单

➕“标记”菜单：用于对素材和场景序列的标记进行编辑处理，包含“设定范围开头”“设定范围结尾”“设定片段范围”“清除所选范围”“个人收藏”“删除”“取消评级”“显示关键词编辑器”“标记”“下一个”等命令，如图 1-7 所示。

➕“片段”菜单：用于素材的短时间的编辑操作，包含“创建故事情节”“同步片段”“引用新的父片段”“打开片段”“试演”“显示视频动画”“分离音频”“添加到独奏片段”等命令，如图 1-8 所示。

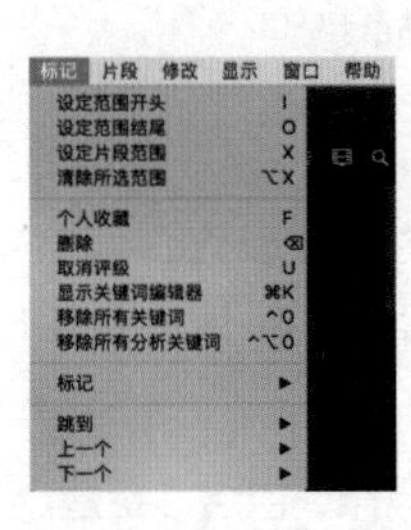

图 1-7　“标记”菜单　　图 1-8　“片段”菜单

➕“修改”菜单：主要用于对素材的调整与修改，包含“分析并修正”“调整内容创建日期和时间”“平衡颜色”“匹配颜色”“自动增强音频”“匹配音频”“调整音量”“更改时间长度”“重新定时”“编辑角色”“全部渲染”等命令，如图 1-9 所示。

➕“显示”菜单：主要用于实现对各种编辑窗口和控制面板的管理操作，包含“播放”“资源库事件排序方式”“浏览器”“在检视器中显示”“在事件检视器中显示”“时间线索引”“缩放至窗口大小”“进入全屏幕”等命令，如图 1-10 所示。

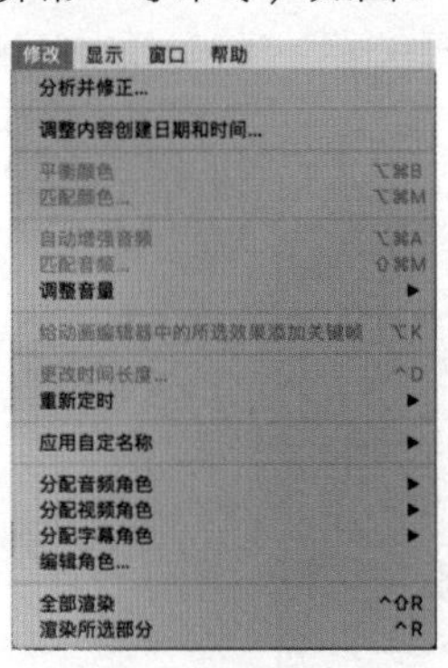

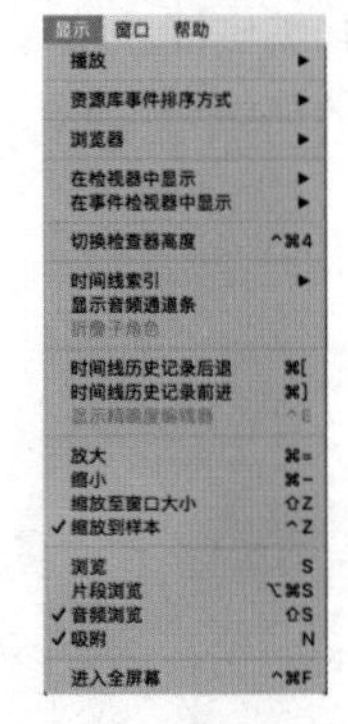

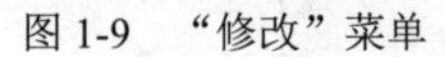
图 1-9　“修改”菜单　　图 1-10　“显示”菜单

➕“窗口”菜单：主要用于对工作区的编辑管理操作，包含“最小化”“缩放”“前往”“在工作区中显示”“在第二显示器上显示”“工作区”“录制画外音”“后台任务”“项目时间码”“前置全部窗口”等命令，如图 1-11 所示。

➕“帮助”菜单：Final Cut Pro X 中的“帮助”菜单能为用户提供在线帮助，包含“Final Cut Pro X 帮助”“Final Cut Pro X 的新功能”“键盘快捷键”“Logic 效果参考”“支持的摄像机”“服务和支持”等命令，如图 1-12 所示。

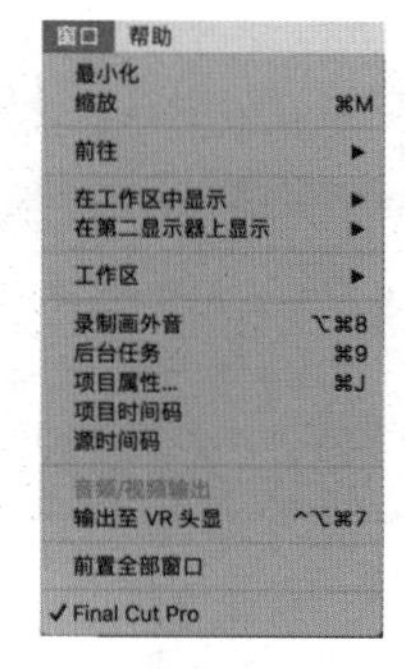

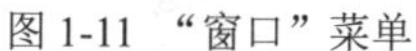

图 1-11　“窗口”菜单

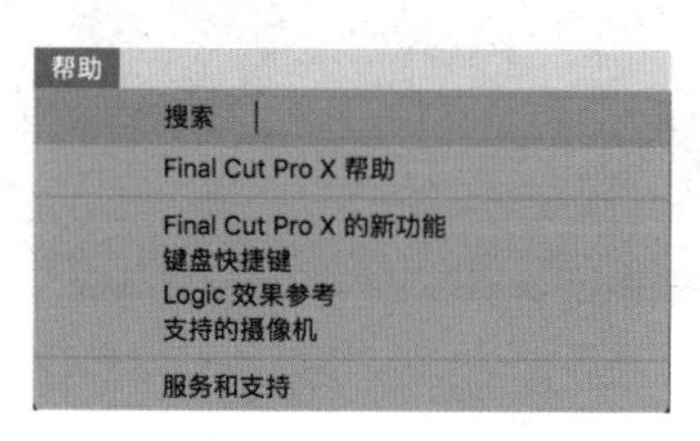

图 1-12　“帮助”菜单

1.1.2　事件资源库：素材文件导入后的存储位置

事件资源库位于 Final Cut Pro X 工作界面的左上方，主要有“智能精选”和时间日期显示两个选项，用户在对素材进行编辑操作前，首先要将素材导入事件资源库中，然后才可进行后面的素材编辑操作，如图 1-13 所示。

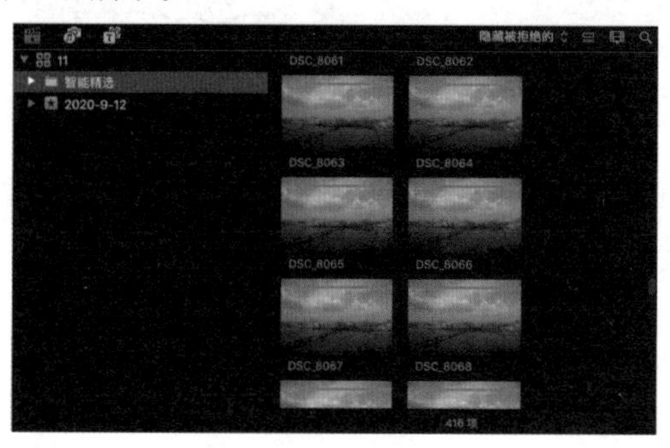

图 1-13　事件资源库

1.1.3　事件检视器：查看素材文件的画面效果

事件检视器可以用来预览素材文件的画面效果，用户还可以在该面板中单击“显示”右侧的下拉按钮，调整素材文件的画面，如图 1-14 所示。

图 1-14　事件检视器

1.1.4　“时间线”面板：编辑素材的重要窗口

“时间线”面板是 Final Cut Pro X 中进行视频、音频编辑的重要区域之一，通过“时间线”面板可以轻松实现对素材的剪辑、插入以及调整等操作，如图 1-15 所示。

图 1-15 “时间线”面板

1.2 设置：Final Cut Pro X 的工作区域

Final Cut Pro X 是一款功能非常强大的剪辑软件，用户在将软件安装完成之后，单击桌面下方图标显示栏中的 Final Cut Pro X 图标，即可启动该软件，如图 1-16 所示。

图 1-16 Final Pro Cut X 图标

1.2.1 预设区域：默认状态下的预设工作区

在 Final Cut Pro X 工作界面中，有很多工作区可供用户选择，用户可以根据自己的习惯和爱好选择相应的工作区，也可以自己进行调整和更改。在一般情况下，Final Cut Pro X 启动之后显示默认状态下的工作区，如图 1-17 所示。

图 1-17 预设工作区

1.2.2　自定义工作区：灵活调整自定义工作区

操练 + 视频　1.2.2　自定工作区：灵活调整自定义工作区

素材文件	无	扫描封底文泉云盘的二维码获取资源
效果文件	无	
视频文件	视频 \ 第 1 章 \1.2.2　自定工作区：灵活调整自定义工作区 .mp4	

在 Final Cut Pro X 中，工作区是可以自定义的，若素材预览画面太小，就可以将窗口调大一点，更方便查看。下面介绍自定义工作区的操作方法。

步骤 01：将鼠标指针放于事件浏览器和检视器之间的分割线上，指针将呈双向箭头状态，如图 1-18 所示。

步骤 02：按住鼠标左键并向左拖曳至合适位置后，释放鼠标左键，即可将检视器窗口放大，如图 1-19 所示。

图 1-18　鼠标指针呈双向箭头状态

图 1-19　检视器窗口被放大

1.2.3　保存工作区：保存设置完成的工作区

操练 + 视频　1.2.3　保存工作区：保存设置完成的工作区

素材文件	无	扫描封底文泉云盘的二维码获取资源
效果文件	无	
视频文件	视频 \ 第 1 章 \1.2.3 保存工作区：保存设置完成的工作区 .mp4	

在设置好自定义工作区之后，可将其保存下来，以方便之后直接使用。下面介绍保存工作区的操作方法。

步骤 01：在 1.2.2 节操作的基础上，选择“窗口”|“工作区”|“将工作区存储为”命令，如图 1-20 所示。

步骤 02： 执行操作后，弹出“存储工作区”对话框，如图 1-21 所示。

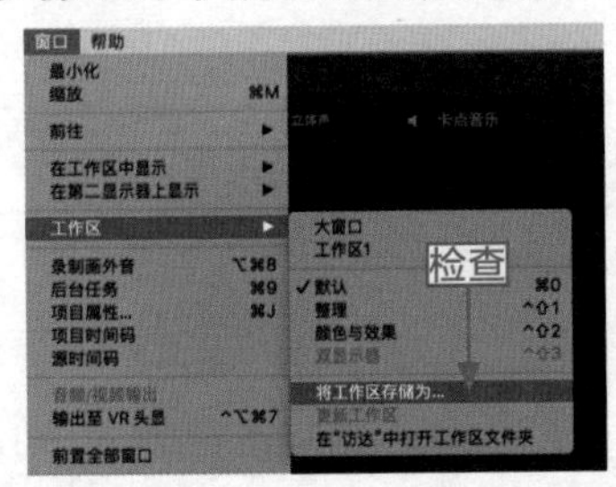

图 1-20　选择“将工作区存储为”命令

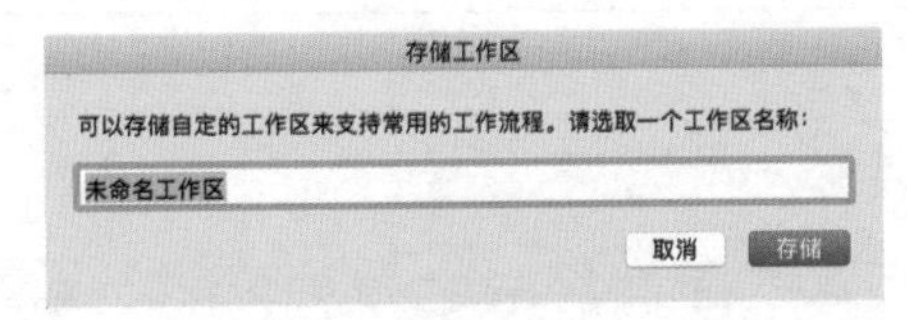

图 1-21　弹出“存储工作区”对话框

步骤 03： 在文本框中输入工作区名称“工作区 1”，然后单击“存储”按钮，如图 1-22 所示，即可保存工作区。

步骤 04： 选择“窗口”|“工作区”命令，在弹出的子菜单中可以查看到保存好的工作区，如图 1-23 所示。

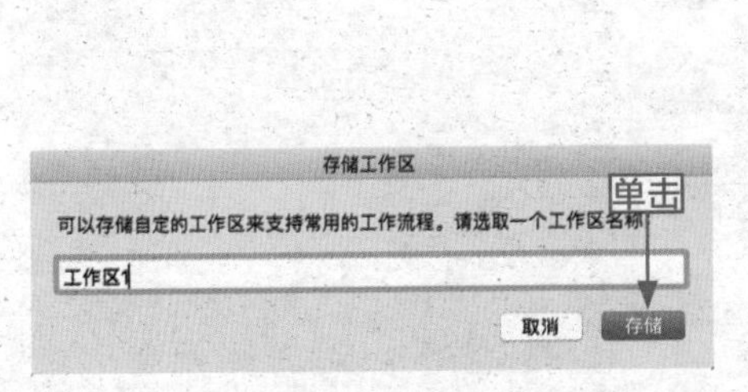

图 1-22　单击“存储”按钮

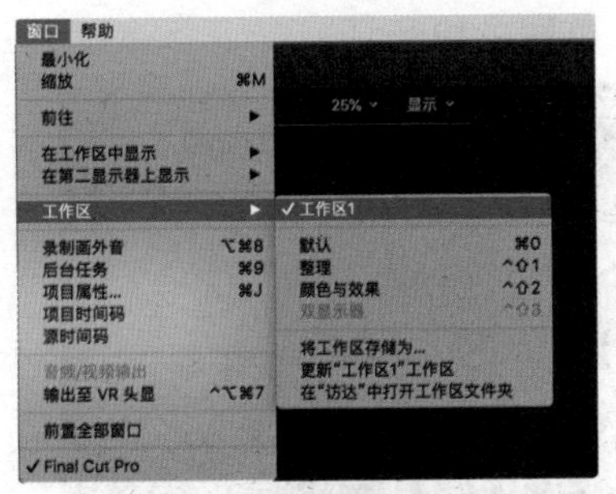

图 1-23　查看工作区

1.3　本章小结

本章主要介绍了 Final Cut Pro X 工作界面的基础知识，包括认识菜单栏、事件资源库、事件检视器、“时间线”面板、预设区域、自定工作区以及保存工作区等内容。通过本章的学习，用户对 Final Cut Pro X 有了初步的了解和认识，为后面的学习奠定良好的基础。

CHAPTER 02

第 2 章 进阶：Final Cut Pro X 的常用操作

在Final Cut Pro X工作界面中，管理项目文件属性是至关重要的，主要通过修改名称、复制项目和制作快照等进行操作。本节主要针对这 3 种操作向读者进行详细介绍。

~ 知识要点 ~

- 创建资源库：素材文件的存储位置
- 创建事件：资源库中的附属文件夹
- 视频格式：根据需要设置视频格式
- 导入素材：将源素材导入资源库
- 元数据分析：查看素材的相关信息
- 查找人物：查找素材中的人物片段
- 修改名称：给原项目文件重新命名
- 复制项目：给原项目复制副本文件

~ 本章重点 ~

- 导入素材：将源素材导入资源库
- 添加关键词：快速查找想要的素材
- 复制与粘贴：省去重复操作提高效率
- 制作快照：制作素材快照上传网站

2.1 上手：项目文件的基本操作

本节主要介绍创建 / 关闭资源库、创建 / 删除事件和创建 / 删除项目文件等基本操作。

2.1.1 创建资源库：素材文件的存储位置

资源库是 Final Cut Pro X 软件中素材的一个存储位置，在这里可以对素材文件进行整理和命名。下面介绍创建资源库的操作方法。

操练 + 视频 2.1.1 创建资源库：素材文件的存储位置

素材文件	无	扫描封底文泉云盘的二维码获取资源
效果文件	无	
视频文件	视频 \ 第 2 章 \2.1.1 创建资源库：素材文件的存储位置 .mp4	

步骤01：选择“文件”|“新建”|“资源库”命令，如图2-1所示。

步骤02：执行操作后，弹出相应对话框，如图2-2所示。

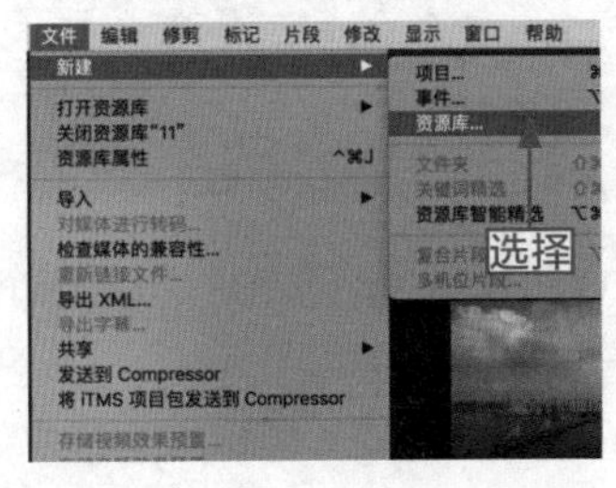

图2-1　选择“资源库”命令

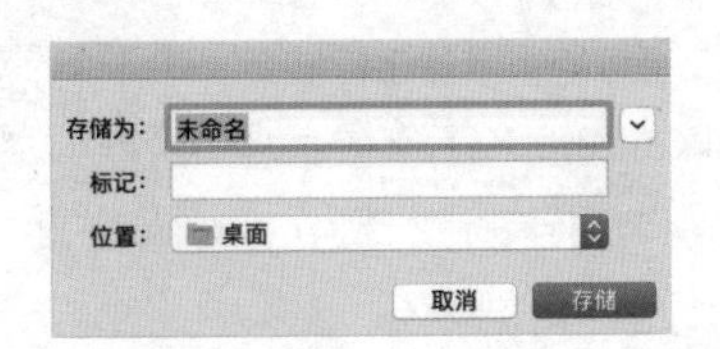

图2-2　弹出相应对话框

步骤03：在“存储为”右侧的文本框中输入相应文字，如图2-3所示。

步骤04：单击“存储”按钮，即可将新建的资源库保存起来，如图2-4所示。

步骤05：设置完成后，工作区会发生一些变化，在资源库窗口中可以查看到新建的资源库，如图2-5所示。

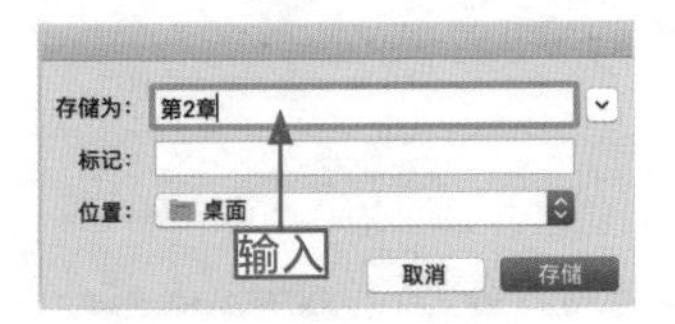

图2-3　输入相应文字

图2-4　单击“存储”按钮

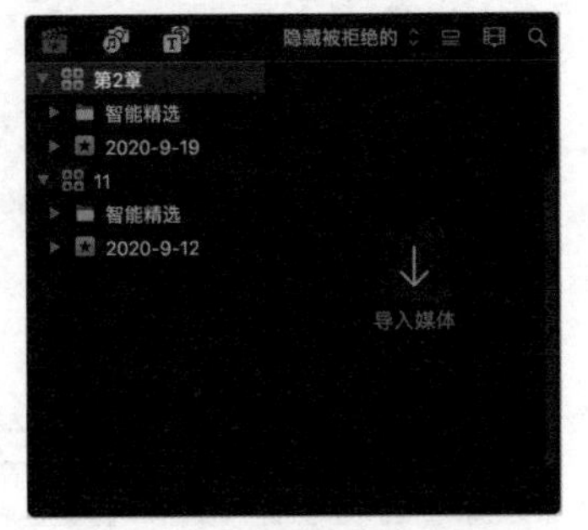

图2-5　查看新建的资源库

2.1.2　创建事件：资源库中的附属文件夹

操练+视频　2.1.2　创建事件：资源库中的附属文件夹

素材文件	无	扫描封底文泉云盘的二维码获取资源
效果文件	无	
视频文件	视频\第2章\2.1.3 创建项目：编辑素材的起始操作.mp4	

事件相当于资源库中的子文件夹，创建好的事件图片、音频和片段便会自动存在事件中。下面介绍创建事件的操作方法。

步骤01：选择“文件”|“新建”|“事件”命令，如图2-6所示。

步骤02：执行操作后，弹出相应对话框，如图2-7所示。

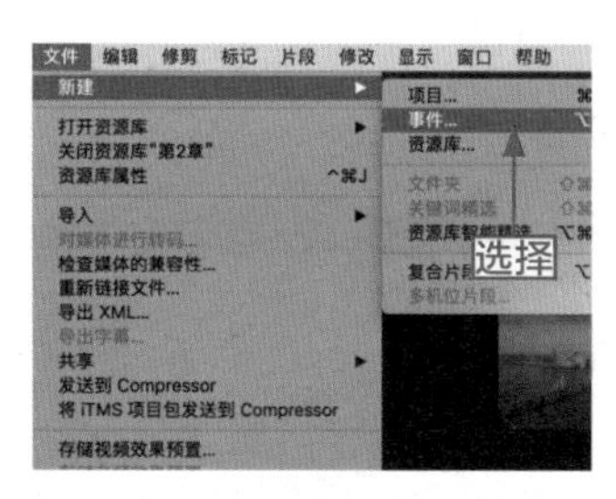

图 2-6　选择“事件”命令

图 2-7　弹出相应对话框

步骤 03：在对话框中会自动出现以日期命名的事件名称，单击“好”按钮，即可保存创建的事件，如图 2-8 所示。

步骤 04：在资源库窗口中可以查看到新建的事件，如图 2-9 所示。

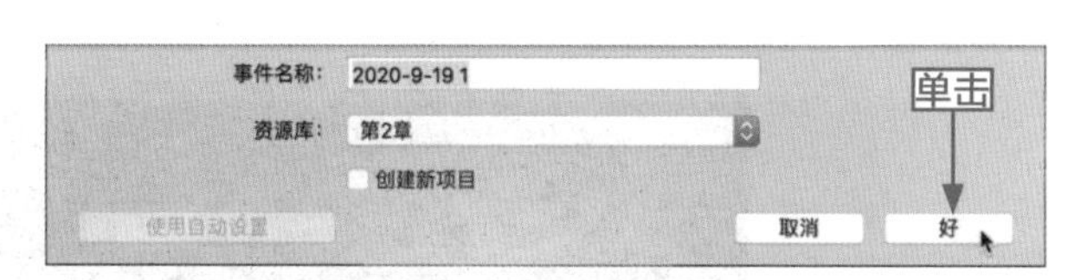

图 2-8　单击“好”按钮

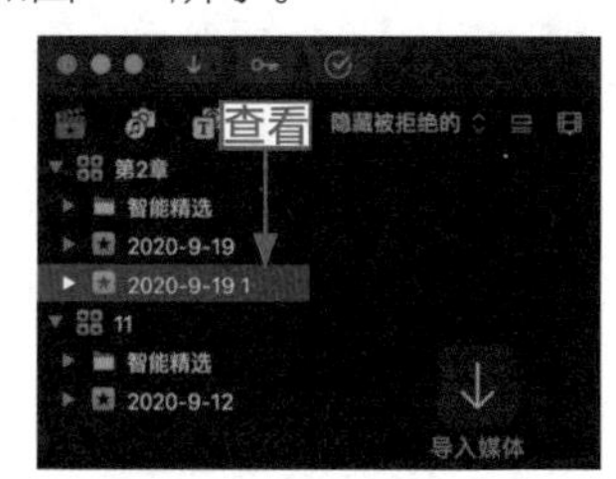

图 2-9　查看新建的事件

2.1.3　创建项目文件：编辑素材的起始操作

操练 + 视频　2.1.3　创建项目：编辑素材的起始操作

素材文件	无	扫描封底文泉云盘的二维码获取资源
效果文件	无	
视频文件	视频 \ 第 2 章 \2.1.3　创建项目：编辑素材的起始操作 .mp4	

正式使用 Final Cut Pro X 编辑素材文件之前，首先需要创建一个项目文件，用来保存编辑好的文件。

步骤 01：选择“文件”|“新建”|“项目”命令，如图 2-10 所示。

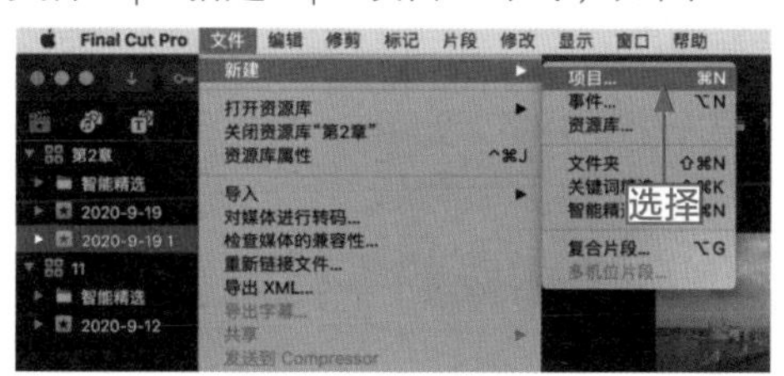

图 2-10　选择“项目”命令

步骤 02：执行操作后，弹出相应对话框，如图 2-11 所示。

步骤 03：在“项目名称”右侧的文本框中输入名称“空白项目”，如图 2-12 所示。

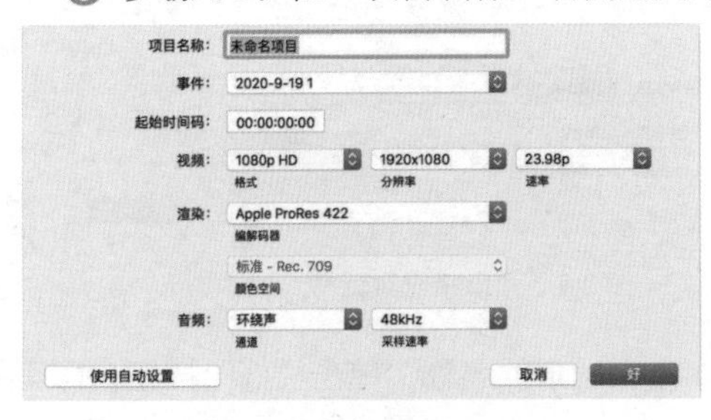

图 2-11　弹出相应对话框

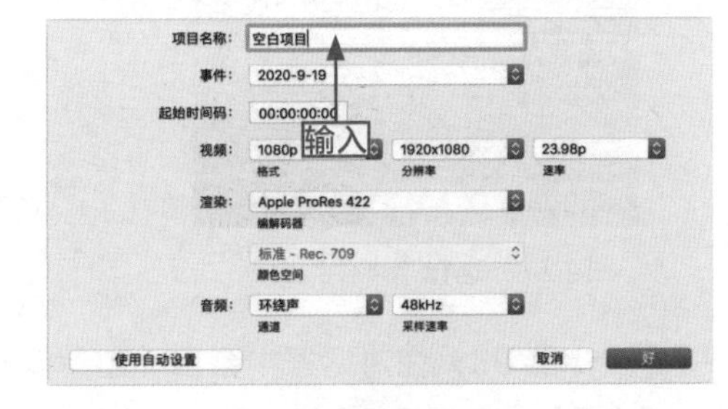

图 2-12　输入项目名称

步骤 04：输入完成后，在对话框的右下角单击“好”按钮，如图 2-13 所示，即可新建一个项目文件。

步骤 05：在资源库窗口中可以查看到新建的项目文件，如图 2-14 所示。

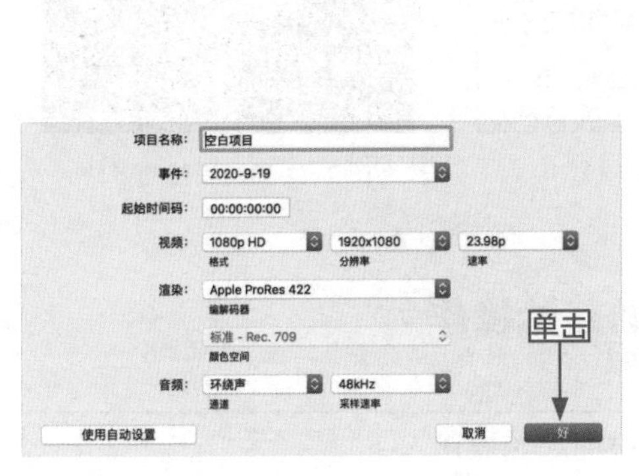

图 2-13　单击“好”按钮

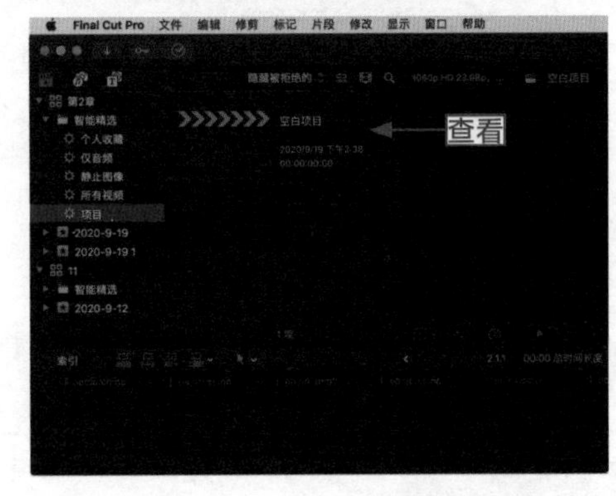

图 2-14　查看新建的项目文件

2.1.4　关闭资源库：关闭不需要的资源库

有时在对素材文件进行编辑时，可能会创建多个资源库，方便在操作时灵活使用，但也有可能只想保留一个资源库，这时就可以把不用的资源库关闭，以免影响操作体验。

关闭资源库的具体方法是：选择暂时不使用的资源库资源（这里以“第 2 章”为列），单击鼠标右键，在弹出的快捷菜单中选择“关闭资源库‘第 2 章’”命令，如图 2-15 所示，然后在资源库窗口可以看到该资源库已经关闭，如图 2-16 所示。

2.1.5　删除事件：删除不需要的事件素材

在进行素材编辑的过程中，可以删除一些不需要的事件素材。下面介绍删除事件的操作方法。

选择需要删除的事件，单击鼠标右键，在弹出的快捷菜单中选择“将事件移到废纸篓”命令，如图 2-17 所示。稍后弹出信息提示框，单击“继续”按钮，如图 2-18 所示，即可将不需要的事件删除。

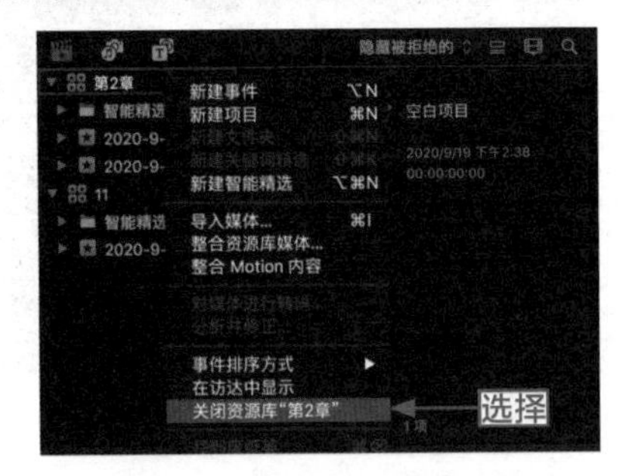

图 2-15　选择需要关闭的资源库

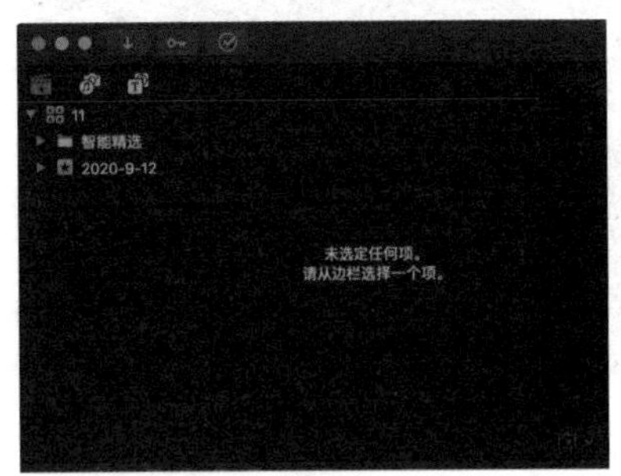

图 2-16　资源库已经关闭

图 2-17　选择“将事件移到废纸篓”命令

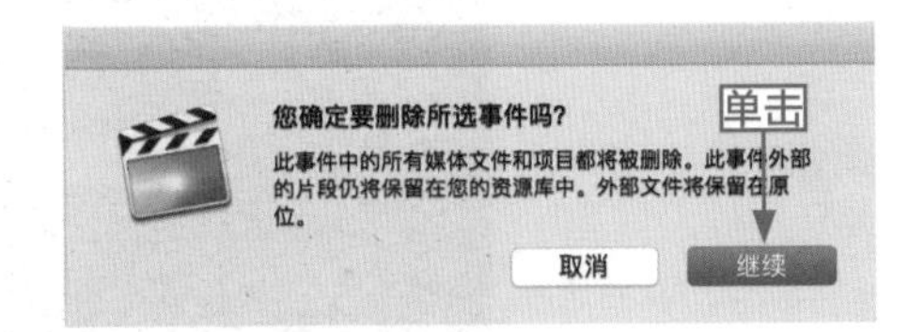

图 2-18　单击“继续”按钮

2.1.6　删除项目文件：删除不满意的项目文件

操练 + 视频　2.1.6　删除项目：删除不满意的项目文件

素材文件	无	扫描封底文泉云盘的二维码获取资源
效果文件	无	
视频文件	视频 \ 第 2 章 \2.1.6 删除项目：删除不满意的项目文件 .mp4	

在进行素材编辑的过程中，如果一些素材文件编辑得并不满意，或者不小心创建了一些多余的项目，可以将其删除。

步骤 01: 在 Final Cut Pro X 界面中，展开“智能精选”选项，在“项目”选项中选择“空白项目”，如图 2-19 所示。

步骤 02: 在选择的项目文件上单击鼠标右键，在弹出的快捷菜单中选择“移到废纸篓”命令，如图 2-20 所示。

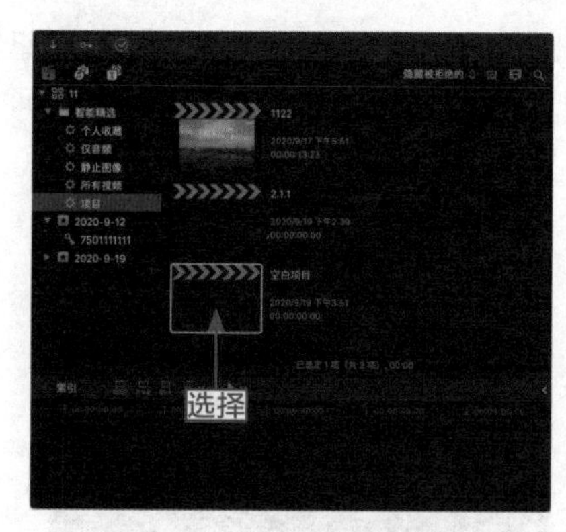

图 2-19　选择“空白项目”

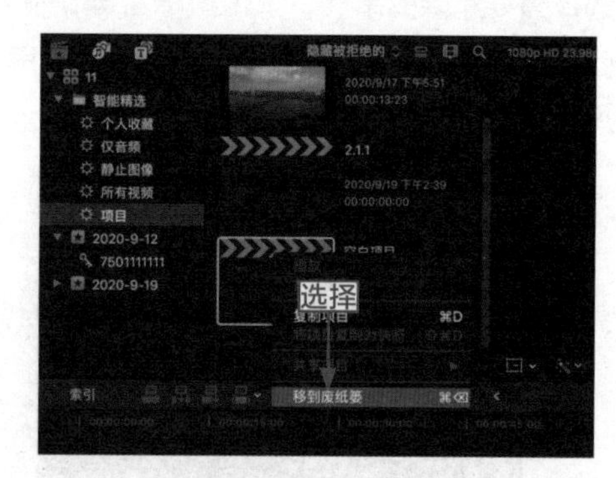

图 2-20　选择“移到废纸篓”命令

步骤 03：执行操作后，即可将项目文件删除，在资源库中可以看到该项目文件已经不复存在，如图 2-21 所示。

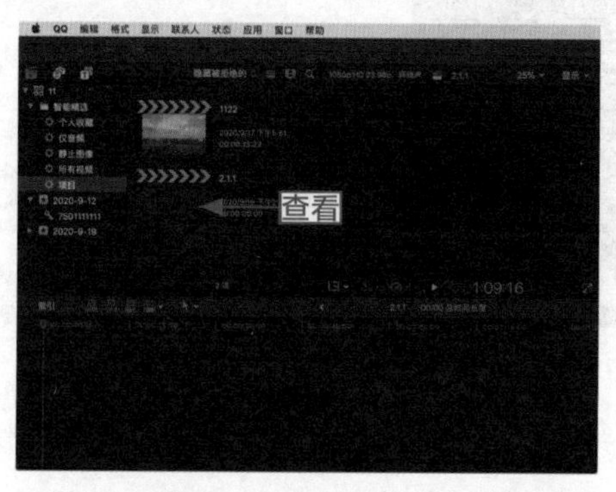

图 2-21　查看删除的项目文件

2.2　知悉：素材文件的导入方法

在 Final Cut Pro X 中，除了可以对项目文件进行创建和关闭操作外，还可以在项目文件中进行素材文件的相关基本操作。

2.2.1　视频格式：根据需要设置视频格式

视频的格式是制作视频至关重要的一点，因为格式不同，视频的画质也会不一样，所以用户可以在创建项目时就将格式设置好，图 2-22 所示的是默认状态下的视频格式。如果需要更改视频格式，在“新建项目”对话框的“视频”一栏中设置“格式”“分辨率”“速率”等选项即可。

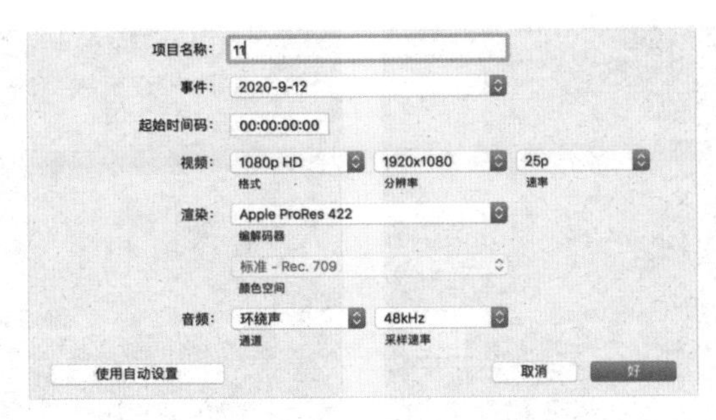

图 2-22　默认状态下的视频格式

2.2.2　导入素材：将源素材导入资源库

操练 + 视频　2.2.2　导入素材：将源素材导入资源库

素材文件	素材 \ 第 2 章 \ 枫叶 .jpg	扫描封底文泉云盘的二维码获取资源
效果文件	无	
视频文件	视频 \ 第 2 章 \2.2.2　导入素材：将源素材导入资源库 .mp4	

导入素材是一个将源素材导入资源库，并将资源库的源素材添加到“时间线”面板中的视频轨道上的过程。下面介绍导入素材文件的操作方法。

步骤 01：选择“文件”|“导入”|“媒体”命令，如图 2-23 所示。

步骤 02：弹出“媒体导入”对话框，如图 2-24 所示。

图 2-23　选择“媒体”命令

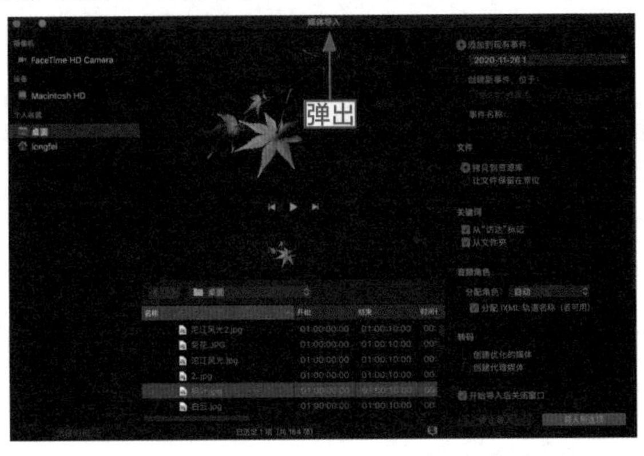

图 2-24　弹出“媒体导入”对话框

步骤 03：在对话框中选择需要导入的素材（素材 \ 第 2 章 \ 枫叶 .jpg），单击“导入所选项”按钮，如图 2-25 所示。

步骤 04：执行操作后，即可将素材文件导入资源库中，在浏览器窗口中可以查看导入的素材画面，如图 2-26 所示。

图 2-25　单击“导入所选项”按钮

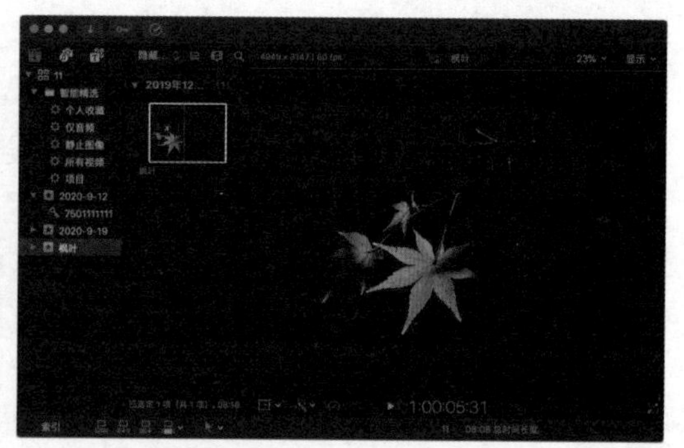

图 2-26　查看导入的素材画面

2.3　整理：高级素材的处理方式

在了解了导入素材的基本操作之后，还需要掌握高级素材的处理方式，其中包括元数据分析、查找人物、添加关键词等内容，下面进行详细介绍。

2.3.1　元数据分析：查看素材的相关信息

操练 + 视频　2.3.1　元数据分析：查看素材的相关信息

素材文件	素材 \ 第 2 章 \ 枫叶 .jpg	扫描封底文泉云盘的二维码获取资源
效果文件	无	
视频文件	视频 \ 第 2 章 \2.3.1　元数据分析：查看素材的相关信息 .mp4	

元数据分析指的是当素材文件导入资源库后，可以在“信息显示器”面板中查看到素材的名称、创建时间和时间长度等信息内容。

步骤 01：在资源库中选择合适的素材文件（素材 \ 第 2 章 \ 枫叶 .jpg），如图 2-27 所示。

步骤 02：单击检查器中的“显示信息检查器”按钮，如图 2-28 所示，切换至“信息检查器”选项卡，在其中可以查看该素材的信息。

步骤 03：单击检查器左下角的“基本”按钮，在弹出的下拉列表中选择“基本”选项，如图 2-29 所示。

步骤 04：如果想修改素材的信息，可以单击检查器右下角的“应用自定名称”按钮，在弹出的下拉列表中选择“编辑”选项，如图 2-30 所示，即可在弹出的对话框中修改素材信息。

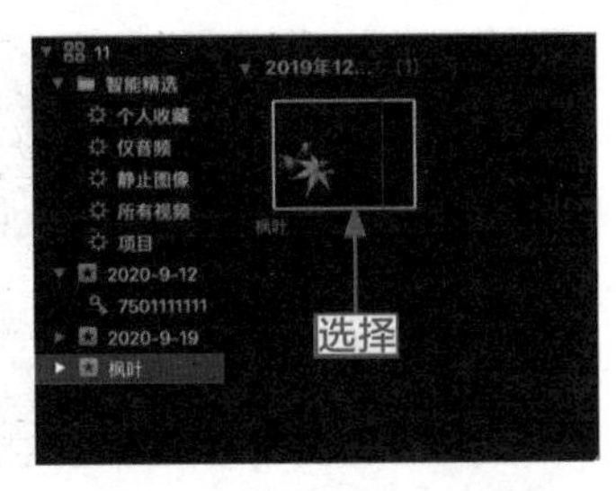

图 2-27　选择合适的素材文件

图 2-28　单击“显示信息检查器”按钮

图 2-29　选择“基本”选项

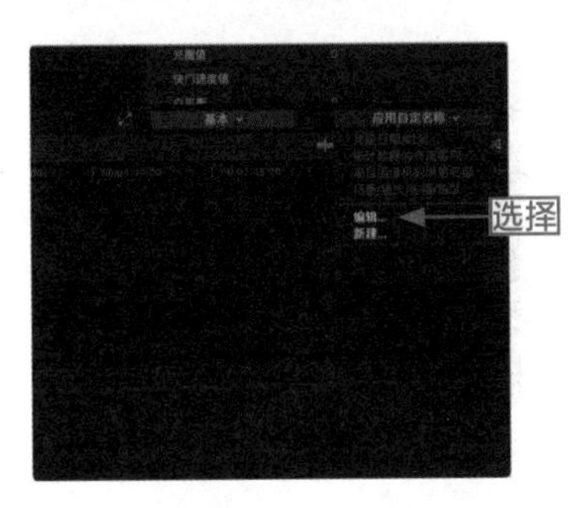

图 2-30　选择“编辑”选项

2.3.2　查找人物：查找素材中的人物片段

操练 + 视频	2.3.2　查找人物：查找素材中的人物片段	
素材文件	素材 \ 第 2 章 \1.jpg、2.jpg、沱江风光 .jpg 和沱江风光 2.jpg	扫描封底文泉云盘的二维码获取资源
效果文件	无	
视频文件	视频 \ 第 2 章 \2.3.2 查找人物：查找素材中的人物片段 .mp4	

查找人物指的是当导入一些素材文件后，通过“查找人物”功能在资源库中找到符合条件的人物片段。

步骤 01：选择“文件”|“导入”|“媒体”命令，弹出“媒体导入”对话框，在对话框中选中“查找人物”和“在分析后创建智能精选”复选框，如图 2-31 所示。

步骤 02：执行操作后，选择需要导入的素材文件（素材 \ 第 2 章 \1.jpg、2.jpg、沱江风光 .jpg 和沱江风光 2.jpg），如图 2-32 所示。

步骤 03：单击“导入所选项”按钮，即可将素材导入资源库中，在原事件内会自动生成一个“人物”文件夹，如图 2-33 所示。

步骤 04：单击“人物”左侧的下三角按钮▼，在其中选择相应的智能精选词，会显示符合条件的片段画面，如图 2-34 所示。

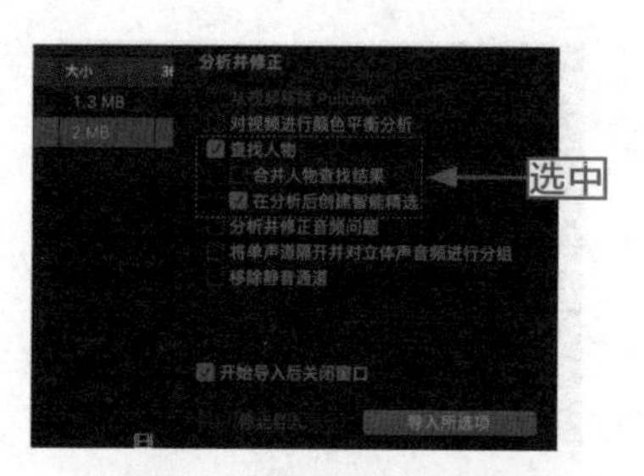

图 2-31　选中相应复选框

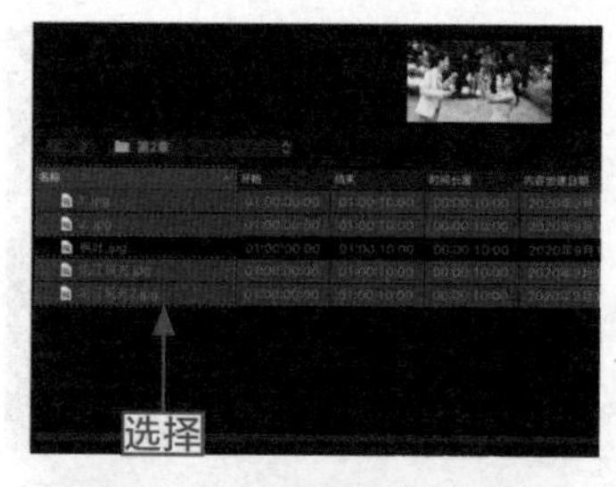

图 2-32　选择需要导入的素材

图 2-33　生成“人物”文件夹

图 2-34　显示片段画面

2.3.3　添加关键词：快速查找想要的素材

操练 + 视频　2.3.3　添加关键词：快速查找想要的素材

素材文件	素材 \ 第 2 章 \ 春秋之景 .jpg	扫描封底文泉云盘的二维码获取资源
效果文件	效果 1：第 2 章 – 第 7 章 \ 第 2 章 \2.3.3 春秋之景 .fcpbundle	
视频文件	视频 \ 第 2 章 \2.3.3 添加关键词：快速查找想要的素材 .mp4	

关键词可以帮助用户快速找到想要预览的素材画面，节约用户的时间。

步骤 01：选择“文件”|“导入”|“媒体”命令，导入一个素材文件（素材 \ 第 2 章 \ 春秋之景 .jpg），如图 2-35 所示。

步骤 02：选择“标记”|“显示关键词编辑器”命令，如图 2-36 所示。

图 2-35　导入素材图像

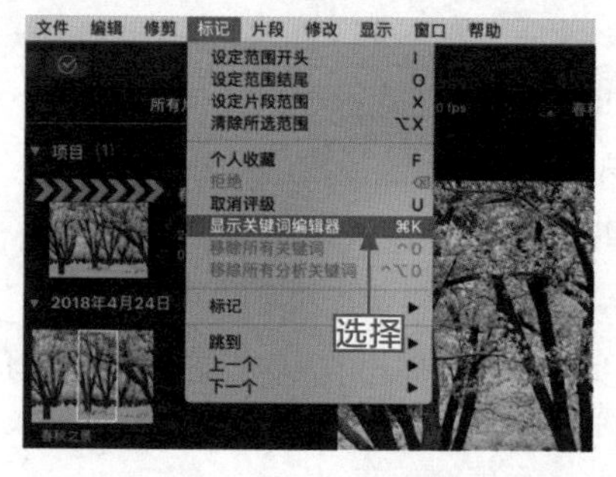

图 2-36　选择“显示关键词编辑器”命令

步骤 03：弹出"'春秋之景'的关键词"对话框，在文本框中输入关键词"春秋"，如图 2-37 所示。

步骤 04：单击"关键词快捷键"左侧的下三角按钮，在第一个快捷键右侧的文本框中输入同样的关键词，如图 2-38 所示。

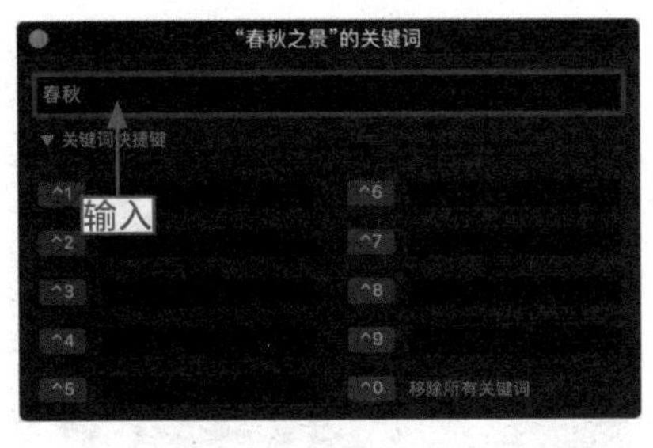

图 2-37　输入关键词

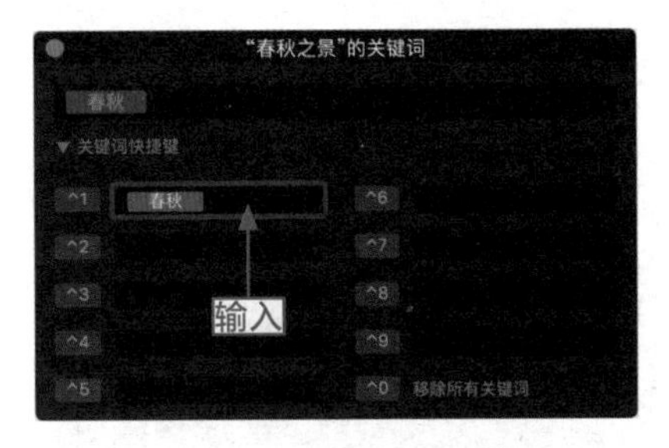

图 2-38　输入同样的关键词

步骤 05：执行操作后，关闭对话框，在资源库中可以看到该素材图像上出现了一条蓝色的线，如图 2-39 所示。

步骤 06：单击相应事件左侧的下三角按钮，可以看到下方已经添加成功的关键词，如图 2-40 所示。

图 2-39　出现蓝色的线

图 2-40　查看添加的关键词

2.3.4　新建关键词：更加灵活便捷的方式

操练 + 视频	新建关键词：更加灵活便捷的方式	
素材文件	素材 \ 第 2 章 \ 白云 .jpg	扫描封底文泉云盘的二维码获取资源
效果文件	效果 1：第 2 章 – 第 7 章 \ 第 2 章 \2.3.4 白云 .fcpbundle	
视频文件	无	

新建关键词和手动添加关键词的操作稍有不同，它的方式更灵活，操作起来也更便捷。

步骤 01：选择“文件”|“导入”|“媒体”命令，导入一个素材文件（素材\第 2 章\白云.jpg），如图 2-41 所示。

步骤 02：在选择的事件上单击鼠标右键，在弹出的快捷菜单中选择“新建关键词精选”命令，如图 2-42 所示。

图 2-41 导入素材图像

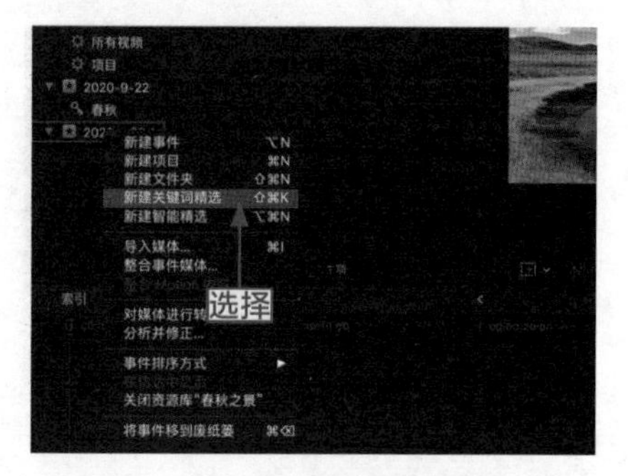

图 2-42 选择“新建关键词精选”命令

步骤 03：执行操作后，在事件下方会出现一个“未命名”关键词精选，在其中输入关键词“白云”，如图 2-43 所示。

步骤 04：输入完成后，在事件浏览器中选择素材图像，按住鼠标左键并拖曳至“白云”关键词上，如图 2-44 所示。

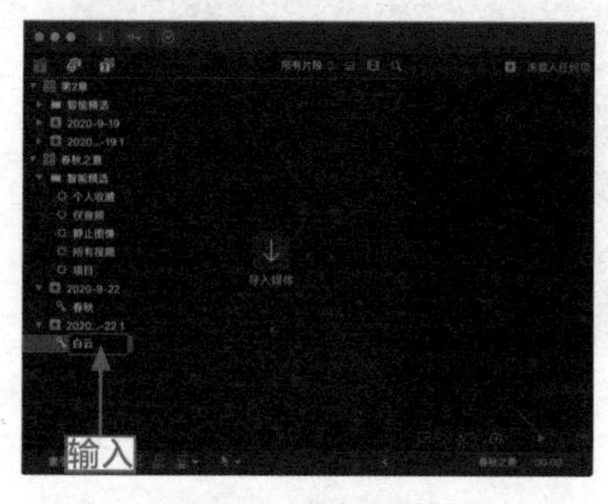

图 2-43 输入关键词

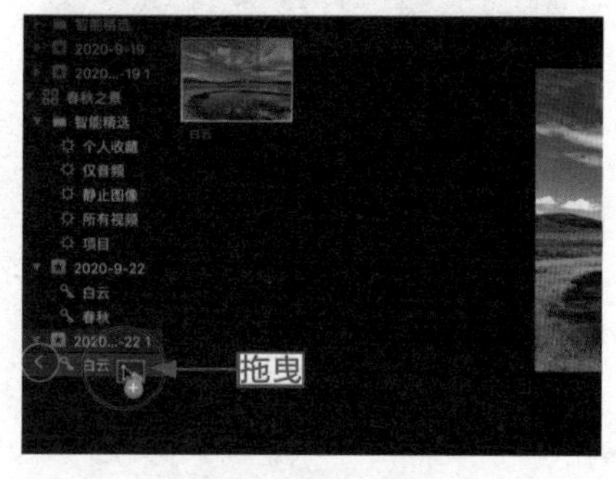

图 2-44 拖曳素材片段

步骤 05：释放鼠标左键，即可为素材新建一个关键词，单击该关键词可以看到相应素材片段，如图 2-45 所示。

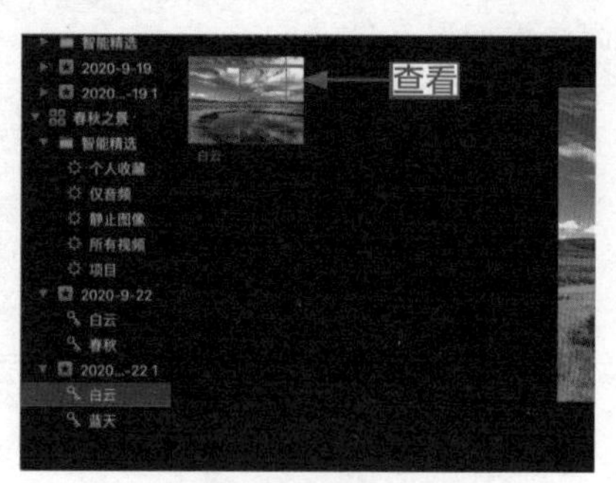

图 2-45 查看素材片段

2.3.5　删除关键词：删除素材多余的关键词

操练 + 视频　2.3.5　删除关键词：删除素材多余的关键词

素材文件	无	扫描封底文泉云盘的二维码获取资源
效果文件	无	
视频文件	视频 \ 第 2 章 \ 2.3.5　删除关键词：删除素材多余的关键词 .mp4	

如果用户不再需要素材中的关键词，可以将该关键词删除。下面介绍删除关键词的操作方法。

步骤 01：以上一节的素材效果为例，选择“标记”|“显示关键词编辑器”命令，如图 2-46 所示。

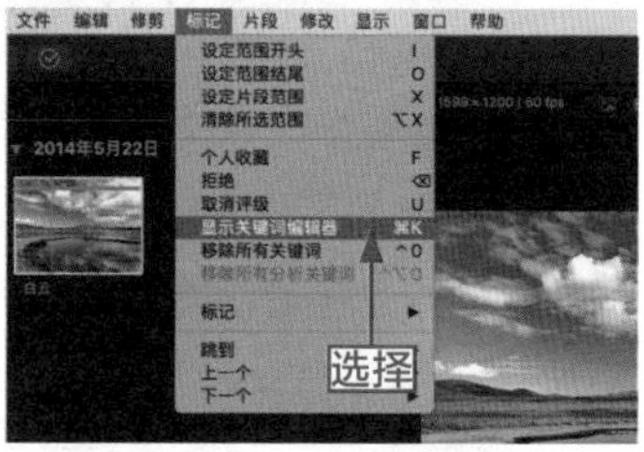

图 2-46　选择“显示关键词编辑器”命令

步骤 02：弹出“‘白云’的关键词”对话框，如图 2-47 所示，选择相应的关键词，按 Delete 键删除即可。

步骤 03：关闭对话框，在资源库中可以看到素材画面上的蓝线已经消失，如图 2-48 所示。

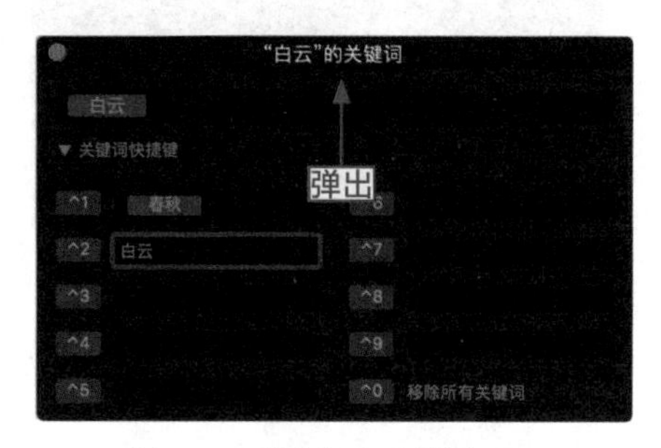

图 2-47　弹出相应对话框

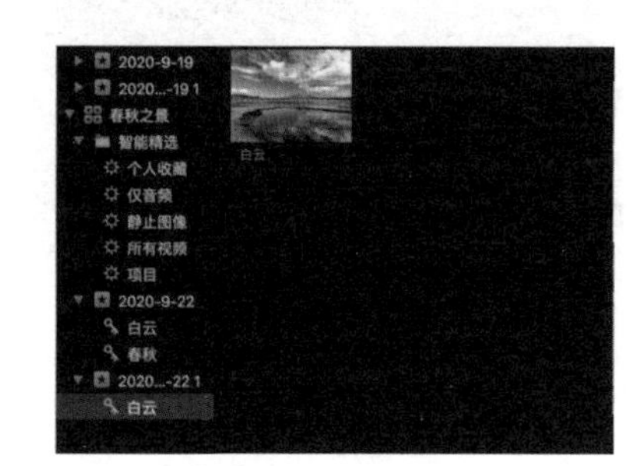

图 2-48　蓝线消失

2.3.6　添加标记：素材位置上的提示作用

操练 + 视频　2.3.6　添加标记：素材位置上的提示作用

素材文件	素材 \ 第 2 章 \ 菊花 .jpg	扫描封底文泉云盘的二维码获取资源
效果文件	效果 1：第 2 章 – 第 7 章 \ 第 2 章 \2.3.6 菊花 .fcpbundle	
视频文件	视频 \ 第 2 章 \ 2.3.6 添加标记：素材位置上的提示作用 .mp4	

在 Final Cut Pro X 中素材图像的相应位置添加素材标记内容，可以起到提示的作用。

步骤 01：选择“文件”|“导入”|“媒体”命令，导入一个素材文件（素材 \ 第 2 章 \ 菊花 .jpg），如图 2-49 所示。

步骤02：在“时间线”面板中将时间指示器移到合适位置，如图2-50所示。

图2-49　导入素材文件

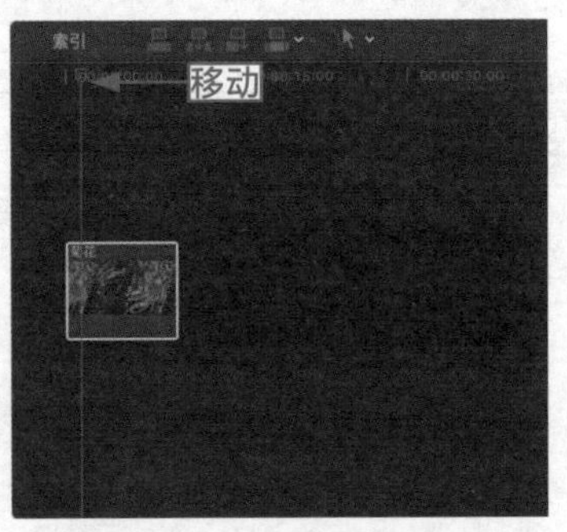

图2-50　移动时间指示器

步骤03：在菜单栏中选择“标记”|“标记”|“添加标记”命令，如图2-51所示。

步骤04：执行操作后，在时间指示器的位置上会出现一个紫色的标记，如图2-52所示。

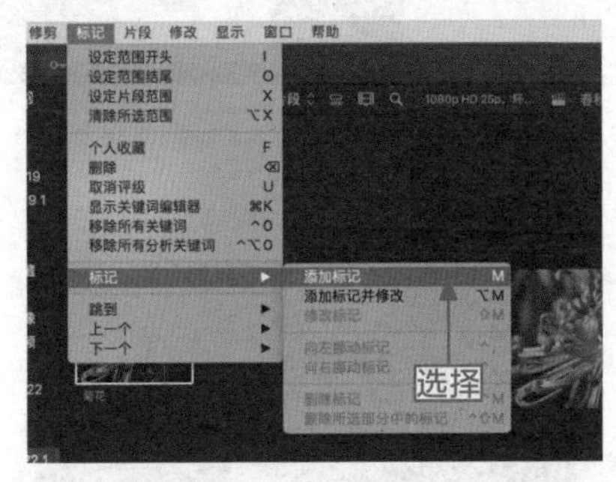

图2-51　选择“添加标记”命令

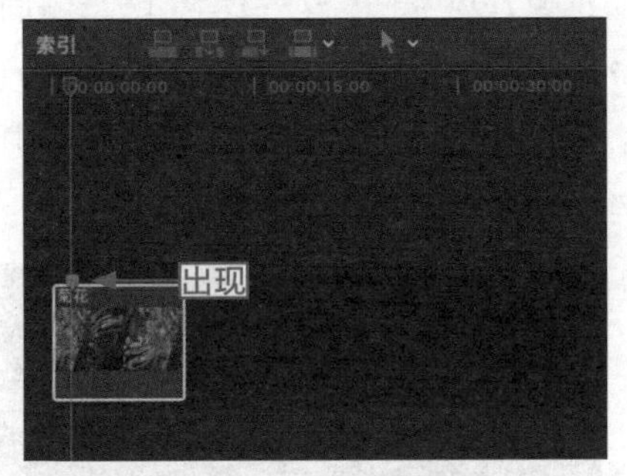

图2-52　出现紫色标记

步骤05：双击紫色的标记，弹出“标记”对话框，在其中输入标记名称，如图2-53所示。

步骤06：输入完成后，单击“完成”按钮，如图2-54所示，即可完成添加标记的操作。

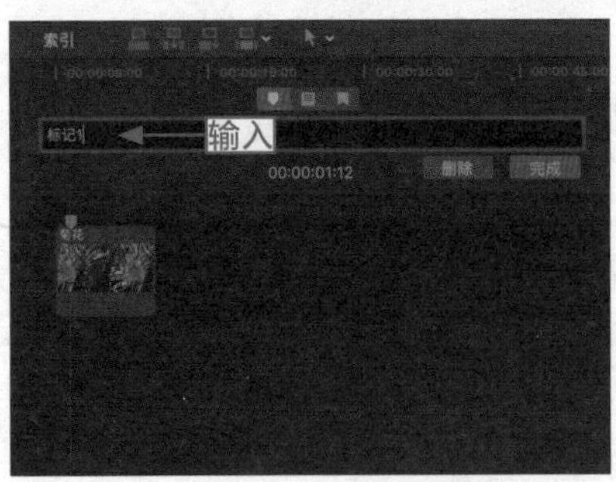

图2-53　输入标记名称

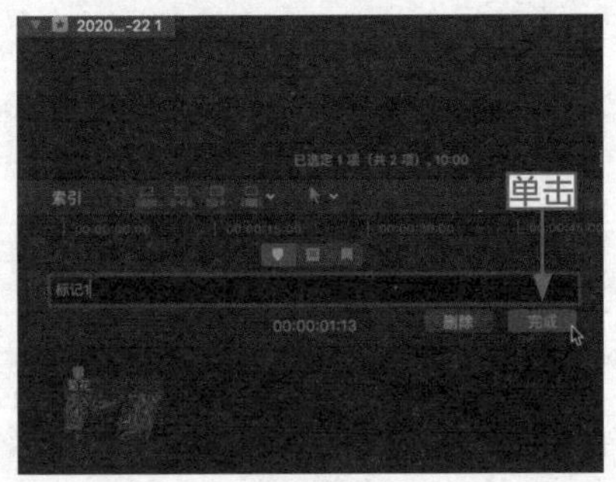

图2-54　单击“完成”按钮

2.3.7　复制与粘贴：省去重复操作提高效率

操练 + 视频	2.3.7　复制与粘贴：省去重复操作提高效率	
素材文件	无	扫描封底文泉云盘的二维码获取资源
效果文件	无	
视频文件	视频 \ 第 2 章 \ 2.3.7 复制与粘贴：省去重复操作提高效率 .mp4	

复制也称拷贝，是指将文件从一处复制一份完全一样的到另一处，而原来的一份依然保留。粘贴可以为用户节约许多不必要的重复操作，提高工作效率。下面介绍复制与粘贴标记的操作方法。

步骤 01：在上一节的素材效果上，选择添加的标记，单击鼠标右键，在弹出的快捷菜单中选择“拷贝”命令，如图 2-55 所示。

步骤 02：将时间指示器移动到需要添加标记的位置，如图 2-56 所示。

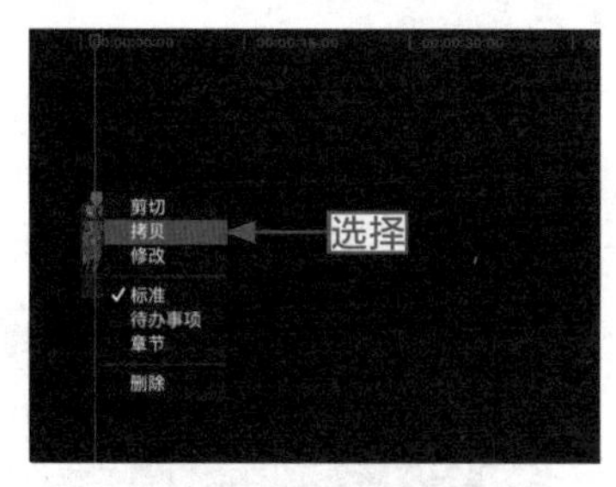

图 2-55　选择“拷贝”命令

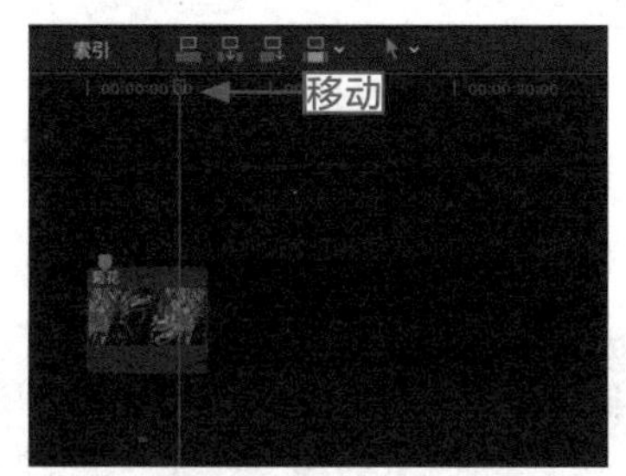

图 2-56　移动时间指示器

步骤 03：按 Command+V 组合键，即可在时间指示器的位置粘贴标记，如图 2-57 所示。

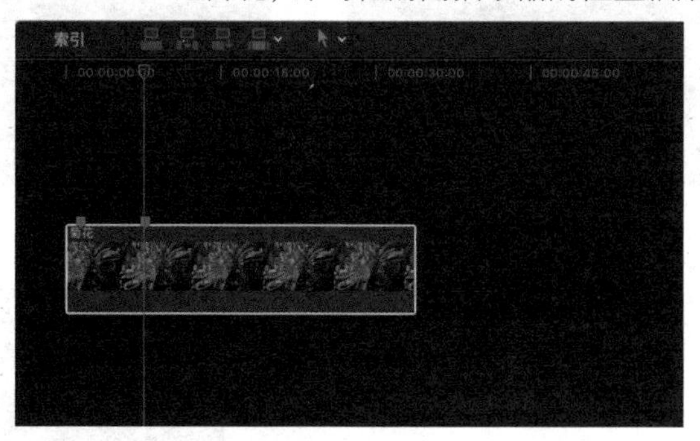

图 2-57　粘贴标记

专家指点
在 Final Cut Pro X 工作界面中，按 Control+M 组合键可以删除选中的标记。

2.4 管理：修改项目的文件属性

EDIUS 9 工作界面提供了 3 种窗口模式，单窗口模式、双窗口模式以及全屏预览窗口。本节主要针对这 3 种窗口模式向读者进行详细介绍。

2.4.1 修改名称：给原项目文件重新命名

操练 + 视频　2.4.1　修改名称：给原项目文件重新命名

素材文件	无	扫描封底文泉云盘的二维码获取资源
效果文件	无	
视频文件	视频 \ 第 2 章 \2.4.1 修改名称：给原项目文件重新命名 .mp4	

修改项目名称就是给原项目文件重新命名。下面介绍修改项目名称的操作方法。

步骤 01：新建一个空白项目，选择新建的项目，如图 2-58 所示。

步骤 02：在事件检查器中单击“显示信息检查器”按钮，如图 2-59 所示。

图 2-58　选择项目文件

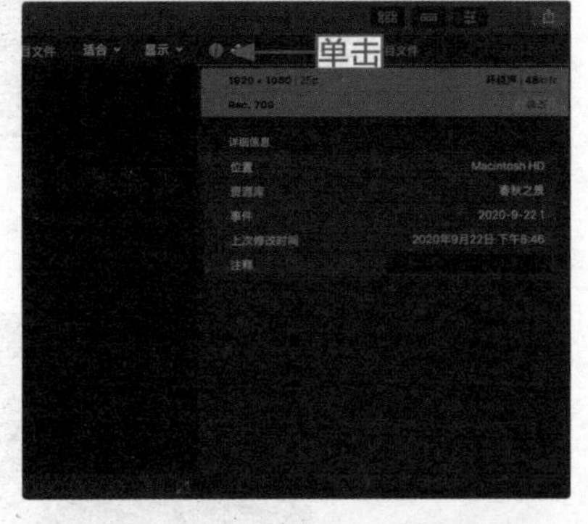

图 2-59　单击“显示信息检查器”按钮

步骤 03：切换至“信息显示器”选项卡，单击下方的“修改”按钮，如图 2-60 所示。

步骤 04：执行操作后，弹出相应对话框，在“项目名称”右侧的文本框中输入需要修改的项目名称，如图 2-61 所示。

步骤 05：输入完成后，单击“好”按钮，如图 2-62 所示，即可完成项目名称的修改。

图 2-60　单击“修改”按钮

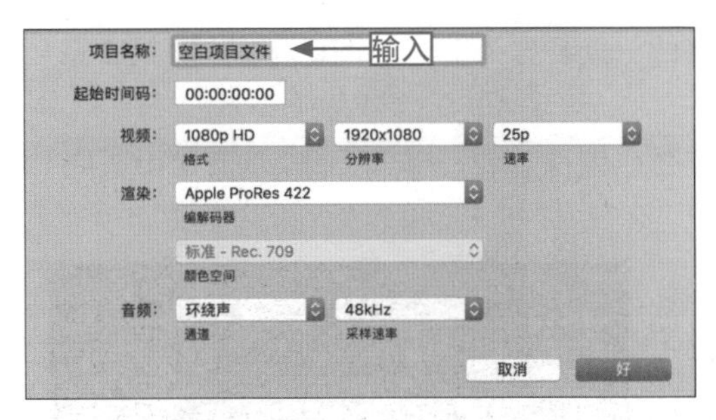

图 2-61　输入需要修改的项目名称

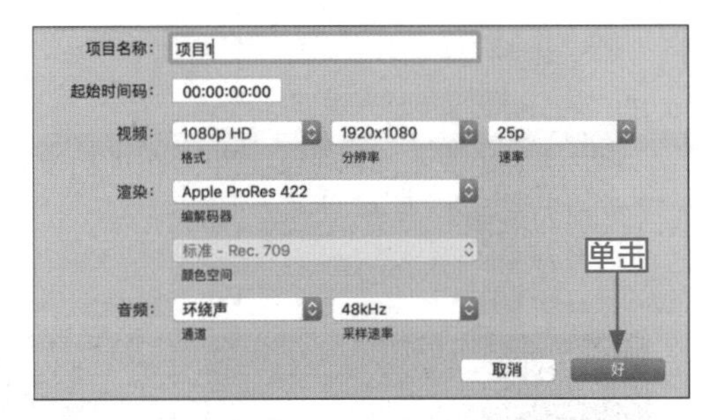

图 2-62　单击“好”按钮

2.4.2　复制项目：给原项目复制副本文件

复制项目就是在原项目的基础上复制一份副本。下面介绍复制项目的操作方法。

在资源库中选择需要复制的项目文件（这里选择“空白项目”），单击鼠标右键，在弹出的快捷菜单中选择“复制项目”命令。如图 2-63 所示。执行操作后，可以看到该项目文件的上方多了“空白项目 1”，如图 2-64 所示。

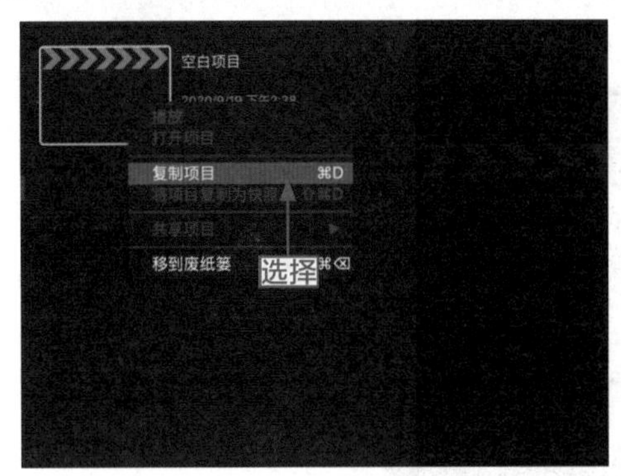

图 2-63　选择“复制项目”命令

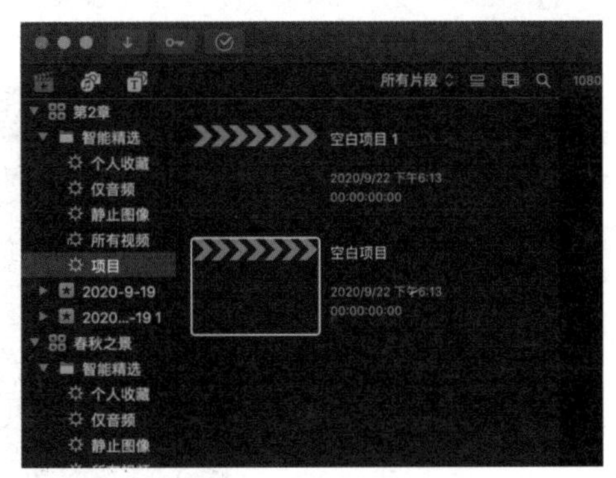

图 2-64　复制完成

2.4.3　制作快照：制作素材快照上传网站

操练 + 视频	2.4.3　制作快照：制作素材快照上传网站	
素材文件	素材 \ 第 2 章 \ 荷花 .jpg	扫描封底文泉云盘的二维码获取资源
效果文件	效果 1：第 2 章 – 第 7 章 \ 第 2 章 \2.4.3 荷花 .fcpbundle	
视频文件	视频 \ 第 2 章 \2.4.3 制作快照：制作素材快照上传网站 .mp4	

当素材以快照的形式出现时，可以更方便用户将其发布到各个网站。

步骤 01：在资源库中新建一个项目文件，查看导入的素材图像（素材\第 2 章\荷花.jpg），如图 2-65 所示。

步骤 02：选中项目文件，在项目文件上单击鼠标右键，在弹出的快捷菜单中选择“将项目复制为快照”命令，如图 2-66 所示。

图 2-65　导入素材

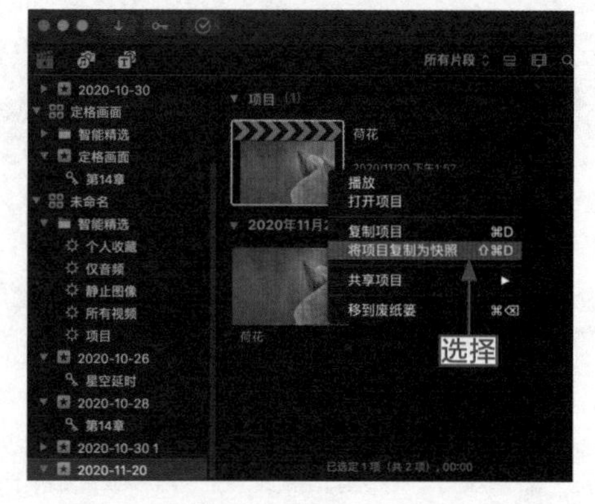

图 2-66　选择“将项目复制为快照”命令

步骤 03：在制作好的快照文件上单击鼠标右键，在弹出的快捷菜单中选择“播放”命令，如图 2-67 所示，即可预览制作好的素材快照画面。

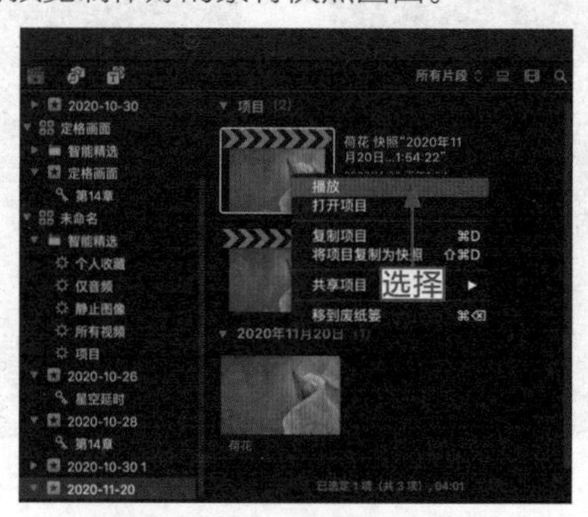

图 2-67　选择“播放”命令

2.5　本章小结

本章主要介绍了 Final Cut Pro X 中的基本操作，包括项目文件的基本操作、素材文件的导入方法、高级素材的处理方式和修改项目的文件属性。通过这些知识的学习，用户对 Final Cut Pro X 的基本操作有了初步的印象，后面的学习将会更加轻松、更容易上手。

PART TWO

02

视频剪辑篇

CHAPTER 03
第 3 章　提升：掌握项目文件的剪辑知识

在 Final Cut Pro X 中处理素材文件时，用户可以用一些常用的剪辑方式对素材进行剪辑，可以提高编辑素材的效率。本章重点介绍编辑素材的基本操作、工具菜单的功能以及视频素材的播放速度等内容。掌握了本章内容，可以有效编辑项目文件。

~ 知识要点 ~

- 连接素材：将两个素材片段连接起来
- 插入素材：在原素材中插入新的素材
- 选择工具：运用选择工具选择素材
- 修剪工具：运用修剪工具修剪素材
- 快速播放：播放速度越快素材时间越短
- 裁剪素材：裁剪去除不想要的画面
- 建立片段：建立一个素材试演片段
- 复合片段：创建一个素材复合片段

~ 本章重点 ~

- 位置工具：运用位置工具移动素材
- 切割工具：运用切割工具切割素材
- 手形工具：运用手形工具查看素材
- 复合片段：创建一个素材复合片段

3.1　剪辑：编辑素材的基本操作

在 Final Cut Pro X 中，制作素材片段的基本操作包括连接素材、插入素材、追加素材、覆盖素材、复制素材和替换素材等，下面进行详细讲解。

3.1.1　连接素材：将两个素材片段连接起来

连接素材指的是将两个素材片段连接在一起，从而形成一个完整的素材。下面介绍连接素材的操作方法。

操练 + 视频　3.1.1　连接素材：将两个素材片段连接起来

素材文件	素材 \ 第 3 章 \ 空山鸟语 1.jpg	扫描封底文泉云盘的二维码获取资源
效果文件	效果 1：第 2 章 – 第 7 章 \ 第 3 章 \3.1.1 空山鸟语 .fcpbundle	
视频文件	视频 \ 第 3 章 \3.1.1 连接素材：将两个素材片段连接起来 .mp4	

步骤 01：在资源库中新建一个项目文件，导入一个素材文件（素材 \ 第 3 章 \ 空山鸟语 1.mp4），如图 3-1 所示。

步骤 02：将时间指示器移动到需要连接主要故事情节片段的位置，如图 3-2 所示。

图 3-1　导入一个素材文件

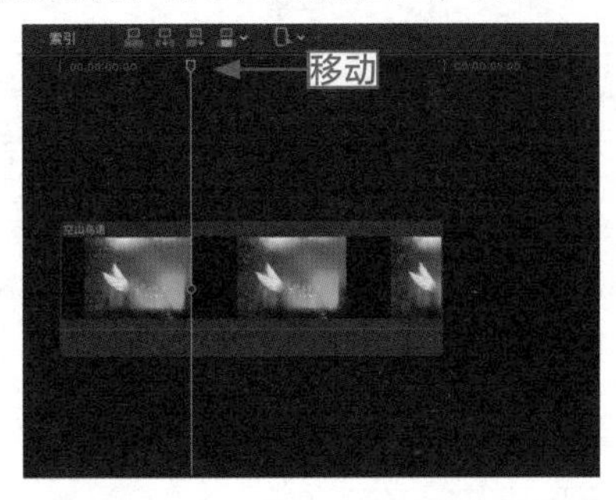

图 3-2　移动时间指示器

步骤 03：单击“将所选片段连接到主要故事情节”按钮，如图 3-3 所示。

步骤 04：执行操作后，在时间指示器的位置出现一个主要故事情节片段，两个片段中间有一条蓝色的线条，如图 3-4 所示。

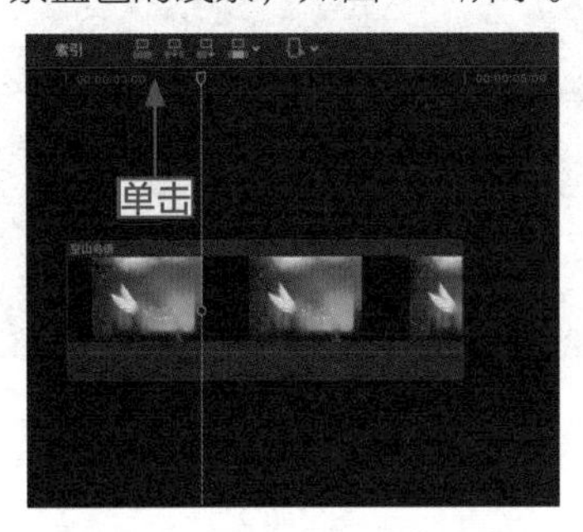

图 3-3　单击“将所选片段连接到主要故事情节”按钮

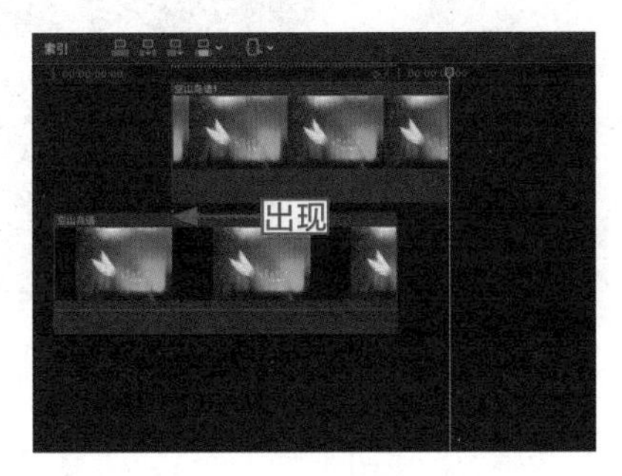

图 3-4　素材连接在一起

步骤 05：在“时间线”面板上拖曳其中一个主要故事情节片段，如图 3-5 所示，会发现另一个片段也会紧紧连在一起。

图 3-5　拖曳素材

3.1.2 插入素材：在原素材中插入新的素材

操练+视频	3.1.2 插入素材：在原素材中插入新的素材	
素材文件	素材\第3章\空山鸟语2.jpg	扫描封底文泉云盘的二维码获取资源
效果文件	无	
视频文件	视频\第3章\3.1.2 插入素材：在原素材中插入新的素材.mp4	

插入素材指的是在原有的素材文件中插入另一个素材文件。下面介绍插入素材的操作方法。

步骤01：在上一节的项目文件中导入一个素材文件（素材\第3章\空山鸟语2.jpg），如图3-6所示。

步骤02：在资源库中选择导入的素材文件，如图3-7所示。

图3-6 导入素材

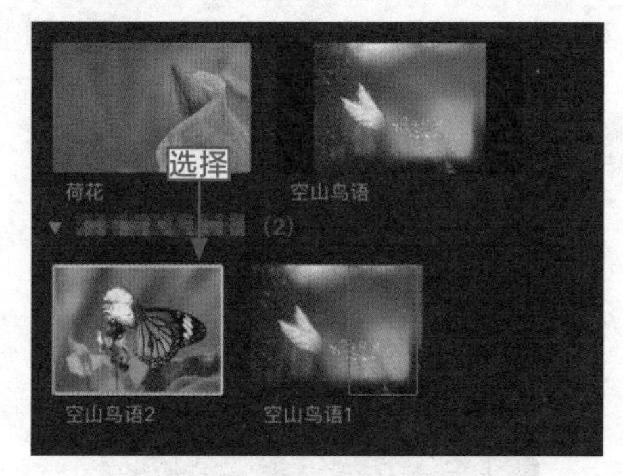

图3-7 选择素材文件

步骤03：将时间指示器移动到需要插入素材的位置，如图3-8所示。

步骤04：在编辑栏中单击"将所选片段插入主要故事情节或所选故事情节"按钮，如图3-9所示。

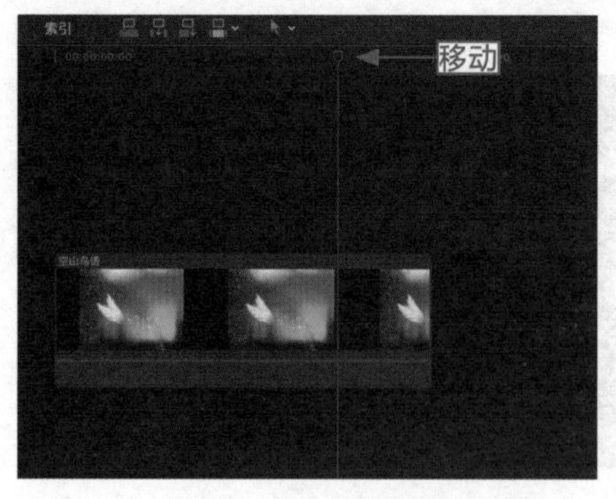

图3-8 移动时间指示器

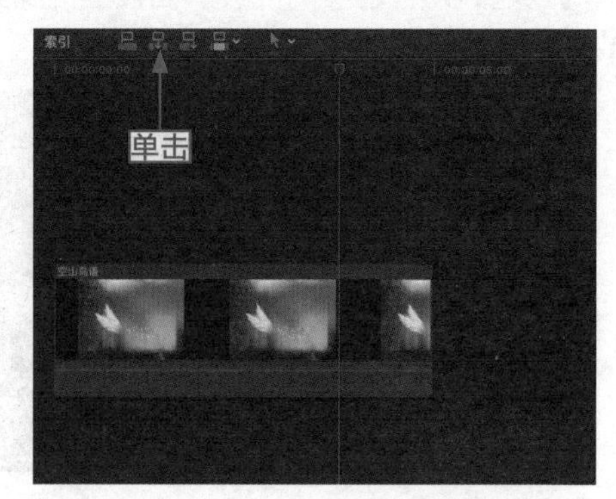

图3-9 单击相应按钮

步骤05：执行操作后，即可在"时间线"面板上看到插入的素材画面，如图3-10所示。

图 3-10　素材插入成功

3.1.3　追加素材：追加素材让时间变长

操练 + 视频	3.1.3　追加素材：追加素材让时间变长	
素材文件	素材 \ 第 3 章 \ 空山鸟语 3.jpg	扫描封底文泉云盘的二维码获取资源
效果文件	无	
视频文件	视频 \ 第 3 章 \3.1.3 追加素材：追加素材让时间变长 .mp4	

追加素材就是在一段素材后面再加入另一段素材，追加后的素材片段会让整个素材时间变得更长。下面介绍追加素材的操作方法。

步骤 01： 在事件浏览器中选择需要追加的素材文件（素材 \ 第 3 章 \ 空上鸟语 3.jpg），如图 3-11 所示。

步骤 02： 在编辑栏中单击“将所选片段追加到主要故事情节或所选故事情节”按钮，如图 3-12 所示。

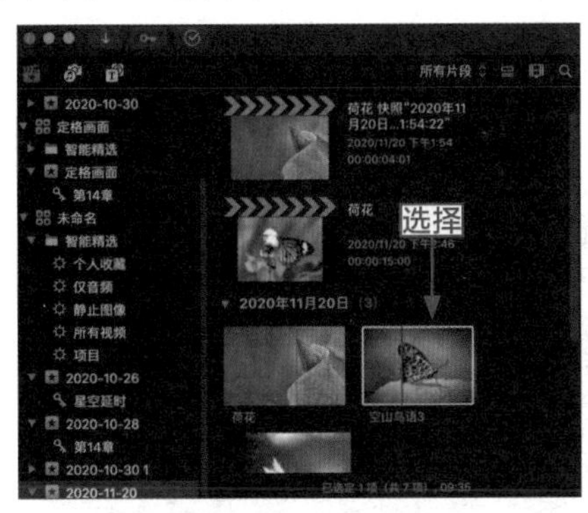

图 3-11　选择素材文件

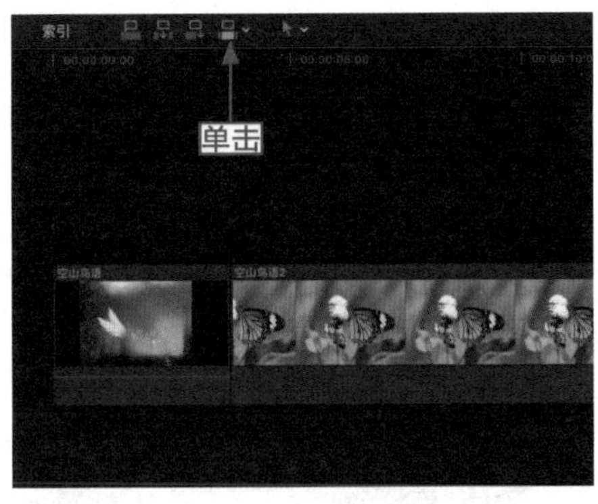

图 3-12　单击相应按钮

步骤 03： 执行操作后，可以在“时间线”面板上看到插入的素材画面缩略图，如图 3-13 所示。

步骤 04： 在检视器中单击“播放”按钮，即可查看追加的素材画面，如图 3-14 所示。

图 3-13　追加的素材缩略图

图 3-14　查看素材画面

专家指点	除了以上述方式追加素材，还可以通过按快捷键 E 的方式直接在“时间线”面板中追加素材。

3.1.4　覆盖素材：用新素材覆盖不满意的素材

操练 + 视频　3.1.4　覆盖素材：用新素材覆盖不满意的素材

素材文件	素材 \ 第 3 章 \ 双蝶戏花 .mp4	扫描封底文泉云盘的二维码获取资源
效果文件	效果 1：第 2 章 – 第 7 章 \ 第 3 章 \3.1.4 双蝶戏花 .fcpbundle	
视频文件	视频 \ 第 3 章 \3.1.4 覆盖素材：用新素材覆盖不满意的素材 .mp4	

覆盖素材指的是在原有的素材上用另一个素材进行覆盖，一般用于对原有的素材不满意，想查看其他素材效果的情况。

步骤 01：在事件浏览器中选择素材文件（素材 \ 第 3 章 \ 双蝶戏花 .mp4），如图 3-15 所示。

步骤 02：将时间指示器移动到原素材的开始位置，如图 3-16 所示。

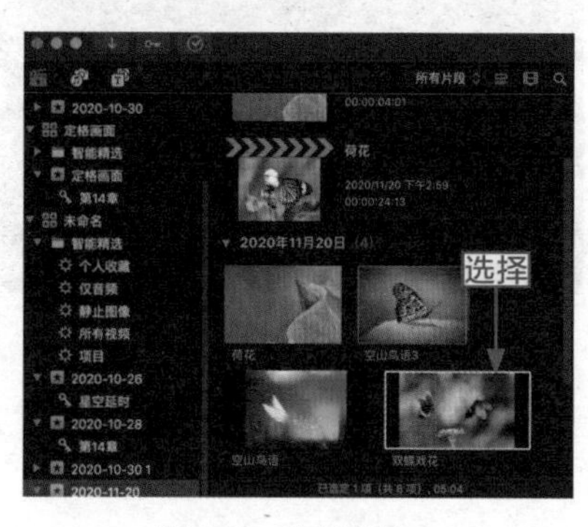

图 3-15　选择素材

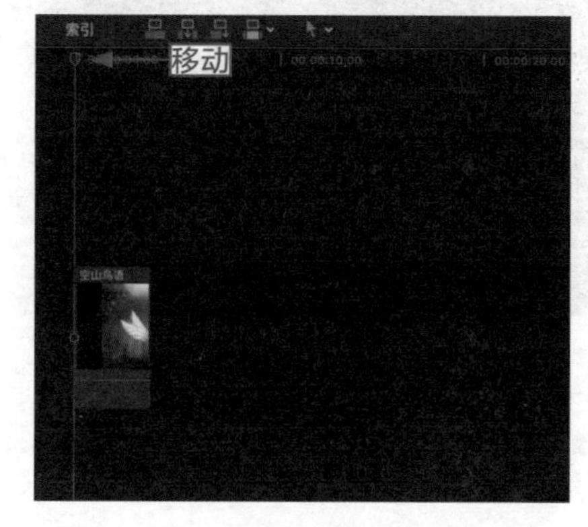

图 3-16　移动时间指示器

步骤 03：在编辑栏中单击“用所选片段覆盖主要故事情节或所选故事情节”按钮，如图 3-17 所示。

步骤 04：操作完成后，“时间线”面板中素材已经被覆盖，如图 3-18 所示。

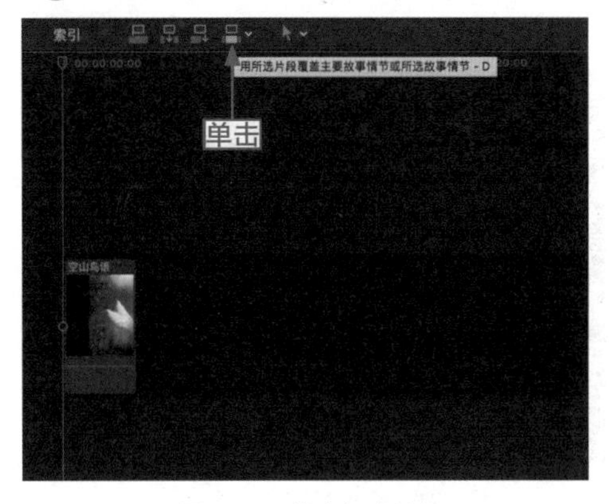

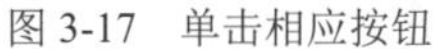

图 3-17　单击相应按钮

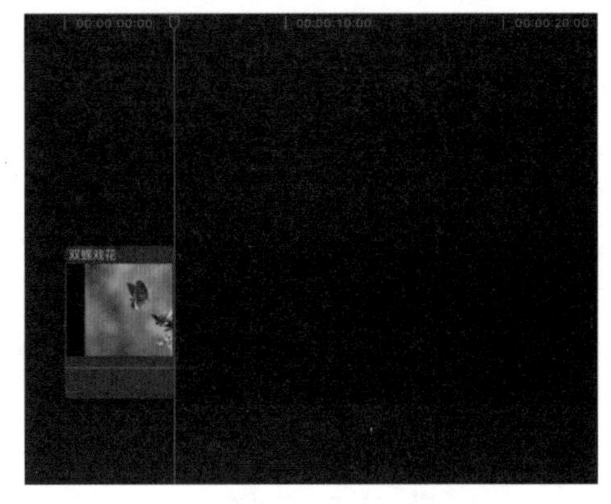

图 3-18　素材已经被覆盖

步骤 05：在检视器中单击“播放”按钮，即可查看到覆盖的素材画面，如图 3-19 所示。

图 3-19　查看素材画面

> **专家指点**　除了以上述方式覆盖素材，还可以通过按快捷键 D 的方式覆盖素材。

3.1.5　复制素材：复制一份相同的素材文件

操练 + 视频	3.1.5　复制素材：复制一份相同的素材文件	
素材文件	无	扫描封底文泉云盘的二维码获取资源
效果文件	无	
视频文件	视频 \ 第 3 章 \3.1.5　复制素材：复制一份相同的素材文件 .mp4	

复制素材就是在原有的素材基础上复制出一份一模一样的素材。下面介绍复制素材的操作方法。

步骤 01：选中上一节的素材效果，选择“编辑”|“拷贝”命令，如图 3-20 所示。

步骤 02：将时间指示器调整至需要复制素材的位置，如图 3-21 所示。

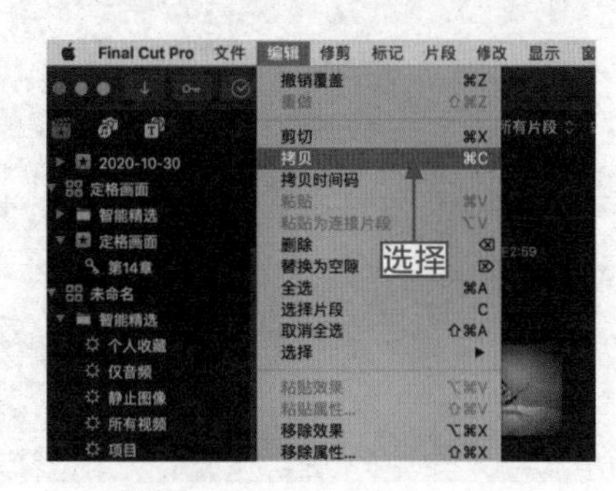

图 3-20 选择“拷贝”命令

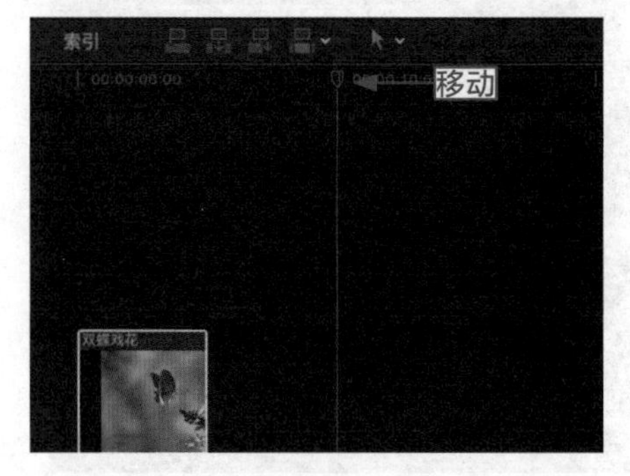

图 3-21 移动时间指示器

步骤 03：在菜单栏中选择“编辑”|“粘贴”命令，如图 3-22 所示。

步骤 04：执行操作后，在“时间线”面板中可以查看到复制素材的缩略图，如图 3-23 所示。

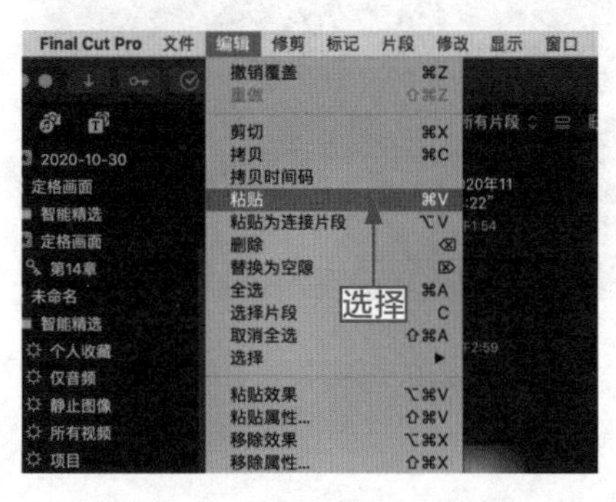

图 3-22 选择“粘贴”命令

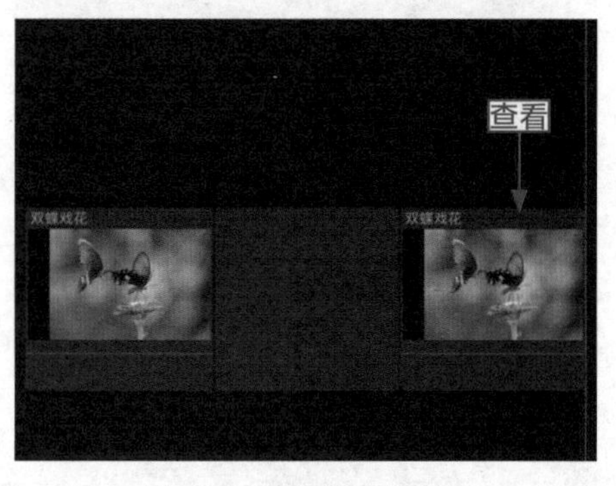

图 3-23 查看复制的素材

3.1.6 替换素材：用新素材替代原素材文件

操练 + 视频 3.1.6 替换素材：用新素材替代原素材文件

素材文件	素材 \ 第 3 章 \ 长沙机场 .mp4 和机场 2.jpg	扫描封底文泉云盘的二维码获取资源
效果文件	效果 1：第 2 章 – 第 7 章 \ 第 3 章 \3.1.6 长沙机场 .fcpbundle	
视频文件	视频 \ 第 3 章 \3.1.6 替换素材：用新素材替代原素材文件 .mp4	

替换素材就是用一个新的素材替代原来的素材。下面介绍替换素材的操作方法。

步骤 01：在“时间线”面板上导入一个素材文件（素材 \ 第 3 章 \ 长沙机场 .mp4），如图 3-24 所示。

步骤 02：单击“使用选择工具选择项”按钮旁边的下拉按钮，在弹出的下拉列表中选择“切割”选项，如图 3-25 所示。

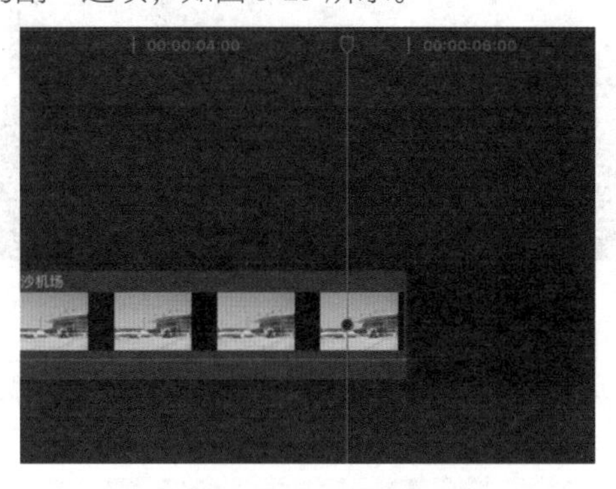

图 3-24　导入素材

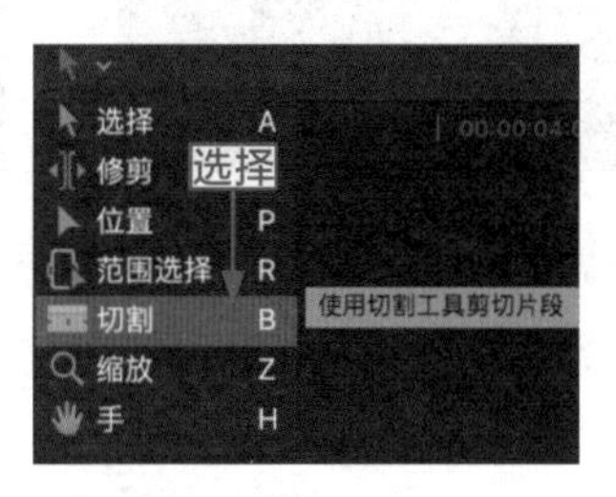

图 3-25　选择“切割”选项

步骤 03：运用切割工具将素材文件分割成多个片段，被分割的片段中间有一条虚线，如图 3-26 所示。

步骤 04：切换至选择工具，选择“时间线”面板中的第一个片段，如图 3-27 所示。

图 3-26　分割素材

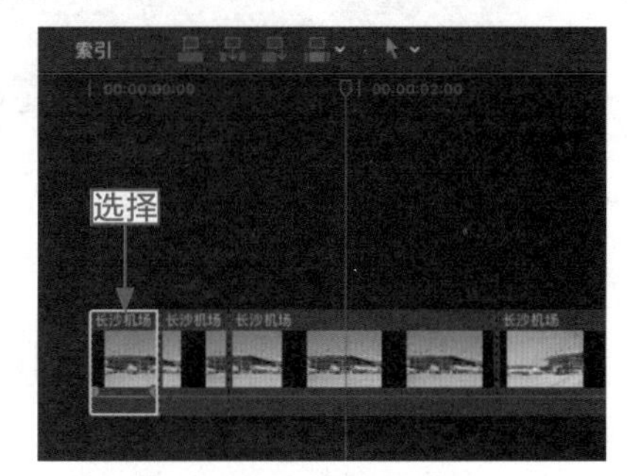

图 3-27　选择第一个片段

步骤 05：在事件浏览器中导入需要替换的素材（素材 \ 第 3 章 \ 机场 2.jpg），选择素材，按住鼠标左键并拖曳至“时间线”面板中的第一个片段上，如图 3-28 所示。

步骤 06：释放鼠标左键后会弹出一个快捷菜单，在弹出的快捷菜单中选择“替换”命令，如图 3-29 所示。

步骤 07：执行操作后，可以看到“时间线”面板中的素材已经被替换，适当调整素材片段的时间长度，如图 3-30 所示。

图 3-28　拖曳素材

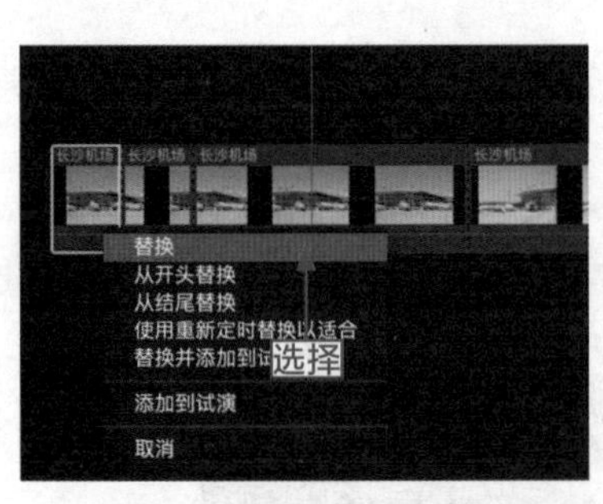

图 3-29　选择“替换”命令

图 3-30　原素材已经被替换

步骤 08：单击事件检视器中的“播放”按钮，预览替换素材片段后的画面效果，如图 3-31 所示。

图 3-31　预览替换后的素材片段

3.2　了解：工具菜单的功能

工具菜单位于“时间线”面板的上方，主要包括选择工具、修剪工具、位置工具、范围选择工具、切割工具、缩放工具以及手形工具，本节将进行详细介绍。

3.2.1　选择工具：运用选择工具选择素材

操练 + 视频　3.2.1　选择工具：运用选择工具选择素材

素材文件	素材 \ 第 3 章 \ 含苞待放 .jpg	扫描封底文泉云盘的二维码获取资源
效果文件	效果 1：第 2 章 – 第 7 章 \ 第 3 章 \3.2.1 含苞待放 .fcpbundle	
视频文件	视频 \ 第 3 章 \ 3.2.1　选择工具：运用选择工具选择素材 .mp4	

选择工具主要用于选择素材、移动素材以及调节素材长度。选择该工具后，将鼠标指针移至素材的边缘，待指针变为双向箭头形状后，可以拖曳改变素材长度。

步骤 01： 在"时间线"面板中导入一个素材文件（素材\第 3 章\含苞待放 .jpg），如图 3-32 所示。

步骤 02： 运用选择工具选择"时间线"面板上的素材，如图 3-33 所示。

图 3-32　导入素材

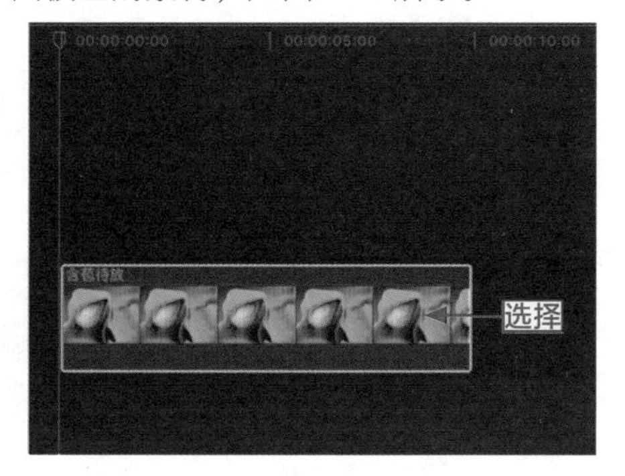

图 3-33　选择素材

步骤 03： 移动鼠标指针到素材的结尾，指针将呈现双向箭头形状，如图 3-34 所示。

步骤 04： 按住鼠标左键并向左拖曳至合适位置后，释放鼠标左键，即可运用选择工具改变素材的长度，如图 3-35 所示。

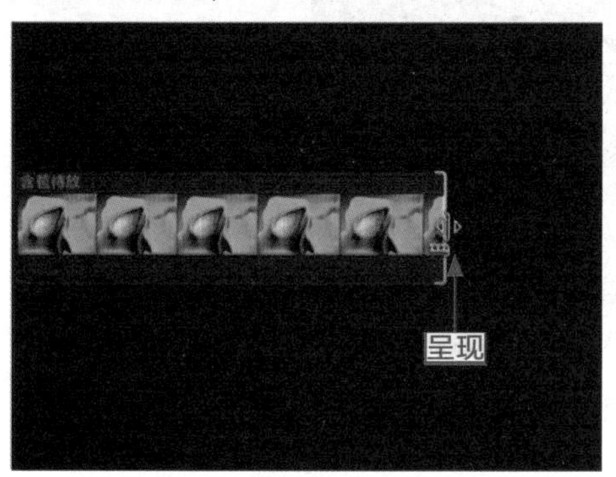

图 3-34　鼠标指针呈现双向箭头形状

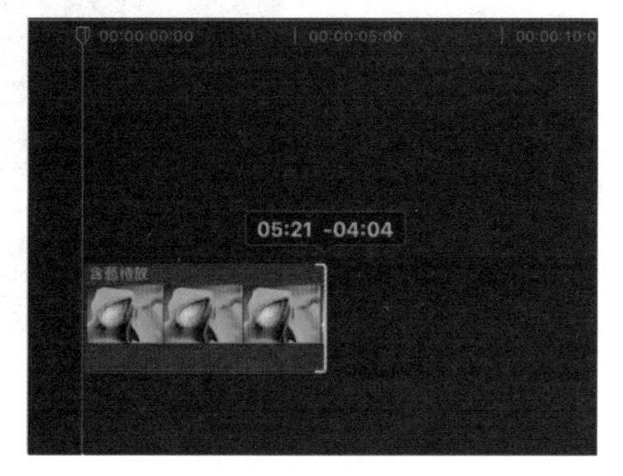

图 3-35　素材长度被改变

3.2.2　修剪工具：运用修剪工具修剪素材

操练 + 视频	3.2.2　修剪工具：运用修剪工具修剪素材	
素材文件	素材 \ 第 3 章 \ 天空之美 .jpg	扫描封底文泉云盘的二维码获取资源
效果文件	效果 1：第 2 章－第 7 章 \ 第 3 章 \3.2.2 天空之美 .fcpbundle	
视频文件	视频 \ 第 3 章 \3.2.2 修剪工具：运用修剪工具修剪素材 .mp4	

选择修剪工具时，可同时更改“时间轴”内某剪辑的入点和出点，并保留入点和出点之间的时间间隔不变。

步骤 01：在“时间线”面板中导入一个素材文件（素材\第3章\天空之美.jpg），如图 3-36 所示。

步骤 02：在工具菜单中选择“修剪”选项，如图 3-37 所示。

图 3-36　导入素材

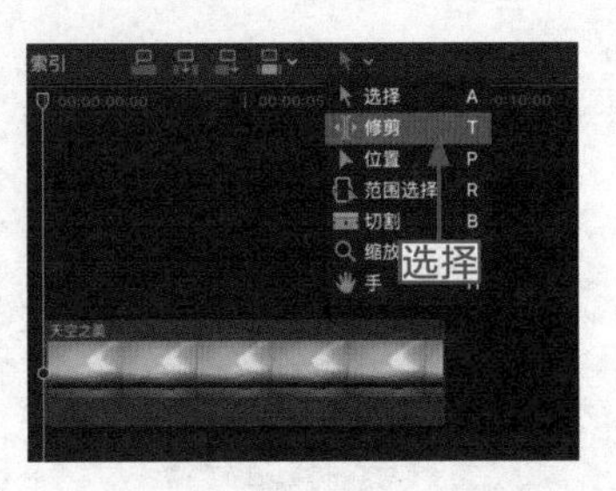

图 3-37　选择“修剪”选项

步骤 03：将鼠标指针移动到素材的合适位置，待指针呈现白色双向箭头形状时，如图 3-38 所示，左右移动鼠标即可将素材的片段进行微调。

图 3-38　鼠标指针呈现白色双向箭头形状

3.2.3　位置工具：运用位置工具移动素材

操练 + 视频　3.2.3　位置工具：运用位置工具移动素材

素材文件	素材\第 3 章\莲 1.jpg、莲 2.jpg、莲 3.jpg	扫描封底文泉云盘的二维码获取资源
效果文件	效果 1：第 2 章 – 第 7 章\第 3 章\3.2.3　莲 .fcpbundle	
视频文件	视频\第 3 章\3.2.3 位置工具：运用位置工具移动素材 .mp4	

位置工具主要用于移动素材片段的位置，移动后相邻素材不会紧贴在一起。

步骤 01： 在“时间线”面板中导入 3 个素材文件（素材\第 3 章\莲 1.jpg、2.jpg、3.jpg），如图 3-39 所示。

图 3-39　导入素材

步骤 02： 单击检视器中的“播放”按钮，预览导入的素材画面，如图 3-40 所示。

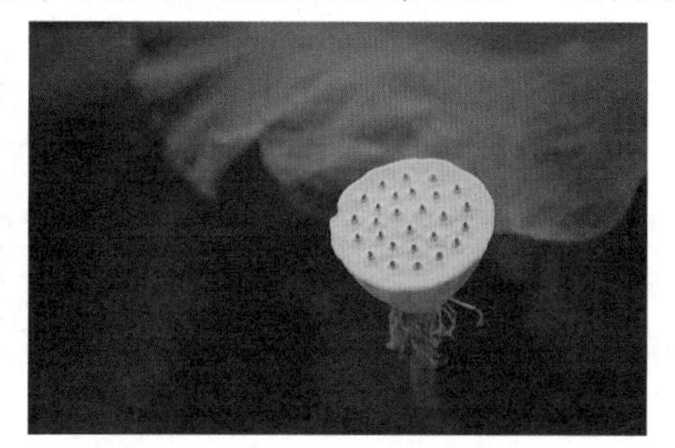

图 3-40　预览素材画面

步骤 03： 在工具菜单中选择“位置”选项，如图 3-41 所示。

步骤 04： 在“时间线”面板中选中第二段素材片段，如图 3-42 所示。

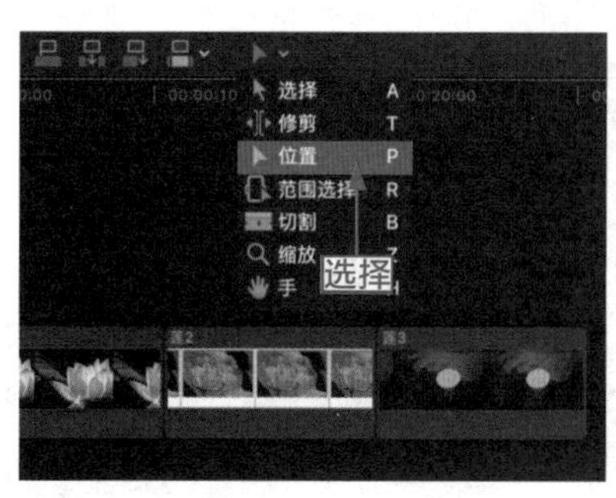

图 3-41　选择“位置”选项

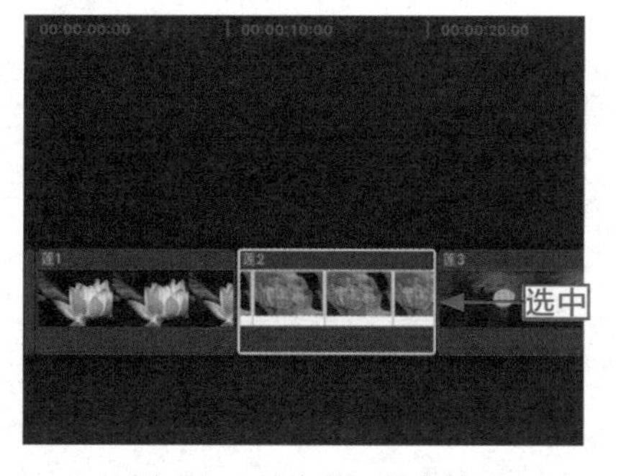

图 3-42　选中第二段素材

步骤 05： 在选择的素材片段上按住鼠标左键并向右上方拖曳，如图 3-43 所示，执行操作后，可以看到被移动素材片段原本位置变成了灰色，前后两段素材没有紧贴在一起。

图 3-43　拖曳素材

3.2.4　范围选择：用范围选择工具建立选区

操练＋视频　3.2.4　范围选择：用范围选择工具建立选区

素材文件	素材\第 3 章\金色的秋天 .mp4	扫描封底文泉云盘的二维码获取资源
效果文件	效果 1：第 2 章 – 第 7 章\第 3 章\3.2.4　金色的秋天 .fcpbundle	
视频文件	视频\第 3 章\3.2.4 范围选择：用范围选择工具建立选区 .mp4	

选择范围选择工具，可将“时间线”面板中的素材片段进行框选，框选之后拖曳即可建立选区。

步骤 01：在“时间线”面板中导入一个素材文件（素材\第 3 章\金色的秋天 .mp4），如图 3-44 所示。

步骤 02：在工具菜单中选择“范围选择”选项，如图 3-45 所示。

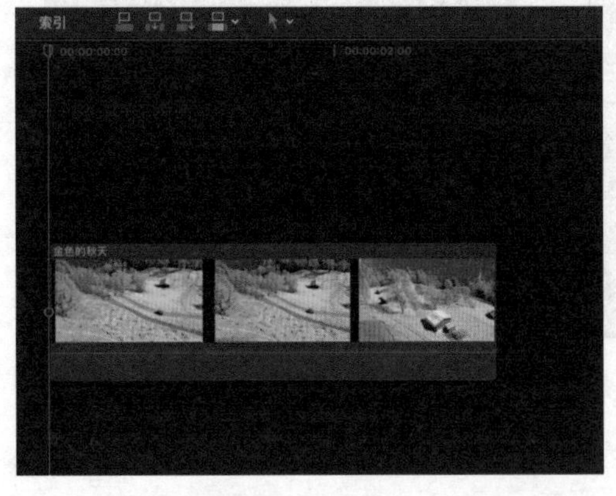

图 3-44　导入素材

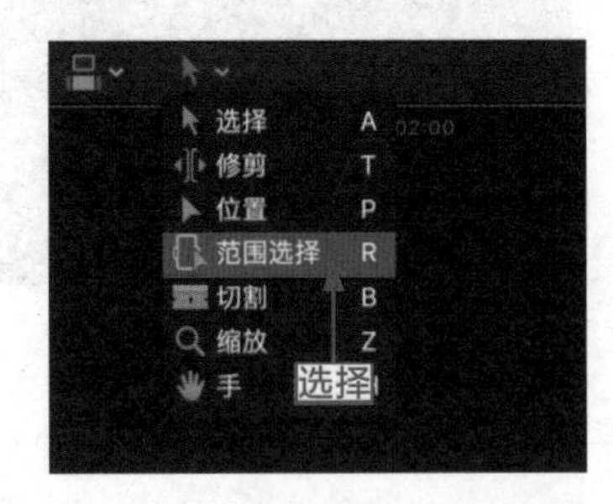

图 3-45　选择“范围选择”选项

步骤 03：在“时间线”面板的合适处单击，素材片段上会出现一个黄色的小标记，如图 3-46 所示。

步骤 04：在黄色标记处按住鼠标左键并向左拖曳至合适位置后，释放鼠标左键，即可创建一个选区，如图 3-47 所示。

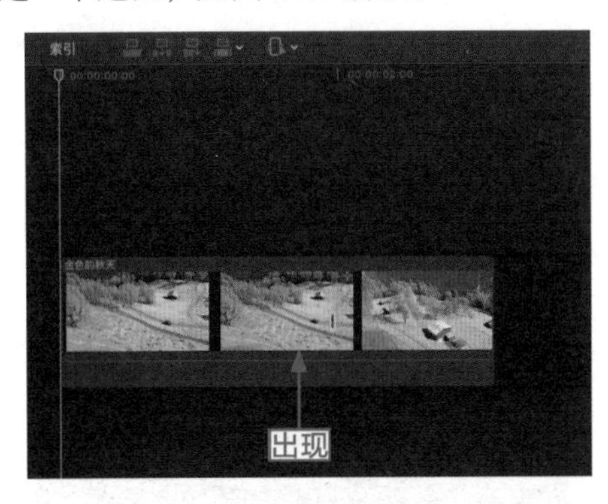

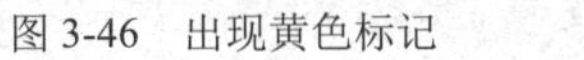
图 3-46　出现黄色标记

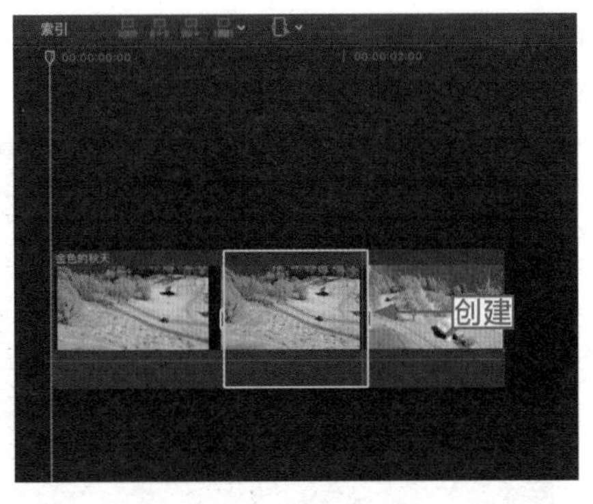

图 3-47　创建选区

步骤 05：在事件浏览器的素材片段上创建一个选区，按 Command 键可以同时创建多个选区，如图 3-48 所示。

步骤 06：单击检视器中的“播放”按钮，即可预览选区中素材画面，如图 3-49 所示。

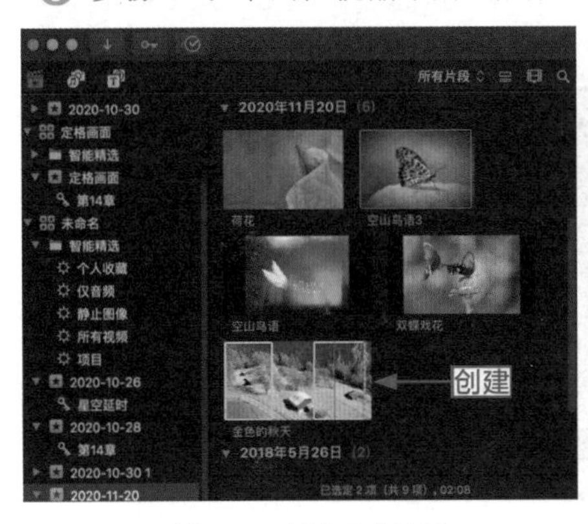

图 3-48　创建多个选区

图 3-49　预览素材画面

3.2.5　切割工具：运用切割工具切割素材

操练 + 视频	3.2.5　切割工具：运用切割工具切割素材	
素材文件	素材 \ 第 3 章 \ 金色的秋天 .mp4	扫描封底文泉云盘的二维码获取资源
效果文件	无	
视频文件	视频 \ 第 3 章 \ 3.2.5　切割工具：运用切割工具切割素材 .mp4	

切割工具可以将一个素材分为两个或多个片段，分割出来的素材片段可以作为一个独立的

个体。

步骤 01：以上一节的素材为例，在工具菜单中选择“切割”选项，如图 3-50 所示。

步骤 02：将鼠标指针移至“时间线”面板的素材上，鼠标指针呈现剃刀形状，如图 3-51 所示。

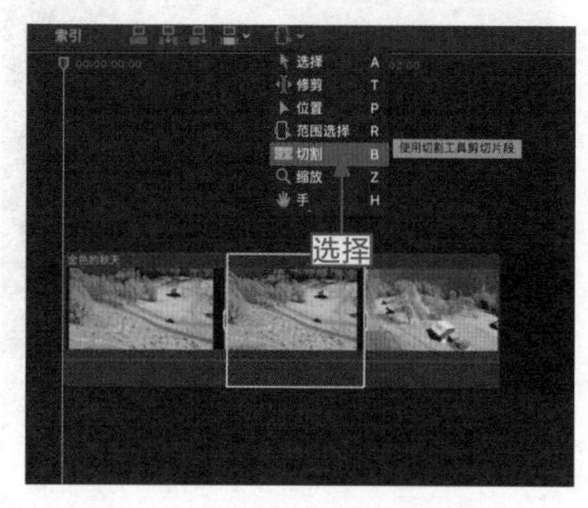

图 3-50　选择“切割”选项

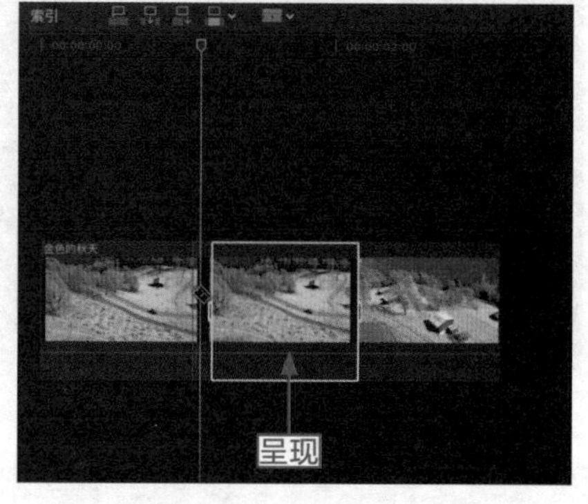

图 3-51　鼠标指针呈剃刀形状

步骤 03：单击，即可将素材分割成两半，继续在其他位置单击，素材画面被分割成多个片段，如图 3-52 所示。

图 3-52　素材画面被分割成多个片段

3.2.6　缩放工具：运用缩放工具缩放素材

利用缩放工具可以放大或者缩小素材，随时调整素材的大小。

在“时间线”面板中选择缩放工具，如图 3-53 所示。将鼠标指针移动到需要进行缩放的素材文件上并单击，素材将被放大，即可完成对素材文件的放大操作，如图 3-54 所示。

专家指点　除了以上述方式缩放素材，还可以通过快捷键缩放素材，按 Command++ 组合键可以放大素材，按 Command +− 组合键可以缩小素材。

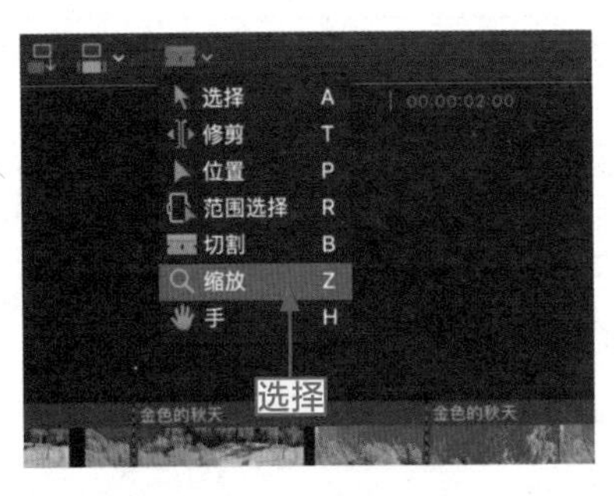

图 3-53　选择缩放工具

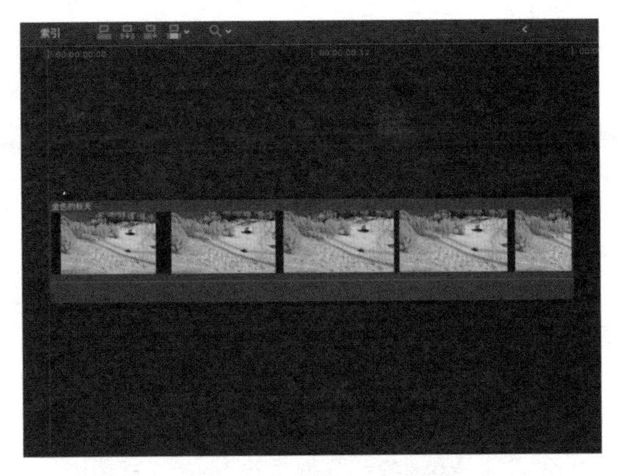

图 3-54　素材文件被缩放

3.2.7　手形工具：运用手形工具查看素材

手形工具的功能类似于鼠标滚轮，用手形工具拖曳素材可以查看素材各位置的片段。

步骤 01：在“时间线”面板中选择手形工具，如图 3-55 所示。

步骤 02：将鼠标指针移动到需要查看的素材文件上，当鼠标指针呈现手形形状时，如图 3-56 所示，左右移动鼠标即可查看素材各位置的片段。

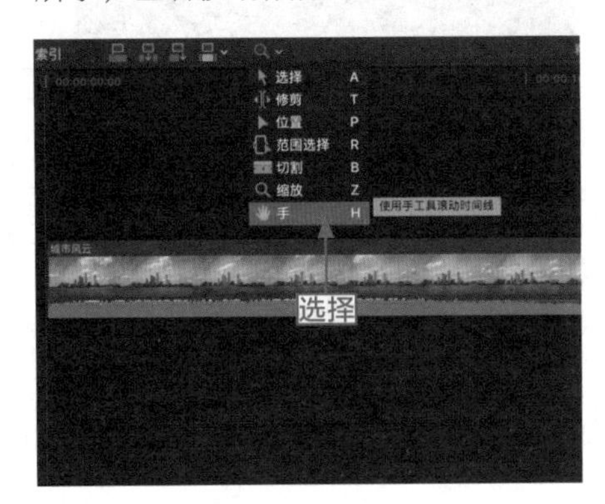

图 3-55　选择手形工具

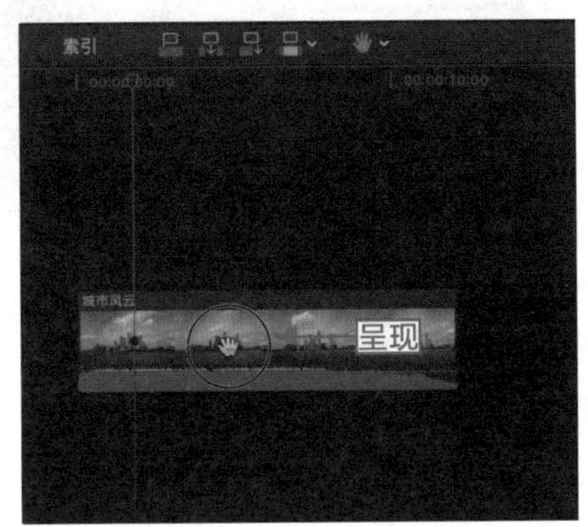

图 3-56　鼠标指针呈现手形形状

3.3　调速：改变视频的播放速度

每一种素材都具有特定的播放速度，对于视频素材，可以通过调整其播放速度来制作快镜头或慢镜头效果。下面介绍通过“选取片段重新定时选项”调整视频播放速度的操作方法。

3.3.1 快速播放：播放速度越快素材时间越短

操练 + 视频 3.3.1 快速播放：播放速度越快素材时间越短

素材文件	素材 \ 第 3 章 \ 美丽夕阳 .mp4	扫描封底文泉云盘的二维码获取资源
效果文件	效果 1：第 2 章 – 第 7 章 \ 第 3 章 \3.3.1 美丽夕阳 .fcpbundle	
视频文件	视频 \ 第 3 章 \3.3.1 快速播放：播放速度越快素材时间越短 .mp4	

在“选取片段重新定时选项”的下拉列表中，可以设置“快速”的倍数来控制素材的播放时间。设置的倍数越大，播放速度越快，素材时间也就越短。

步骤 01：在“时间线”面板中导入一个素材文件（素材 \ 第 3 章 \ 美丽夕阳 .mp4），如图 3-57 所示。

步骤 02：单击检视器下方的“选取片段重新定时选项”按钮，在弹出的下拉列表中选择“快速”|“2 倍”选项，如图 3-58 所示。

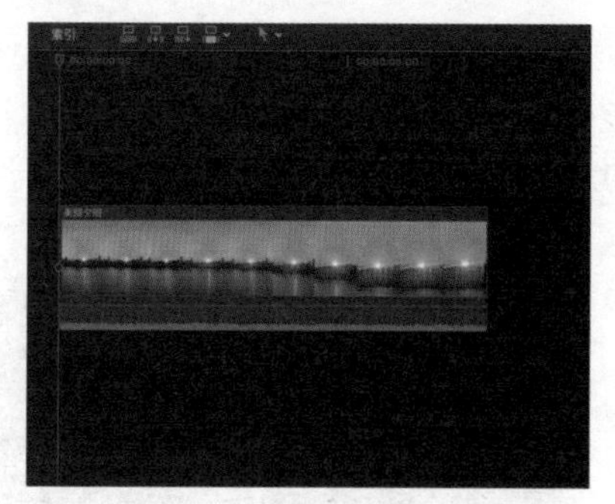

图 3-57 导入素材

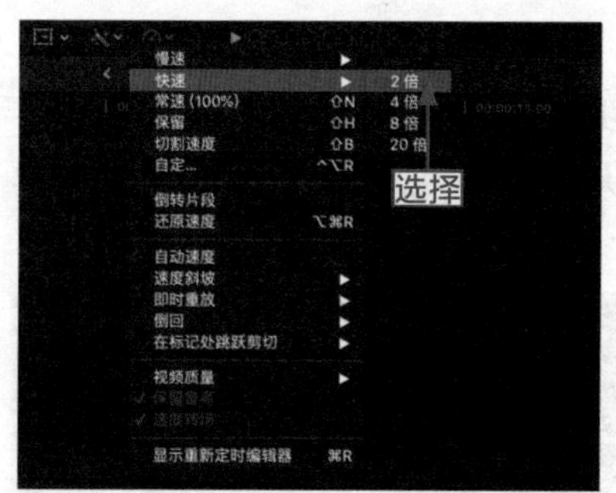

图 3-58 选择“2 倍”选项

步骤 03：操作完成后，“时间线”面板上的素材时间已经变短，在素材上方出现了“快速（200%）”提示词，如图 3-59 所示。

步骤 04：单击检视器窗口中的“播放”按钮，预览调整播放速度后的素材画面，如图 3-60 所示。

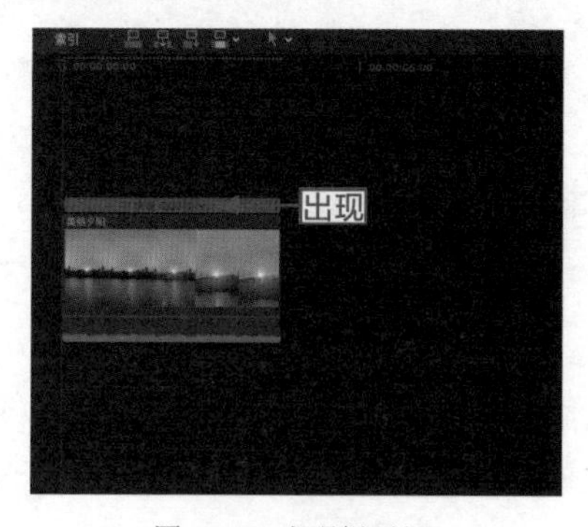

图 3-59 出现提示词

图 3-60 预览素材画面

3.3.2　慢速播放：播放速度越慢素材时间越长

在“选取片段重新定时选项”的下拉列表中，可以设置“慢速”的数值来控制素材的播放时间。设置的百分比越小，播放速度越慢，素材时间也就越长。

单击检视器下方的“选取片段重新定时选项”按钮，在弹出的下拉列表中选择“慢速”|25%选项，如图 3-61 所示。操作完成后，“时间线”面板上的素材时间已经变长，在素材上方出现了“慢速（25%）”提示词，如图 3-62 所示。

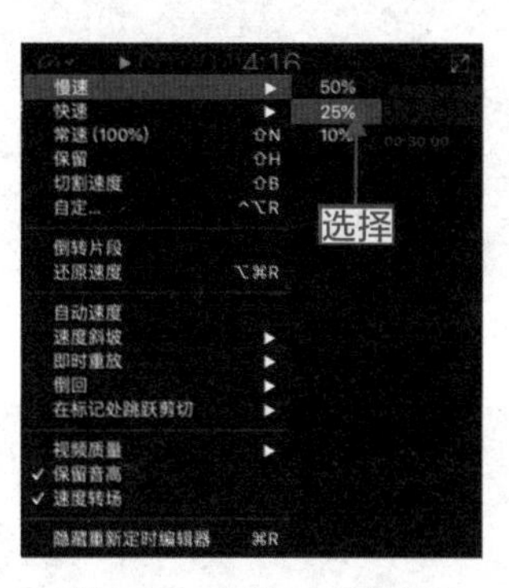

图 3-61　选择 25% 选项

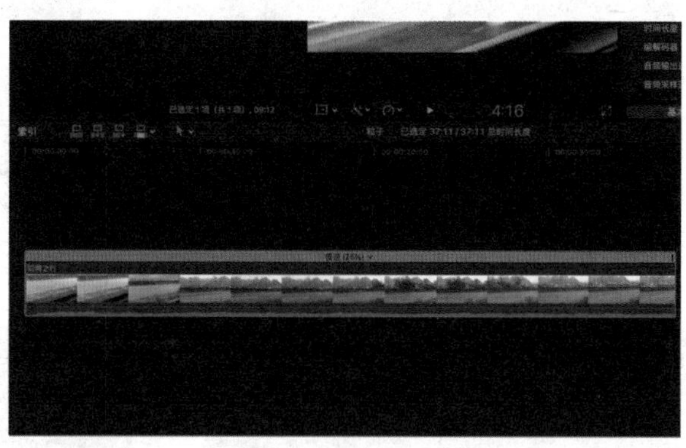

图 3-62　出现提示词

3.4　调整：更改素材的画面

对影片素材进行编辑是影片编辑过程中的一个重要环节，也是 Final Cut Pro X 的功能体现。本节将详细介绍编辑影视素材的操作方法。

3.4.1　裁剪素材：裁剪去除不想要的画面

操练 + 视频　3.4.1　裁剪素材：裁剪去除不想要的画面

素材文件	素材 \ 第 3 章 \ 银河 .jpg	扫描封底文泉云盘的二维码获取资源
效果文件	效果 1：第 2 章 – 第 7 章 \ 第 3 章 \3.4.1　银河 .fcpbundle	
视频文件	视频 \ 第 3 章 \3.4.1　裁剪素材：裁剪去除不想要的画面 .mp4	

利用裁剪功能可以删除素材中不想要的画面。下面介绍裁剪素材的操作方法。

步骤 01：导入一个素材文件（素材 \ 第 3 章 \ 银河 .jpg），如图 3-63 所示。

步骤 02：单击检视器下方“变换”按钮旁边的下拉按钮，在弹出的下拉列表中选择“裁剪”选项，如图 3-64 所示。

步骤 03：执行操作后，在检查器窗口中出现一个裁剪框，如图 3-65 所示。

步骤 04：切换至“裁剪”选项卡，将鼠标指针移动到裁剪框四周的控制柄上，选择需要裁剪的区域，如图 3-66 所示。

图 3-63　导入素材

图 3-64　选择“裁剪”选项

图 3-65　出现裁剪框

图 3-66　选择需要裁剪的区域

步骤 05：选择完成后，单击右上角的“完成”按钮，如图 3-67 所示，即可完成对素材的裁剪操作。

步骤 06：单击检视器窗口下方的“播放”按钮，预览裁剪后的素材画面，如图 3-68 所示。

图 3-67　单击“完成”按钮

图 3-68　预览裁剪后的素材画面

3.4.2 变形素材：改变素材文件的方向

操练 + 视频	3.4.2 变形素材：改变素材文件的方向	
素材文件	素材 \ 第 3 章 \ 落叶 .jpg	扫描封底文泉云盘的二维码获取资源
效果文件	效果 1：第 2 章 – 第 7 章 \ 第 3 章 \3.4.2 落叶 .fcpbundle	
视频文件	视频 \ 第 3 章 \ 3.4.2 变形素材：改变素材文件的方向 .mp4	

变形指的是对素材进行角度的改变或扭曲，运用此功能可以将变形的素材调整到正确模样。

步骤 01：在“时间线”面板中导入一个素材文件（素材 \ 第 3 章 \ 落叶 .jpg），如图 3-69 所示。

步骤 02：单击检查器下方“变换”按钮旁边的下拉按钮，在弹出的下拉列表中选择“变形”选项，如图 3-70 所示。

图 3-69 导入素材

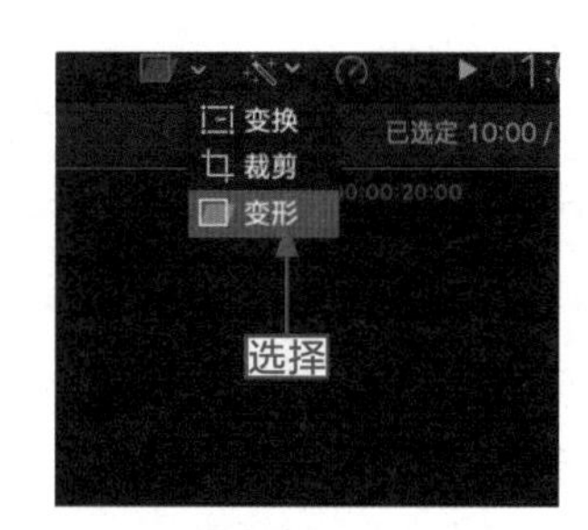

图 3-70 选择“变形”选项

步骤 03：执行操作后，在检视器窗口中出现一个变形框，如图 3-71 所示。

步骤 04：将鼠标指针移动到变形框四周的控制柄上，对素材进行变形，如图 3-72 所示。

图 3-71 出现变形框

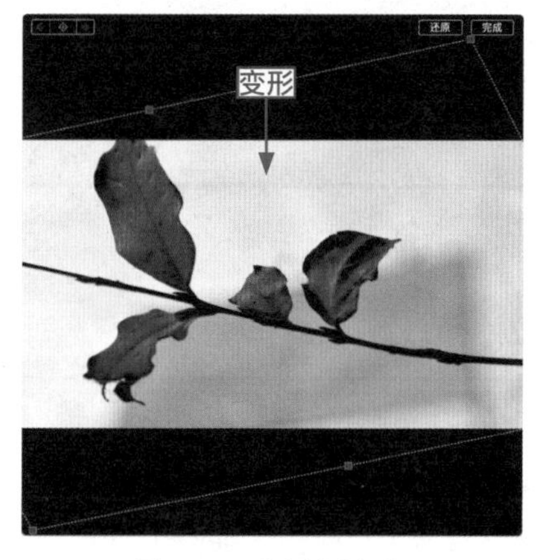

图 3-72 对素材进行变形

步骤 05：变形完成后，单击右上角的“完成”按钮，如图 3-73 所示，即可完成对素材的变形操作。

步骤 06：单击检视器窗口下方的“播放”按钮，预览变形后的素材画面，如图 3-74 所示。

图 3-73 单击“完成”按钮

图 3-74 预览素材画面

3.5 试演：明白试演功能的用法

几乎所有视频都需经过不停地剪辑与修改，才能成为精美的作品，而 Final Cut Pro X 中的试演功能可以帮助用户节约时间，使用该功能可在需要进行修改的地方将素材试演一遍，看是否达到效果，以便随时调整。

3.5.1 建立片段：建立一个素材试演片段

操练 + 视频　3.5.1　建立片段：建立一个素材试演片段

素材文件	素材 \ 第 3 章 \ 蝴蝶飞舞 .mp4 和美丽花朵 .jpg	扫描封底文泉云盘的二维码获取资源
效果文件	效果 1：第 2 章 – 第 7 章 \ 第 3 章 \3.5.1 123.fcpbundle 和 3.5.1 蝴蝶飞舞 .fcpbundle	
视频文件	视频 \ 第 3 章 \ 3.5.1 建立片段：建立一个素材试演片段 .mp4	

建立试演片段在剪辑视频的过程中十分重要，可以避免反复修改而浪费时间和精力。下面介绍建立试演片段的操作方法。

步骤 01：在“时间线”面板中导入一个素材文件（素材 \ 第 3 章 \ 蝴蝶飞舞 .mp4），将素材分割成多个片段，如图 3-75 所示。

步骤 02： 在事件浏览器中选择需要进行试演的片段（素材\第 3 章\美丽花朵 .mp4），如图 3-76 所示。

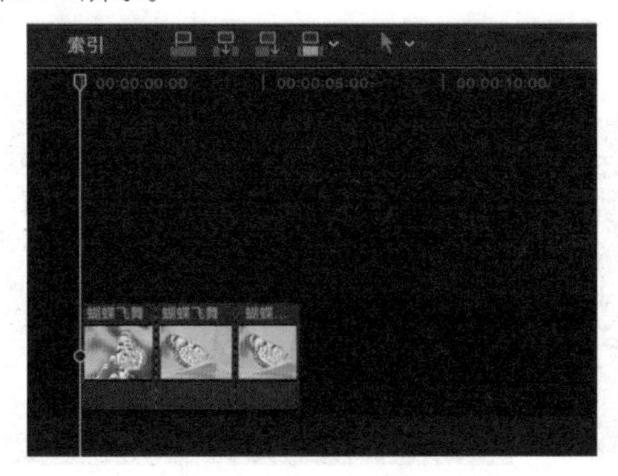

图 3-75　导入素材并分割

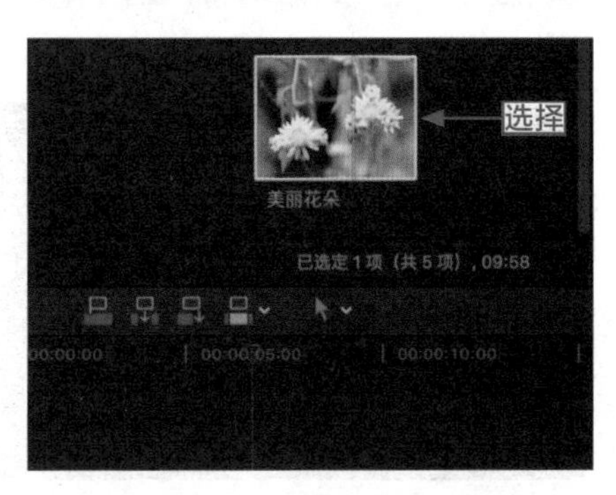

图 3-76　选择需要进行试演的片段

步骤 03： 按住鼠标左键将其拖曳至"时间线"面板中第二个素材片段处，如图 3-77 所示。

步骤 04： 释放鼠标左键，在弹出的快捷菜单中选择"添加到试演"命令，如图 3-78 所示。

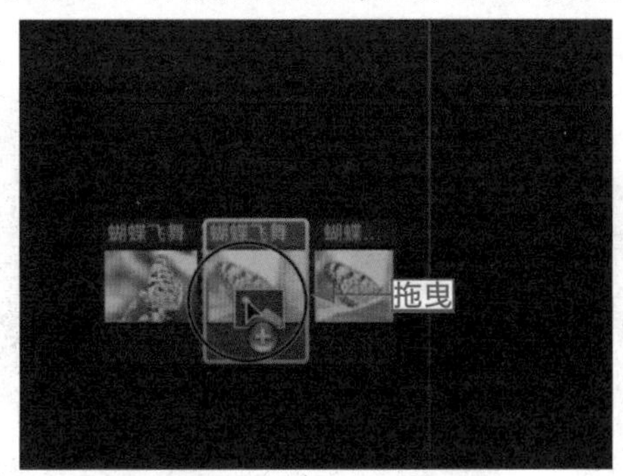

图 3-77　拖曳素材

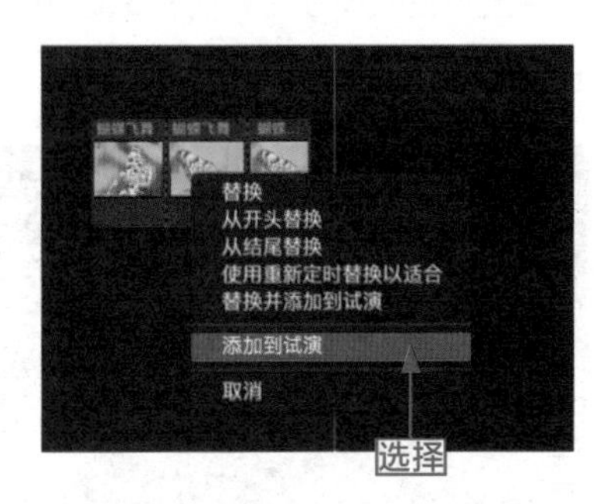

图 3-78　选择"添加到试演"命令

步骤 05： 执行操作后，在第二个素材片段的左上角显示一个小的聚光灯标志，如图 3-79 所示。

步骤 06： 单击聚光灯标志，打开试演对话框，如图 3-80 所示。

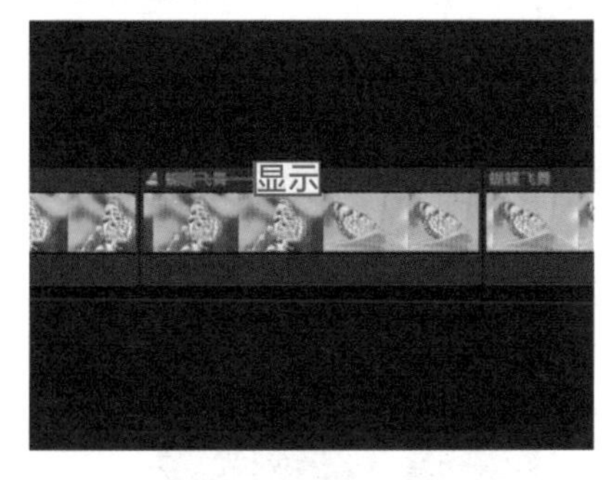

图 3-79　显示聚光灯标志

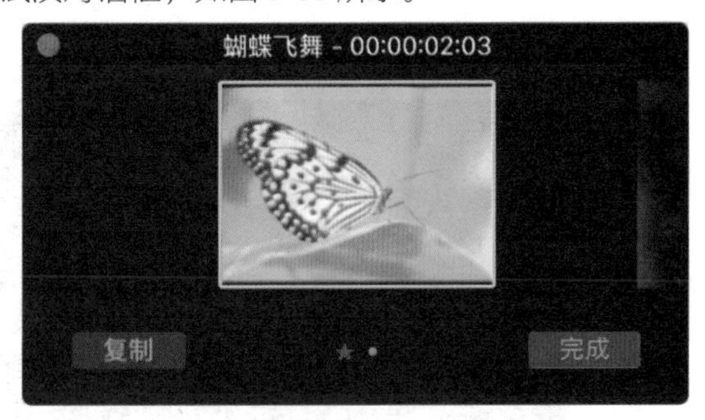

图 3-80　打开"试演"对话框

步骤07：在键盘上按向右方向键，将对话框切换至“美丽花朵”画面，如图3-81所示。

步骤08：单击对话框左下角的“复制”按钮，对素材进行复制操作，复制后素材名称变为“美丽花朵 - 副本1”，如图3-82所示。

图3-81 切换至“美丽花朵”画面

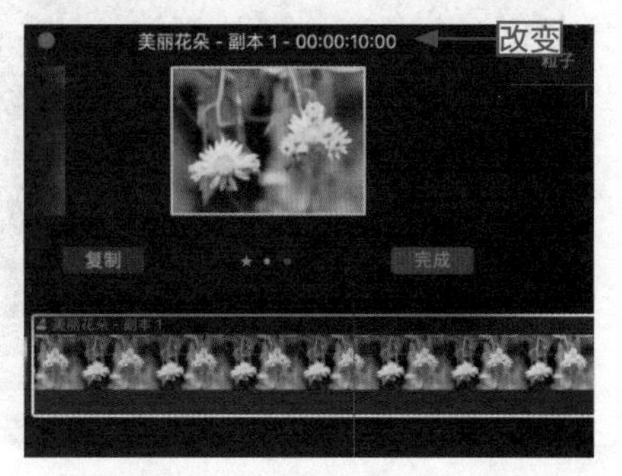

图3-82 复制后素材名称发生改变

步骤09：当素材复制成功后，单击对话框右下角的“完成”按钮，如图3-83所示。

步骤10：选中“时间线”面板中的“美丽花朵 - 副本1”素材片段，在选择的素材上单击鼠标右键，在弹出的快捷菜单中选择“试演”|“预览”命令，如图3-84所示。

图3-83 单击“完成”按钮

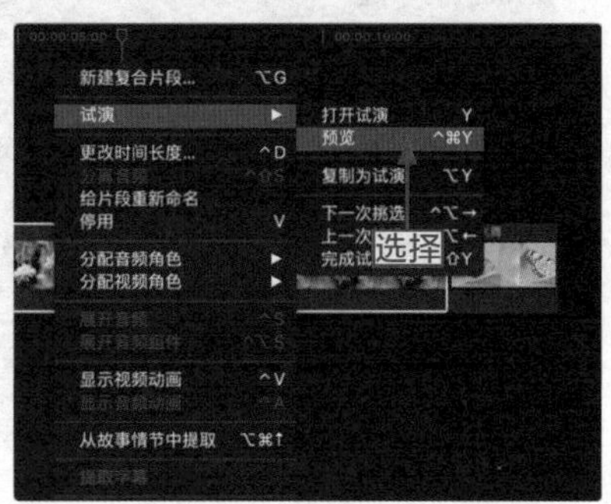

图3-84 选择“预览”命令

步骤11：弹出“试演”对话框，对话框中的素材自动进行重复播放，如图3-85所示。

步骤12：单击“完成”按钮，在确定好的试演片段上单击鼠标右键，在弹出的快捷菜单中选择“试演”|“完成试演”命令，如图3-86所示，试演片段建立成功。

图3-85 自动播放素材

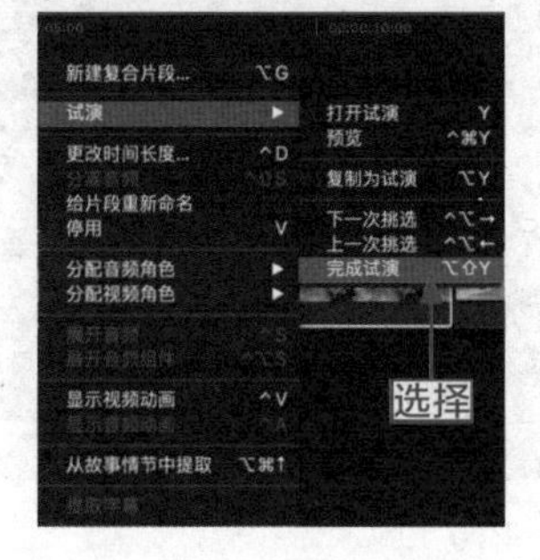

图3-86 选择“完成试演”命令

步骤 13： 单击检视器窗口下方的“播放”按钮，预览素材画面，如图 3-87 所示。

图 3-87　预览素材画面

3.5.2　修改片段：修改不满意的试演片段

操练 + 视频　3.5.2　修改片段：修改不满意的试演片段

素材文件	素材 \ 第 3 章 \ 花蝴蝶 .jpg	扫描封底文泉云盘的二维码获取资源
效果文件	无	
视频文件	视频 \ 第 3 章 \3.5.2 修改片段：修改不满意的试演片段 .mp4	

当用户对自己建立的试演片段不满意时，便可以利用“替换并添加到试演”功能修改试演片段。

步骤 01： 以上一节的素材效果为例，在事件浏览器中导入需要更换的素材文件（素材 \ 第 3 章 \ 花蝴蝶 .jpg），如图 3-88 所示。

步骤 02： 在“时间线”面板上选择需要修改的素材试演片段，如图 3-89 所示。

图 3-88　导入素材

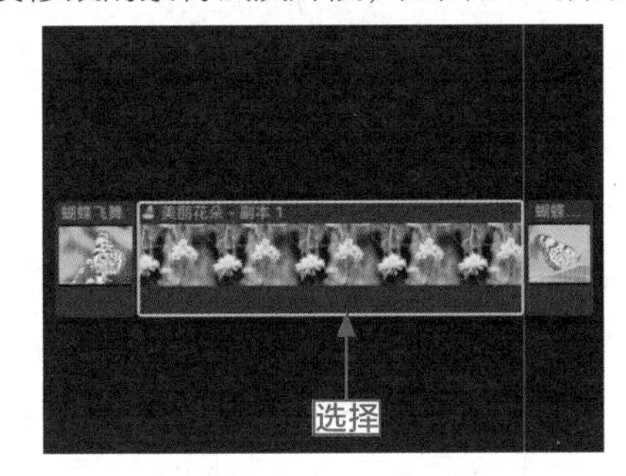

图 3-89　选择素材试演片段

步骤 03： 在事件浏览器中选择需要更换的素材，然后选择“片段”|“试演”|“替换并添加到试演”命令，如图 3-90 所示。

步骤 04： 执行操作后，素材试演片段即可修改成功，如图 3-91 所示。

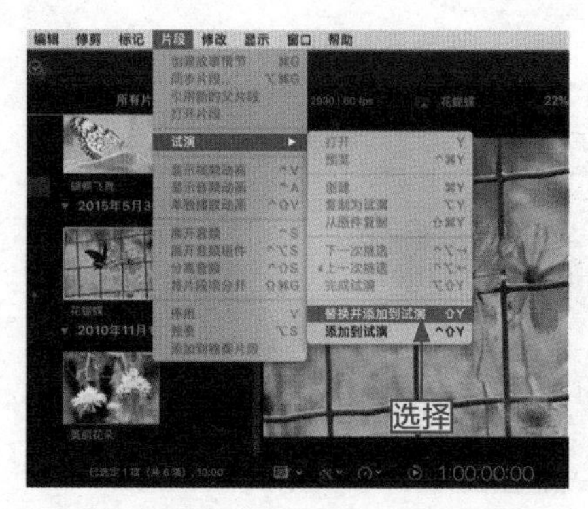

图 3-90　选择“替换并添加到试演”命令

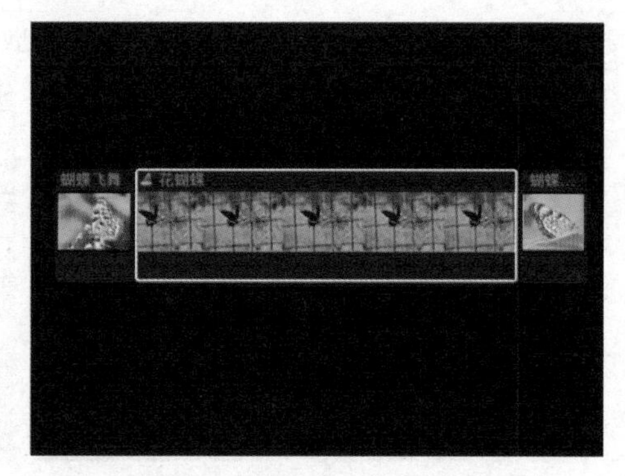

图 3-91　素材试演片段修改成功

3.6　使用：次级故事情节的应用

次级故事情节是在主要故事情节的基础上建立的，其作用是和主要故事情节紧紧相连在一起，移动主要故事情节时，次级故事情节也会跟着移动。

3.6.1　创建情节：创立一个次级故事情节

操练 + 视频　3.6.1　创建情节：创立一个次级故事情节

素材文件	素材 \ 第 3 章 \1.jpg、2.jpg、3.jpg	扫描封底文泉云盘的二维码获取资源
效果文件	效果 1：第 2 章 – 第 7 章 \ 第 3 章 \3.6.1　美食 .fcpbundle	
视频文件	视频 \ 第 3 章 \3.6.1 创建情节：创立一个次级故事情节 .mp4	

创建故事情节指的是将几个片段合并在一个框里，通过“创建故事情节”命令建立一个次级故事情节，下面是具体的操作方法。

步骤 01： 在“时间线”面板中导入素材文件（素材 \ 第 3 章 \1.jpg、2.jpg、3.jpg），运用 3.1.1 节的知识将素材连接在一起，如图 3-92 所示。

步骤 02： 按住鼠标左键并向左拖曳框选主要故事情节上方的两个片段，然后选择“片段”|“创建故事情节”命令，如图 3-93 所示。

步骤 03： 执行操作后，所选的连接片段合并在一个横框里，成为一个次级故事情节，如图 3-94 所示。

步骤 04： 选择次级故事情节下方的主要故事情节，按住鼠标左键向右拖曳至合适位置，如图 3-95 所示，会发现次级故事情节与下方的主要故事情节紧紧连接在一起。

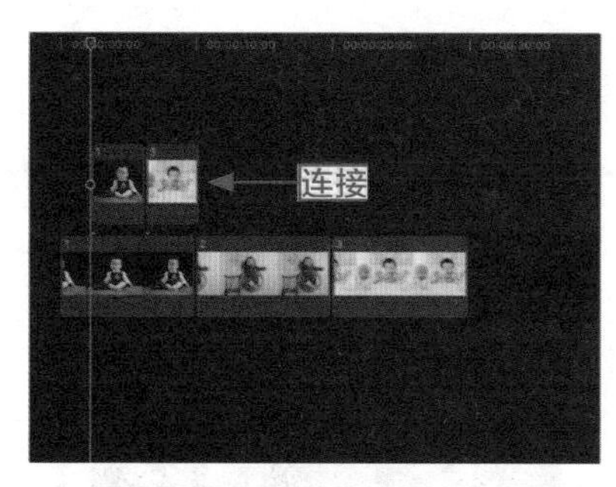

图 3-92　连接素材

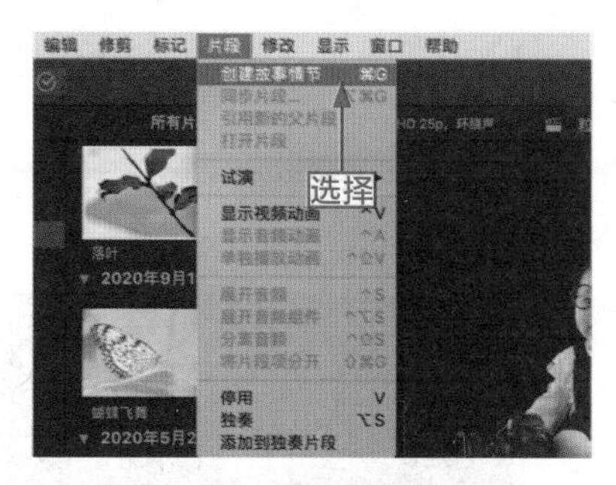

图 3-93　选择“创建故事情节”命令

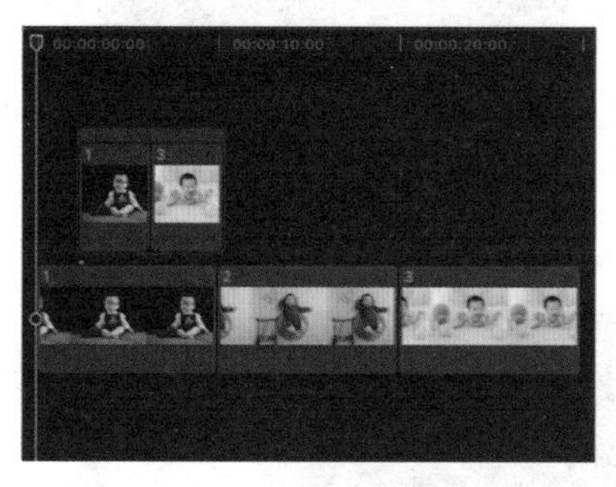

图 3-94　成为次级故事情节

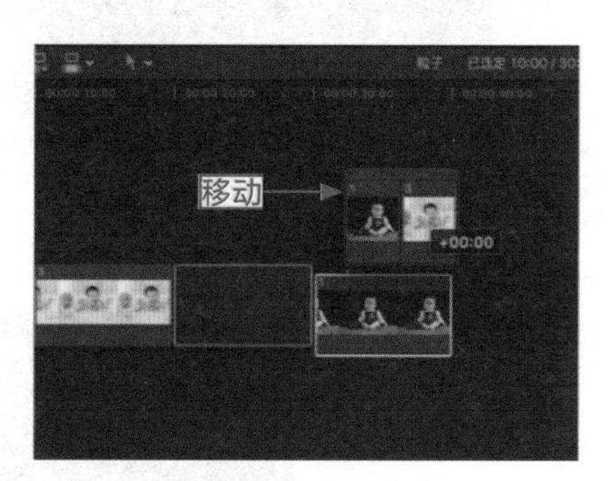

图 3-95　拖曳素材

步骤 05：选择次级故事情节的片段，按住鼠标左键移动调整顺序，如图 3-96 所示。

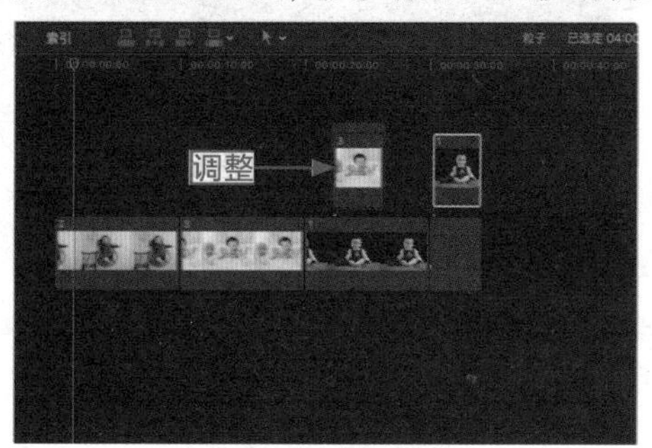

图 3-96　调整素材顺序

步骤 06：单击检视器窗口下方的“播放”按钮，预览素材画面，如图 3-97 所示。

图 3-97　预览素材画面

3.6.2 分离情节：将次级故事情节进行分离

介绍了创建次级故事情节的方法之后，接下来介绍的是分离次级故事情节的操作方法。选择需要分离的次级故事情节，如图 3-98 所示。选择“片段”|“将片段项分开”命令，如图 3-99 所示。

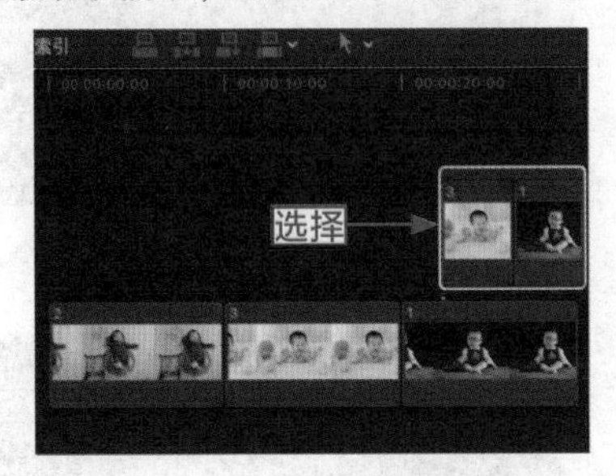

图 3-98 选择次级故事情节

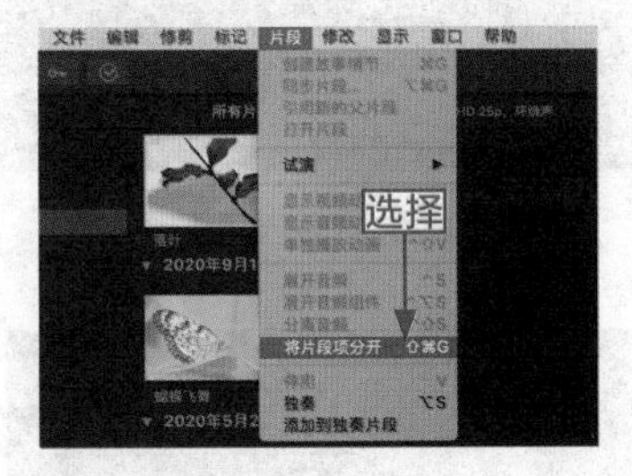

图 3-99 选择“将片段项分开”命令

执行操作后，即可完成次级故事情节的分离操作，如图 3-100 所示。

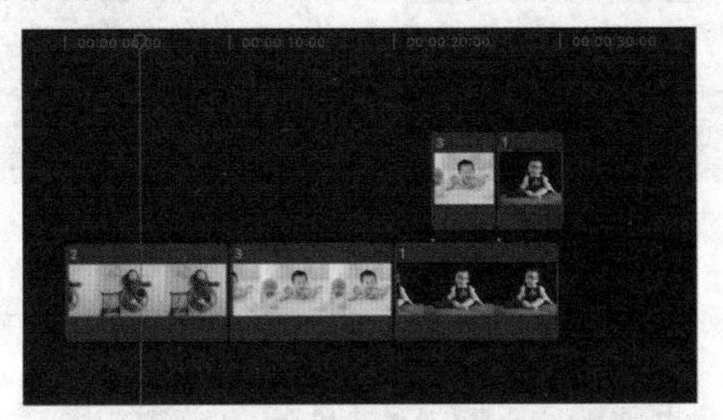

图 3-100 分离次级故事情节

3.7 运用：复合片段的操作方法

复合片段可以将两个或者两个以上的素材片段连接在一起，让其合并成为一个独立的素材，这样用户在对素材进行编辑时，操作起来会更连贯。

3.7.1 复合片段：创建一个素材复合片段

操练 + 视频 3.7.1 复合片段：创建一个素材复合片段

素材文件	素材 \ 第 3 章 \ 蜡烛 .jpg、美食 .jpg	扫描封底文泉云盘的二维码获取资源
效果文件	效果 1：第 2 章 – 第 7 章 \ 第 3 章 \3.7.1 美食 .fcpbundle	
视频文件	视频 \ 第 3 章 \3.7.1 复合片段：创建一个素材复合片段 .mp4	

创建复合片段的操作方法和创建次级故事情节类似，不同的是创建成功的复合片段在素材上方会多出一个素材名称。

步骤 01：在“时间线”面板中导入素材文件（素材 \ 第 3 章 \ 蜡烛 .jpg、美食 .jpg），如图 3-101 所示。

图 3-101　导入素材

步骤 02：选中“时间线”面板中的两个素材，在选择的素材上单击鼠标右键，在弹出的快捷菜单中选择“新建复合片段”命令，如图 3-102 所示。

步骤 03：执行上述操作后，弹出相应对话框，如图 3-103 所示。

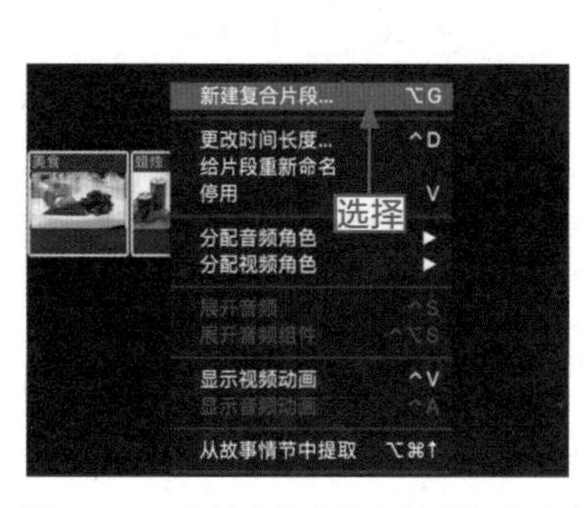

图 3-102　选择“新建复合片段”命令

图 3-103　弹出相应对话框

步骤 04：在“复合片段名称”文本框中输入名称“美食片段”，如图 3-104 所示。

步骤 05：单击右下角的“好”按钮，即可成功创建一个复合片段，如图 3-105 所示，“时间线”面板的素材上方出现了复合片段的名称。

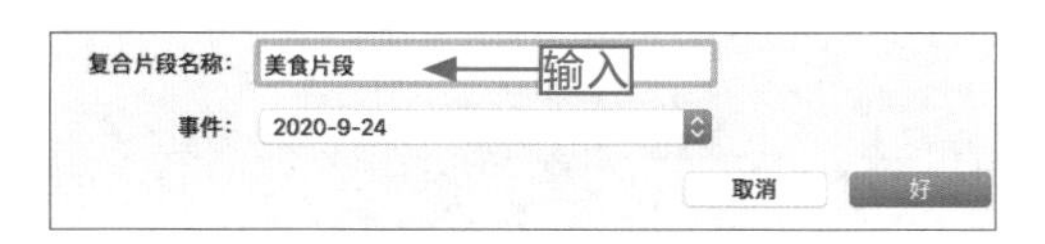

图 3-104　输入名称

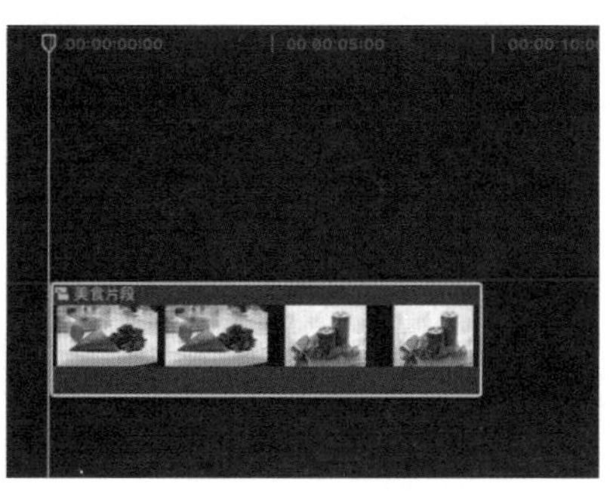

图 3-105　创建复合片段

3.7.2 拆分片段：拆分复合的素材片段

拆分复合片段的操作可以通过“将片段项分开”命令实现，拆分后的复合片段会各自回归一个单独的个体。

选择相应的复合片段，然后选择“片段”|“将片段项分开”命令，如图 3-106 所示。执行操作后，即可拆分复合片段，如图 3-107 所示。

图 3-106　选择“将片段项分开”命令

图 3-107　拆分复合片段

3.8 本章小结

本章主要介绍了编辑素材的基本操作、工具菜单的功能作用、改变视频的播放速度、更改素材的形状大小、试演功能的用法、次级故事情节的应用和复合片段的操作方法等。通过这些知识的学习，用户可积累一些经验，在之后的操作过程中可以学以致用。

CHAPTER 04
第 4 章

编辑：解析媒体素材的操作方法

Final Cut Pro X 具有非常强大的编辑功能，经该软件适当处理和编辑的素材会更加完美。本章主要介绍添加素材的具体方法、利用关键帧制作动画效果以及编辑中经常用的便捷方式等内容。

~ 知识要点 ~

- 静帧图像：制作视频画面的定格效果
- 连接静帧：连接制作完成的静帧片段
- 均速更改：匀速改变素材时间长度
- 快速跳接：通过标记功能预览素材
- 外观设置：改变素材缩略图的形式
- 打开索引：查看完整的素材信息
- 独奏片段：更细致地观看素材画面
- 停用片段：防止其他素材片段干扰

~ 本章重点 ~

- PSD 文件：在界面中添加 PSD 素材
- 关键帧：在检查器中添加关键帧
- 关键帧：在检视器中设置关键帧
- 自定义：根据意愿定义播放速度

4.1　添加：导入不同格式的素材文件

制作视频的首要操作就是添加素材，本节主要介绍在 Final Cut Pro X 中添加影视素材的方法，包括制作静帧图像、连接静帧片段以及添加 PSD 文件等。

4.1.1　静帧图像：制作视频画面的定格效果

操练 + 视频	4.1.1　静帧图像：制作视频画面的定格效果	
素材文件	素材 \ 第 4 章 \ 大桥 .mp4	扫描封底文泉云盘的二维码获取资源
效果文件	效果 1：第 2 章 – 第 7 章 \ 第 4 章 \4.1.1　大桥 .fcpbundle	
视频文件	视频 \ 第 4 章 \4.1.1 静帧图像：制作视频画面的定格效果 .mp4	

静帧指的是一个定格，类似于暂停画面，在视频中制作静帧图像类似于将其中的一个画面定格。下面介绍制作静帧图像的操作方法。

步骤 01：导入一个素材文件（素材 \ 第 4 章 \ 大桥 .mp4），在检视器中查看素材画面，如图 4-1 所示。

步骤 02：在“时间线”面板中选择素材片段，如图 4-2 所示。

图 4-1　查看素材画面

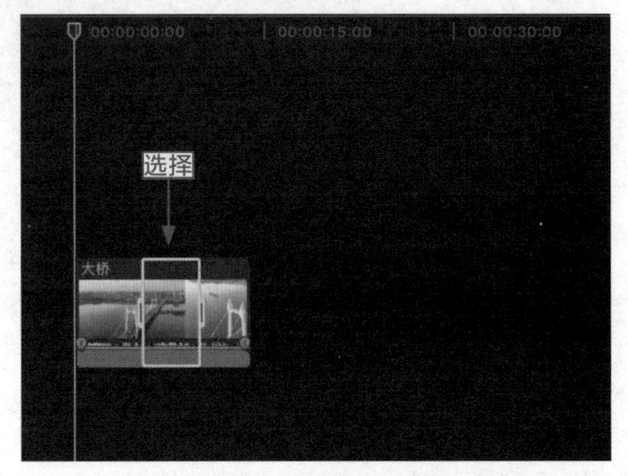

图 4-2　选择素材片段

步骤 03：选择素材片段后，将时间指示器移动到需要制作静帧的位置，如图 4-3 所示。

步骤 04：在菜单栏中选择“编辑”|“添加静帧”命令，如图 4-4 所示。

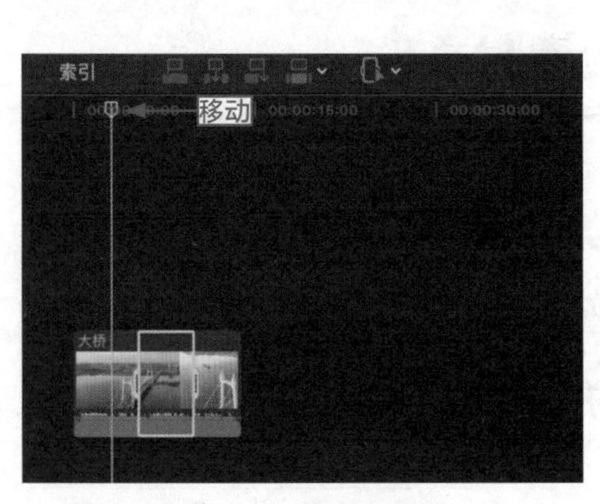

图 4-3　移动时间指示器

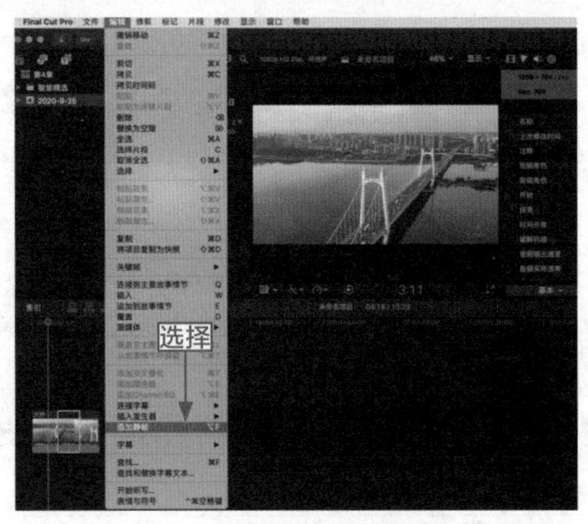

图 4-4　选择“添加静帧”命令

步骤 05：执行操作后，即可将静帧片段插入“时间线”面板中，如图 4-5 所示。

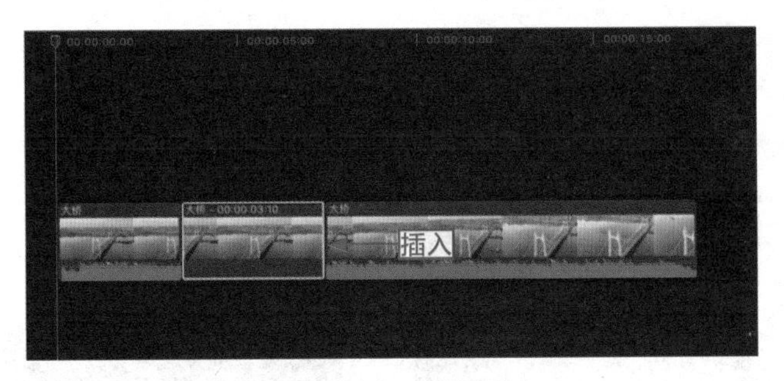

图 4-5　插入静帧片段

4.1.2　连接静帧：连接制作完成的静帧片段

操练 + 视频	4.1.2　连接静帧：连接制作完成的静帧片段	
素材文件	素材 \ 第 4 章 \ 过山车 .jpg	扫描封底文泉云盘的二维码获取资源
效果文件	无	
视频文件	视频 \ 第 4 章 \ 4.1.2 连接静帧：连接制作完成的静帧片段 .mp4	

连接静帧需要在事件浏览器中完成，制作完成的静帧片段会以连接片段的形式出现在“时间线”面板中。

步骤 01：在上一节的素材效果中，导入一个素材文件（素材 \ 第 4 章 \ 过山车 .jpg），在检查器中查看素材画面，如图 4-6 所示。

步骤 02：将时间指示器移动到需要连接静帧的位置，如图 4-7 所示。

图 4-6　查看素材画面

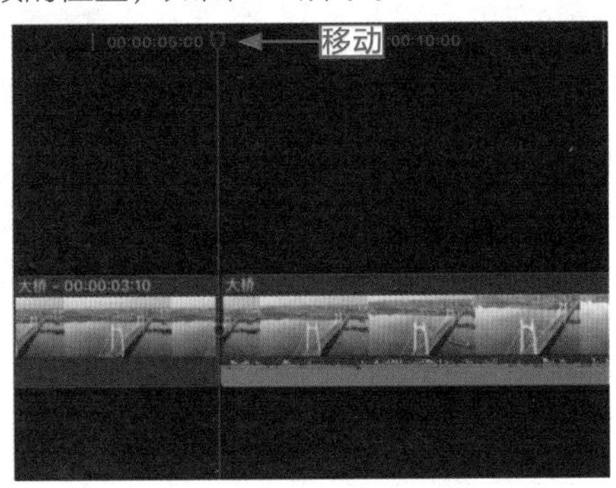

图 4-7　移动时间指示器

步骤 03：在事件浏览器中选择需要连接的素材片段，在菜单栏中选择“编辑”|“连接静帧”命令，如图 4-8 所示。

步骤 04：执行操作后，该素材片段和“时间线”面板中的素材连接起来，如图 4-9 所示。

> **专家指点** 在 Final Cut Pro X 中，除上述操作方法外，还可以按 Option +F 组合键连接静帧。

图 4-8　选择“连接静帧”命令

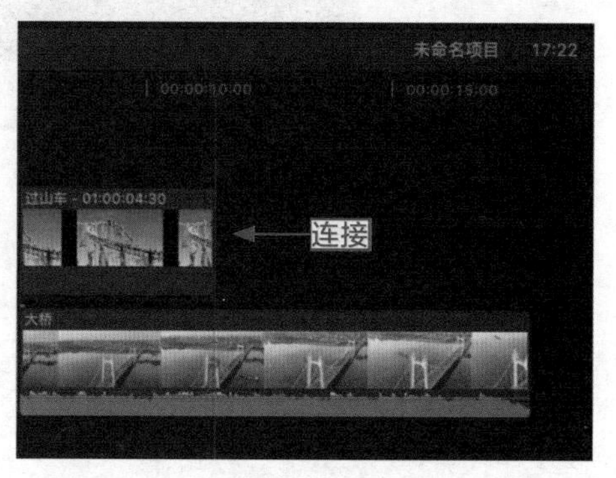

图 4-9　素材片段连接在一起

4.1.3　PSD 文件：在界面中添加 PSD 素材

操练 + 视频　4.1.3　PSD 文件：在界面中添加 PSD 素材

素材文件	素材 \ 第 4 章 \ 轨迹 .psd	扫描封底文泉云盘的二维码获取资源
效果文件	效果 1：第 2 章 – 第 7 章 \ 第 4 章 \4.1.3　轨迹 .fcpbundle	
视频文件	视频 \ 第 4 章 \ 4.1.3 PSD 文件：在界面中添加 PSD 素材 .mp4	

在 Final Cut Pro X 中，不仅可以导入视频、音频以及静态图像素材，还可以导入 PSD 素材图像。下面介绍添加 PSD 素材图像的操作方法。

步骤 01：在 Final Cut Pro X 工作界面中，选择“文件” | “导入” | “媒体”命令，如图 4-10 所示。

步骤 02：弹出“媒体导入”对话框，在其中选择需要导入的 PSD 文件（素材 \ 第 4 章 \ 轨迹 .psd），单击“导入所选项”按钮，如图 4-11 所示。

步骤 03：将导入的 PSD 素材图像拖曳到“时间线”面板中，单击素材上的叠加标志，如图 4-12 所示。

步骤 04：执行操作后，即可查看导入“时间线”面板中的 PSD 素材图像缩略图，如图 4-13 所示。

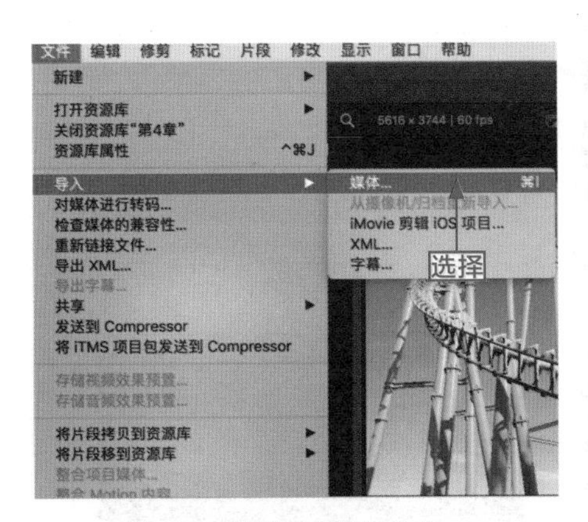

图 4-10　选择“媒体”命令

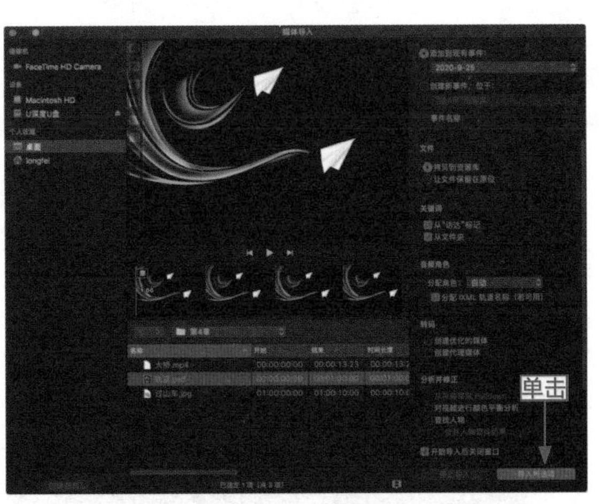

图 4-11　单击“导入所选项”按钮

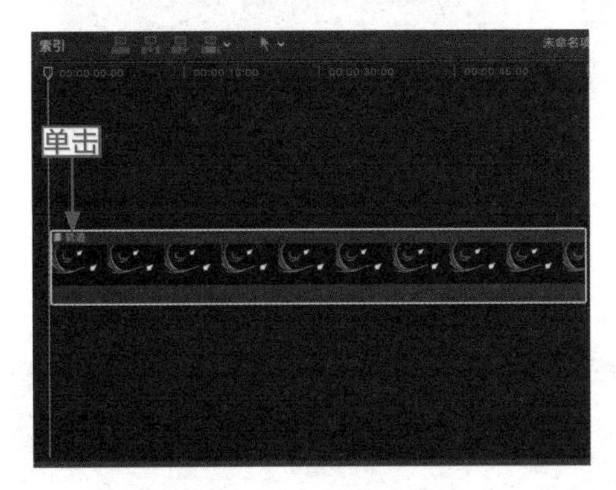

图 4-12　单击叠加标志

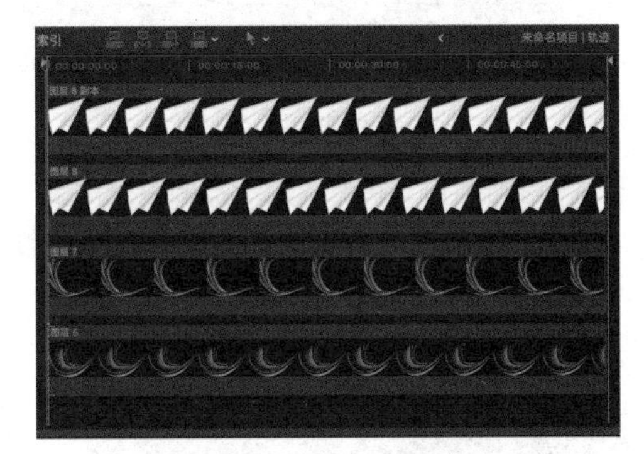

图 4-13　查看素材图像缩略图

4.2　运动：利用关键帧制作动画效果

在 Final Cut Pro X 中，关键帧可以控制视频或音频特效的变化，并形成一个变化的过渡效果。

4.2.1　关键帧：在检查器中添加关键帧

操练 + 视频	4.2.1　关键帧：在检查器中添加关键帧	
素材文件	素材 \ 第 4 章 \ 芙蓉 .jpg	扫描封底文泉云盘的二维码获取资源
效果文件	效果 1：第 2 章 – 第 7 章 \ 第 4 章 \4.2.1　芙蓉 .fcpbundle	
视频文件	视频 \ 第 4 章 \ 4.2.1 关键帧：在检查器中添加关键帧 .mp4	

在检查器中，可以针对应用与素材的任意特效添加关键帧，也可以指定添加关键帧的可见性。下面介绍在检查器中设置关键帧的操作方法。

步骤 01：导入一幅素材图像（素材\第 4 章\芙蓉 .jpg），如图 4-14 所示。

步骤 02：单击“显示视频检查器”按钮，切换至视频检查器，如图 4-15 所示。

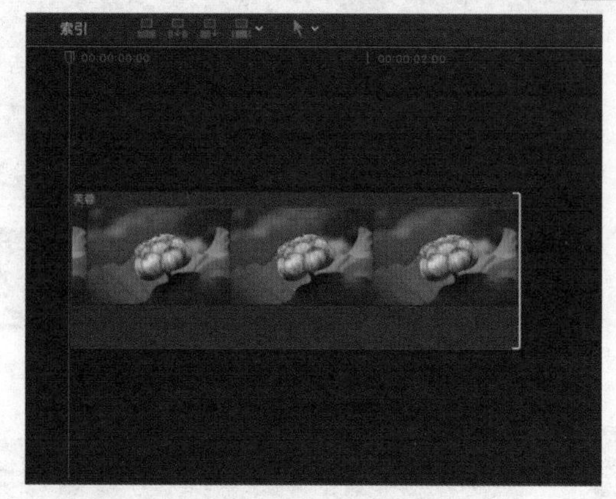

图 4-14 导入素材

图 4-15 单击“显示视频检查器”按钮

步骤 03：将时间指示器调整至需要设置关键帧的位置，如图 4-16 所示。

步骤 04：在视频检查器的“变换”选项区中，将“缩放（全部）”右侧的滑块拖曳至 0 处，然后单击“添加关键帧”按钮，如图 4-17 所示，添加一个关键帧。

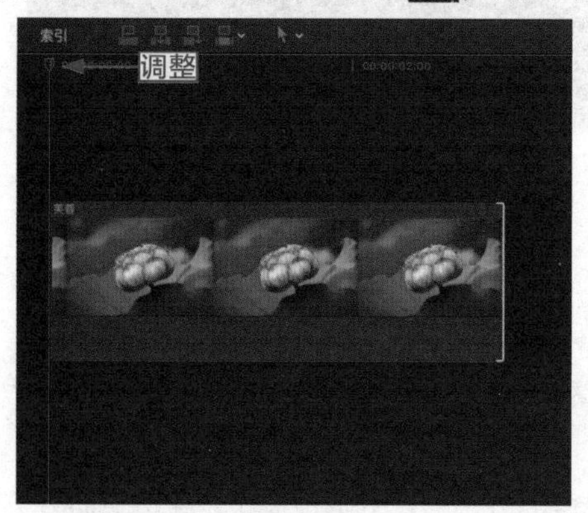

图 4-16 调整时间指示器

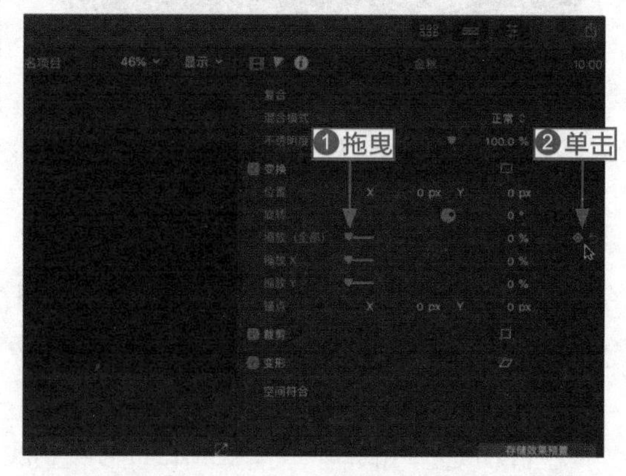

图 4-17 单击“添加关键帧”按钮

步骤 05：再次将时间指示器调整至另一个需要设置关键帧的位置，如图 4-18 所示。

步骤 06：在视频检查器的“变换”选项区中，将“缩放（全部）”右侧的滑块拖曳至 100% 处，单击“添加关键帧”按钮，如图 4-19 所示，添加第二个关键帧。

步骤 07：单击“播放”按钮，预览视频的动画效果，如图 4-20 所示。

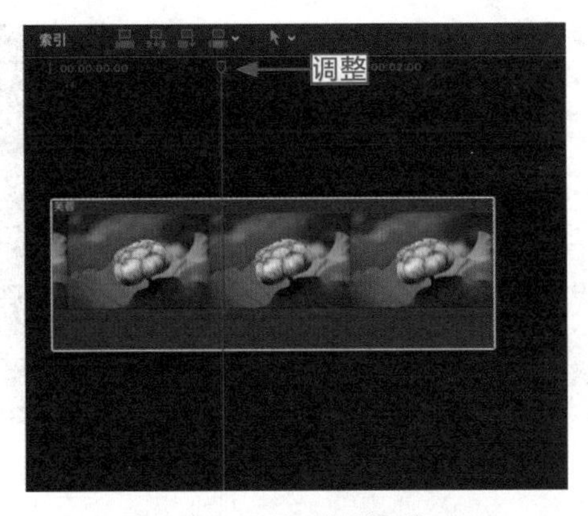

图 4-18　再次调整时间指示器

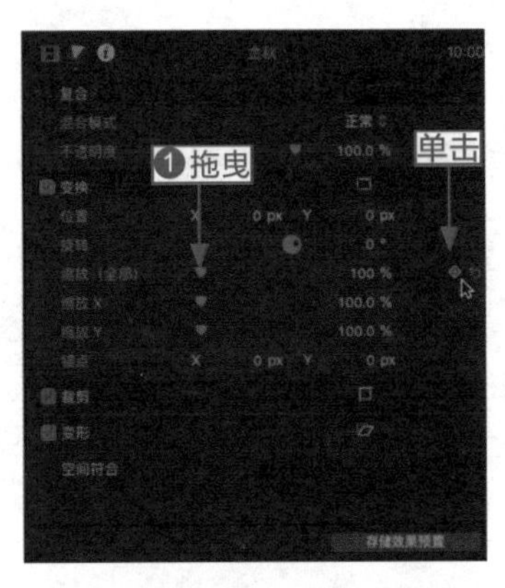

图 4-19　单击“添加关键帧”按钮

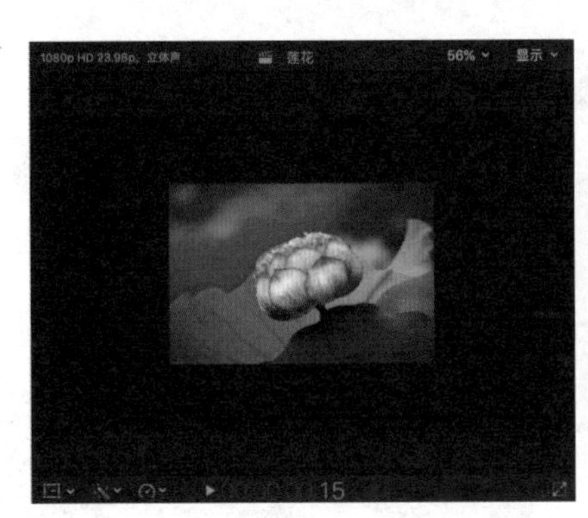

图 4-20　预览视频的动画效果

4.2.2　关键帧：在检视器中设置关键帧

操练 + 视频	4.2.2　关键帧：在检视器中设置关键帧	
素材文件	素材 \ 第 4 章 \ 田园风光 .jpg	扫描封底文泉云盘的二维码获取资源
效果文件	效果 1：第 2 章 – 第 7 章 \ 第 4 章 \4.2.2　田园风光 .fcpbundle	
视频文件	视频 \ 第 4 章 \ 4.2.2 关键帧：在检视器中设置关键帧 .mp4	

除了可以在检查器中设置关键帧，还可以在检视器中设置关键帧，方便用户更直观地观看动画效果。

步骤 01： 导入一个素材文件（素材 \ 第 4 章 \ 田园风光 .jpg），如图 4-21 所示。

步骤 02： 将时间指示器拖曳至素材的开始位置，选中“时间线”面板中的素材，如图 4-22 所示。

图 4-21　导入素材

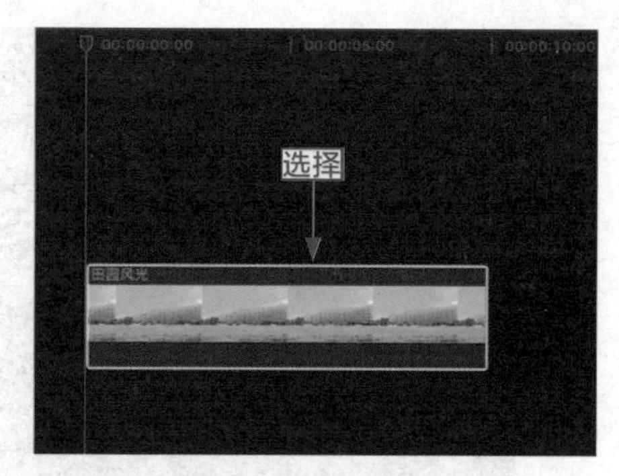

图 4-22　选中素材

步骤 03：单击检视器左下角的“变换”按钮，在弹出的下拉列表中选择“变换”选项，如图 4-23 所示。

步骤 04：单击检视器左上方的“关键帧”按钮，如图 4-24 所示。

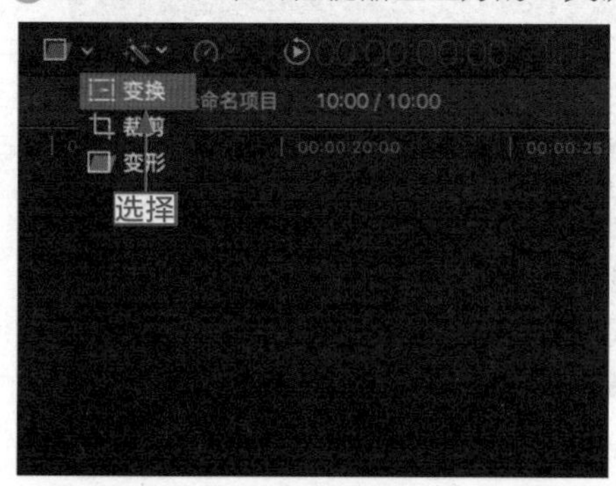

图 4-23　选择“变换”选项

图 4-24　单击“关键帧”按钮

步骤 05：将鼠标指针移到检视器素材四周的控制柄上，按住鼠标左键将素材缩小并拖曳至左下角的位置，如图 4-25 所示。

步骤 06：调整时间指示器至另一个需要添加关键帧的位置，如图 4-26 所示。

图 4-25　缩小素材

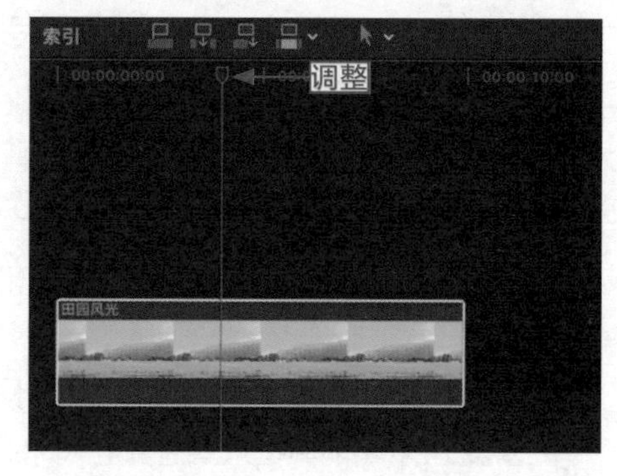

图 4-26　调整时间指示器

步骤 07：在检视器窗口中将素材放大至最开始的样子，素材上会出现标注好的方向和运动轨迹，如图 4-27 所示。

步骤 08： 操作完成后，单击右上角的“完成”按钮，如图 4-28 所示，即可完成在画布中的关键帧的设置。

图 4-27　素材上出现标注

图 4-28　单击“完成”按钮

4.2.3　关键帧：在时间线中设置关键帧

操练 + 视频	4.2.3　关键帧：在时间线中设置关键帧	
素材文件	素材 \ 第 4 章 \ 城市光影 .jpg	扫描封底文泉云盘的二维码获取资源
效果文件	效果 1：第 2 章 – 第 7 章 \ 第 4 章 \4.2.3　城市光影 .fcpbundle	
视频文件	视频 \ 第 4 章 \4.2.3 关键帧：在时间线中设置关键帧 .mp4	

在“时间线”面板中可以通过“不透明度”功能设置关键帧，让素材效果变得更有层次感。

步骤 01： 在“时间线”面板中导入素材图像（素材 \ 第 4 章 \ 城市光影 .jpg），如图 4-29 所示。

步骤 02： 选择“片段” | “显示视频动画”命令，如图 4-30 所示。

图 4-29　导入素材

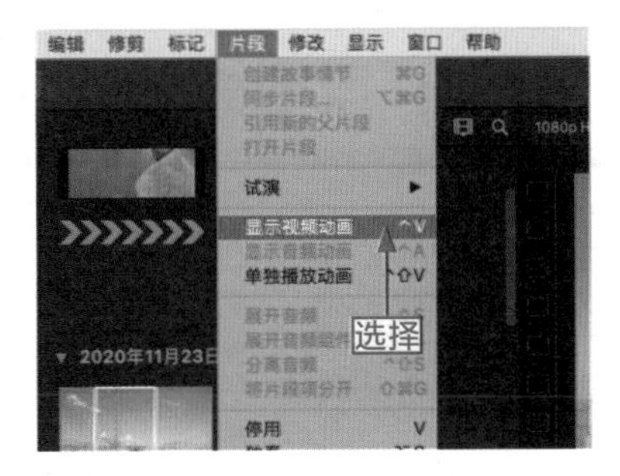

图 4-30　选择“显示视频动画”命令

步骤 03： 打开“视频动画”对话框，单击“复合：不透明度”右侧的图标，如图 4-31 所示。

步骤 04：在“复合：不透明度”的操作区域出现一条白线，将鼠标指针移动到白线上，待鼠标指针呈双向箭头时，按住鼠标左键并拖曳至合适位置，调整素材的透明度，如图 4-32 所示。

图 4-31　单击图片图标

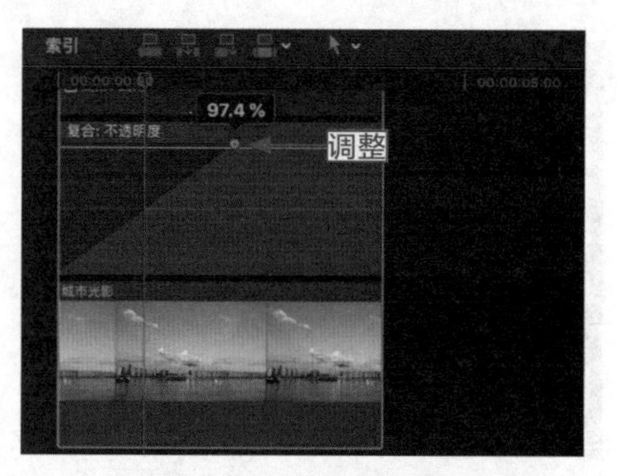

图 4-32　调整素材的透明度

步骤 05：单击检视器下方的“播放”按钮，预览视频画面效果，如图 4-33 所示。

图 4-33　预览视频画面效果

> **专家指点**　调整素材透明度时，越向右拖曳鼠标，素材的透明度就越高。

4.3　调节：改变素材速度增加冲击力

在视频的制作过程中，改变素材的播放速度可以让视频看起来更加生动，慢动作能让画面镜头更清楚，快镜头则可以增加画面的视觉冲击力。

4.3.1　均速更改：匀速改变素材时间长度

匀速是视频中常用的一种速度模式，更改素材的速度，则素材的时间长度也会发生改变。

操练 + 视频　4.3.1　均速更改：匀速改变素材时间长度

素材文件	素材 \ 第 4 章 \ 水中城市 .mp4	扫描封底文泉云盘的二维码获取资源
效果文件	效果 1：第 2 章 – 第 7 章 \ 第 4 章 \4.3.1　水中城市 .fcpbundle	
视频文件	视频 \ 第 4 章 \4.3.1 均速更改：匀速改变素材时间长度 .mp4	

步骤 01：将素材（素材 \ 第 4 章 \ 水中城市 .mp4）导入“时间线”面板中，如图 4-34 所示。

步骤 02：选择“时间线”面板中的素材，然后选择“修改”|“重新定时”|“显示重新定时编辑器”命令，如图 4-35 所示。

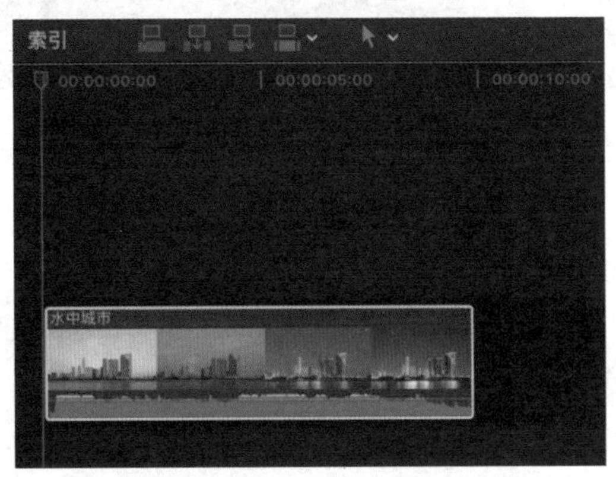

图 4-34　导入素材

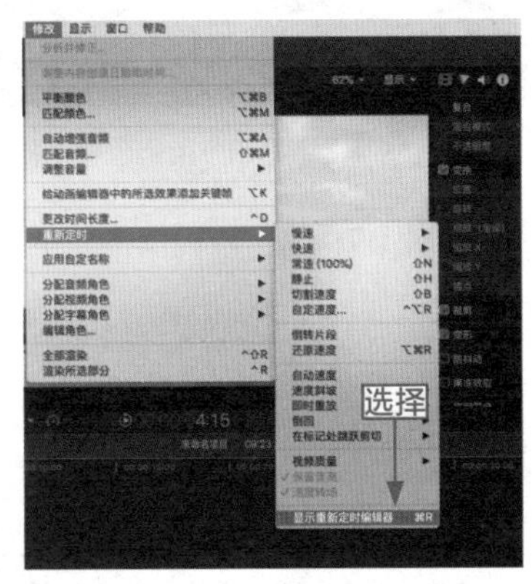

图 4-35　选择“显示重新定时编辑器”命令

步骤 03：执行操作后，“时间线”面板中的素材上出现“常速（100%）”文字，将鼠标指针移动到绿色指示条上的竖线处，如图 4-36 所示。

步骤 04：按住鼠标左键并向左拖曳，素材上方的绿色指示条颜色变成紫色，文字也会发生改变，如图 4-37 所示。

图 4-36　将鼠标移动竖线处

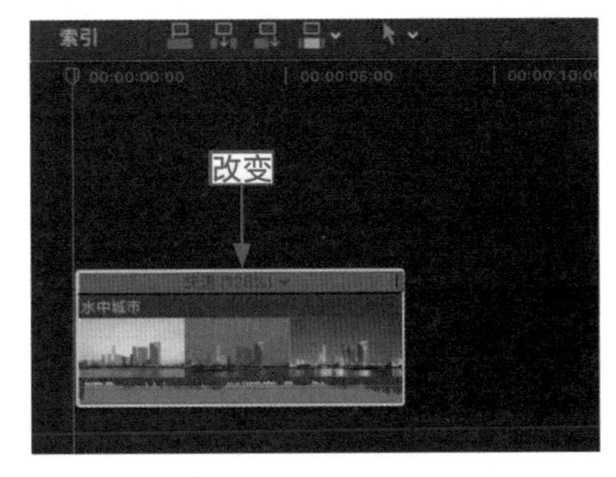

图 4-37　文字发生改变

步骤 05：将鼠标指针移动至紫色指示条上的竖线处，按住鼠标左键并向右拖曳，素材上方指示条的颜色由紫色变成橙色，文字也从“快速（百分比）”变成“慢速（百分比）”，如图 4-38 所示。

步骤 06：单击“慢速（87%）”右侧的下拉按钮，在下拉列表中选择“常速（100%）”选项，如图 4-39 所示。

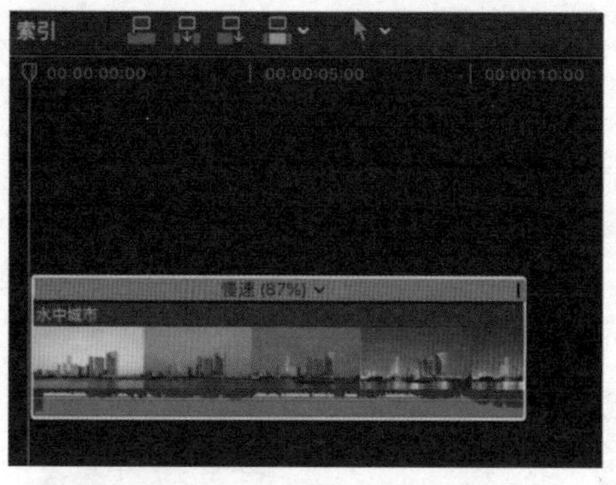

图 4-38 文字指示条由紫色变成橙色

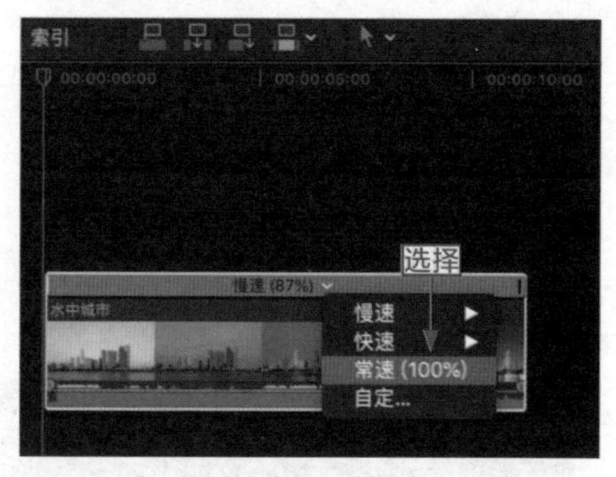

图 4-39 选择“常速（100%）”选项

步骤 07：单击检视器下方的“播放”按钮，预览常速状态下的视频画面效果，如图 4-40 所示。

图 4-40 预览画面效果

4.3.2 自定义：根据意愿定义播放速度

操练 + 视频 4.3.2 自定义：根据意愿定义播放速度

素材文件	无	扫描封底文泉云盘的二维码获取资源
效果文件	无	
视频文件	视频 \ 第 4 章 \4.3.2 自定义：根据意愿定义播放速度 .mp4	

用户可以根据自己的意愿自主设置素材的播放速度。下面介绍自定义“倒转”播放速度的操作方法。

步骤 01：以上一节的素材效果为例，单击检视器下方的“选取片段重新定时选项”

按钮，在弹出的下拉列表中选择“自定”选项，如图 4-41 所示。

步骤 02：弹出“自定速度”对话框，如图 4-42 所示。

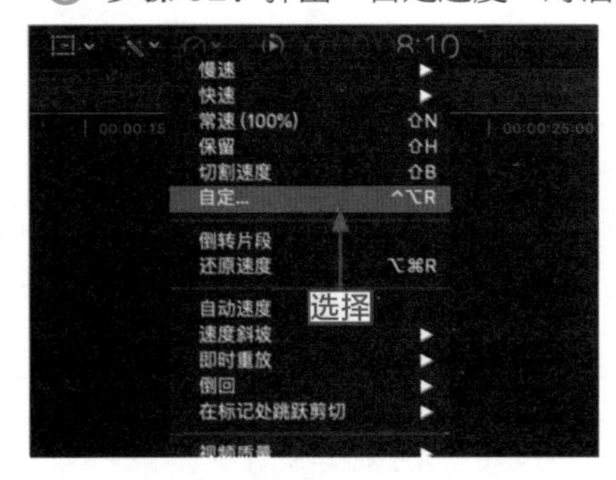

图 4-41　选择“自定”选项

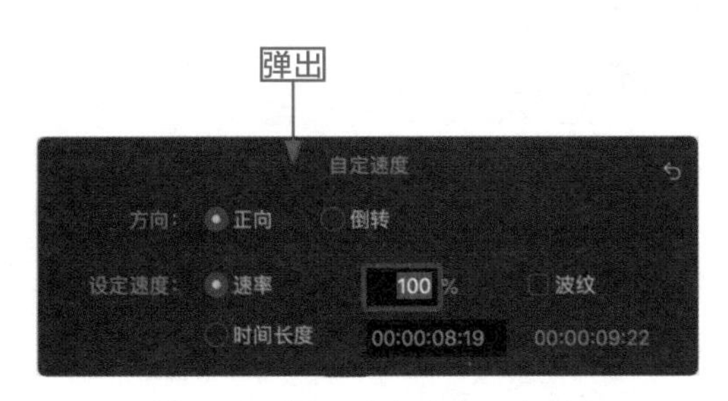

图 4-42　弹出“自定速度”对话框

步骤 03：选中“方向”选项右侧的“倒转”单选按钮，如图 4-43 所示，可以看到“时间线”面板中素材上方的指示条上出现了许多绿色的小箭头，文字也发生了变化。

步骤 04：选择“修改”|“重新定时”|“倒转片段”命令，如图 4-44 所示。

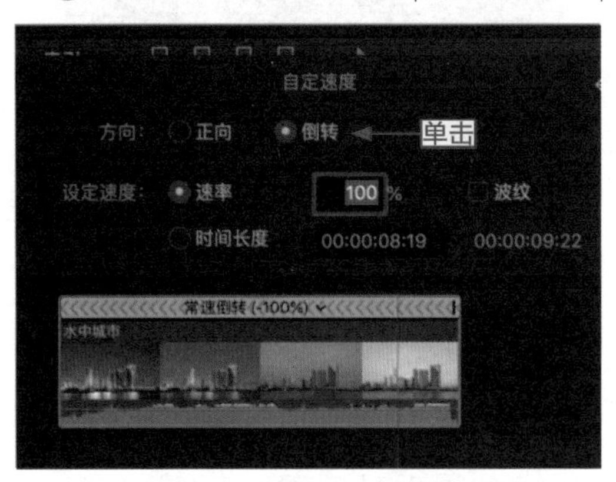

图 4-43　选中“倒转”单选按钮

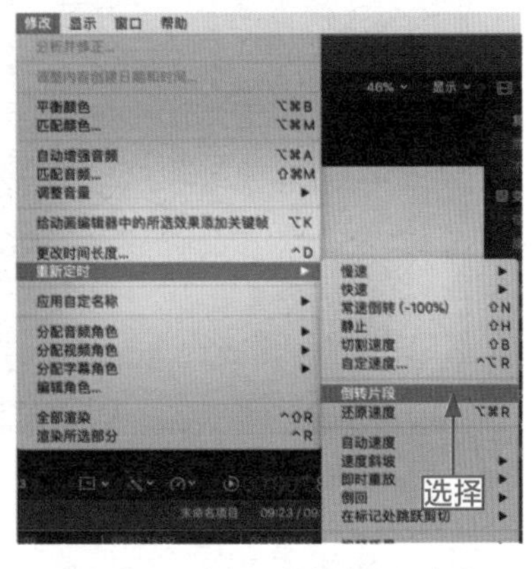

图 4-44　选择“倒转片段”命令

步骤 05：再次弹出“自定速度”对话框，在对话框中设置速度为 80%，如图 4-45 所示。

步骤 06：操作完成后，即可成功设置素材的自定速度。

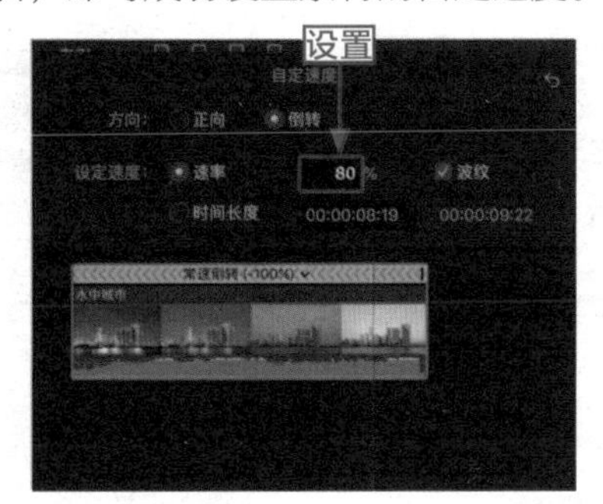

图 4-45　设置速度为 80%

4.3.3 快速跳接：通过标记功能预览素材

操练 + 视频　4.3.3　快速跳接：通过标记功能预览素材

素材文件	无	扫描封底文泉云盘的二维码获取资源
效果文件	无	
视频文件	视频 \ 第 4 章 \4.3.3　快速跳接：通过标记功能预览素材 .mp4	

快速跳接指的是用户可以通过标记功能快速跳接到标记位置预览素材画面。下面介绍快速跳接的操作方法。

步骤 01：以上一节的素材效果为例，选择"时间线"面板中的素材，将时间指示器调整到需要进行跳接的位置，如图 4-46 所示。

步骤 02：选择"标记"|"标记"|"添加标记"命令，在素材上添加一个标记，如图 4-47 所示。

图 4-46　调整时间指示器

图 4-47　添加一个标记

步骤 03：单击"选取片段重新定时选项"按钮旁边的下拉按钮，在弹出的下拉列表中选择"在标记处跳跃剪切"|"30 帧"选项，如图 4-48 所示。

步骤 04：执行操作后，"时间线"面板中的素材出现持续时间为 30 帧的蓝色区域，如图 4-49 所示。

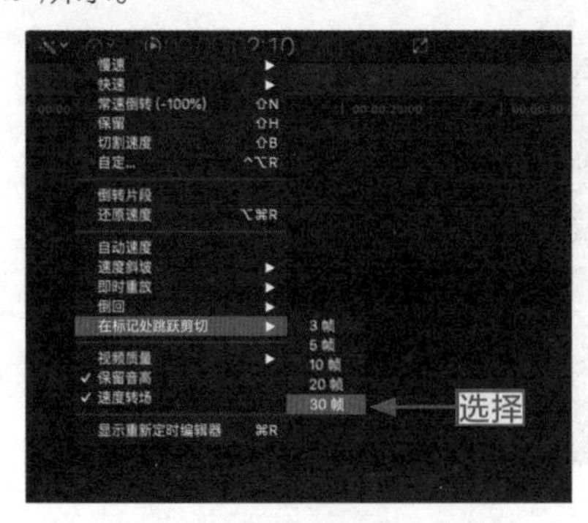

图 4-48　选择"30 帧"选项

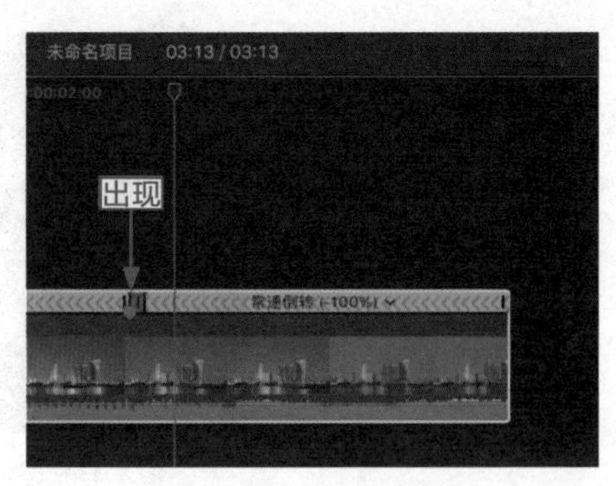

图 4-49　出现蓝色区域

4.3.4　速度斜坡：素材呈现的一种形式

操练 + 视频　4.3.4　速度斜坡：素材呈现的一种形式

素材文件	无	扫描封底文泉云盘的二维码获取资源
效果文件	无	
视频文件	视频 \ 第 4 章 \4.3.4　速度斜坡：素材呈现的一种形式 .mp4	

速度斜坡指的是素材以递增或递减的形式呈现出来，这种形式看起来像一个斜坡，因此被称为速度斜坡。

步骤 01：单击“选取片段重新定时选项”按钮旁边的下拉按钮，在弹出的下拉列表中选择“速度斜坡”|“到 0%”选项，如图 4-50 所示。

步骤 02：“时间线”面板中素材速度指示条被分成几个部分，橙色指示条上的速度呈递减形式，如图 4-51 所示。

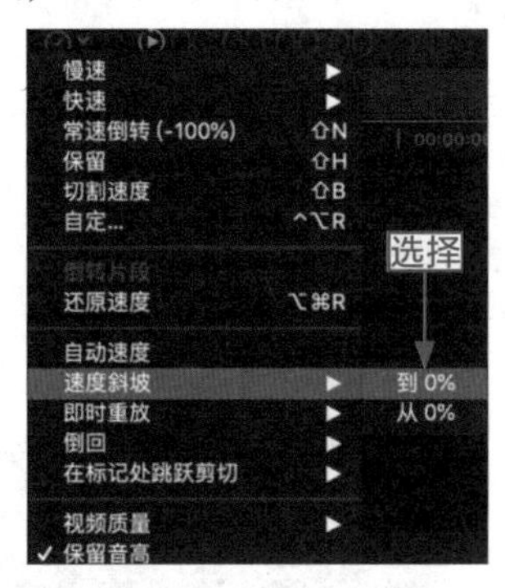

图 4-50　选择“到 0%”选项

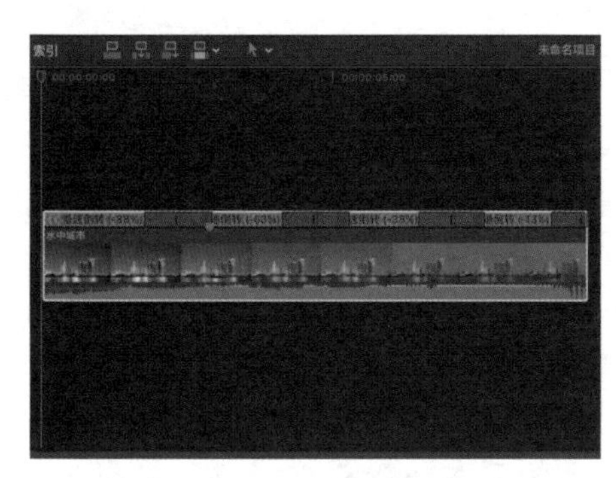

图 4-51　速度呈递减形式

步骤 03：单击“选取片段重新定时选项”按钮旁边的下拉按钮，在弹出的下拉列表中选择“速度斜坡”|“从 0%”选项，如图 4-52 所示。

步骤 04：执行操作后，“时间线”面板中素材上方的指示条的速度呈递增形式，如图 4-53 所示。

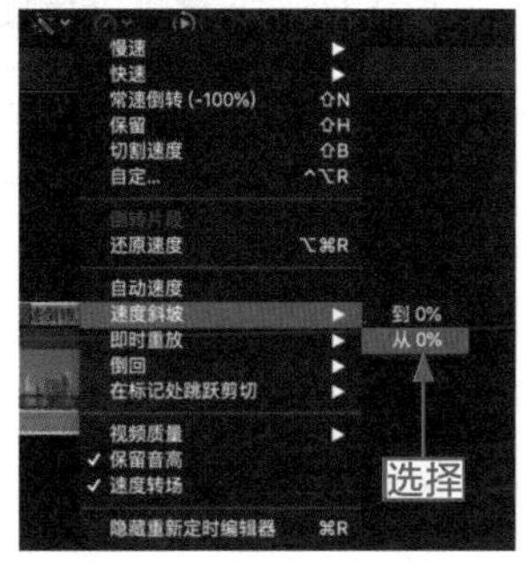

图 4-52　选择“从 0%”选项

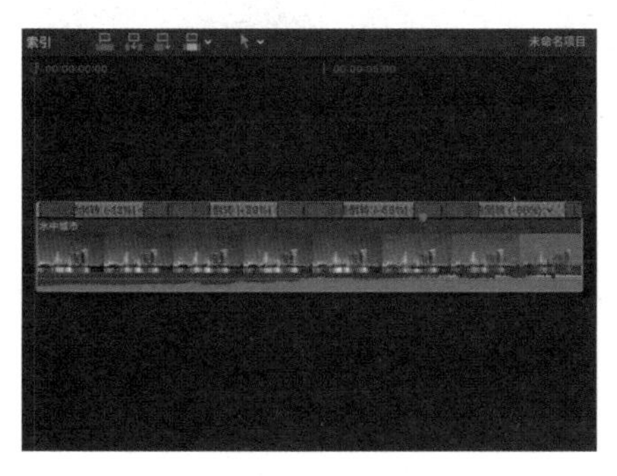

图 4-53　速度呈递增形式

4.4 剖析：编辑中经常用的便捷方式

在“时间线”面板中通过便捷方式可以更快地对素材片段进行观察和编辑，从而提高工作效率。

4.4.1 外观设置：改变素材缩略图的形式

操练+视频 4.4.1 外观设置：改变素材缩略图的形式

素材文件	素材\第4章\风筝.jpg	扫描封底文泉云盘的二维码获取资源
效果文件	效果1：第2章－第7章\第4章\4.4.1 风筝.fcpbundle	
视频文件	视频\第4章\4.4.1 外观设置：改变素材缩略图的形式.mp4	

在“时间线”面板中进行外观设置，可以改变素材缩略图的呈现形式。下面介绍设置外观的操作方法。

步骤01：导入素材（素材\第4章\风筝.jpg），如图4-54所示。

步骤02：单击“时间线”面板右上方的“更改片段在时间线中的外观”按钮，弹出相应对话框，如图4-55所示。

图4-54 导入素材

图4-55 弹出对话框

步骤03：单击第2行第4个按钮“选择片段显示选项”，用鼠标向右拖曳第3行中的滑块，如图4-56所示。

步骤04：“时间线”面板中素材缩略图的高度发生变化，如图4-57所示，在拖曳的过程中，越往右拖缩略图就越高。

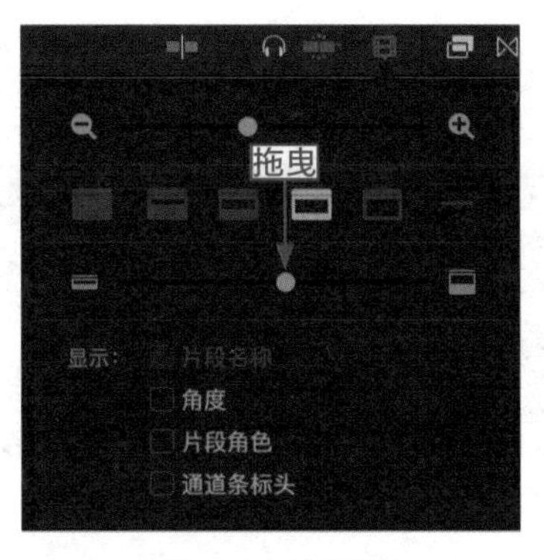

图 4-56　拖曳滑块

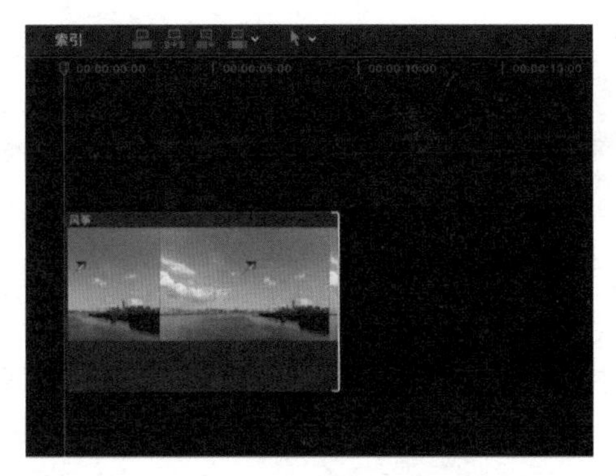

图 4-57　素材缩略图的高度发生变化

步骤 05：用鼠标向右拖曳对话框中第 1 行中的滑块，如图 4-58 所示。

步骤 06：执行操作后，“时间线”面板中素材缩略图长度发生改变，如图 4-59 所示。

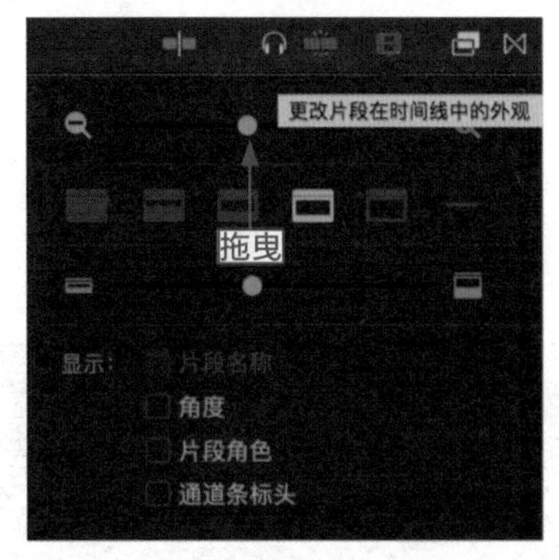

图 4-58　拖曳第 1 行中的滑块

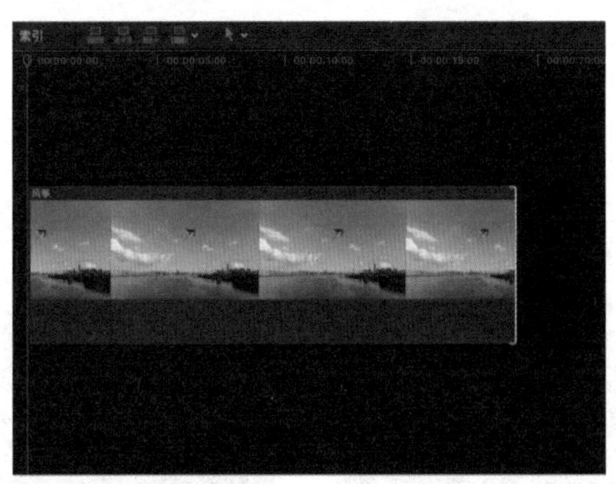

图 4-59　素材缩略图的长度发生改变

4.4.2　打开索引：查看完整的素材信息

操练 + 视频	4.4.2　打开索引：查看完整的素材信息	
素材文件	素材 \ 素材 \ 城市夜景 1.jpg、城市夜景 2.jpg	扫描封底文泉云盘的二维码获取资源
效果文件	效果 1：第 2 章 – 第 7 章 \ 第 4 章 \4.4.2 城市夜景 .fcpbundle	
视频文件	视频 \ 第 4 章 \4.4.2 打开索引：查看到完整的素材信息 .mp4	

打开“时间线索引”面板，可以查看素材更完整的信息，其中包括“全部”“视频”“音频”“字幕”4 个选项卡。

步骤 01：在“时间线”面板中导入两幅素材图像（素材 \ 第 4 章 \ 城市夜景 1.jpg、城市夜景 2.jpg），如图 4-60 所示。

图 4-60　导入两幅素材图像

步骤 02：单击“时间线”面板左上角的“显示或隐藏时间线索引”按钮，展开“时间线索引”面板，如图 4-61 所示，面板中的内容以列表的形式呈现出来，用户可以直观地查看里面的内容。

步骤 03：选择素材“城市夜景 1”，“时间线索引”面板中的素材呈浅灰色的状态显示，如图 4-62 所示。

专家指点 在“时间线索引”面板中可以利用搜索栏对面板中的素材进行筛选。

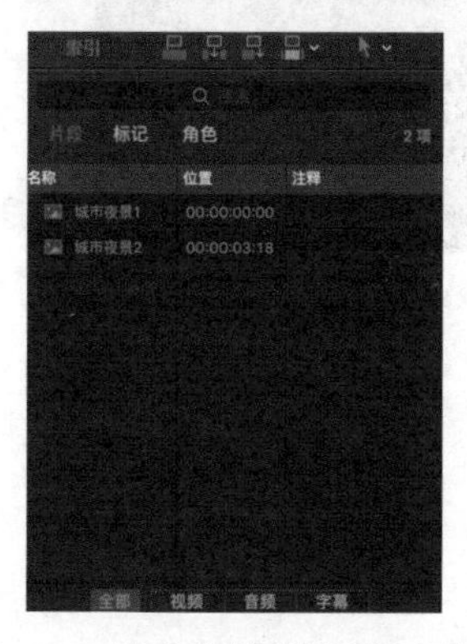

图 4-61　展开“时间线索引”面板

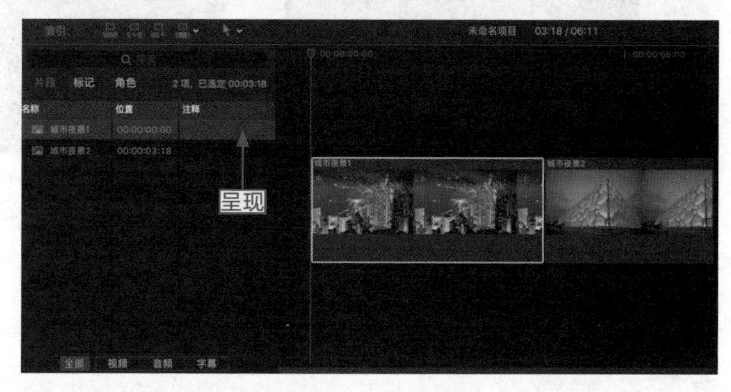

图 4-62　素材呈浅灰色

4.4.3　独奏片段：更细致地观看素材画面

操练 + 视频　4.4.3　独奏片段：更细致地观看素材画面

素材文件	素材 \ 第 4 章 \ 音乐 1.mp3	扫描封底文泉云盘的二维码获取资源
效果文件	无	
视频文件	视频 \ 第 4 章 \4.4.3　独奏片段：更细致地观看素材画面 .mp4	

在编辑视频的过程中，为了更细致地预览素材效果，可以采用“独奏”功能进行反复地观看和考察。

步骤 01： 在上一节的素材效果的基础上，导入一个音频文件（素材 \ 第 4 章 \ 音乐 1.mp3），如图 4-63 所示。

步骤 02： 选择“时间线”面板中的一个素材片段，然后选择“片段”|“独奏”命令，如图 4-64 所示。

图 4-63　导入音频文件　　图 4-64　选择“独奏”命令

步骤 03： 此时“时间线”面板的音频呈灰色显示，表示该音频素材已经被屏蔽，如图 4-65 所示。

步骤 04： 按空格键，之前选中的素材片段开始一直不停地重复播放，如图 4-66 所示。

> **专家指点**　除了以上述方式启用“独奏”功能，还可以通过按 Option + S 组合键的方式快速启用“独奏”功能。

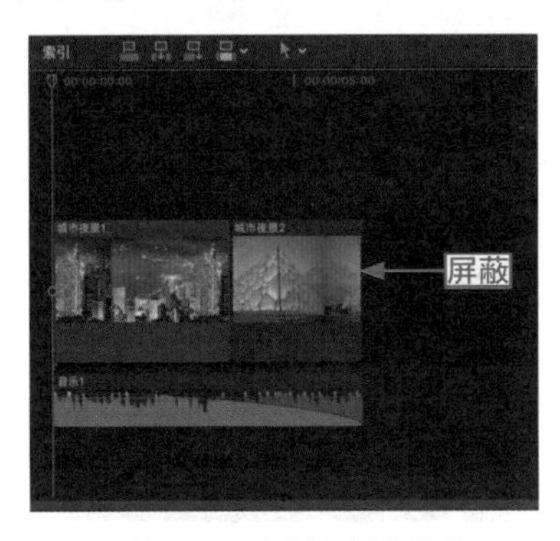

图 4-65　音频素材被屏蔽

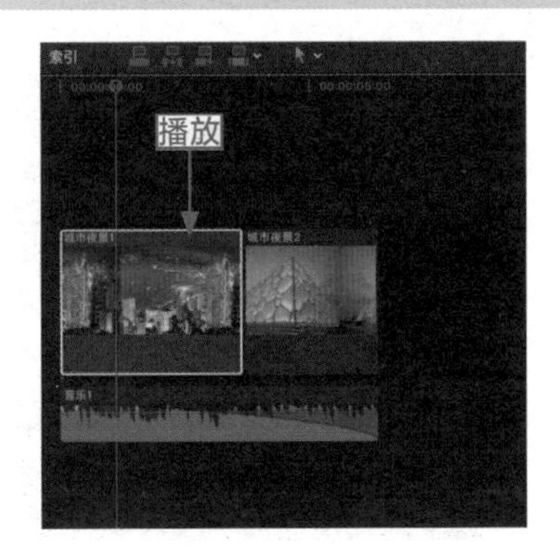

图 4-66　重复播放素材片段

4.4.4　停用片段：防止其他素材片段干扰

在编辑视频的过程中，为了在预览时不被其他素材片段所干扰，可以采用“停用”功能。

操练 + 视频 4.4.4 停用片段：防止其他素材片段干扰

素材文件	无	扫描封底文泉云盘的二维码获取资源
效果文件	无	
视频文件	视频 \ 第 4 章 \4.4.4 停用片段：防止其他素材片段干扰 .mp4	

步骤 01：在上一节的素材效果的基础上，选择"时间线"面板中的素材"城市夜景 2"，如图 4-67 所示。

步骤 02：选择"片段"|"停用"命令，如图 4-68 所示。

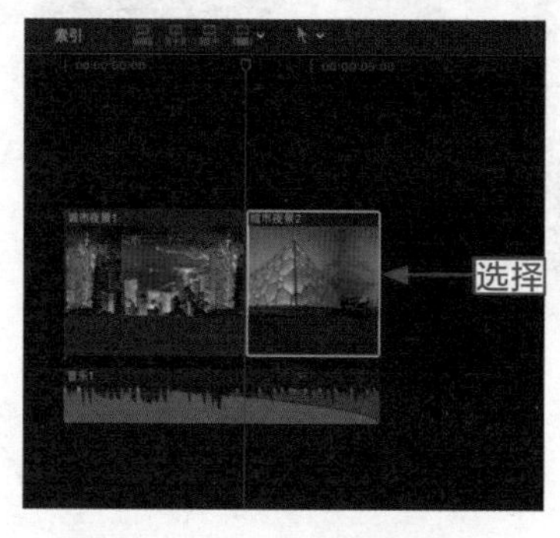

图 4-67 选择"城市夜景 2"

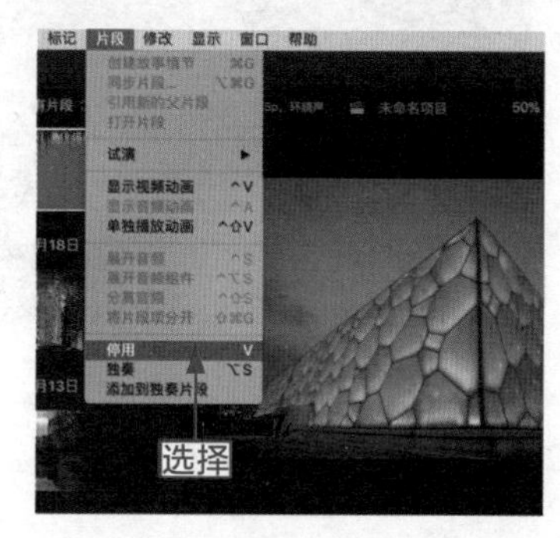

图 4-68 选择"停用"命令

步骤 03：执行操作后，可以看到选中的素材变成了黑灰色，表示该片段已经被屏蔽，如图 4-69 所示。

步骤 04：如果想再次查看被屏蔽的素材片段，可以在菜单栏中选择"片段"|"启用"命令，如图 4-70 所示，即可重新启用该片段。

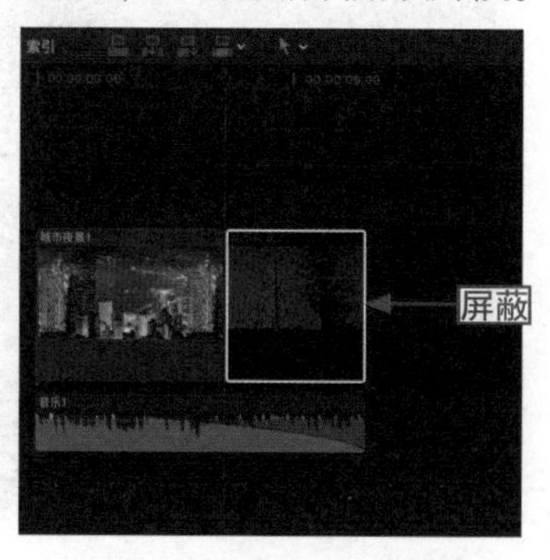

图 4-69 片段被屏蔽

图 4-70 选择"启用"命令

4.4.5 连接线：改变连接线移动其他素材

磁性连接线是 Final Cut Pro X 的一大亮点，在"时间线"面板中只有一条主轨道，其他的素材在添加时都是吸附在主轨道上的，因此很多时候在操作素材时不是很方便，移动一个素材，其他素材也会跟着移动。改变连接线可解决这一问题。

操练 + 视频　4.4.5　连接线：改变连接线移动其他素材

素材文件	素材 \ 第 4 章 \ 海 1.jpg、海 2.jpg、海 3.jpg	扫描封底文泉云盘的二维码获取资源
效果文件	效果 1：第 2 章 – 第 7 章 \ 第 4 章 \4.4.5　海 .fcpbundle	
视频文件	视频 \ 第 4 章 \4.4.5　连接线：改变连接线移动其他素材 .mp4	

步骤 01： 在“时间线”面板中导入 3 幅素材图像（素材 \ 第 4 章 \ 海 1.jpg、2.jpg、3.jpg），如图 4-71 所示。

步骤 02： 选择需要移动的素材，按波浪（ ~ ）键 ~，即可解开素材之间的连接线，将素材移动到合适的位置，如图 4-72 所示。

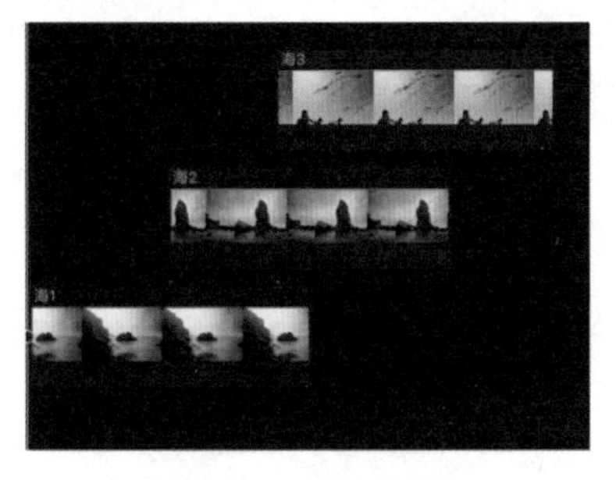

图 4-71　导入素材

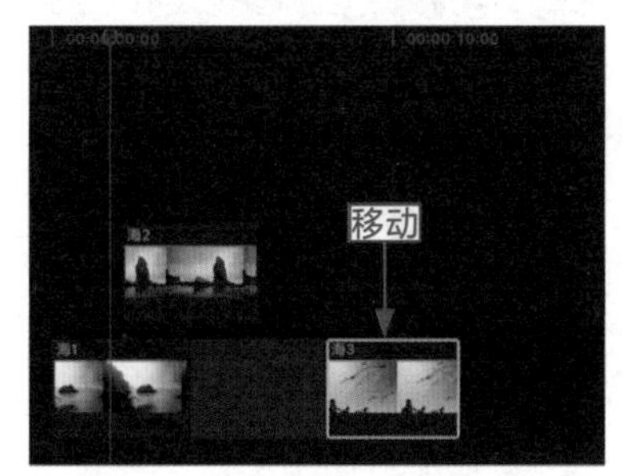

图 4-72　将素材移动到合适位置

步骤 03： 单击检视器下方的“播放”按钮，预览素材的视频画面效果，如图 4-73 所示。

图 4-73　预览视频画面效果

4.5　本章小结

本章主要介绍了添加与调整素材文件的操作方法，包括导入不同格式的素材文件、利用关键帧制作动画效果、改变素材速度增加冲击力和编辑中经常用的便捷方式等内容。掌握了这些知识和技能，用户在制作视频的过程中便可以更加得心应手。

CHAPTER 05

第 5 章 精修：学习素材文件的剪辑技巧

剪辑是制作视频的一个重要过程，在剪辑完成之后，还需要对视频进行精修，才能保证视频的质量。本章主要包括快捷工具的使用方法、修剪工具的高级应用、用三点技术剪辑素材文件以及多机位片段的处理方式等内容。

~ 知识要点 ~

- 快速切割：利用快捷键切割素材图像
- 修复素材：用修剪工具修复误剪素材
- 选择工具：用选择工具微移素材片段
- 滑移式编辑：使用修剪工具进行编辑
- 精修片段：使用修剪工具精修片段的首尾
- 卷动式编辑：用卷动式编辑查看素材
- 三点编辑：利用三点编辑连接素材
- 范围选择：范围选择确保素材长度一样

~ 本章重点 ~

- 滑动式编辑：改变相邻素材的出入点
- 自定设置：将多机位片段分成两组
- 多机位片段：创建一个多机位片段
- 多机位片段：对多机位片段进行编辑

5.1 应用：快捷工具的使用方法

在制作视频的过程中，熟练掌握快捷工具的使用，可以提高制作视频的效率，还可以运用工具对素材进行一些精确的调整，以确保视频的美观度。

5.1.1 快速切割：利用快捷键切割素材图像

切割素材的方式有很多种，使用快捷键是最快的一种方式。下面介绍利用快捷键切割素材的操作方法。

操练 + 视频　5.1.1　快速切割：利用快捷键切割素材图像

素材文件	素材 \ 第 5 章 \ 风景如画 .jpg	扫描封底文泉云盘的二维码获取资源
效果文件	效果 1：第 2 章 – 第 7 章 \ 第 5 章 \5.1.1　风景如画 .fcpbundle	
视频文件	视频 \ 第 5 章 \5.1.1　快速切割：利用快捷键切割素材图像 .mp4	

步骤 01： 在事件浏览器中导入一个素材文件（素材 \ 第 5 章 \ 风景如画 .jpg），如图 5-1 所示。

步骤 02： 将导入的素材拖曳至“时间线”面板中，如图 5-2 所示。

图 5-1　导入素材

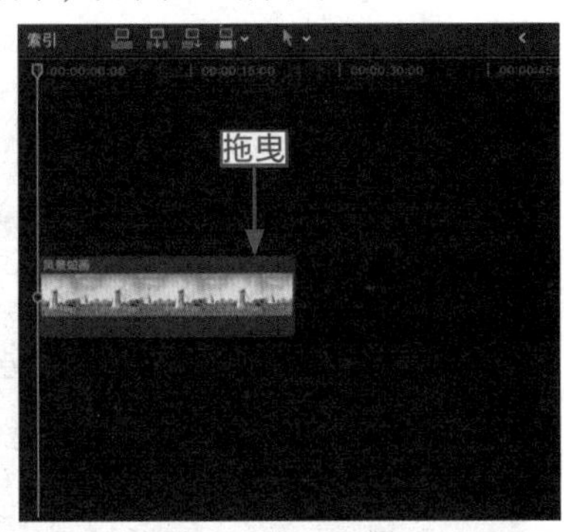

图 5-2　将素材拖曳至“时间线”面板中

步骤 03： 移动时间指示器至需要切割素材的位置，如图 5-3 所示。

步骤 04： 按 Command ＋ B 组合键切割素材，选中切割后的素材，用鼠标左键将其拖曳至第一段素材的上方，如图 5-4 所示。

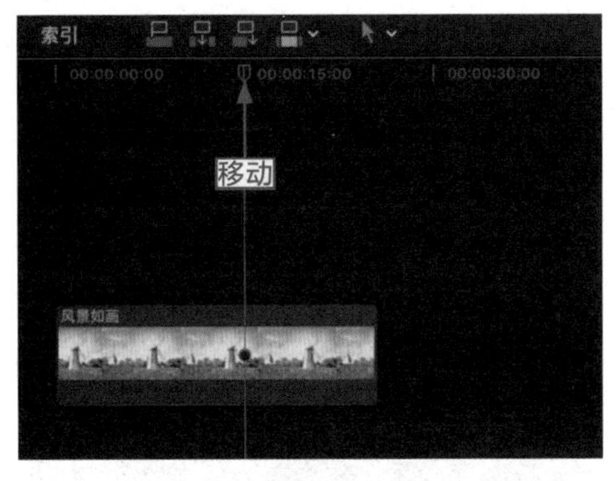

图 5-3　移动时间指示器

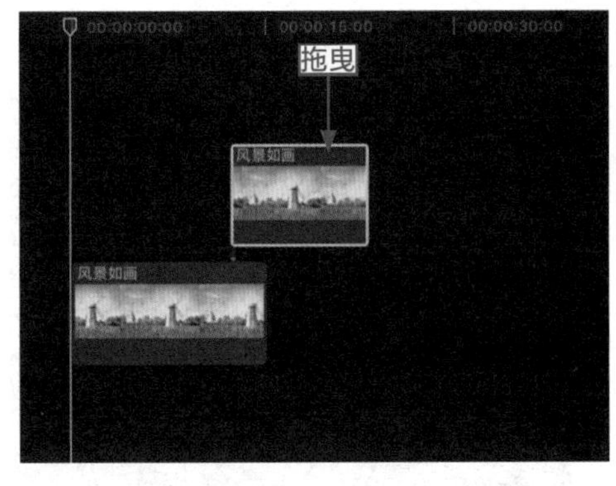

图 5-4　拖曳素材

5.1.2　修复素材：用修剪工具修复误剪素材

在剪辑素材的过程中，有时可能会不小心将素材误剪，此时就可以运用修剪工具对误剪的素材进行修复。

操练+视频 5.1.2 修复素材：用修剪工具修复误剪素材

素材文件	素材\第5章\花丛摄影.jpg	扫描封底文泉云盘的二维码获取资源
效果文件	效果1：第2章－第7章\第5章\5.1.2 花丛摄影.fcpbundle	
视频文件	视频\第5章\5.1.2 修复素材：用修剪工具修复误剪素材.mp4	

步骤01：在“时间线”面板中导入素材文件（素材\第5章\花丛摄影.jpg），用前面所学的知识将素材分割成几段，如图5-5所示。

步骤02：在工具栏将选择工具切换为修剪工具，如图5-6所示。

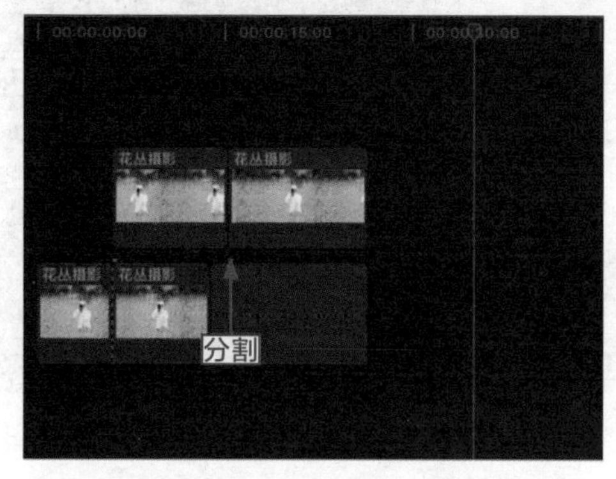

图5-5 分割素材

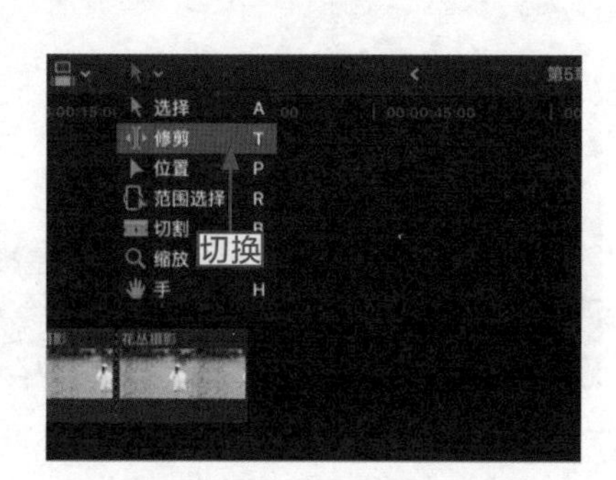

图5-6 将选择工具切换为修剪工具

步骤03：将鼠标指针移动至“时间线”面板中主轨道上素材的虚线之间，此时线条呈黄色显示，如图5-7所示。

步骤04：按Delete键进行删除，此时两个分割素材片段重新连接在一起，如图5-8所示。

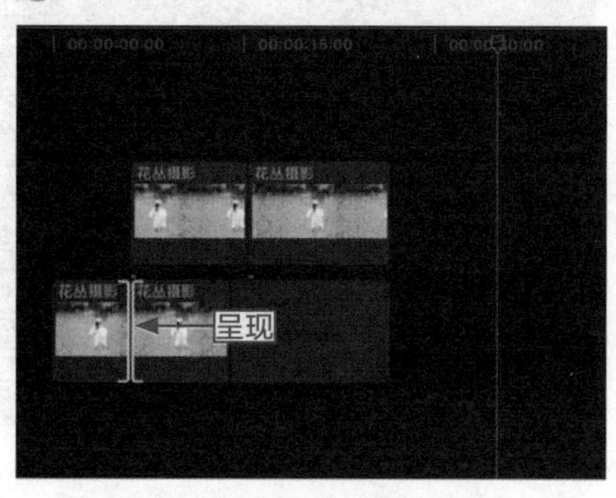

图5-7 线条呈黄色显示

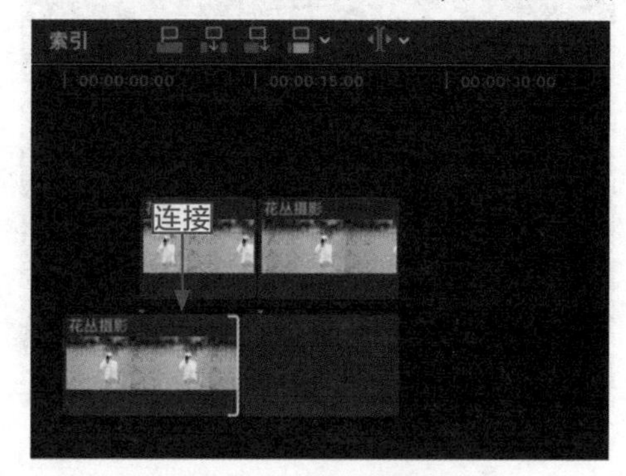

图5-8 素材重新连接

步骤05：按住鼠标左键框选主轨道上方的两个素材片段，单击鼠标右键，在弹出的快捷菜单中选择“创建故事情节”命令，如图5-9所示。

步骤06：此时两个素材片段之间的竖线由实线变成虚线，如图5-10所示。

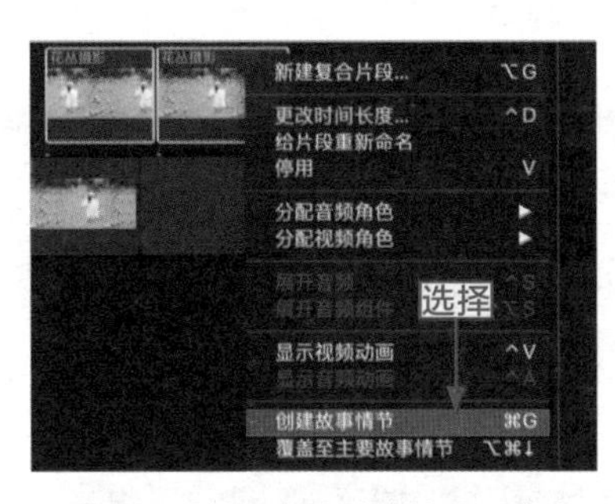

图 5-9　选择“创建故事情节”命令

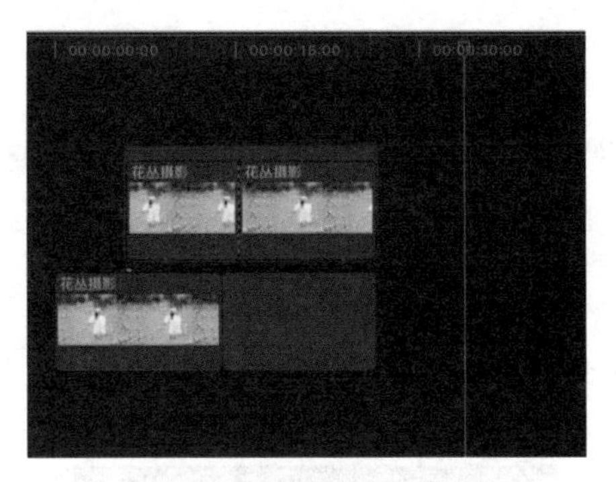
图 5-10　竖线由实线变成虚线

步骤 07：单击两个素材片段间的虚线，如图 5-11 所示。

步骤 08：按 Delete 键进行删除，两个素材片段重新连接，如图 5-12 所示。

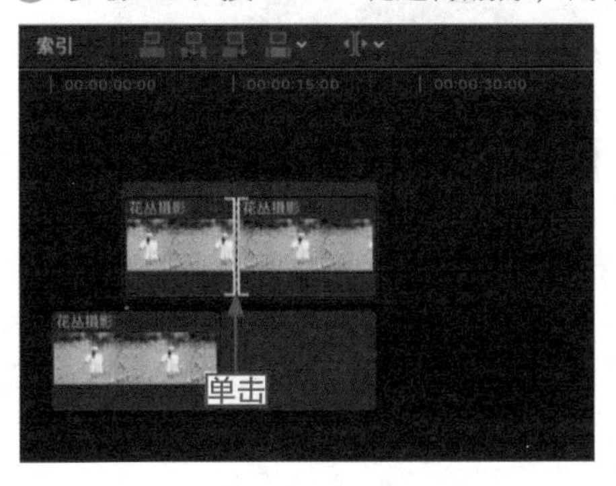

图 5-11　单击素材片段间的虚线

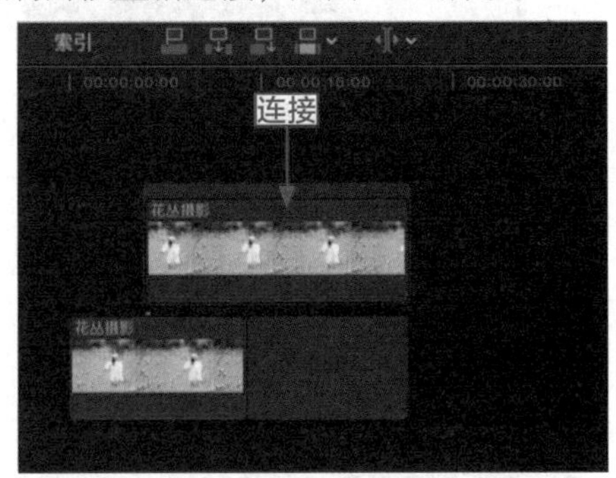

图 5-12　素材片段重新连接

步骤 09：执行操作后，单击检视器下方的“播放”按钮，预览合并后的素材画面，如图 5-13 所示。

图 5-13　预览素材画面

5.1.3　选择工具：用选择工具微移素材片段

使用选择工具可以在“时间线”面板中对素材进行微移，这样便能更精确地调整素材的位置。

操练+视频 5.1.3 选择工具：用选择工具微移素材片段

素材文件	无	扫描封底文泉云盘的二维码获取资源
效果文件	无	
视频文件	视频\第5章\5.1.3 选择工具：用选择工具微移素材片段.mp4	

步骤01：以上一节的素材效果为例，在工具栏将工具切换为选择工具，如图5-14所示。

步骤02：选择需要进行移动的素材，然后选择"修剪"|"向左挪动"命令，如图5-15所示。

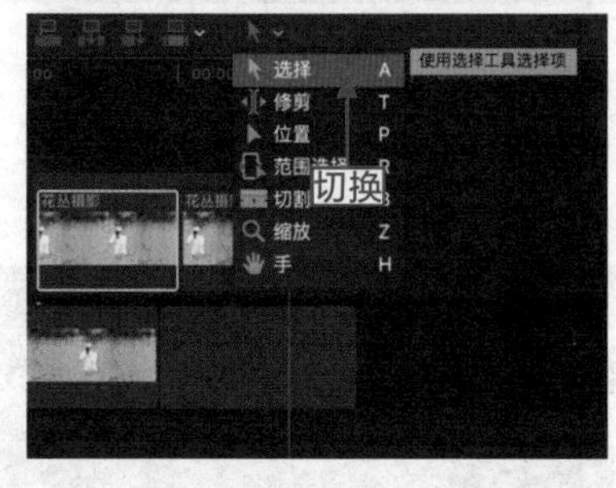

图5-14 将工具切换为选择工具

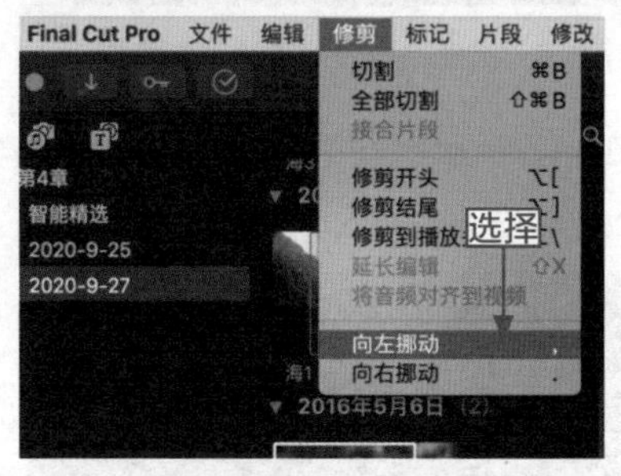

图5-15 选择"向左挪动"命令

步骤03：此时被选中的片段向左移动了一帧，如图5-16所示。

步骤04：选择"修剪"|"向右挪动"命令，如图5-17所示，即可让素材片段恢复到原始状态。

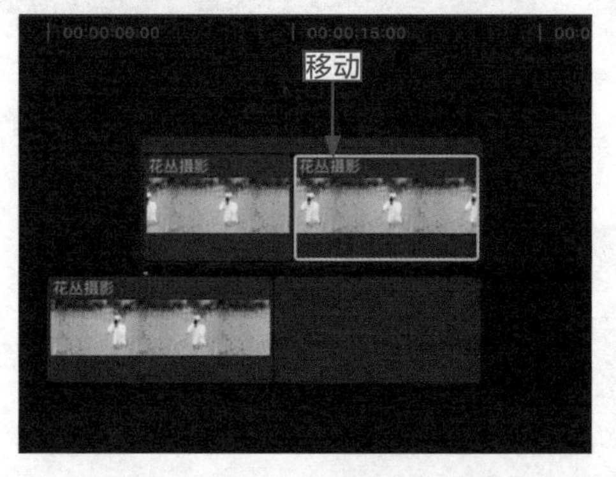

图5-16 素材片段向左移动了一帧

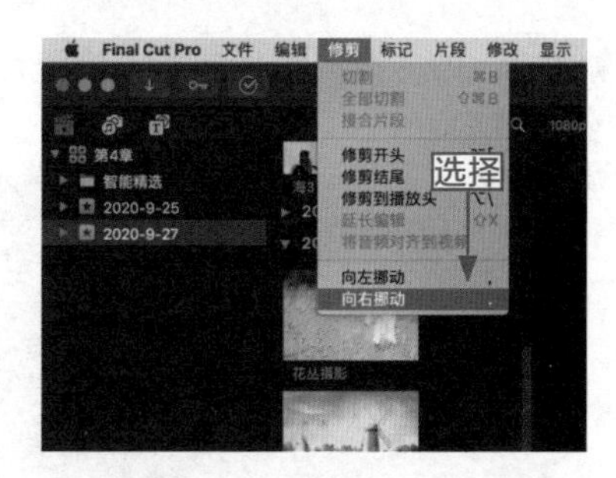

图5-17 选择"向右挪动"命令

5.2 修剪：修剪工具的高级运用

修剪工具是视频剪辑过程中比较常用的一个工具，掌握修剪工具的高级应用可以使剪辑的过程更加轻松。

5.2.1　滑移式编辑：使用修剪工具进行编辑

操练 + 视频　5.2.1　滑移式编辑：使用修剪工具进行编辑

素材文件	素材 \ 第 5 章 \ 水上桥梁 .mp4	扫描封底文泉云盘的二维码获取资源
效果文件	效果 1：第 2 章－第 7 章 \ 第 5 章 \5.2.1　水上桥梁 .fcpbundle	
视频文件	视频 \ 第 5 章 \5.2.1　滑移式编辑：使用修剪工具进行编辑 .mp4	

滑移式编辑素材可以改变素材的出入点，但只有被选中的素材才会被改变，而与素材相邻的其他素材片段则不会被影响。

步骤 01：在“时间线”面板中导入一个视频素材（素材 \ 第 5 章 \ 水上桥梁 .mp4），在工具栏中将工具切换为修剪工具，如图 5-18 所示。

步骤 02：将鼠标指针移动到“时间线”面板中第二段素材片段上，此时呈现为滑移编辑状态，如图 5-19 所示。

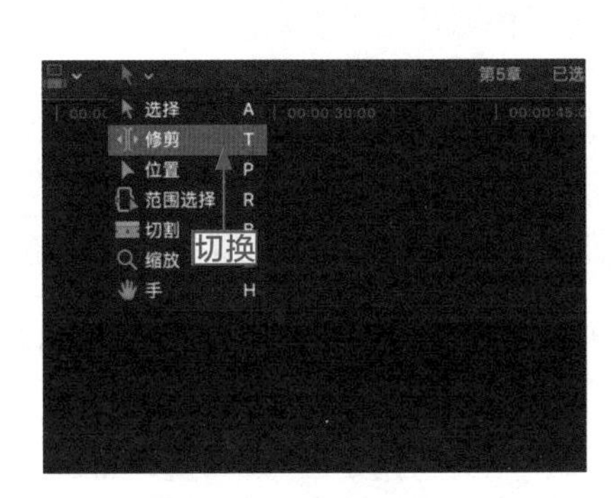

图 5-18　将工具切换为修剪工具

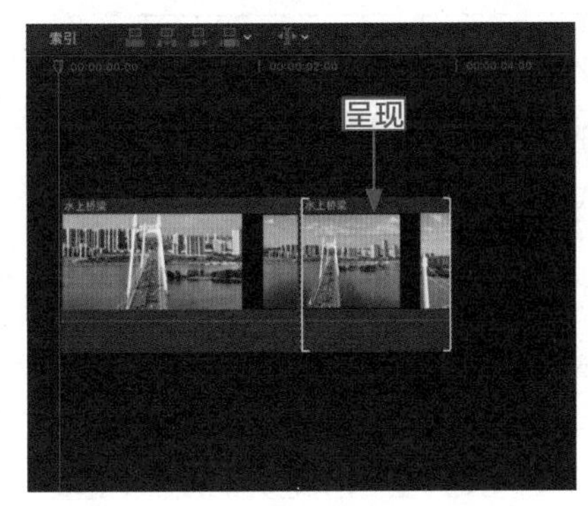

图 5-19　呈现为滑移编辑状态

步骤 03：选中素材片段的同时，检视器中的画面被分成两个，如图 5-20 所示。

步骤 04：在选中的素材上按住鼠标左键向左移动，即可重新定位素材的出入点，如图 5-21 所示。

图 5-20　检视器画面被分成两个

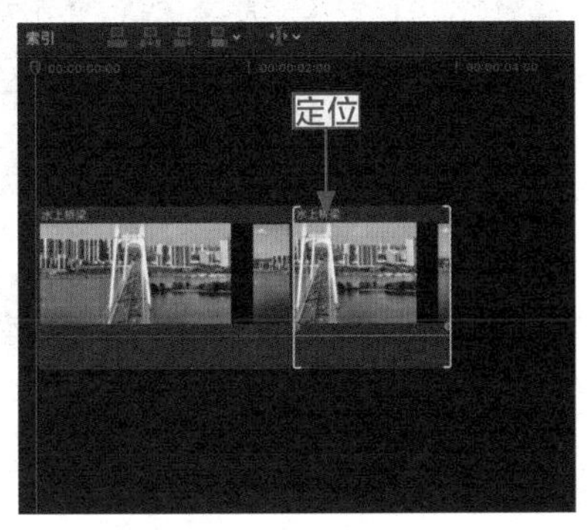

图 5-21　重新定位素材的出入点

步骤 05：单击检视器下方的“播放”按钮，预览素材画面效果，如图 5-22 所示。

图 5-22　预览素材画面效果

5.2.2　精修片段：使用修剪工具精修片段的首尾

操练 + 视频　5.2.2　精修片段：使用修剪工具精修片段的首尾

素材文件	素材 \ 第 5 章 \ 碧海蓝天 .mp4	扫描封底文泉云盘的二维码获取资源
效果文件	效果 1：第 2 章 – 第 7 章 \ 第 5 章 \5.2.2　碧海蓝天 .fcpbundle	
视频文件	视频 \ 第 5 章 \ 5.2.2　精修片段：使用修剪工具精修片段的首尾 .mp4	

若视频的开头或结尾没有拍摄好，便可以借助修剪工具将其裁剪掉。下面介绍使用修剪工具精修片段的开头或结尾的操作方法。

步骤 01：在“时间线”面板中选择一段素材（素材 \ 第 5 章 \ 碧海蓝天 .mp4），将时间指示器移动到需要重新确定为开头的位置，如图 5-23 所示。

步骤 02：在菜单栏中选择“修剪”|“修剪开头”命令，如图 5-24 所示。

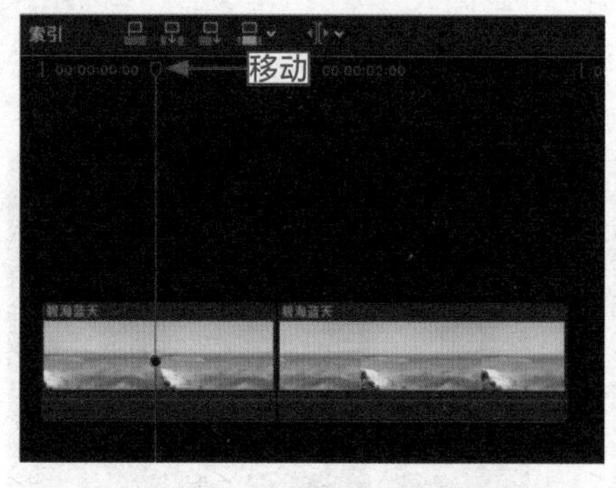

图 5-23　移动时间指示器

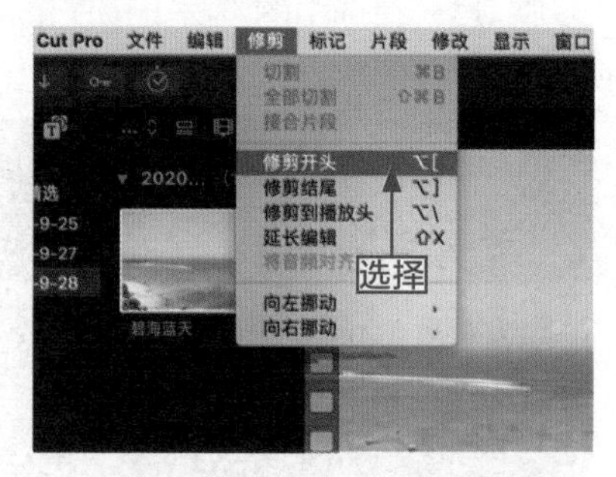

图 5-24　选择“修剪开头”命令

步骤 03：选中的素材自动跳转到时间指示器的位置，如图 5-25 所示。

步骤 04：将时间指示器移动到需要重新确定为结尾的位置，如图 5-26 所示。

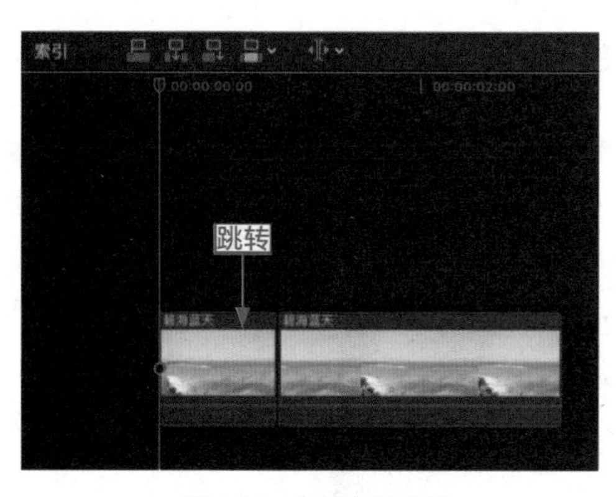

图 5-25　素材自动跳转

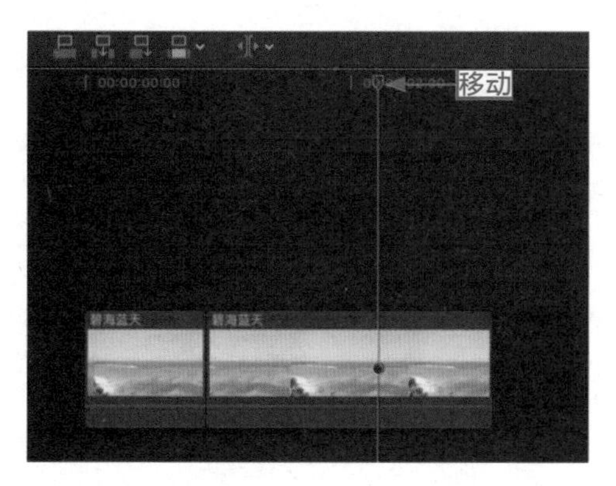

图 5-26　移动时间指示器

步骤 05： 在菜单栏中选择“修剪”|“修剪结尾”命令，如图 5-27 所示。

步骤 06： 选中的素材自动跳转到时间指示器的位置，如图 5-28 所示。

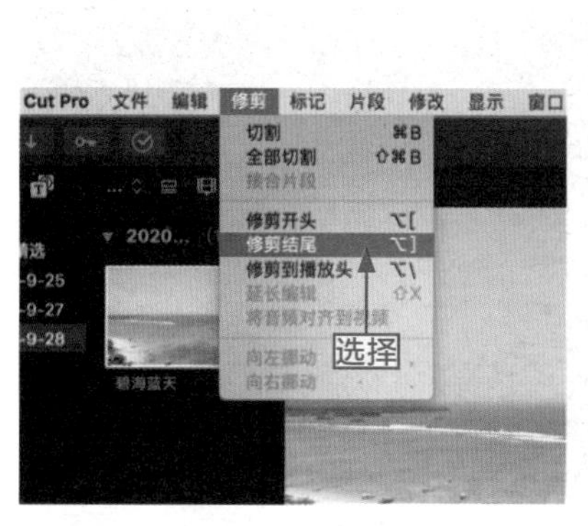

图 5-27　选择“修剪结尾”命令

图 5-28　素材自动跳转

步骤 07： 选择“时间线”面板中的第二段素材片段，移动时间指示器调整至合适位置，在菜单栏中选择“修剪”|“延长编辑”命令，如图 5-29 所示。

步骤 08： 执行操作后，所选的素材片段将会延长到时间指示器的位置，如图 5-30 所示。

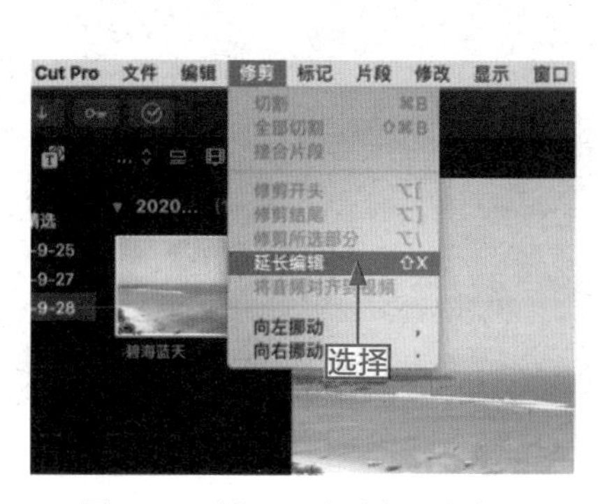

图 5-29　选择“延长编辑”命令

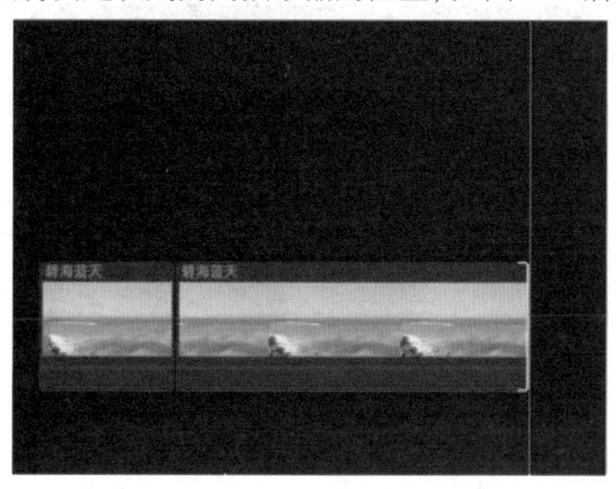

图 5-30　素材长度延长

5.2.3 卷动式编辑：用卷动式编辑查看素材

操练 + 视频　5.2.3　卷动式编辑：用卷动式编辑查看素材

素材文件	素材 \ 第 5 章 \ 山川 1.jpg、山川 2.jpg、山川 3.jpg	扫描封底文泉云盘的二维码获取资源
效果文件	效果 1：第 2 章 – 第 7 章 \ 第 5 章 \5.2.3　山川 .fcpbundle	
视频文件	视频 \ 第 5 章 \5.2.3　卷动式编辑：用卷动式编辑查看素材 .mp4	

卷动式编辑指的是在编辑状态下滚动查看素材画面。下面介绍使用卷动式编辑的操作方法。

步骤 01：在“时间线”面板中导入素材图像（素材 \ 第 5 章 \ 山川 1.jpg、山川 2.jpg、山川 3.jpg），如图 5-31 所示。

步骤 02：在工具栏中切换工具为修剪工具，移动鼠标指针至第二段和第三段素材之间，如图 5-32 所示。

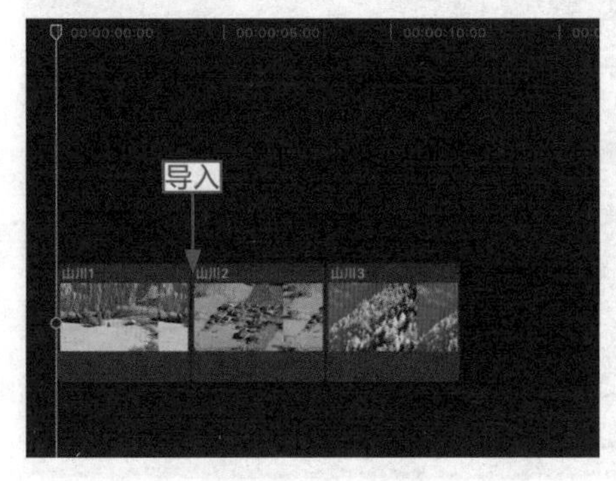

图 5-31　导入素材

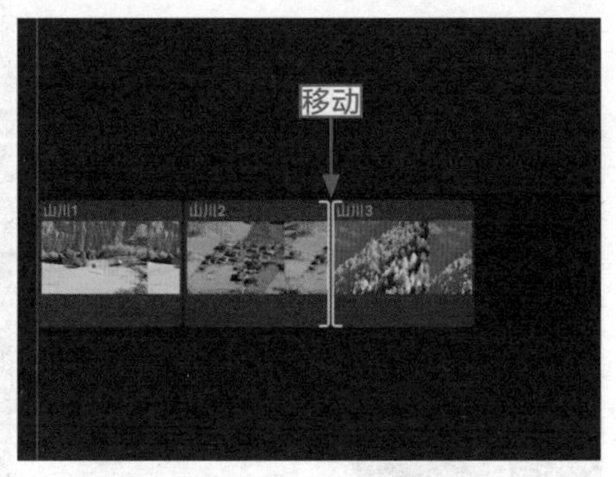

图 5-32　移动鼠标指针

步骤 03：用鼠标在两段素材之间选择一个编辑点，此时检视器中会出现两个素材画面，如图 5-33 所示，左图为素材的编辑入点，右图为编辑出点。

步骤 04：按住鼠标左键向右拖曳，素材片段的上方会出现一个时间码，如图 5-34 所示。

图 5-33　出现两个素材画面

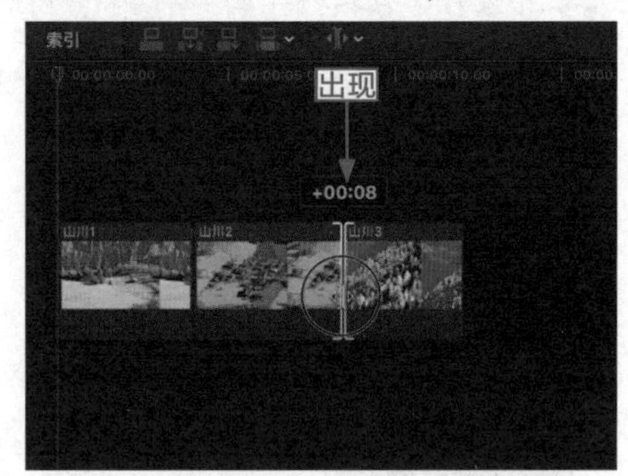

图 5-34　出现时间码

步骤 05：拖曳完成后，在检视器的窗口中预览素材画面，如图 5-35 所示。

专家指点	在用鼠标拖曳编辑点时，素材上方出现的时间码，“+”表示向右拖曳，“-”表示向左拖曳；当鼠标指针移动到素材的首帧或者尾帧的位置时，编辑点会变成红色。

图 5-35　预览素材画面

5.2.4　滑动式编辑：改变相邻素材的出入点

操练 + 视频	5.2.4　滑动式编辑：改变相邻素材的出入点	
素材文件	无	扫描封底文泉云盘的二维码获取资源
效果文件	无	
视频文件	视频 \ 第 5 章 \5.2.4　滑动式编辑：改变相邻素材的出入点 .mp4	

在滑动式编辑模式下，选择要编辑的素材片段时，不会改变素材的总长度，但会改变与之相邻的两个素材片段的出入点。

步骤 01：以上一节的素材效果为例，在工具栏中切换工具为修剪工具，如图 5-36 所示。

步骤 02：按住 Option 键的同时，将鼠标指针移动到第二个素材中间，此时素材变成滑动式编辑状态，如图 5-37 所示。

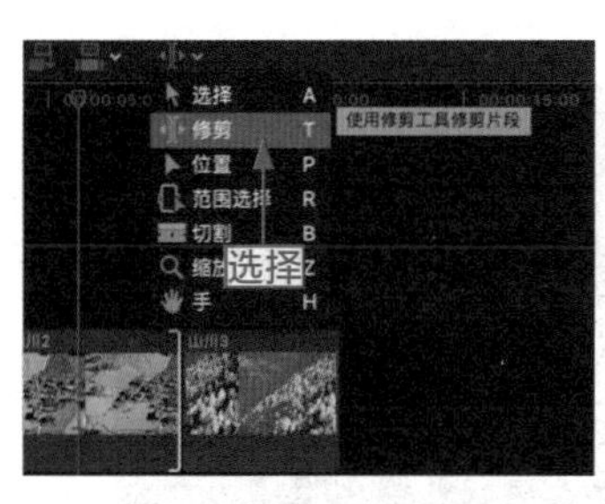

图 5-36　将工具切换为修剪工具

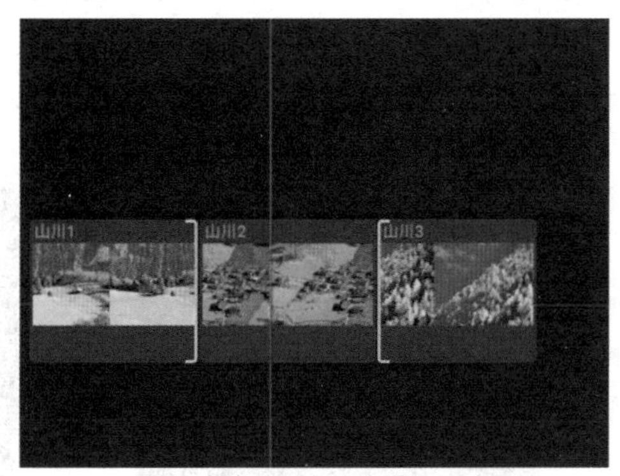

图 5-37　素材呈滑动式编辑状态

步骤 03：按住鼠标左键向右拖曳素材，第一段和第三段素材的出入点发生变化，如图 5-38 所示。

图 5-38　素材出入点发生变化

5.3　编排：用三点技术剪辑素材文件

三点编辑是指关于“点”的对齐方式，主要以事件浏览器中素材的出入点和“时间线”面板中素材的入点来确定，根据情况的不同，设置的方式也不一样。

5.3.1　三点编辑：利用三点编辑连接素材

操练 + 视频　5.3.1　三点编辑：利用三点编辑连接素材

素材文件	素材 \ 第 5 章 \ 青草 1.jpg、青草 2.jpg、青草 3.jpg	扫描封底文泉云盘的二维码获取资源
效果文件	效果 1：第 2 章 – 第 7 章 \ 第 5 章 \5.3.1 青草 .fcpbundle	
视频文件	视频 \ 第 5 章 \5.3.1　三点编辑：利用三点编辑连接素材 .mp4	

下面介绍利用三点编辑来连接素材，这是在已经确定好事件浏览器中素材的出入点的情况下进行的，具体的操作如下。

步骤 01：在操作之前导入素材青草 1.jpg、青草 2.jpg 和青草 3.jpg。在事件浏览器中选择素材青草 3.jpg，为素材设置好入点和出点，如图 5-39 所示。

步骤 02：按住鼠标左键，将选择的素材拖曳至“时间线”面板中的入点位置，如图 5-40 所示。

图 5-39　设置素材的入点和出点

图 5-40　拖曳素材

步骤 03：按 Q 键，即可将该素材片段连接到主要故事情节的上方，如图 5-41 所示。

步骤 04：将时间指示器移动到该素材片段的出点处，选择事件浏览器中素材片段“青草 1”，按 Shift+Q 组合键，再次连接一个素材至主要故事情节上，如图 5-42 所示。

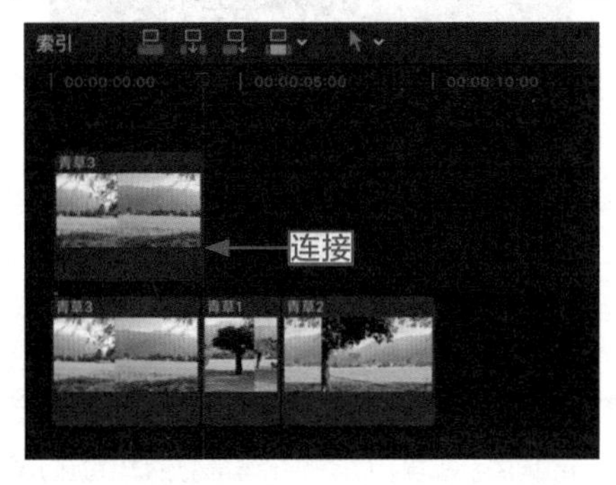

图 5-41　连接素材片段

图 5-42　再次连接一个素材

步骤 05：操作完成后，在检视器窗口中预览素材画面，如图 5-43 所示。

图 5-43　预览素材画面

5.3.2　范围选择：范围选择确保素材长度

操练 + 视频　5.3.2　范围选择：范围选择确保素材长度

素材文件	素材 \ 第 5 章 \ 青草 3.jpg	扫描封底文泉云盘的二维码获取资源
效果文件	无	
视频文件	视频 \ 第 5 章 \5.3.2　范围选择：范围选择确保素材长度 .mp4	

下面利用范围选择工具连接素材，以确保素材的长度一样。

步骤 01：以上一节的素材为例，在工具栏中将工具切换为范围选择工具，在“时间线”面板中框选素材片段，如图 5-44 所示。

步骤 02：按 Q 键，即可将该素材片段连接到主要故事情节的上方，可以看到连接的素材片段与框选的素材长度一样，如图 5-45 所示。

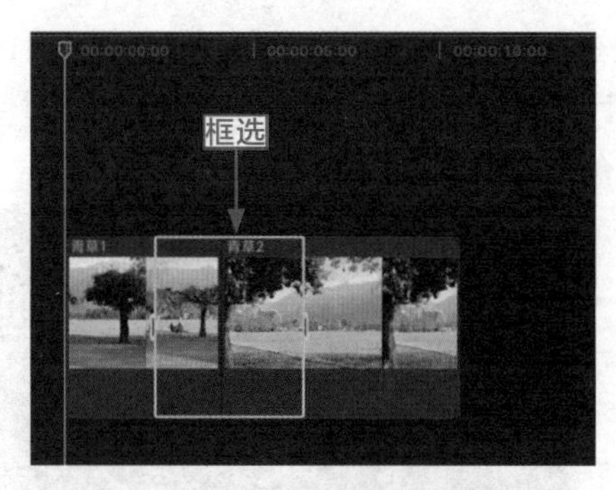

图 5-44　框选素材片段

图 5-45　素材长度一样

步骤 03：用范围选择工具再次框选之前的片段，按 Shift+Q 组合键，再次连接一个素材至主要故事情节上，如图 5-46 所示，可以看到“时间线”面板中两个素材片段的长度一样。

> **专家指点**
> 三点编辑连接素材的方式除可以用在此处之外，还可以在进行“插入”和“覆盖”编辑时运用，方法是一样的。

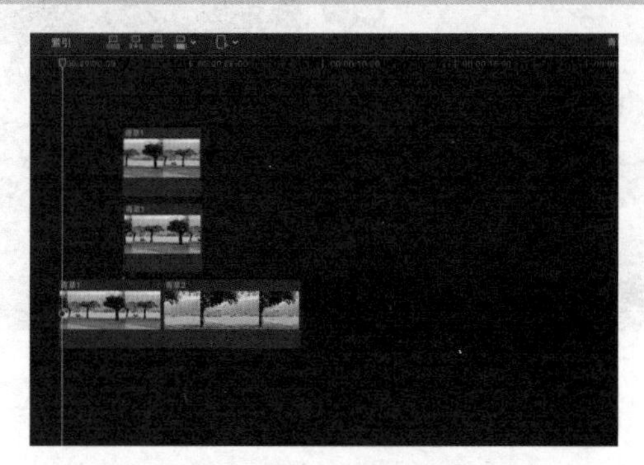

图 5-46　素材片段长度一样

5.4　熟知：多机位片段的处理方式

在拍摄的过程中，有时一台机器拍摄到的画面太过单一，因此会同时安排多台机器一起拍摄，所以在后期剪辑过程中就需要对多机位片段进行处理，本节主要对多机位片段的剪辑方法进行详细介绍。

5.4.1　多机位片段：创建一个多机位片段

在对多机位片段进行剪辑之前，首先需要在 Final Cut Pro X 中创建多机位片段，下面介绍创建多机位片段的操作方法。

操练 + 视频　5.4.1　多机位片段：创建一个多机位片段

素材文件	素材 \ 第 5 章 \ 风和日丽 1.jpg、风和日丽 2.jpg、风和日丽 3.jpg、风和日丽 4.jpg	扫描封底文泉云盘的二维码获取资源
效果文件	效果 1：第 2 章 – 第 7 章 \ 第 5 章 \5.4.1　风和日丽 .fcpbundle	
视频文件	视频 \ 第 5 章 \5.4.1　多机位片段：创建一个多机位片段 .mp4	

步骤 01： 在事件浏览器中导入 4 个素材文件（素材 \ 第 5 章 \ 风和日丽 1.jpg、风和日丽 2.jpg、风和日丽 3.jpg、风和日丽 4.jpg），选择"文件" | "新建" | "多机位片段"命令，如图 5-47 所示。

步骤 02： 执行操作后，弹出相应对话框，如图 5-48 所示。

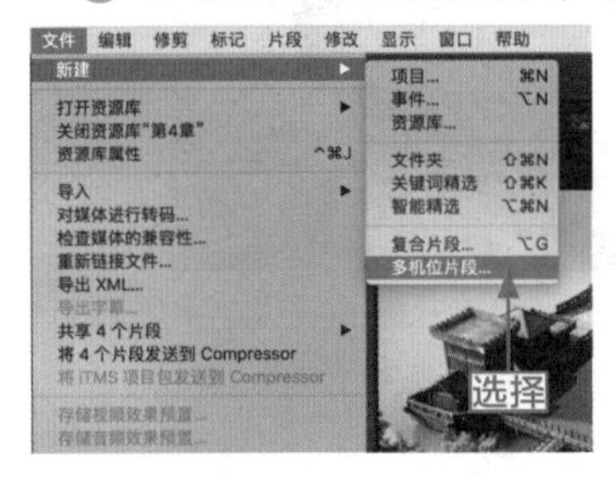

图 5-47　选择"多机位片段"命令

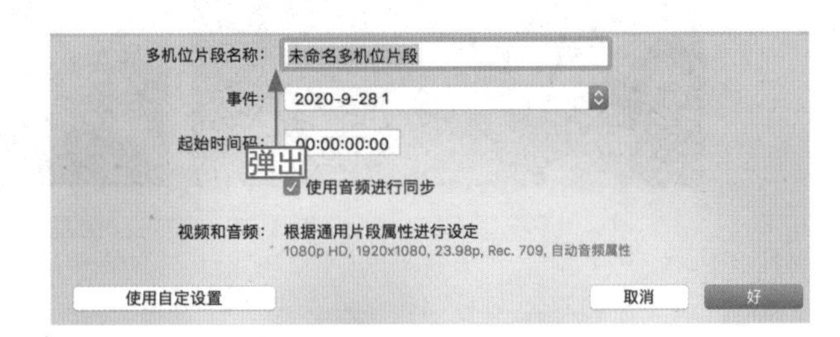

图 5-48　弹出相应对话框

步骤 03： 在"多机位片段名称"右文本框中输入相应文字，如图 5-49 所示。

步骤 04： 单击对话框右下角的"好"按钮，弹出一个进度条，稍等片刻，便可在事件浏览器中成功创建一个多机位片段，该片段的左上角会出现一个"多机位片段"标志，如图 5-50 所示。

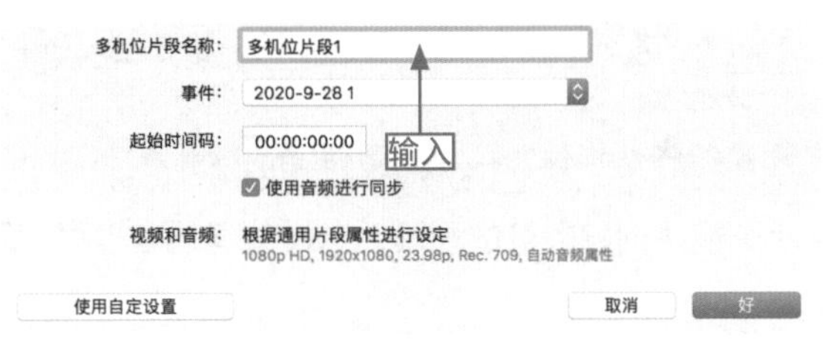

图 5-49　输入相应文字

图 5-50　出现"多机位片段"标志

步骤 05： 双击左上角的"多机位片段"标志，打开多机位片段，4 个素材片段依次排列在"时间线"面板中，如图 5-51 所示。

图 5-51　素材片段依次排列在"时间线"面板中

步骤 06：操作完成后，在检视器窗口中预览素材画面，如图 5-52 所示。

图 5-52 预览素材画面

5.4.2 自定设置：将多机位片段分成两组

操练 + 视频 5.4.2 自定设置：将多机位片段分成两组

素材文件	素材 \ 第 5 章 \ 风和日丽 1.jpg、风和日丽 2.jpg、风和日丽 3.jpg、风和日丽 4.jpg	扫描封底文泉云盘的二维码获取资源
效果文件	无	
视频文件	视频 \ 第 5 章 \5.4.2 自定设置：将多机位片段分成两组 .mp4	

自定设置多机位片段，这里指从两个镜头创建多机位片段，这样创建的多机位片段素材会被分成两组，更利于后期剪辑。

步骤 01：在事件浏览器中框选素材“风和日丽 1.jpg”和“风和日丽 2.jpg”，打开检查器，切换至“信息检查器”选项卡，在“摄像机名称”文本框中输入相应名称，如图 5-53 所示。

步骤 02：在事件浏览器中框选素材“风和日丽 3.jpg”和“风和日丽 4.jpg”，在“信息检查器”选项卡的“摄像机名称”文本框中输入相应名称，如图 5-54 所示。

步骤 03：输入完成后，框选事件浏览器中的 4 个素材片段，选择“文件”|“新建”|“多机位片段”命令，如图 5-55 所示。

步骤 04：弹出相应对话框，设置“多机位片段名称”为“风和日丽多机位片段”，如图 5-56 所示。

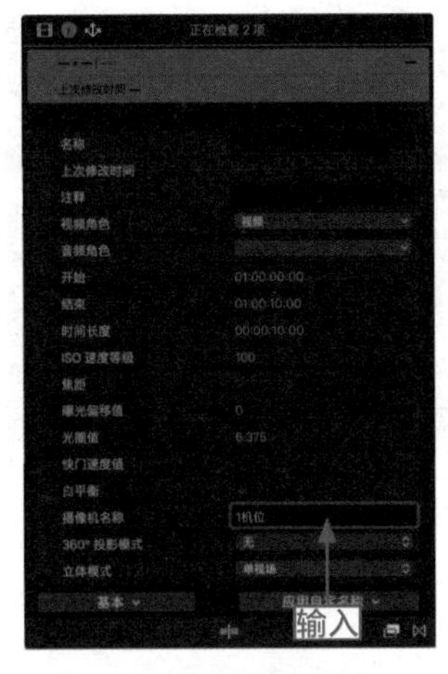

图 5-53　输入相应名称（1）

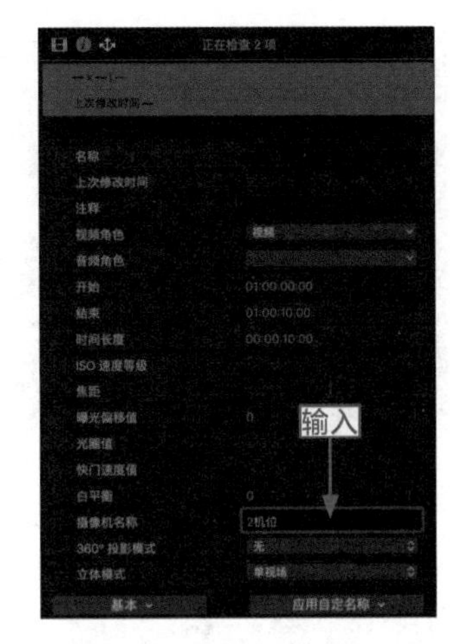

图 5-54　输入相应名称（2）

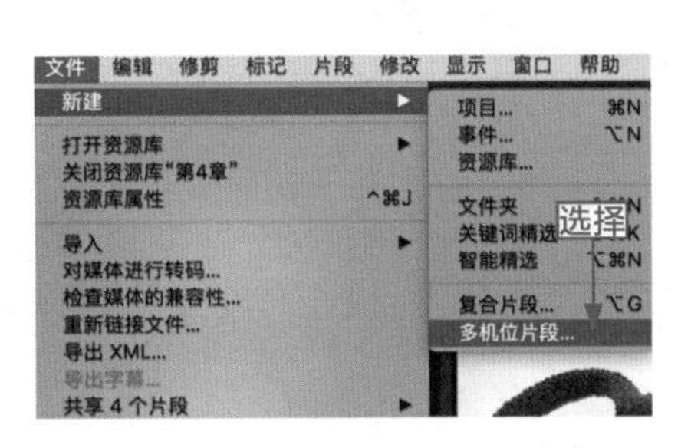

图 5-55　选择“多机位片段”命令

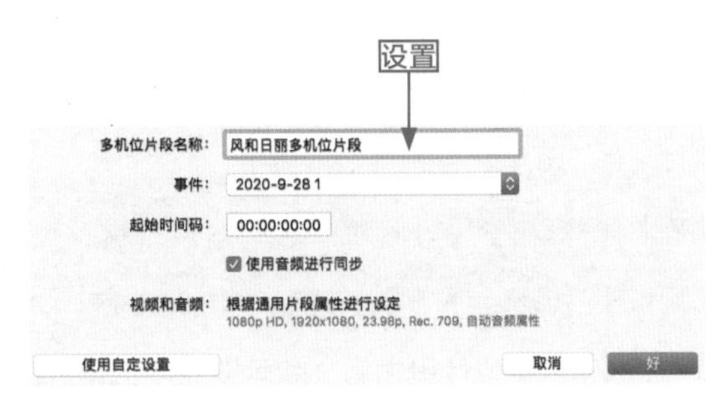

图 5-56　设置名称

步骤 05：单击对话框左下角的“使用自定设置”按钮，展开其他选项区，单击“角度编排”右侧的下拉按钮，在弹出的下拉列表中选择“摄像机名称”选项，如图 5-57 所示。

步骤 06：单击“好”按钮，成功创建多机位片段，如图 5-58 所示。

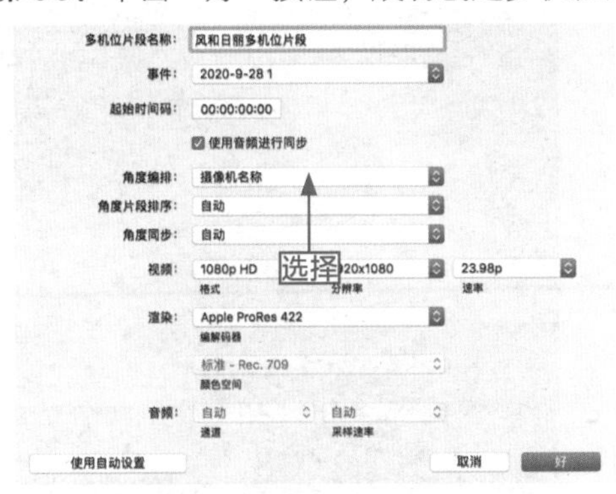

图 5-57　选择“摄像机名称”选项

图 5-58　创建多机位片段

步骤 07：双击事件浏览器中素材的“多机位片段”标志，打开多机位片段，如图 5-59 所示。

图 5-59　打开多机位片段

5.4.3　多机位片段：对多机位片段进行编辑

操练 + 视频	5.4.3　多机位片段：对多机位片段进行编辑	
素材文件	无	扫描封底文泉云盘的二维码获取资源
效果文件	无	
视频文件	视频 \ 第 5 章 \5.4.3　多机位片段：对多机位片段进行编辑 .mp4	

在创建多机位片段之后，就可以对多机位片段进行编辑操作了，下面进行详细介绍。

步骤 01：单击检视器中“显示”右侧的下拉按钮，在弹出的下拉列表中选择“角度”选项，如图 5-60 所示。

步骤 02：执行操作后，检视器窗口被一分为二，此时窗口中出现两个素材画面，如图 5-61 所示。

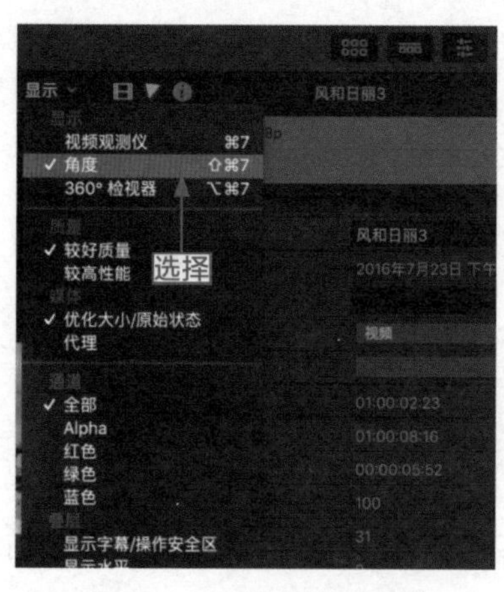

图 5-60　选择“角度”选项

图 5-61　出现两个素材画面

步骤 03：单击“设置”右侧的下拉按钮，在弹出的下拉列表中选择“2 个角度”选项，如图 5-62 所示。

步骤 04：此时检视器中的画面已经发生改变，如图 5-63 所示。检视器的默认设置是 4 个角度。

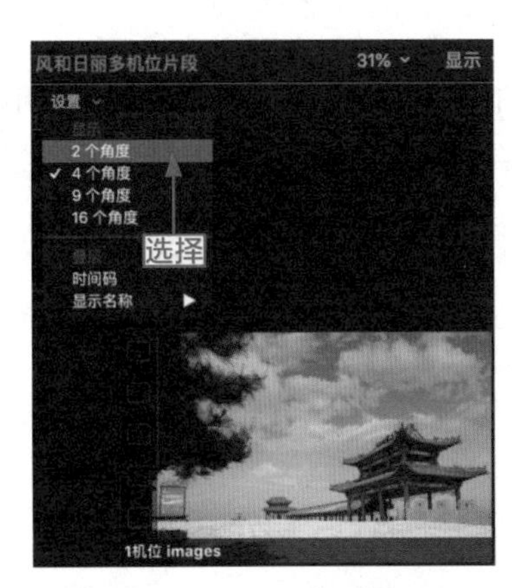

图 5-62　选择“2 个角度”选项

图 5-63　画面发生变化

步骤 05：单击检视器左上角的“启用视频和音频切换”按钮，此时摄像机的默认机位为“1 机位”，如图 5-64 所示。

步骤 06：单击“启用仅视频切换”按钮，1 机位的素材缩略图外由黄色的框变成绿色的框，2 机位则被蓝色的框框住，如图 5-65 所示。

图 5-64　摄像机的机位默认为“1 机位”

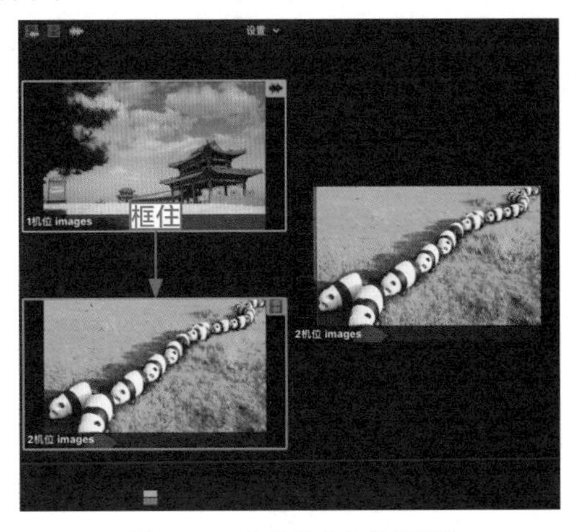

图 5-65　2 机位被蓝色的框框住

专家指点　以上操作完成后，可以按空格键预览多机位片段画面，此时还可以按 1 键和 2 键对素材画面的机位进行切换。

5.5　本章小结

本章主要介绍了素材文件的剪辑技巧，包括快捷工具的使用方法、修剪工具的高级应用、用三点技术剪辑素材文件以及多机位片段的处理方式等内容。掌握了这些剪辑技巧，用户可以将视频制作得更完美。

PART THREE

03

专业特效篇

CHAPTER 06

第 6 章　制作：妙用素材文件的滤镜特效

随着软件功能的不断完善，添加滤镜效果这一复杂的工作已经得到了简化。在 Final Cut Pro X 强大的视频效果的帮助下，用户可以对视频、图像以及音频等多种素材进行处理和加工，从而得到令人满意的影视文件。本章将讲解 Final Cut Pro X 中多种视频效果的添加与制作方法。

~ 知识要点 ~

- 单一滤镜：给素材图像添加单一滤镜
- 试演特效：预览添加滤镜后的原画面
- 照片回忆：给金鱼素材添加“照片回忆”滤镜
- 散景随机：给孔雀素材添加“散景随机”滤镜
- 镜像滤镜：给两幅素材添加同一滤镜
- 复制属性：复制素材效果的相同属性
- 图像遮罩：给蝴蝶素材添加图像遮罩
- 形状遮罩：给五光十色添加形状遮罩

~ 本章重点 ~

- 多层滤镜：给同一素材添加多层滤镜
- 隐藏滤镜：将已添加的视频效果隐藏
- 漫画复古：给漂亮女孩添加“漫画复古”滤镜
- 高斯曲线：给天鹅素材添加高斯曲线

6.1　添加：选择合适的视频效果

Final Cut Pro X 根据视频效果的作用，将 160 多种视频效果分别存放在“效果”面板中“视频”文件夹的“360°”“风格化”“光源”“怀旧”“基本”“简单抠像器”“抠像”“漫画效果”“模糊”“拼贴”“失真”“外观”“文本效果”“颜色”“颜色预置”“遮罩”共 16 个文件夹如图 6-1 所示。为了更好地应用这些绚丽的效果，用户首先需要掌握视频效果的基本操作方法。

图 6-1　“视频”文件夹

6.1.1　单一滤镜：给素材图像添加单一滤镜

操练 + 视频　6.1.1　单一滤镜：给素材图像添加单一滤镜

素材文件	素材 \ 第 6 章 \ 标志 .jpg	扫描封底文泉云盘的二维码获取资源
效果文件	效果 1：第 2 章 – 第 7 章 \ 第 6 章 \6.1.1　标志 .fcpbundle	
视频文件	视频 \ 第 6 章 \ 6.1.1　单一滤镜：给素材图像添加单一滤镜 .mp4	

单一滤镜指的是为一个素材片段添加一个视频滤镜效果，这样可以保证素材滤镜的独特性。

步骤 01：在“时间线”面板中导入一个素材文件（素材 \ 第 6 章 \ 标志 .jpg），如图 6-2 所示。

步骤 02：单击“时间线”面板中右上角的“显示或隐藏效果浏览器”按钮，如图 6-3 所示。

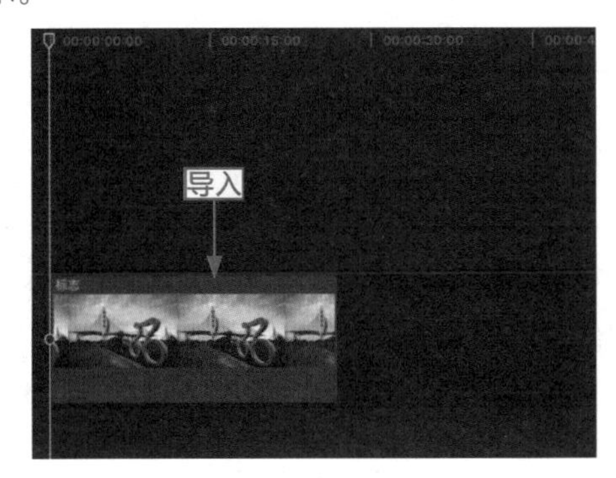

图 6-2　导入素材

图 6-3　单击“显示或隐藏效果浏览器”按钮

步骤 03：打开“效果”面板，选择“电影颗粒”视频效果，如图 6-4 所示。

步骤 04：按住鼠标左键，将选择的视频效果拖曳至“时间线”面板中的素材上，如图 6-5 所示。

图 6-4　选择“电影颗粒”视频效果

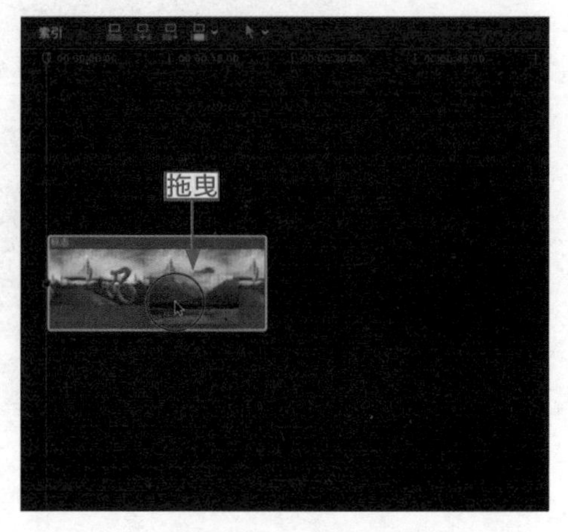

图 6-5　拖曳视频效果

步骤 05：释放鼠标左键，即可为素材添加单一的滤镜效果。单击“播放”按钮，预览添加的视频效果，如图 6-6 所示。

图 6-6　预览效果对比图

6.1.2　试演特效：预览添加滤镜后的原画面

操练 + 视频　6.1.2　试演特效：预览添加滤镜后的原画面

素材文件	素材 \ 第 6 章 \ 落幕黄昏 .jpg	扫描封底文泉云盘的二维码获取资源
效果文件	效果 1：第 2 章 – 第 7 章 \ 第 6 章 \6.1.2　落幕黄昏 .fcpbundle	
视频文件	视频 \ 第 6 章 \6.1.2　试演特效：预览添加滤镜后的原画面 .mp4	

使用试演特效，可以在为素材添加一个视频效果后，还能同时预览素材的原画面效果。

步骤 01：在“时间线”面板中导入一幅素材图像（素材 \ 第 6 章 \ 落幕黄昏 .jpg），选中素材图像，选择“片段”|“试演”|“复制为试演”命令，如图 6-7 所示。

步骤 02：此时“时间线”面板中的素材名称发生改变，如图 6-8 所示。

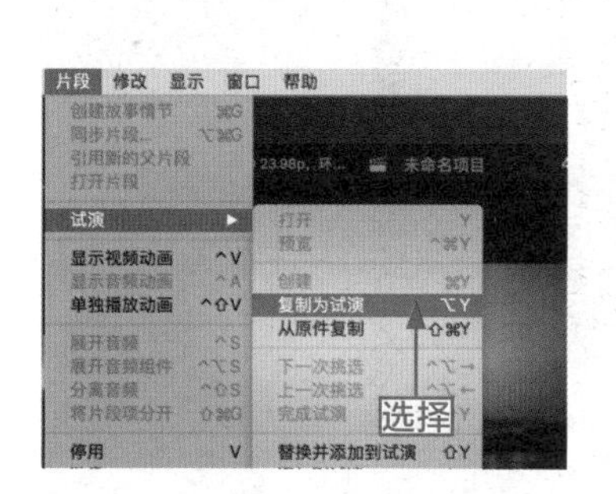

图 6-7　选择“复制为试演”命令

图 6-8　素材名称发生改变

步骤 03：按 Y 键，弹出“试演”对话框，如图 6-9 所示。

步骤 04：预览对话框中的素材画面，单击“复制”按钮，如图 6-10 所示。

图 6-9　弹出“试演”对话框

图 6-10　单击“复制”按钮

步骤 05：在“效果”面板中选择需要添加的视频效果，如图 6-11 所示。

步骤 06：按住鼠标左键，将选择的视频效果拖曳至“试演”对话框中的画面上，预览视频效果，如图 6-12 所示。

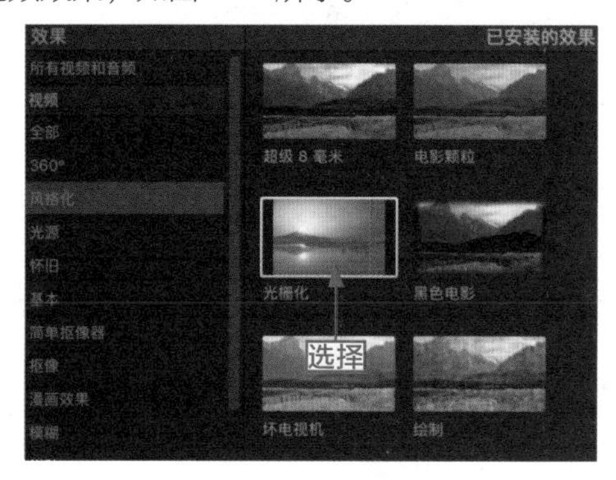

图 6-11　选择视频效果

图 6-12　预览视频效果

步骤07：预览结束后，单击“完成”按钮。选择素材，单击鼠标右键，在弹出的快捷菜单中选择“试演”|“完成试演”命令，如图6-13所示。

步骤08：再次打开“试演”对话框，预览里面的素材画面，可以看到一个素材画面没有添加视频效果，一个添加了视频效果，如图6-14所示。

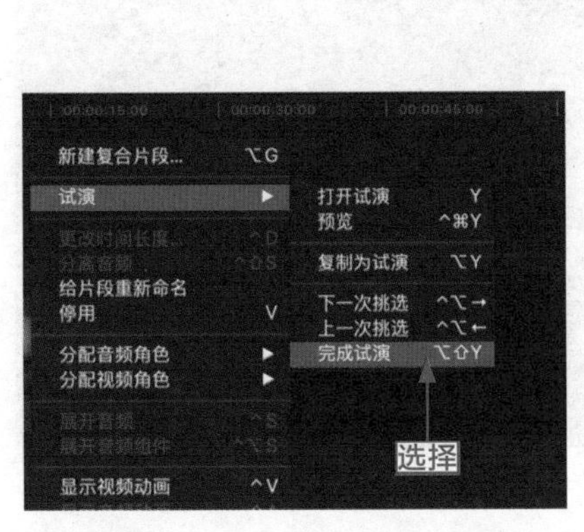

图6-13 选择“完成试演”命令

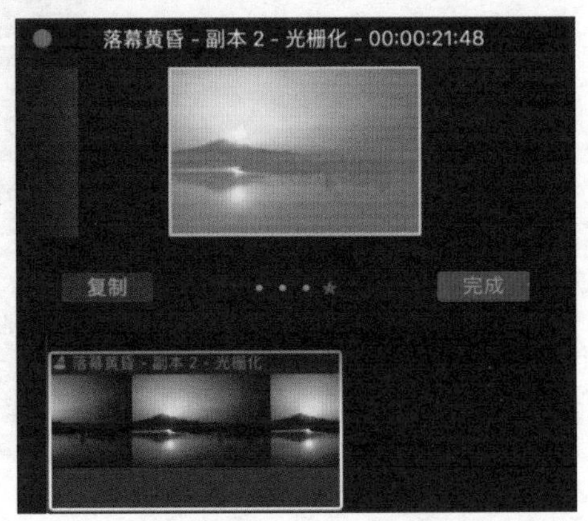

图6-14 预览素材画面

步骤09：关闭“试演”对话框，在检视器中预览制作的试演特效片段，如图6-15所示。

图6-15 预览制作的试演特效片段

6.1.3 多层滤镜：给同一素材添加多层滤镜

操练+视频 6.1.3 多层滤镜：给同一素材添加多层滤镜

素材文件	素材\第6章\跑道.jpg	扫描封底文泉云盘的二维码获取资源
效果文件	效果1：第2章－第7章\第6章\6.1.3 跑道.fcpbundle	
视频文件	视频\第6章\6.1.3 多层滤镜：给同一素材添加多层滤镜.mp4	

在Final Cut Pro X中，将素材拖入“时间线”面板后，可以将“效果”面板中的多个视频效果依次拖曳至“时间线”面板的素材上，实现多个视频效果的添加。下面介绍添加多个视频

效果的方法。

步骤 01：在“时间线”面板中导入一个素材（素材\第 6 章\跑道.jpg），如图 6-16 所示。

步骤 02：打开“效果”面板，在其中选择“光栅化”视频效果，如图 6-17 所示。

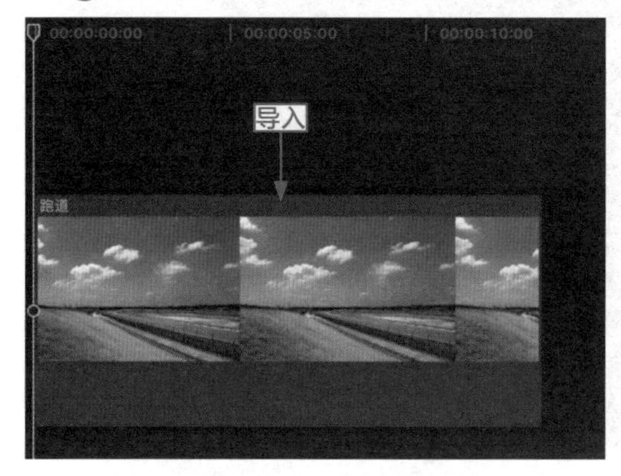

图 6-16　导入素材

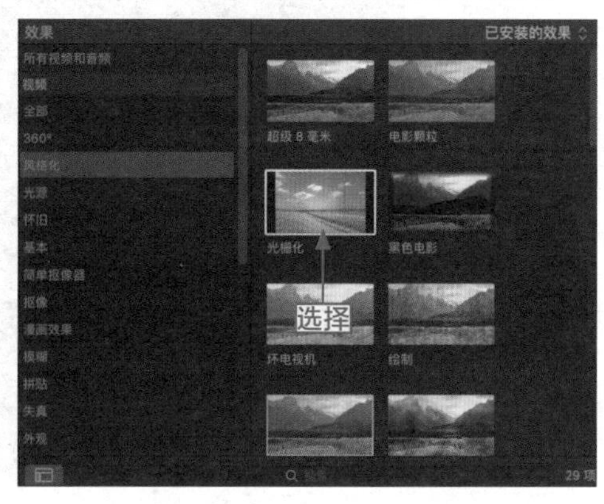

图 6-17　选择“光栅化”视频效果

步骤 03：按住鼠标左键，选择的视频效果拖曳至“时间线”面板的素材上。打开“视频检查器”面板，在其中可以看到添加的“光栅化”视频效果的详细信息，如图 6-18 所示。

步骤 04：再次选择“效果”面板中的一个视频效果，如图 6-19 所示。

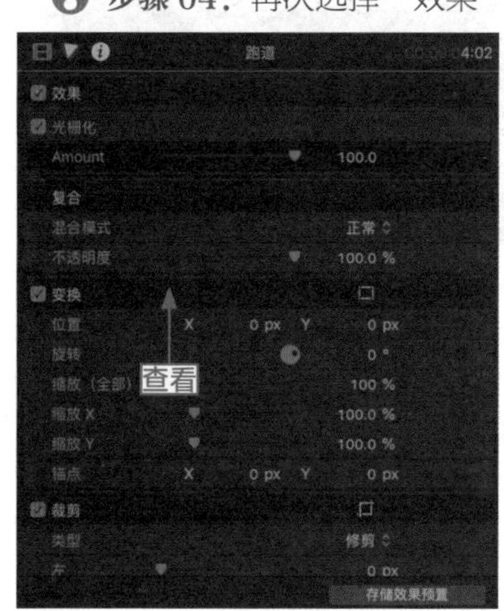

图 6-18　查看添加的视频效果信息

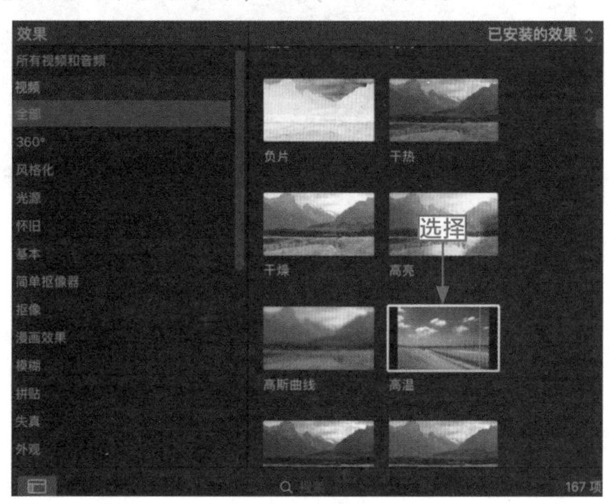

图 6-19　选择视频效果

步骤 05：按住鼠标左键，将选择的视频效果拖曳至“时间线”面板的素材上，此时“视频检查器”面板中已经添加了两个视频效果，如图 6-20 所示。

步骤 06：单击检视器下方的“播放”按钮，预览添加多个视频滤镜后的视频效果，如图 6-21 所示。

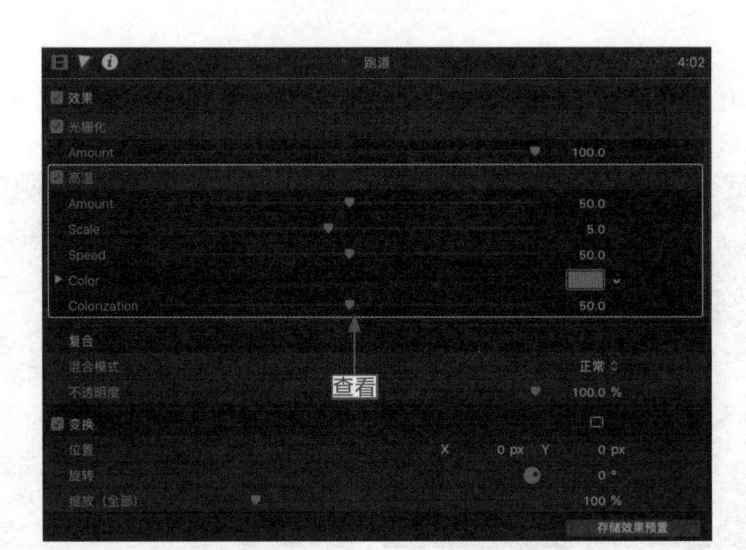

图 6-20　查看“视频检查器”中的两个视频效果

图 6-21　预览添加的多个视频效果

6.1.4　删除滤镜：用“删除”命令删除滤镜

操练 + 视频	6.1.4　删除滤镜：用“删除”命令删除滤镜	
素材文件	无	扫描封底文泉云盘的二维码获取资源
效果文件	无	
视频文件	视频 \ 第 6 章 \6.1.4 删除滤镜：用“删除”命令删除滤镜 .mp4	

用户在进行视频效果添加的过程中，如果对添加的视频效果不满意时，可以通过“删除”命令来删除效果。下面介绍运用“删除”命令删除效果的具体方法。

步骤 01：以上一节的素材效果为例，在“视频检查器”面板中选择需要删除的视频效果，如图 6-22 所示，被选择的视频效果四周出现黄色的方框。

步骤 02：选择“编辑”|“删除”命令，如图 6-23 所示。

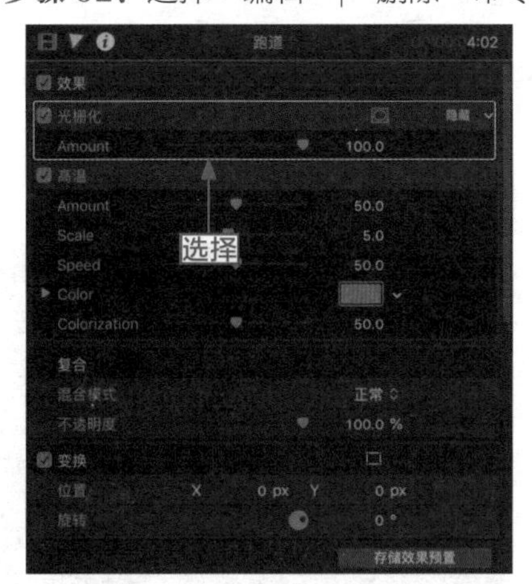

图 6-22　选择需要删除的视频效果

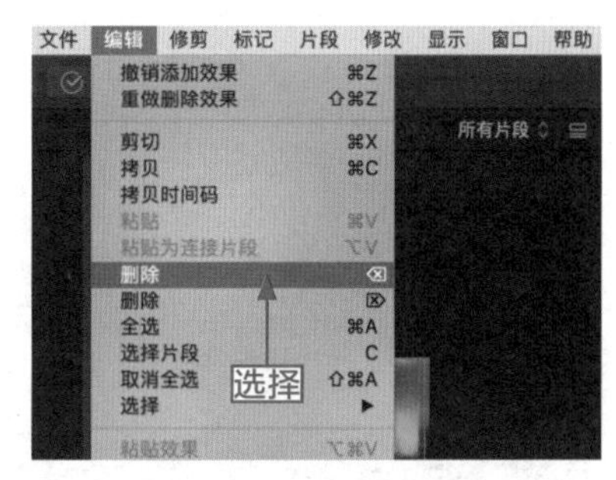

图 6-23　选择“删除”命令

步骤 03：“视频检查器”面板中的“光栅化”视频效果已被删除，如图 6-24 所示。

步骤 04：用以上方法删除另一个视频效果，如图 6-25 所示。

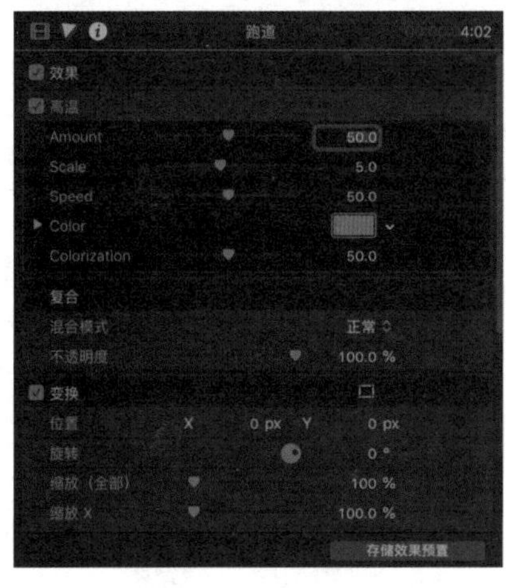

图 6-24　“光栅化”视频效果已被删除

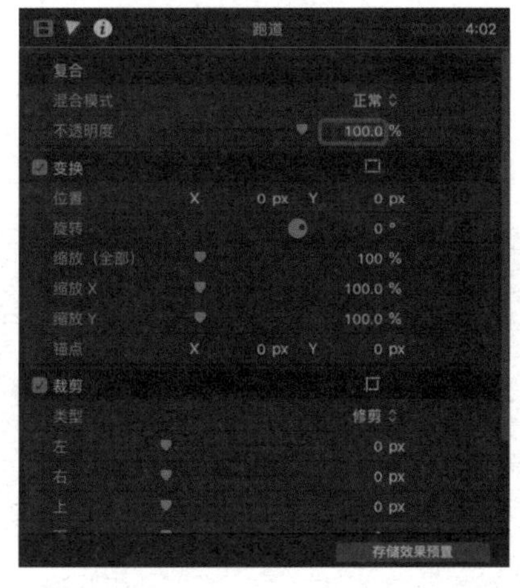

图 6-25　删除另一个视频效果

6.1.5　隐藏滤镜：将已添加的视频效果隐藏

操练 + 视频	6.1.5　隐藏滤镜：将已添加的视频效果隐藏	
素材文件	素材 \ 第 6 章 \ 胶布 .jpg	扫描封底文泉云盘的二维码获取资源
效果文件	效果 1：第 2 章 – 第 7 章 \ 第 6 章 \6.1.5　胶布 .fcpbundle	
视频文件	视频 \ 第 6 章 \6.1.5　隐藏滤镜：将已添加的视频效果隐藏 .mp4	

关闭视频效果是指将已添加的视频效果暂时隐藏，如果需要再次显示该效果，则可以重新启用，而无须再次添加。

步骤 01：在事件浏览器中导入一个素材文件（素材\第 6 章\胶布 .jpg），如图 6-26 所示。

步骤 02：选中素材，按住鼠标左键将其拖曳至“时间线”面板中，如图 6-27 所示。

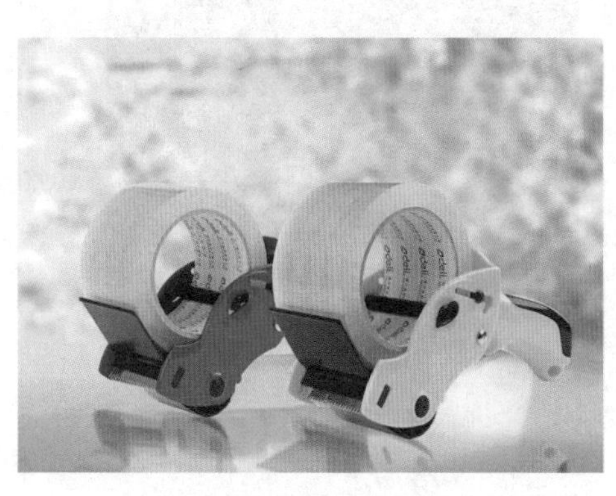

图 6-26　导入素材

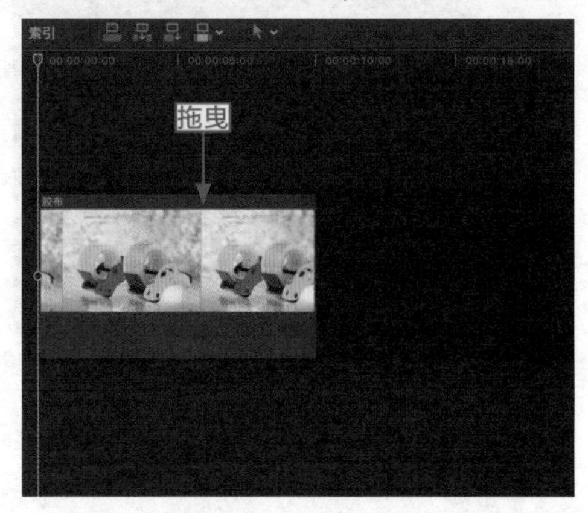

图 6-27　拖曳素材至“时间线”面板中

步骤 03：打开“效果”面板，在其中选择“摄录机”视频效果，如图 6-28 所示。

步骤 04：按住鼠标左键，将选择的视频效果拖曳至“时间线”面板的素材上。预览添加的视频效果，如图 6-29 所示。

图 6-28　选择“摄录机”视频效果

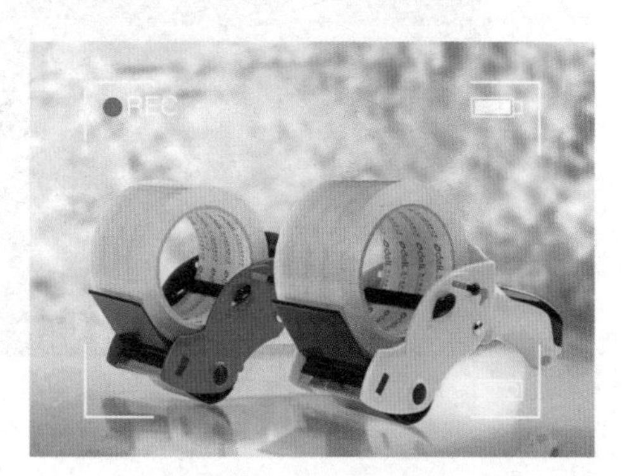

图 6-29　预览添加的视频效果

步骤 05：单击“显示视频检查器”按钮，打开“视频检查器”，如图 6-30 所示。

步骤 06：取消选中“摄录机”前面的复选框，如图 6-31 所示，即可屏蔽添加的视频效果。

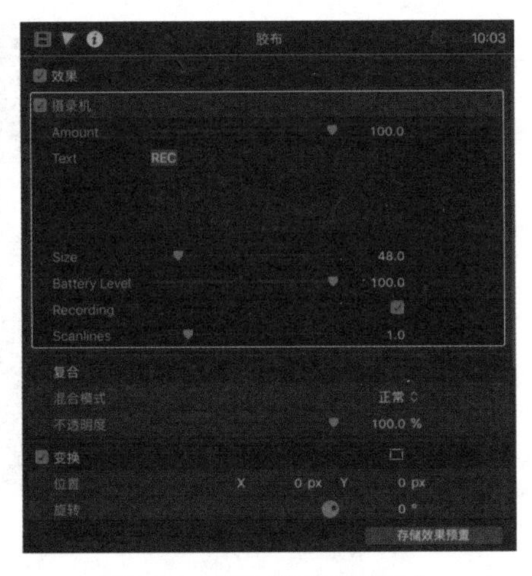

图 6-30　打开“视频检查器”

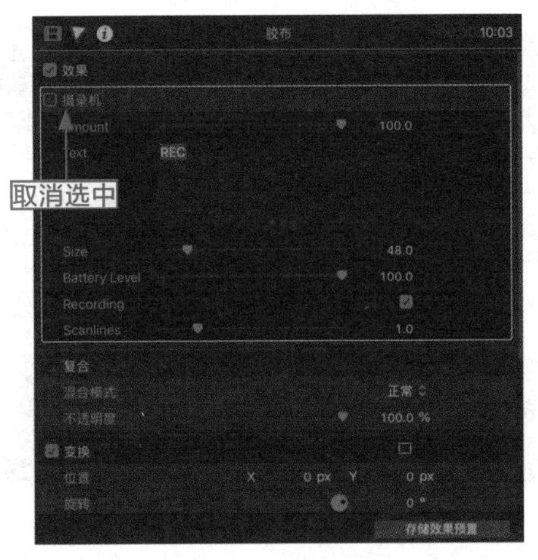

图 6-31　取消选中“摄录机”前面的复选框

6.2　运用：增添常用的视频效果

根据视频效果的作用，Final Cut Pro X 将视频效果细分成多种类别，本节将介绍几种常用的视频效果的添加方法。

6.2.1　照片回忆：给金鱼素材添加“照片回忆”效果

操练 + 视频　6.2.1　照片回忆：给金鱼素材添加“照片回忆”效果

素材文件	素材 \ 第 6 章 \ 金鱼 .jpg	扫描封底文泉云盘的二维码获取资源
效果文件	效果 1：第 2 章 – 第 7 章 \ 第 6 章 \6.2.1　金鱼 .fcpbundle	
视频文件	视频 \ 第 6 章 \6.2.1　照片回忆：给金鱼素材添加照片回忆 .mp4	

“照片回忆”效果是将素材以照片的形式呈现出来。下面介绍添加“照片回忆”效果的操作方法。

步骤 01： 在“时间线”面板中导入素材文件（素材 \ 第 6 章 \ 金鱼 .jpg），如图 6-32 所示。

步骤 02： 在检视器中预览导入的素材画面，如图 6-33 所示。

步骤 03： 打开“效果”面板，在其中选择“照片回忆”视频效果，如图 6-34 所示。

步骤 04： 按住鼠标左键，将选择的视频效果拖曳至“时间线”面板的素材上。预览添加的视频效果，如图 6-35 所示。

图 6-32　导入素材

图 6-33　预览素材画面

图 6-34　选择“照片回忆”视频效果

图 6-35　预览添加的视频效果

6.2.2　散景随机：给孔雀素材添加“散景随机”效果

操练 + 视频　6.2.2　散景随机：给孔雀素材添加“散景随机”效果

素材文件	素材 \ 第 6 章 \ 孔雀 .jpg	扫描封底文泉云盘的二维码获取资源
效果文件	效果 1：第 2 章 – 第 7 章 \ 第 6 章 \6.2.2　孔雀 .fcpbundle	
视频文件	视频 \ 第 6 章 \6.2.2　散景随机：给孔雀素材添加“散景随机”效果 .mp4	

“散景随机”效果是一种添加后随机出现的视频效果，它没有固定位置，在添加之后会有一些朦胧的小光点覆盖在素材上面。下面介绍添加“散景随机”效果的操作方法。

步骤 01：在事件浏览器中导入一个素材文件（素材 \ 第 6 章 \ 孔雀 .jpg），将其拖曳至“时间线”面板中，如图 6-36 所示。

步骤 02：在检视器中预览导入的素材画面，如图 6-37 所示。

图 6-36　导入素材

图 6-37　预览素材画面

步骤 03：打开“效果”面板，在其中选择“散景随机”视频效果，如图 6-38 所示。

步骤 04：按住鼠标左键，将选择的视频效果拖曳至“时间线”面板的素材上。预览添加的视频效果，如图 6-39 所示。

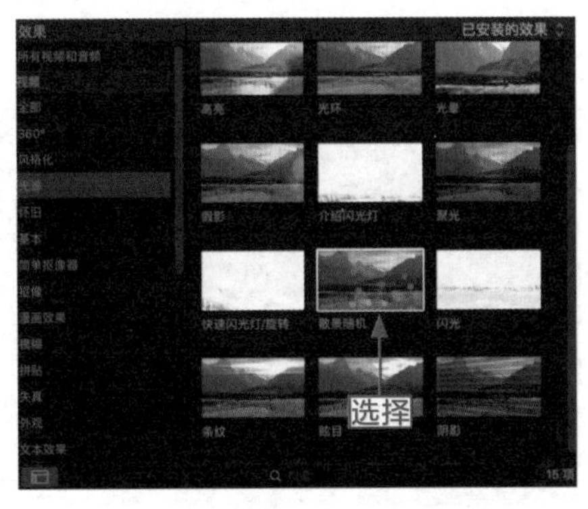

图 6-38　选择“散景随机”视频效果

图 6-39　预览添加的视频效果

6.2.3　保护滤镜：给村庄素材添加“保护”效果

操练 + 视频　6.2.3　保护滤镜：给村庄素材添加“保护”效果

素材文件	素材 \ 第 6 章 \ 村庄 .jpg	扫描封底文泉云盘的二维码获取资源
效果文件	效果 1：第 2 章 – 第 7 章 \ 第 6 章 \6.2.3　村庄 .fcpbundle	
视频文件	视频 \ 第 6 章 \ 6.2.3　保护滤镜：给村庄素材添加“保护”效果 .mp4	

“保护”效果是怀旧视频效果中的一种，主要将素材以老照片的形式表现出来。下面介绍添加“保护”效果的操作方法。

步骤 01：在“时间线”面板中导入素材（素材 \ 第 6 章 \ 村庄 .jpg），如图 6-40 所示。

步骤 02：在检视器中预览导入的素材画面，如图 6-41 所示。

图6-40 导入素材

图6-41 预览素材画面

步骤03：打开“效果”面板，在其中选择“保护”视频效果，如图6-42所示。

步骤04：按住鼠标左键，将选择的视频效果拖曳至“时间线”面板的素材上。预览添加的视频效果，如图6-43所示。

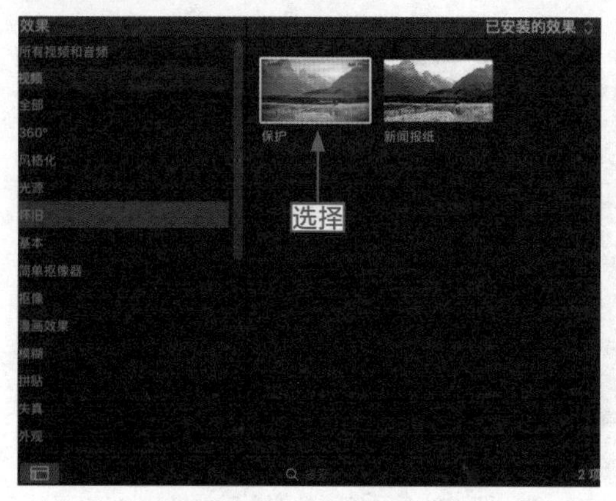

图6-42 选择“保护”视频效果

图6-43 预览添加的视频效果

6.2.4 漫画复古：给漂亮女孩素材添加“漫画复古”效果

操练+视频 6.2.4 漫画复古：给漂亮女孩素材添加“漫画复古”效果

素材文件	素材\第6章\漂亮女孩.jpg	扫描封底文泉云盘的二维码获取资源
效果文件	效果1：第2章－第7章\第6章\6.2.4 漂亮女孩.fcpbundle	
视频文件	视频\第6章\6.2.4 漫画复古：给漂亮女孩素材添加“漫画复古”效果.mp4	

“漫画复古”效果可以让画面呈现油画一样的质感。下面介绍添加“漫画复古”效果的操作方法。

步骤 01：在“时间线”面板中导入一个素材文件（素材\第 6 章\漂亮女孩.jpg），如图 6-44 所示。

步骤 02：在检视器中预览导入的素材画面，如图 6-45 所示。

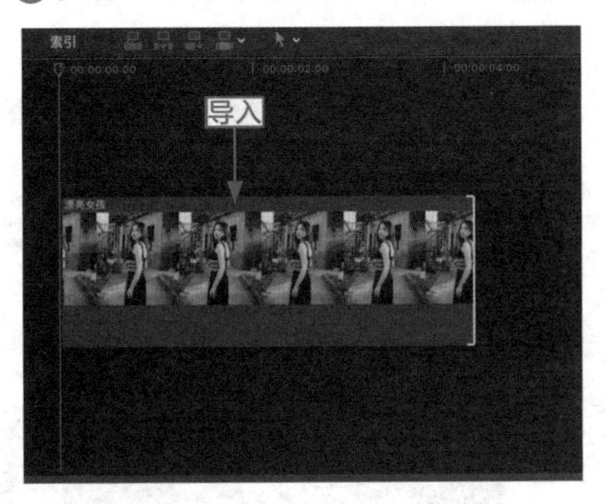

图 6-44　导入素材

图 6-45　预览素材画面

步骤 03：打开“效果”面板，在其中选择“漫画复古”视频效果，如图 6-46 所示。

步骤 04：按住鼠标左键，将选择的视频效果拖曳至“时间线”面板的素材上。预览添加的视频效果，如图 6-47 所示。

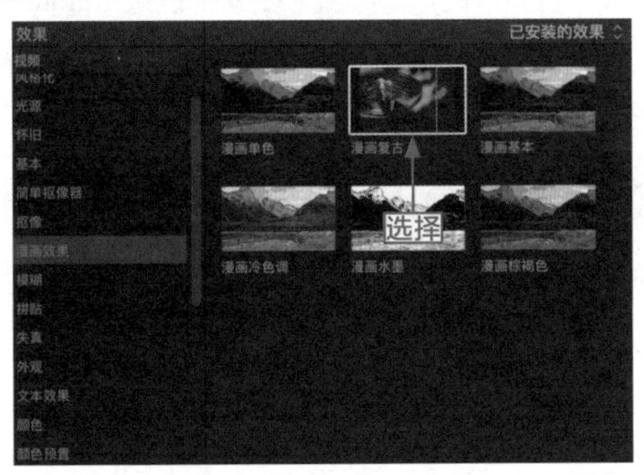

图 6-46　选择“漫画复古”视频效果

图 6-47　预览添加的视频效果

6.2.5　锐化滤镜：给天鹅素材添加“锐化”滤镜效果

操练 + 视频　6.2.5　锐化滤镜：给天鹅素材添加“锐化”效果

素材文件	素材\第 6 章\天鹅.jpg	扫描封底文泉云盘的二维码获取资源
效果文件	效果 1：第 2 章－第 7 章\第 6 章\6.2.5 天鹅.fcpbundle	
视频文件	视频\第 6 章\6.2.5 锐化滤镜：给天鹅素材添加“锐化”效果.mp4	

“锐化”视频效果用于增强素材的轮廓感。下面介绍“锐化”视频效果的制作方法。

步骤 01：在“时间线”面板中导入素材（素材\第 6 章\天鹅.jpg），如图 6-48 所示。

步骤 02：打开“效果”面板，在其中选择“锐化”视频效果，如图 6-49 所示，并将其拖曳至“时间线”面板中的素材上。

图 6-48　导入素材

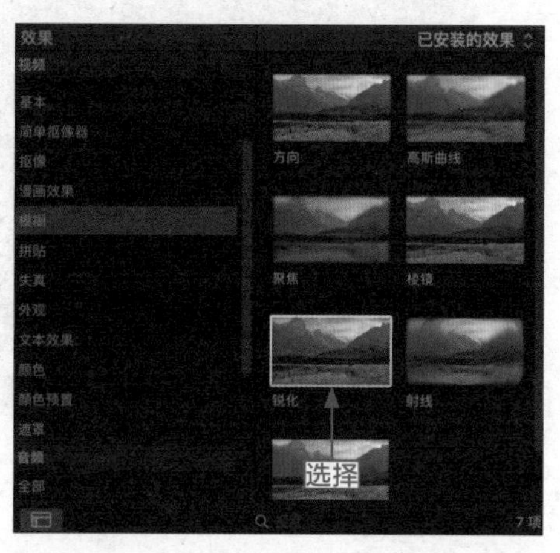

图 6-49　选择“锐化”视频效果

步骤 03：打开“视频检查器”面板，展开“锐化”选项，在其中设置 Amount（数量）为 31.72，如图 6-50 所示。

步骤 04：执行操作后，即可添加“锐化”视频效果，预览效果如图 6-51 所示。

> **专家指点**
> 在“视频检查器”面板中，可以通过改变 Amount 的数值来更改图像画面的模糊度，Amount 的数值越大，图像的画面越模糊；而 Amount 的数值越小，图像的画面越清晰。

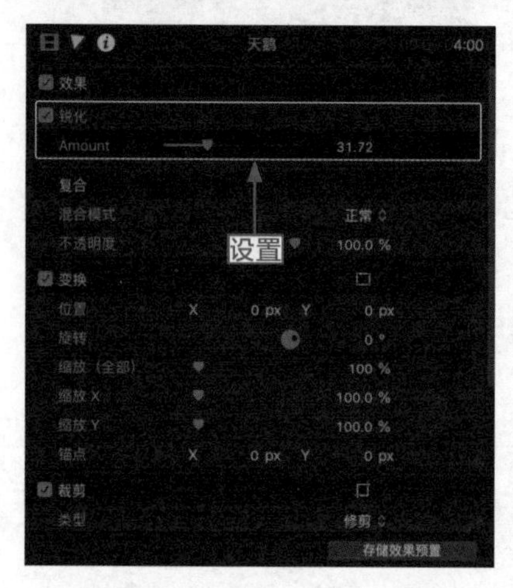

图 6-50　设置视频效果的参数

图 6-51　预览“锐化”视频效果

6.2.6 透视拼贴：给鸳鸯素材添加“透视拼贴”效果

操练 + 视频	6.2.6 透视拼贴：给鸳鸯素材添加“透视拼贴”效果	
素材文件	素材 \ 第 6 章 \ 鸳鸯 .jpg	扫描封底文泉云盘的二维码获取资源
效果文件	效果 1：第 2 章 – 第 7 章 \ 第 6 章 \6.2.6 鸳鸯 .fcpbundle	
视频文件	视频 \ 第 6 章 \ 6.2.6 透视拼贴：给鸳鸯素材添加“透视拼贴”效果 .mp4	

“透视拼贴”视频效果用于给素材添加透视和拼贴效果，让画面看起来更加立体和有层次。

步骤 01：在“时间线”面板中导入素材（素材 \ 第 6 章 \ 鸳鸯 .jpg），如图 6-52 所示。

步骤 02：打开“效果”面板，在其中选择“透视拼贴”视频效果，如图 6-53 所示，并将其拖曳至“时间线”面板中的素材上。

图 6-52　导入素材

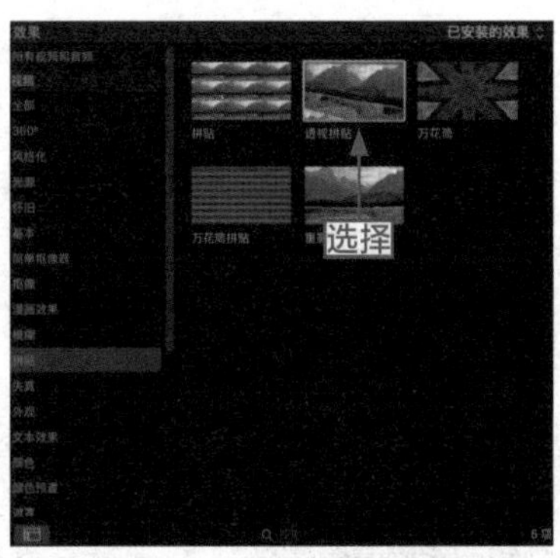

图 6-53　选择“透视拼贴”视频效果

步骤 03：打开“视频检查器”面板，展开“透视拼贴”选项，设置 Top Left（左上角）为 -0.4px、Top Right（右上角）为 0.4px、Bottom Right（右下角）为 0.5px、Bottom Left（左下角）为 -0.3px，如图 6-54 所示。

步骤 04：执行操作后，即可为素材添加“透视拼贴”视频效果。在检视器中预览画面效果，如图 6-55 所示。

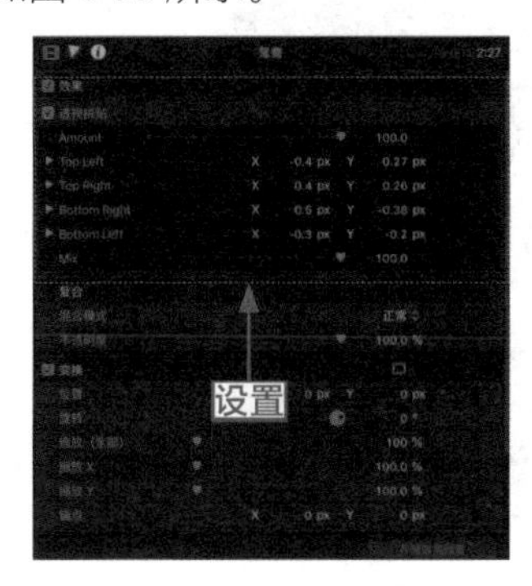

图 6-54　设置视频效果的参数

图 6-55　预览“透视拼贴”视频效果

6.2.7 翻转滤镜：给小羊素材添加“翻转”效果

操练+视频	6.2.7 翻转滤镜：给小羊素材添加“翻转”效果	
素材文件	素材\第6章\小羊.jpg	扫描封底文泉云盘的二维码获取资源
效果文件	效果1：第2章－第7章\第6章\6.2.7 小羊.fcpbundle	
视频文件	视频\第6章\6.2.7 翻转滤镜：给小羊素材添加“翻转”效果.mp4	

“翻转”视频效果用于将视频中的每一帧从左向右翻转。下面介绍添加“翻转”效果的操作方法。

步骤01：在“时间线”面板中导入素材（素材\第6章\小羊.jpg），如图6-56所示。

步骤02：在检视器中预览导入的素材画面，如图6-57所示。

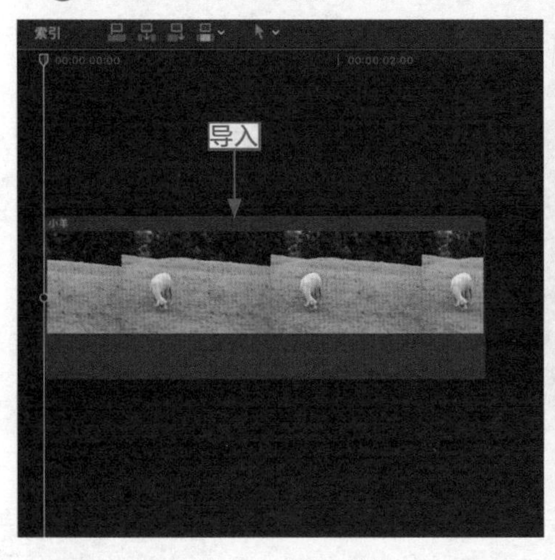

图6-56 导入素材

图6-57 预览导入的素材画面

步骤03：打开“效果”面板，在其中选择“翻转”视频效果，如图6-58所示，并将其拖曳至“时间线”面板中的素材上。

图6-58 选择“翻转”视频效果

步骤 04：执行操作后，即可为素材添加“翻转”视频效果。在检视器中预览画面效果，如图 6-59 所示。

图 6-59　预览“翻转”视频效果

6.2.8　夜视滤镜：给格子女孩素材添加“夜视”效果

操练 + 视频　6.2.8　夜视滤镜：给格子女孩素材添加“夜视”效果

素材文件	素材 \ 第 6 章 \ 格子女孩 .jpg	扫描封底文泉云盘的二维码获取资源
效果文件	效果 1：第 2 章 – 第 7 章 \ 第 6 章 \6.2.8 格子女孩 .fcpbundle	
视频文件	视频 \ 第 6 章 \ 6.2.8 夜视滤镜：给格子女孩素材添加“夜视”效果 .mp4	

“夜视”视频效果可让视频中的图像呈现出夜间浏览状态。下面介绍添加“夜视”效果的操作方法。

步骤 01：在“时间线”面板中导入素材（素材 \ 第 6 章 \ 格子女孩 .jpg），如图 6-60 所示。

步骤 02：在检视器中预览导入的素材画面，如图 6-61 所示。

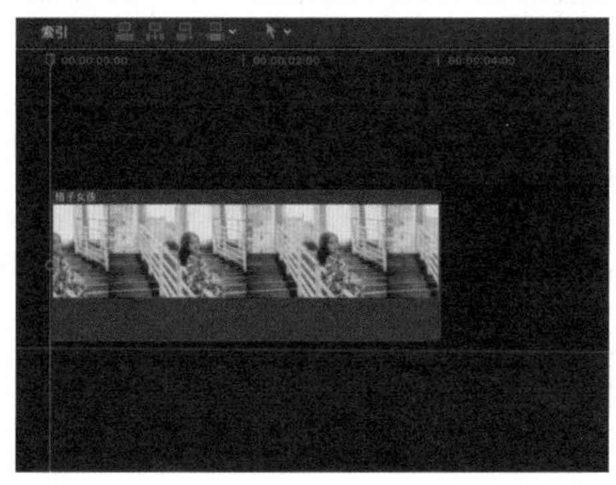

图 6-60　导入素材

图 6-61　预览导入的素材画面

步骤 03：打开“效果”面板，在其中选择“夜视”视频效果，如图 6-62 所示，并将其拖曳至“时间线”面板中的素材上。

步骤 04：执行操作后，即可为素材添加“夜视”视频效果。在检视器中预览画面，如图 6-63 所示。

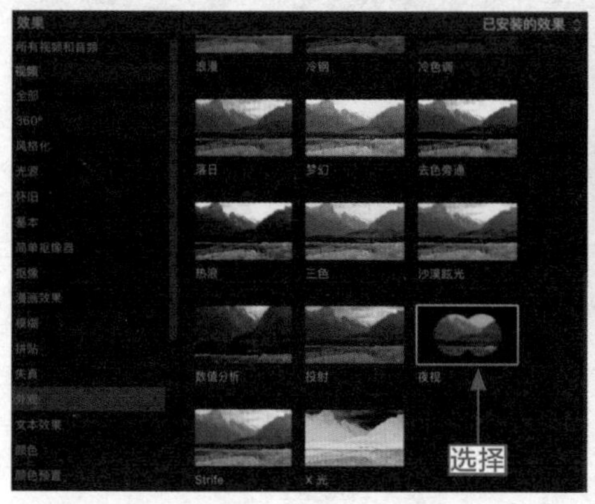

图 6-62　选择“夜视”视频效果

图 6-63　预览“夜视”视频效果

6.3　补充：给多个片段添加滤镜

前面讲的都是给一个素材片段添加滤镜，本节将介绍如何给多个片段添加滤镜。

6.3.1　镜像滤镜：给两个素材添加同一滤镜

操练 + 视频　6.3.1　镜像滤镜：给两个素材添加同一滤镜

素材文件	素材 \ 第 6 章 \ 长沙 1.jpg、长沙 2.jpg	扫描封底文泉云盘的二维码获取资源
效果文件	效果 1：第 2 章 – 第 7 章 \ 第 6 章 \6.3.1　长沙 .fcpbundle	
视频文件	视频 \ 第 6 章 \6.3.1　镜像滤镜：给两个素材添加同一滤镜 .mp4	

添加“镜像”效果后，画面会像照镜子一样，用户还可以自由旋转改变素材的镜像位置。下面介绍添加“镜像”效果的操作方法。

步骤 01：在“时间线”面板中导入素材文件（素材 \ 第 6 章 \ 长沙 1.jpg、长沙 2.jpg），如图 6-64 所示。

图 6-64　导入素材

步骤 02：在"时间线"面板中选中两个素材，如图 6-65 所示。

步骤 03：打开"效果"面板，在其中选择"镜像"视频效果，如图 6-66 所示，在选择的视频效果上双击，即可同时为两幅素材图像添加"镜像"视频效果。

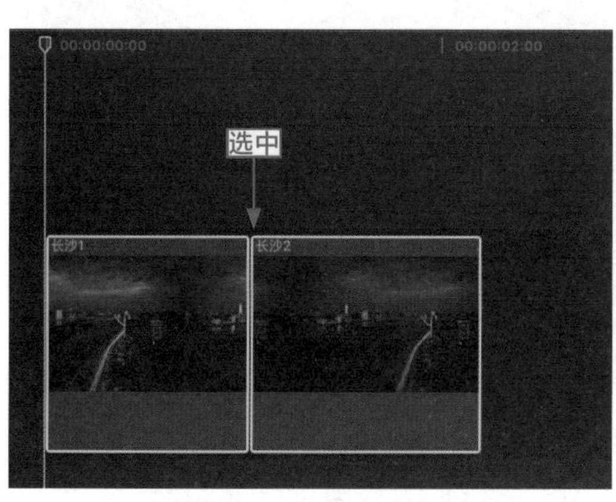

图 6-65　选中两个素材

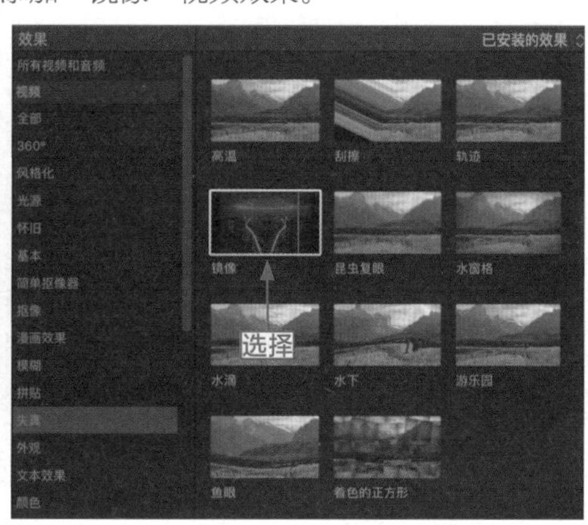

图 6-66　选择"镜像"视频效果

步骤 04：执行操作后，在检视器中预览画面，效果如图 6-67 所示。

图 6-67　预览添加的视频效果

6.3.2 复制属性：复制素材效果的相同属性

操练 + 视频 6.3.2 复制属性：复制素材效果的相同属性

素材文件	素材 \ 第 6 章 \ 零陵古城 1.jpg、零陵古城 2.jpg	扫描封底文泉云盘的二维码获取资源
效果文件	效果 1：第 2 章 – 第 7 章 \ 第 6 章 \6.3.2 零陵古城 .fcpbundle	
视频文件	视频 \ 第 6 章 \6.3.2 复制属性：复制素材效果的相同属性 .mp4	

使用“拷贝”功能可以对需要再次使用的视频效果进行复制操作。用户在执行该操作时，可以在“时间线”面板中选择已添加视频效果的源素材，并在“视频检查器”面板中选择视频效果，进行复制。下面介绍复制和粘贴视频效果的操作方法。

步骤 01：在“时间线”面板中导入素材文件（素材 \ 第 6 章 \ 零陵古城 1.jpg、零陵古城 2.jpg），如图 6-68 所示。

图 6-68 导入两幅素材图像

步骤 02：在“时间线”面板中选择素材“零陵古城 1.jpg”，如图 6-69 所示。

步骤 03：打开“效果”面板，在其中选择“超级 8 毫米”视频效果，如图 6-70 所示，并将其拖曳至“零陵古城 1.jpg”素材上。

图 6-69 选择“零陵古城 1.jpg”素材

图 6-70 选择“超级 8 毫米”视频效果

步骤 04：打开“视频检查器”面板，在其中选择已经添加的“超级 8 毫米”视频效果，如图 6-71 所示。

步骤 05：选择“编辑”|“拷贝”命令，如图 6-72 所示，将选择的视频效果进行复制。

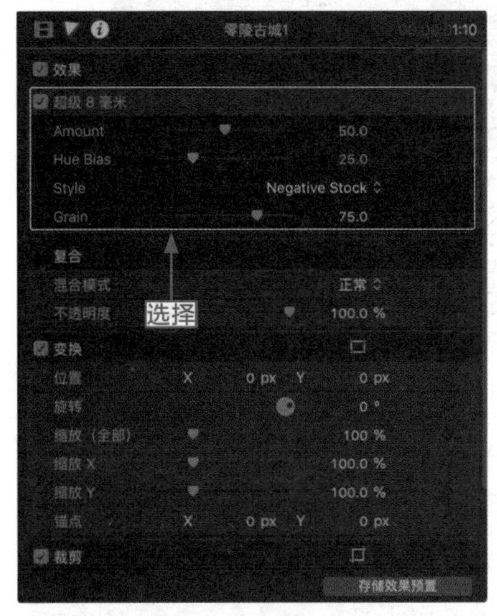

图 6-71　选择视频效果

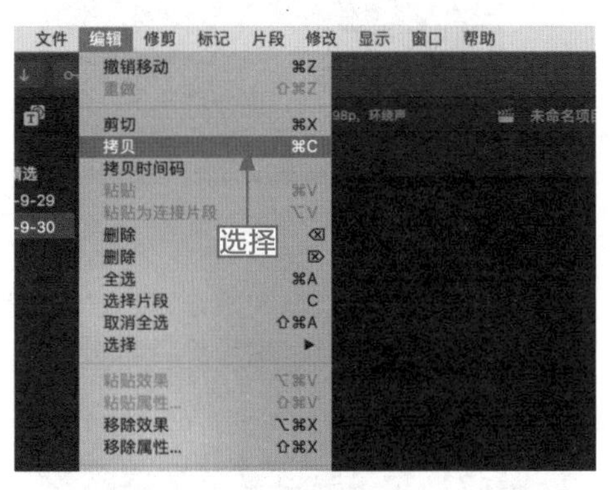

图 6-72　选择“拷贝”命令

步骤 06：在“时间线”面板中选中素材“零陵古城 2.jpg”，如图 6-73 所示。

步骤 07：在菜单栏中选择“编辑”|“粘贴属性”命令，如图 6-74 所示。

图 6-73　选中素材

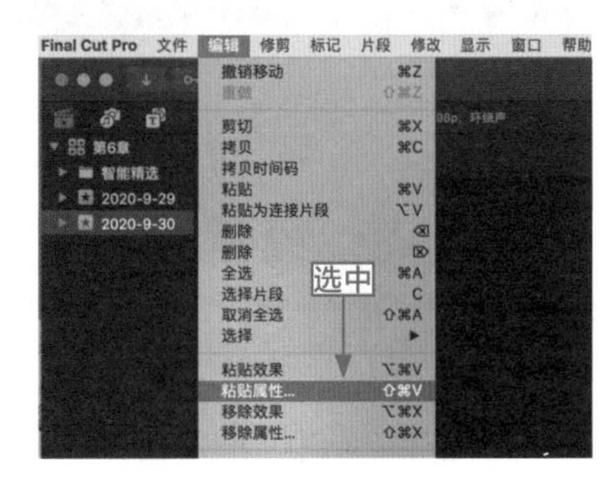

图 6-74　选择“粘贴属性”命令

步骤 08：执行操作后，弹出“粘贴属性”对话框，选中“变换”前面的复选框，如图 6-75 所示。

步骤 09：单击“粘贴”按钮，如图 6-76 所示，即可将“超级 8 毫米”视频效果粘贴到“零陵古城 2.jpg”素材上。

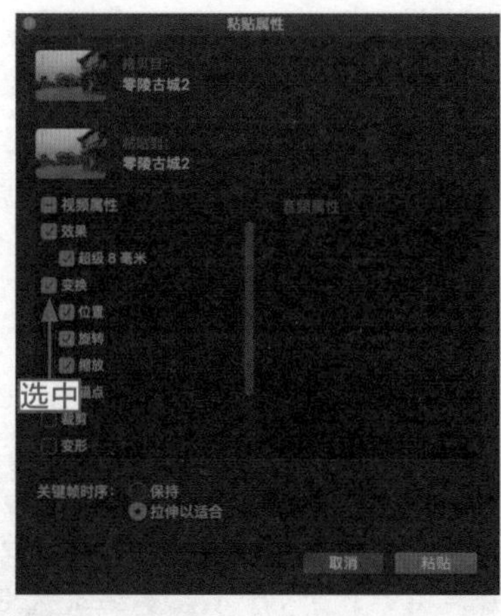

图 6-75　选中“变换”前面的复选框

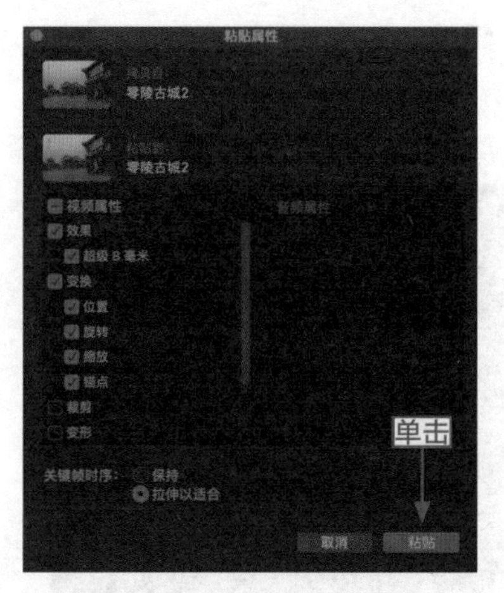

图 6-76　单击“粘贴”按钮

步骤 10：在检视器中预览复制效果属性后的素材画面，如图 6-77 所示。

图 6-77　预览素材画面

6.4　知晓：经常用到的遮罩效果

遮罩能够根据灰阶的不同，有选择性地隐藏素材画面中的内容。在 Final Cut Pro X 中，遮罩的作用主要是隐藏顶层素材画面中的部分内容。

6.4.1　渐变遮罩：给橘子洲素材添加渐变遮罩

使用“渐变遮罩”可以为素材画面制作渐变效果，在添加“渐变遮罩”后，素材的部分画面会以渐变叠加的形式呈现。下面介绍添加“渐变遮罩”的操作方法。

操练 + 视频　6.4.1　渐变遮罩：给橘子洲素材添加渐变遮罩

素材文件	素材 \ 第 6 章 \ 橘子洲 .jpg	扫描封底文泉云盘的二维码获取资源
效果文件	效果 1：第 2 章－第 7 章 \ 第 6 章 \6.4.1　橘子洲 .fcpbundle	
视频文件	视频 \ 第 6 章 \6.4.1　渐变遮罩：给橘子洲素材添加渐变遮罩 .mp4	

步骤 01：在"时间线"面板中导入素材（素材 \ 第 6 章 \ 橘子洲 .jpg），如图 6-78 所示。

步骤 02：打开"效果"面板，在其中选择"渐变遮罩"视频效果，如图 6-79 所示，并将其拖曳到"时间线"面板的素材上。

图 6-78　导入素材

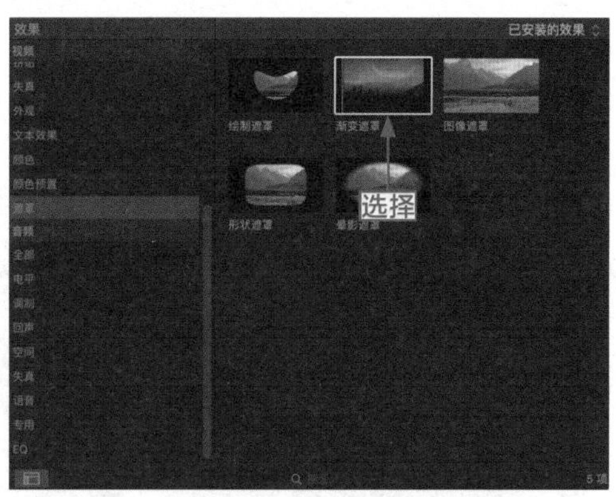

图 6-79　选择"渐变遮罩"视频效果

步骤 03：在"视频检查器"中设置 Amount 为 85.0，如图 6-80 所示。

步骤 04：设置完成后，在检视器中预览添加"渐变遮罩"后的素材画面，如图 6-81 所示。

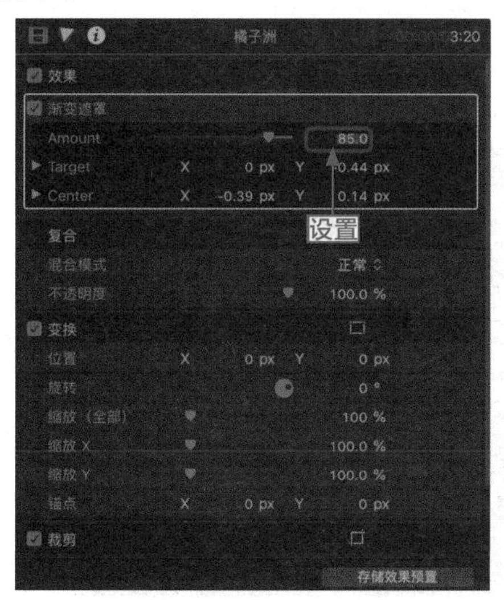

图 6-80　设置 Amount 为 85.0

图 6-81　预览"渐变遮罩"效果

6.4.2 图像遮罩：给蝴蝶素材添加图像遮罩

操练 + 视频 6.4.2 图像遮罩：给蝴蝶素材添加图像遮罩

素材文件	素材 \ 第 6 章 \ 紫花 .jpg、蝴蝶 .jpg	扫描封底文泉云盘的二维码获取资源
效果文件	效果 1：第 2 章 – 第 7 章 \ 第 6 章 \6.4.2 蝴蝶 .fcpbundle	
视频文件	视频 \ 第 6 章 \ 6.4.2 图像遮罩：给蝴蝶素材添加图像遮罩 .mp4	

“图像遮罩”指的是将两个素材画面重组在一起，让素材产生叠加效果。下面介绍添加“图像遮罩”视频效果的操作方法。

步骤 01：在事件浏览器中导入素材（素材 \ 第 6 章 \ 紫花 .jpg、蝴蝶 .jpg），如图 6-82 所示。

图 6-82 导入素材

步骤 02：将“紫花 .jpg”素材拖曳到“时间线”面板中，并用鼠标选中素材，如图 6-83 所示。

步骤 03：打开“效果”面板，在其中选择“图像遮罩”视频效果，如图 6-84 所示。在选择的视频效果上双击，即可同时为选中的素材添加“图像遮罩”视频效果。

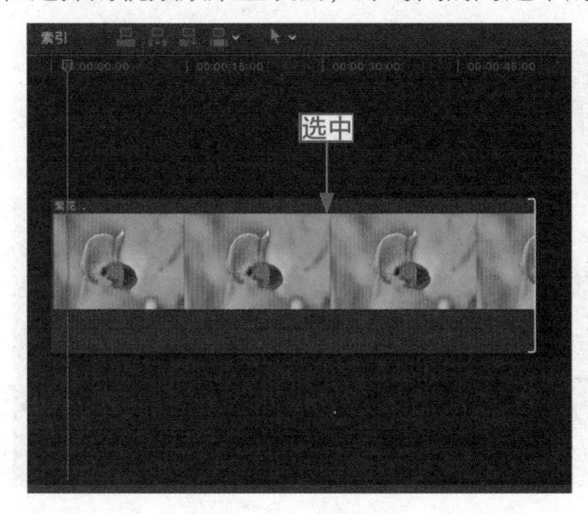

图 6-83 选中素材

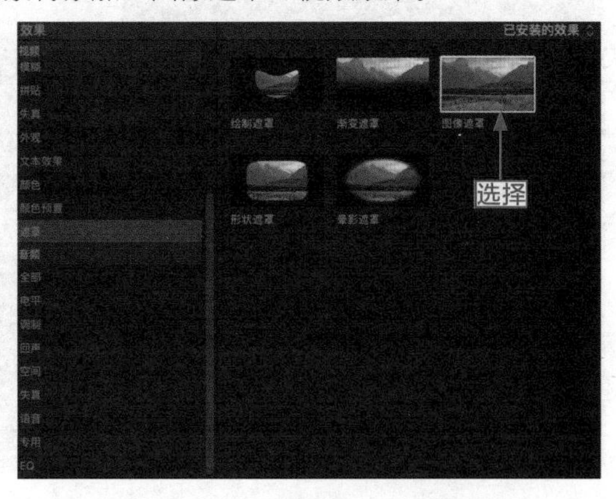

图 6-84 选择“图像遮罩”视频效果

步骤 04：打开“视频检查器”面板，展开“图像遮罩”选项，单击选区中的向下箭头按钮，如图 6-85 所示。

步骤 05：在事件浏览器中选择“蝴蝶 .jpg”素材，如图 6-86 所示。

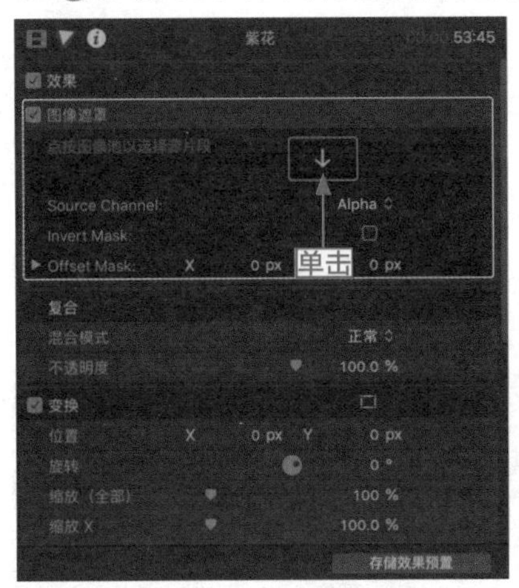

图 6-85　单击向下箭头按钮

图 6-86　选择“蝴蝶 .jpg”素材

步骤 06：执行操作后，在检视器中可以预览素材画面，单击“应用片段”按钮，如图 6-87 所示。

步骤 07：操作完成后，即可利用“图像遮罩”为素材制作叠加效果，如图 6-88 所示。

图 6-87　单击“应用片段”按钮

图 6-88　预览叠加效果

6.4.3　晕影遮罩：给美味鸡爪素材添加晕影遮罩

“晕影遮罩”指的是在添加效果后，画面四周会出现晕影，被晕影圈住的地方才能显示素材画面，而其他地方都是黑色的。下面介绍添加“晕影遮罩”效果的操作方法。

操练 + 视频 6.4.3 晕影遮罩：给美味鸡爪素材添加晕影遮罩

素材文件	素材 \ 第 6 章 \ 美味鸡爪 .jpg	扫描封底文泉云盘的二维码获取资源
效果文件	效果 1：第 2 章 – 第 7 章 \ 第 6 章 \6.4.3 美味鸡爪 .fcpbundle	
视频文件	视频 \ 第 6 章 \6.4.3 晕影遮罩：给美味鸡爪素材添加晕影遮罩 .mp4	

步骤 01：在“时间线”面板中导入素材（素材 \ 第 6 章 \ 美味鸡爪 .jpg），如图 6-89 所示。

步骤 02：打开“效果”面板，在其中选择“晕影遮罩”视频效果，如图 6-90 所示。在选择的视频效果上双击，即可同时为素材添加“晕影遮罩”视频效果。

图 6-89 导入素材

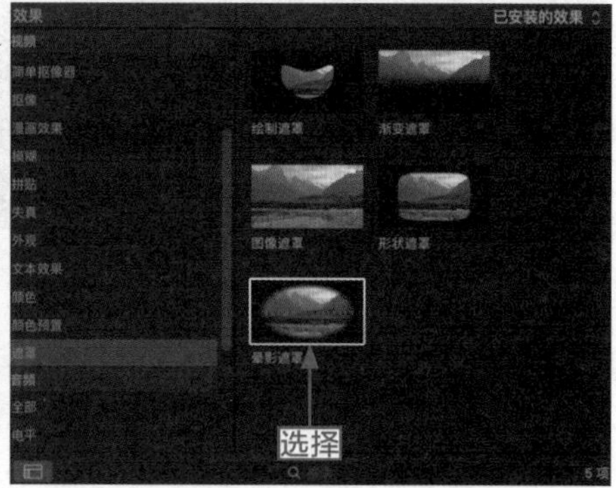

图 6-90 选择“晕影遮罩”视频效果

步骤 03：打开“视频检查器”面板，展开“晕影遮罩”选项，在其中设置 Size（尺寸）为 0.61 \ Falloff（衰减）为 0.11，如图 6-91 所示。

步骤 04：操作完成后，即可预览制作的“晕影遮罩”画面效果，如图 6-92 所示。

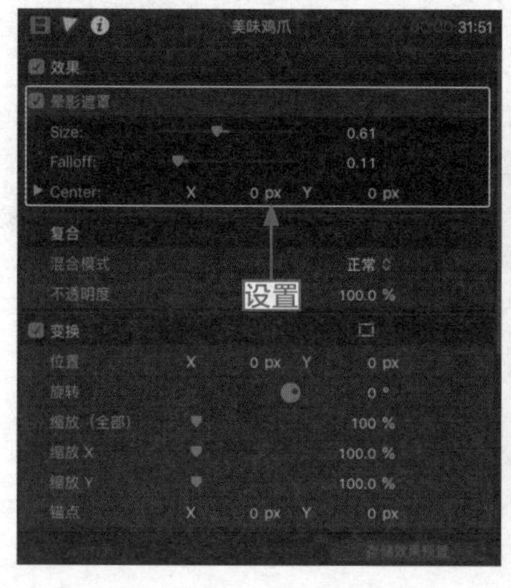

图 6-91 设置“晕影遮罩”参数

图 6-92 预览“晕影遮罩”画面效果

6.4.4　形状遮罩：给五光十色素材添加形状遮罩

操练 + 视频	6.4.4　形状遮罩：给五光十色素材添加形状遮罩	
素材文件	素材 \ 第 6 章 \ 五光十色 .jpg	扫描封底文泉云盘的二维码获取资源
效果文件	效果 1：第 2 章 – 第 7 章 \ 第 6 章 \6.4.4　五光十色 .fcpbundle	
视频文件	视频 \ 第 6 章 \6.4.4　形状遮罩：给五光十色素材添加形状遮罩 .mp4	

“形状遮罩”常用于给素材画面添加特定的形状蒙版或者自定义的蒙版。下面介绍制作“形状遮罩”效果的操作方法。

步骤 01：在“时间线”面板中导入一个素材文件（素材 \ 第 6 章 \ 五光十色 .jpg），如图 6-93 所示。

步骤 02：选中“时间线”面板中的素材，按住 Alt 键和鼠标左键的同时向上拖曳，在主轨道的上方复制一个相同的素材，如图 6-94 所示。

图 6-93　导入素材

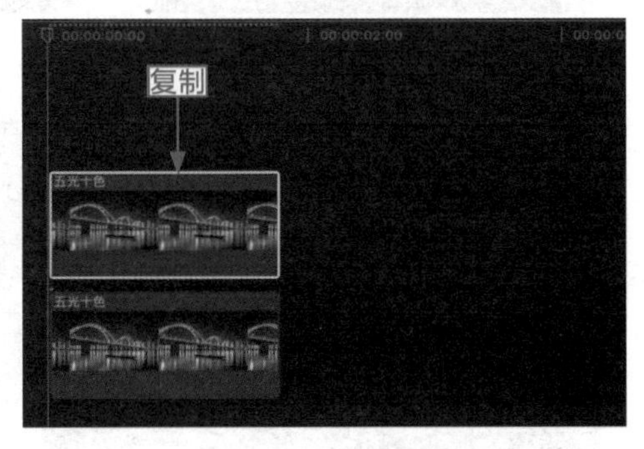

图 6-94　复制素材

步骤 03：选中主轨道上的素材，打开“效果”面板，在其中选择“黑白”视频效果，如图 6-95 所示。在选择的视频效果上双击，即可为素材添加“黑白”视频效果。

步骤 04：用与上相同的方法为复制的素材添加“形状遮罩”效果，添加完成后在检视器画面中会出现一个圆角矩形，如图 6-96 所示。

图 6-95　选择“黑白”视频效果

图 6-96　画面中出现圆角矩形

步骤 05：打开“视频检查器”面板，展开“形状遮罩”选项，单击“转换为点”按钮，如图 6-97 所示。

步骤 06：操作完成后，弹出一个提示框，单击“转换”按钮，如图 6-98 所示。

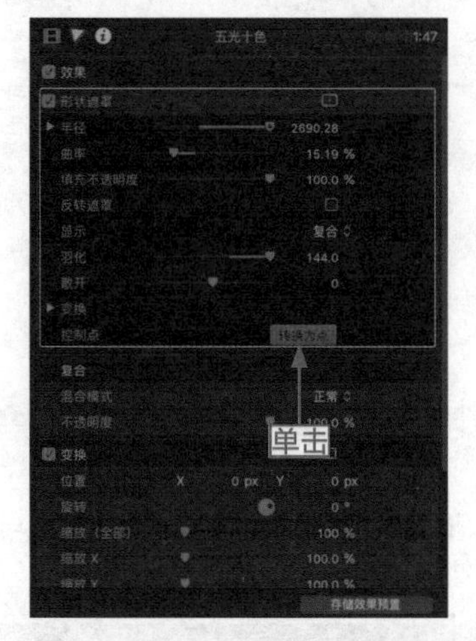

图 6-97　单击“转化为点”按钮

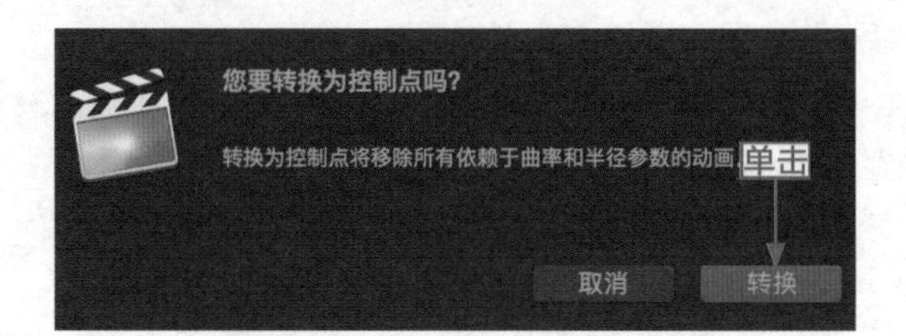

图 6-98　单击“转换”按钮

步骤 07：此时检视器画面中的圆角矩形路径转变为控制点路径，如图 6-99 所示。

步骤 08：在画面中调整控制点的位置，如图 6-100 所示。

图 6-99　转换路径

图 6-100　调整控制点

步骤 09：调整完成后，在检视器中预览制作的“形状遮罩”效果，如图 6-101 所示。

图 6-101　预览“形状遮罩”效果

6.4.5　遮罩关键帧：给添加的遮罩设置关键帧

操练 + 视频　6.4.5　遮罩关键帧：给添加的遮罩设置关键帧

素材文件	无	扫描封底文泉云盘的二维码获取资源
效果文件	无	
视频文件	视频 \ 第 6 章 \6.4.5　遮罩关键帧：给添加的遮罩设置关键帧 .mp4	

在 Final Cut Pro X 中，可以通过改变添加的素材效果透明度的关键帧，制作出淡入叠加的效果。

步骤 01：以上一节的素材效果为例，在“时间线”面板中移动时间指示器至合适位置，如图 6-102 所示。

步骤 02：打开“视频检查器”面板，展开“形状遮罩”选项，设置“填充不透明度”为 10.0%，单击“添加关键帧”按钮，如图 6-103 所示，添加一个关键帧。

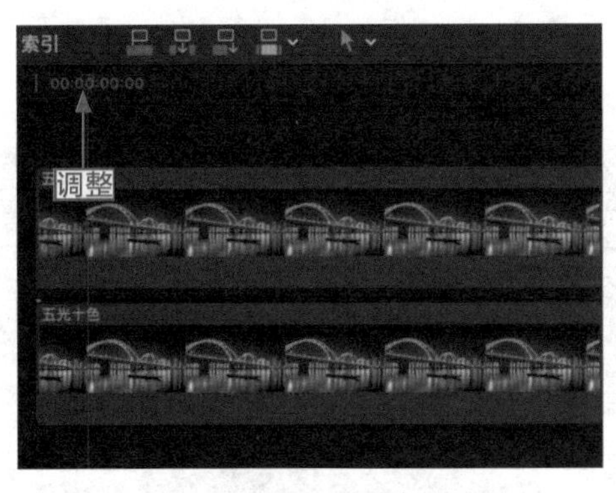

图 6-102　移动时间指示器（1）

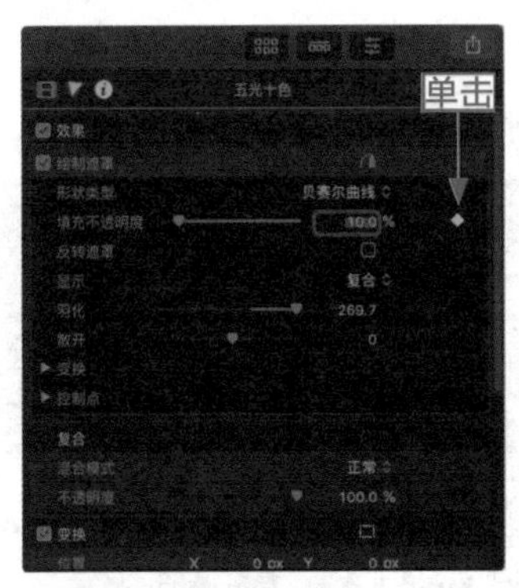

图 6-103　单击“添加关键帧”按钮（1）

步骤 03：再次移动时间指示器至合适位置，如图 6-104 所示。

步骤 04：在“视频检查器”面板中，展开“形状遮罩”选项，设置“填充不透明度”为 30.0%，单击“添加关键帧”按钮，如图 6-105 所示，添加第二个关键帧。

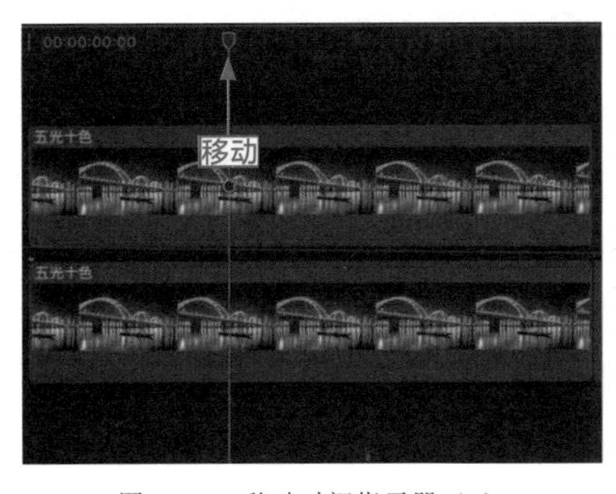

图 6-104　移动时间指示器（2）

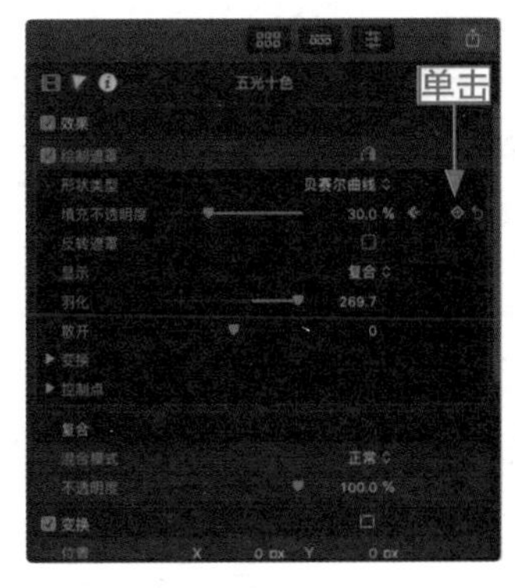

图 6-105　单击“添加关键帧”按钮（2）

步骤 05：在“时间线”面板中移动时间指示器至需要添加第三个关键帧的位置，如图 6-106 所示。

步骤 06：打开“视频检查器”面板，在“形状遮罩”选项区中设置“填充不透明度”为 100.0%，单击“添加关键帧”按钮，如图 6-107 所示，添加第三个关键帧。

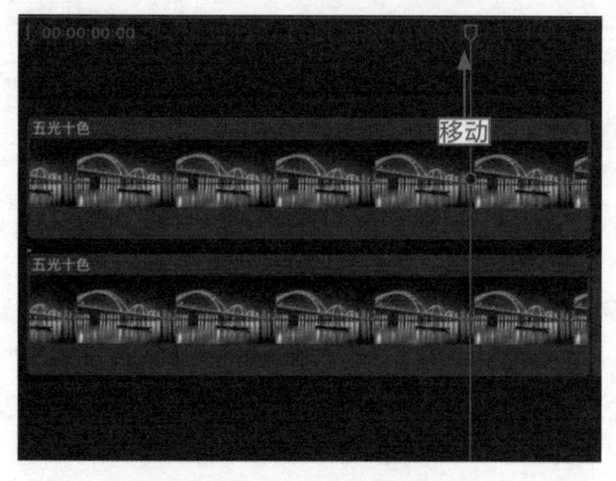

图 6-106　移动时间指示器（3）

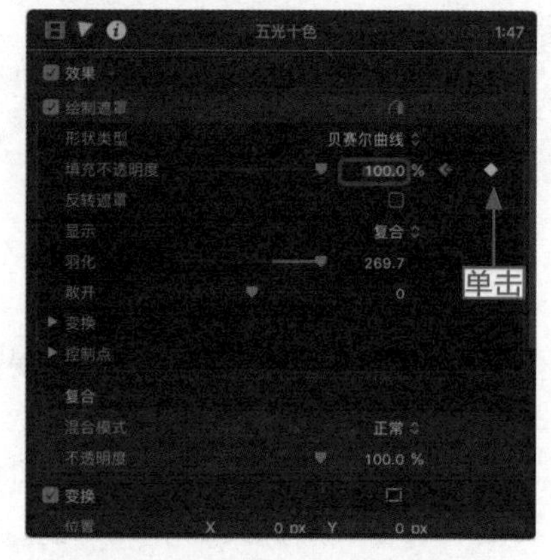

图 6-107　单击“添加关键帧”按钮（3）

步骤 07：操作完成后，在检视器中预览添加关键帧后的形状遮罩效果，如图 6-108 所示。

图 6-108　预览添加关键帧后的形状遮罩效果

6.5　本章小结

本章主要介绍了制作视频滤镜特效的操作方法，包括选择合适的视频效果、增添常用的视频效果、给多个片段添加滤镜和经常用到的遮罩效果等内容。掌握这些技巧和方法，用户可以制作出越来越多精美的视频效果。

CHAPTER 07
第 7 章 转场：制作视频画面的转场特效

转场主要是利用某些特殊的效果，在素材与素材之间产生自然、平滑、美观以及流畅的过渡效果，可以让视频画面更富有表现力。合理地运用转场效果，可以制作出让人赏心悦目的影视片段。本章将详细介绍编辑与设置视频转场效果的方法。

~ 学前提示 ~

- 转场功能：过渡镜头画面切换视角
- 转场分类：根据类型选择转场效果
- 打开转场：在工作区打开转场浏览器
- 查找转场：通过搜索栏查找特定转场
- 设置方向：改变洪江商场的转场方向
- 改变颜色：调整含苞怒放的转场颜色
- 插图擦除：制作潜伏视频的转场效果
- 立体翻转：制作暗香浮动的转场效果

~ 本章重点 ~

- 首尾转场：为素材首尾位置添加转场
- 转场时间：修改素材默认的转场时间
- 中心位置：调整自由绽放的中心位置
- 模糊数值：用模糊度改变画面清晰度

7.1 探索：镜头之间的转场特效

在两个镜头之间添加转场效果，可以使镜头画面之间的过渡更为平滑。本节将对转场的相关基础知识进行介绍。

7.1.1 转场功能：过渡镜头画面切换视角

视频是由各镜头画面相互链接组建起来的，在镜头画面的切换中，有些难免会显得过于僵硬，所以需要选择不同的转场来达到过渡效果，如图 7-1 所示。转场除可平滑两个镜头的过渡外，还能起到画面和视角之间的切换作用。

图 7-1　转场效果

7.1.2　转场分类：根据类型选择转场效果

Final Cut Pro X 提供了多种多样的转场效果，根据不同的类型，系统将其分别归类在不同的文件夹中，包括“360°”“擦除”“叠化”“对象”“复制器 / 克隆”“光源”“模糊”“移动”“已风格化”文件夹等。如图 7-2 所示为“同心圆”转场效果。

图 7-2　“同心圆”转场效果

7.1.3　转场应用：不同领域应用不同转场

构成影视作品的最小单位是镜头，一个个镜头连接在一起形成的镜头序列叫作段落。每个段落都具有某个单一的、相对完整的意思。段落与段落之间、场景与场景之间的过渡或转换，就叫作转场。不同的转场效果应用在不同的领域，可以使其效果更佳。如图 7-3 所示为“向右滑动”转场效果。

在影视科技不断发展的今天，转场的应用已经从单纯的影视效果发展到许多商业的动态广告、游戏的开场动画以及网络视频的制作中。例如，3D 转场中的“帘式”转场，多用于娱乐节目的 MTV 中，可以让节目看起来更加生动；叠化转场中的“白场过渡与黑场过渡”转场效果常用在影视节目的片头和片尾，这种缓慢的过渡可以避免让观众产生过于突然的感觉。

图 7-3　“向右滑动”转场效果

7.1.4　编辑位置：在编辑点精准添加转场

在为素材添加转场效果之前，首先应该了解素材的编辑点，才能在编辑点的位置更精准地添加转场，如图 7-4 所示。同样，在“时间线”面板中可以通过素材的缩略图查看素材的片段余量，如图 7-5 所示。

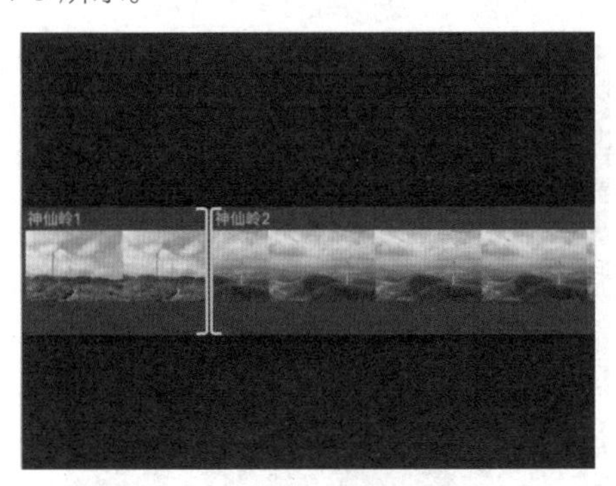

图 7-4　精准添加转场

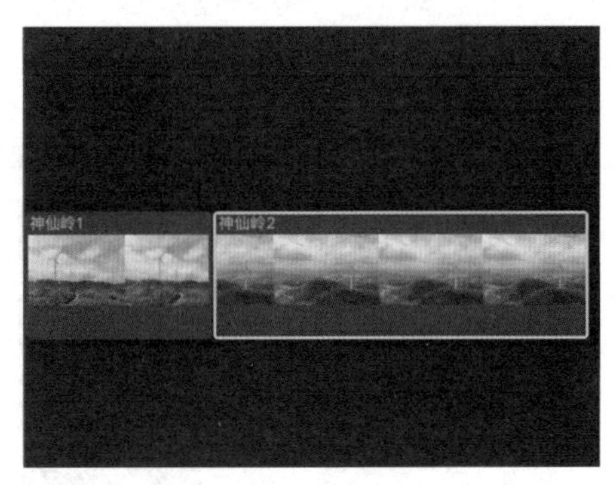

图 7-5　查看素材的片段余量

7.2　了解：视频转场的基础知识

本节主要讲解关于视频转场的基础知识，包括打开转场、查找转场、添加转场和修改转场时间等内容。

7.2.1　打开转场：在工作区打开转场浏览器

在添加转场之前，需要在工作区打开“转场”面板。下面介绍打开“转场”面板的操作方法。

在“时间线”面板中单击“转场”按钮⊠，如图 7-6 所示。执行操作后，即可打开“转场”面板，如图 7-7 所示。

图 7-6 单击“转场”按钮

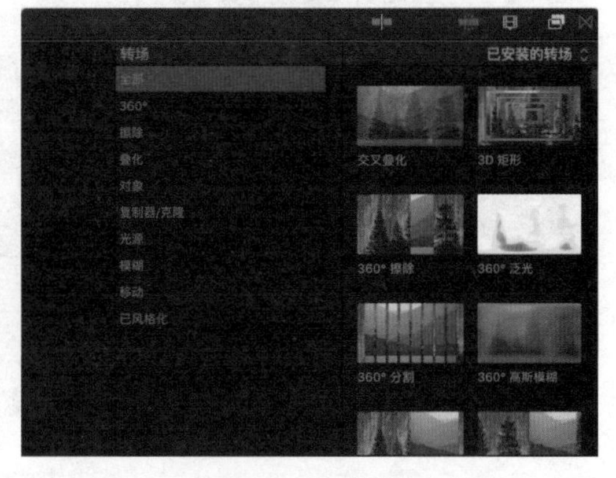

图 7-7 打开“转场”面板

除以上述方法打开“转场”面板之外，还可以在菜单栏中选择“窗口”|“在工作区中显示”|“转场”命令，如图 7-8 所示。执行操作后，即可打开“转场”面板，如图 7-9 所示。

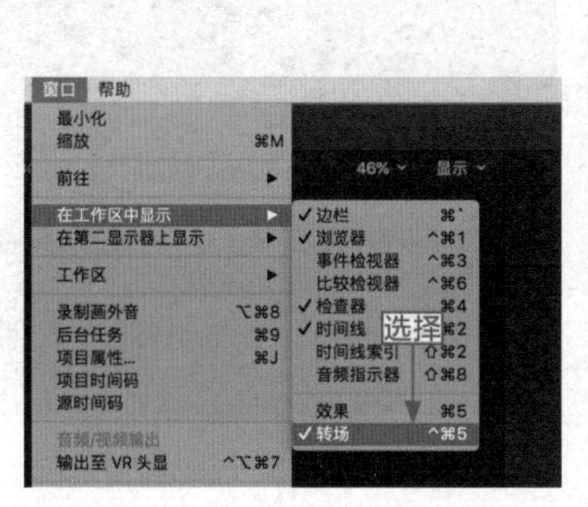

图 7-8 选择“转场”命令

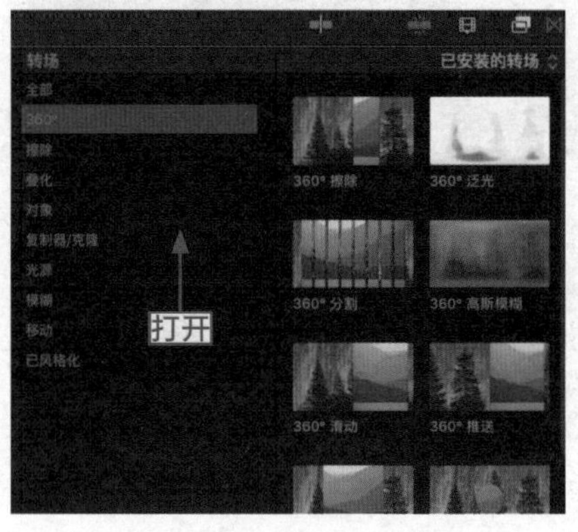

图 7-9 打开“转场”面板

7.2.2 查找转场：通过搜索栏查找特定转场

操练 + 视频 7.2.2 查找转场：通过搜索栏查找特定转场

素材文件	无	扫描封底文泉云盘的二维码获取资源
效果文件	无	
视频文件	视频 \ 第 7 章 \7.2.2 查找转场：通过搜索栏查找特定转场 .mp4	

需要添加某一特定的转场效果时，直接通过搜索栏查找会更加便捷。下面介绍查找转场的

操作方法。

步骤 01：打开“转场”面板，可以在下方看到一个搜索栏，如图 7-10 所示。

图 7-10　搜索栏

步骤 02：在搜索栏中输入“幻灯片”，如图 7-11 所示，即可在搜索栏上方的右侧出现相应的转场效果。

步骤 03：若想搜索其他转场效果，可以单击搜索栏右侧的“删除”按钮⊗，然后重新输入相关信息即可如图 7-12 所示。

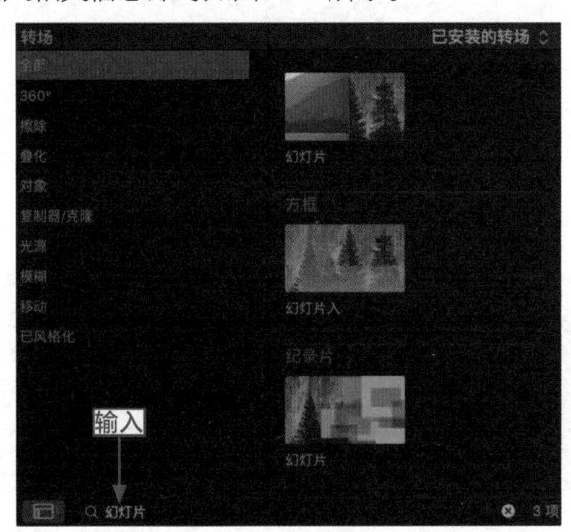

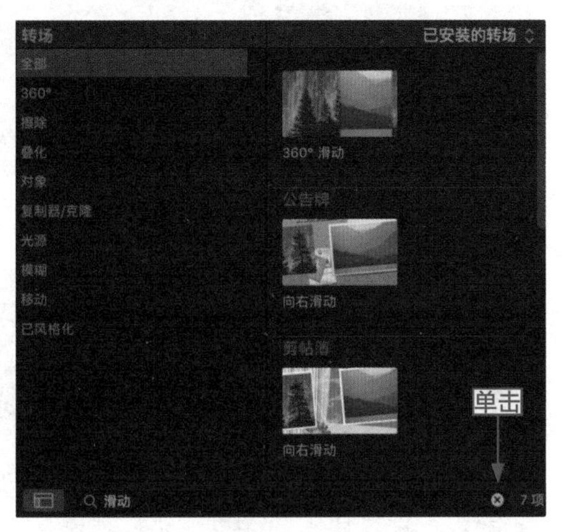

图 7-11　输入文字　　图 7-12　重新输入文字

7.2.3　添加转场：制作鲜艳娇嫩素材的转场效果

操练 + 视频　7.2.3　添加转场：制作鲜艳娇嫩素材的转场效果

素材文件	素材 \ 第 7 章 \ 鲜艳娇嫩 1.jpg、鲜艳娇嫩 2.jpg	扫描封底文泉云盘的二维码获取资源
效果文件	效果 1：第 2 章 – 第 7 章 \ 第 7 章 \7.2.3　鲜艳娇嫩 .fcpbundle	
视频文件	视频 \ 第 7 章 \ 7.2.3　添加转场：制作鲜艳娇嫩素材的转场效果 .mp4	

本节使用的转场效果放置在“转场”面板的“360°”文件夹中，用户只需将转场效果拖入视频轨道中即可。下面介绍添加转场效果的操作方法。

步骤 01：在“时间线”面板中导入两幅素材图像（素材 \ 第 7 章 \ 鲜艳娇嫩 1.jpg、鲜艳娇嫩 2.jpg），如图 7-13 所示。

步骤 02：将鼠标指针移动到需要添加转场效果的位置，此时第一段素材的后面会出现一个黄色的括号，如图 7-14 所示。

步骤 03：打开“转场”面板，在其中选择“360° 擦除”转场效果，如图 7-15 所示。

步骤 04：按住鼠标左键，将选择的转场效果拖曳至两个素材之间，如图 7-16 所示。

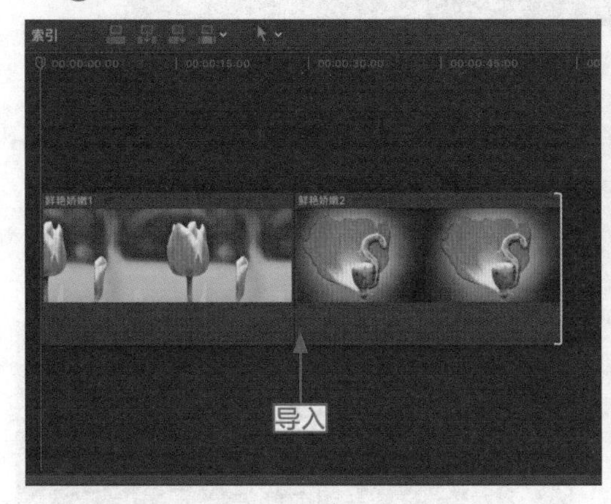

图 7-13　导入两幅素材图像

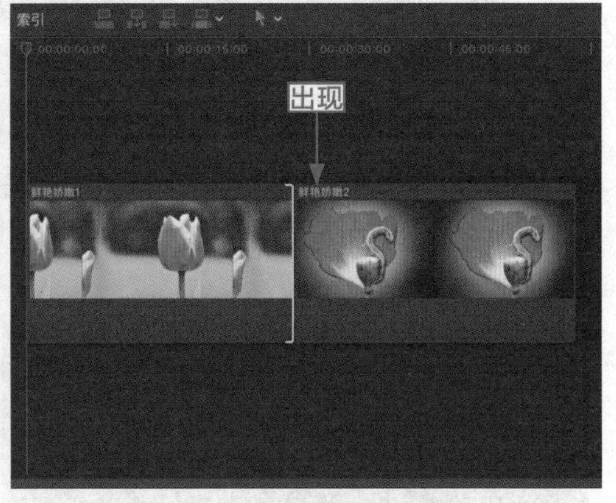

图 7-14　出现一个黄色的括号

图 7-15　选择“360° 擦除”转场效果

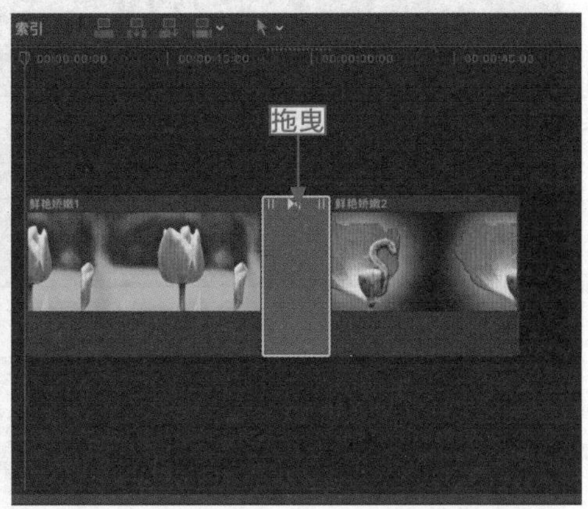

图 7-16　拖曳转场效果

步骤 05：释放鼠标左键，即可为素材添加转场效果。预览转场效果，如图 7-17 所示。

图 7-17　预览转场效果

7.2.4　首尾转场：为素材首尾位置添加转场

操练 + 视频	7.2.4　首尾转场：为素材首尾位置添加转场	
素材文件	素材 \ 第 7 章 \ 凤凰古城 1.jpg、凤凰古城 2.jpg、凤凰古城 3.jpg	扫描封底文泉云盘的二维码获取资源
效果文件	效果 1：第 2 章 – 第 7 章 \ 第 7 章 \7.2.4 凤凰古城 .fcpbundle	
视频文件	视频 \ 第 7 章 \7.2.4 首尾转场：为素材首尾位置添加转场 .mp4	

首尾转场指的是在一个素材上添加了转场效果后，该素材的前后位置都会出现转场效果。下面介绍添加首尾转场的操作方法。

步骤 01： 在“时间线”面板中导入素材文件（素材 \ 第 7 章 \ 凤凰古城 1.jpg、凤凰古城 2.jpg、凤凰古城 3.jpg），如图 7-18 所示。

步骤 02： 选中“时间线”面板中的第二段素材，如图 7-19 所示。

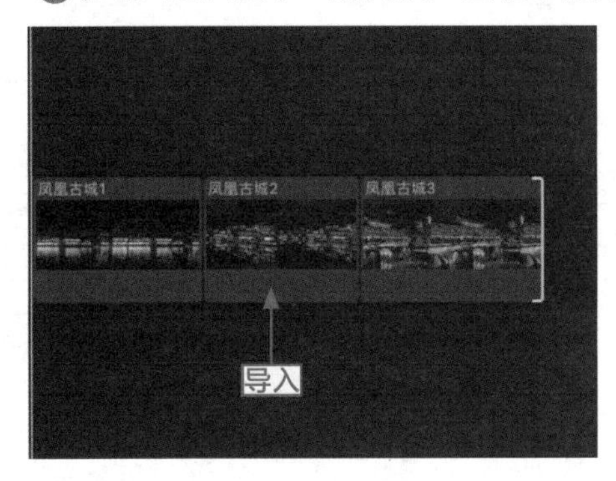

图 7-18　导入素材

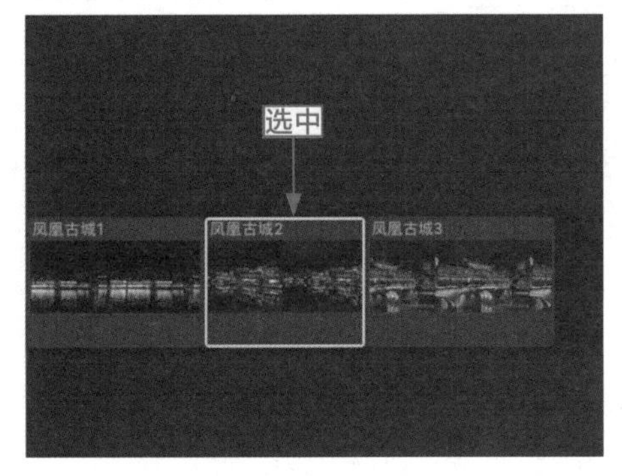

图 7-19　选中第二段素材

步骤 03： 打开“转场”面板，在其中选择“对角线”转场效果，如图 7-20 所示。

步骤 04： 按住鼠标左键，将在选择的转场效果拖曳至两个素材之间，释放鼠标左键，即可为素材添加转场效果，如图 7-21 所示。

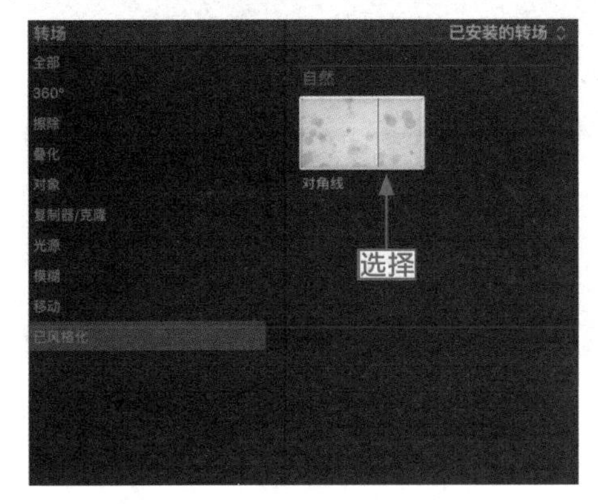

图 7-20　选择“对角线”转场效果

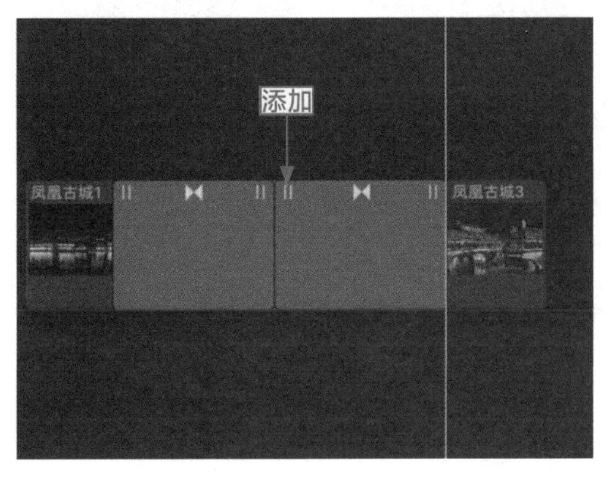

图 7-21　添加转场效果

步骤 05：执行操作后，在检视器窗口中预览制作的首尾转场效果，如图 7-22 所示。

图 7-22 预览制作的首尾转场效果

7.2.5 连接片段：为连接片段添加转场效果

操练 + 视频　7.2.5 连接片段：为连接片段添加转场效果

素材文件	素材 \ 第 7 章 \ 高家大院 1.jpg、高家大院 2.jpg、高家大院 3.jpg	扫描封底文泉云盘的二维码获取资源
效果文件	效果 1：第 2 章 – 第 7 章 \ 第 7 章 \7.2.5 高家大院 .fcpbundle	
视频文件	视频 \ 第 7 章 \ 7.2.5 连接片段：为连接片段添加转场效果 .mp4	

连接片段是指由故事情节连接在一起的片段。下面介绍为连接片段添加转场效果的操作方法。

步骤 01：在“时间线”面板中导入素材文件（素材 \ 第 7 章 \ 高家大院 1.jpg、高家大院 2.jpg、高家大院 3.jpg），如图 7-23 所示。

步骤 02：在“时间线”面板中选择“高家大院 2”素材图像，如图 7-24 所示。

图 7-23 导入素材图像

图 7-24 选择“高家大院 2”素材图像

步骤 03：打开“转场”面板，在其中选择“交叉叠化”转场效果，如图 7-25 所示。

步骤 04：按住鼠标左键，将选择的转场效果拖曳至选择的素材图像上，如图 7-26 所示。

图 7-25　选择“交叉叠化”转场效果

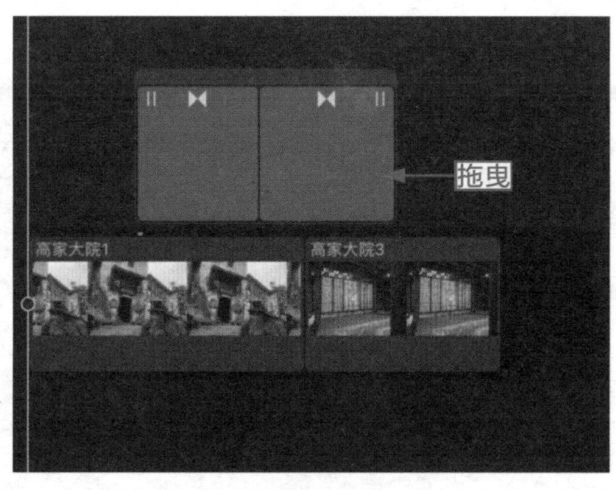

图 7-26　拖曳转场效果

步骤 05：释放鼠标左键，即可为素材添加转场效果。在检视器窗口中预览添加的转场效果，如图 7-27 所示。

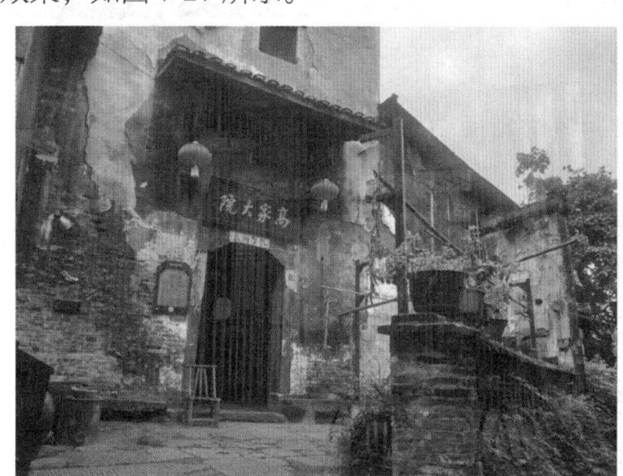

图 7-27　预览添加的转场效果

7.2.6　转场名称：查看高家大院素材的转场名称

操练 + 视频　7.2.6　转场名称：查看高家大院素材的转场名称

素材文件	无	扫描封底文泉云盘的二维码获取资源
效果文件	无	
视频文件	视频 \ 第 7 章 \7.2.6　转场名称：查看高家大院素材的转场名称 .mp4	

在一般情况下，为素材添加了转场效果后，在“时间线”面板中是看不到添加的转场名称的。下面介绍查看转场名称的操作方法。

步骤 01：以上一节的素材效果为例，在“时间线”面板中单击“显示或隐藏时间线索引”按钮，如图 7-28 所示。

步骤 02：打开“时间线索引”面板，如图 7-29 所示，在其中可以查看到素材的全部信息。

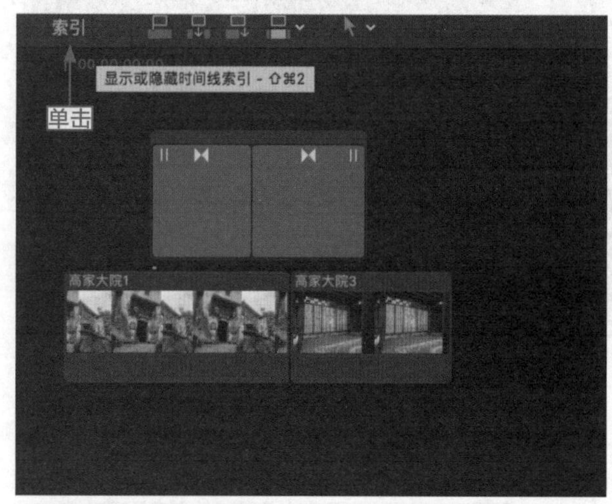

图 7-28　单击“显示或隐藏时间线索引”按钮

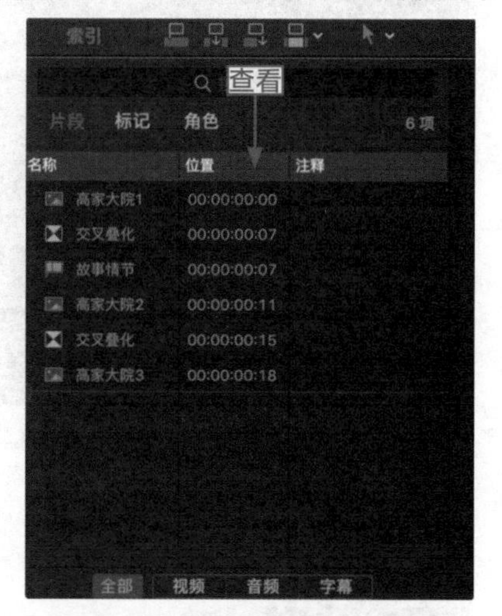

图 7-29　打开“时间线索引”面板

步骤 03：选择“交叉叠化”转场效果，该转场效果位于“高家大院 1”素材和“故事情节”之间，如图 7-30 所示。

步骤 04：选择另一个“交叉叠化”转场效果，可以在“时间线”面板中查看对应的转场效果，如图 7-31 所示。

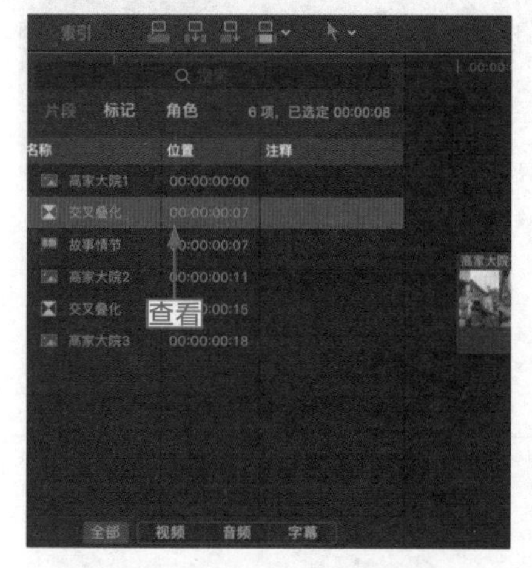

图 7-30　查看“交叉叠化”的位置

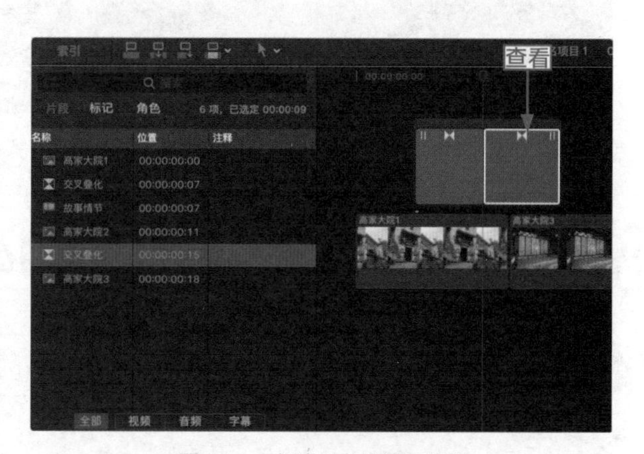

图 7-31　查看对应的转场效果

7.2.7　转场时间：修改素材默认的转场时间

素材的转场时间一般情况下是默认的，但为了更贴合素材画面的美观度，可以对其进行修改。

操练 + 视频　7.2.7　转场时间：修改素材默认的转场时间

素材文件	无	扫描封底文泉云盘的二维码获取资源
效果文件	无	
视频文件	视频 \ 第 7 章 \7.2.7　转场时间：修改素材默认的转场时间 .mp4	

步骤 01： 以 7.2.5 节的素材效果为例，选择一个转场效果，单击鼠标右键，在弹出的快捷菜单中选择“更改时间长度”命令，如图 7-32 所示。

步骤 02： 执行操作后，检视器下方的时间码会变成蓝色，表示其已经被激活，如图 7-33 所示。

图 7-32　选择“更改时间长度”命令

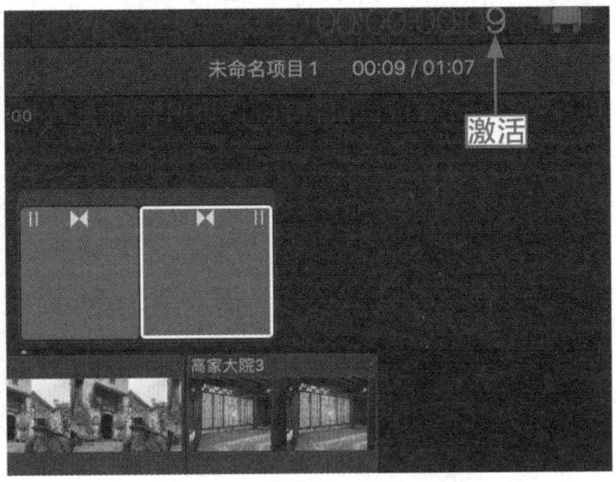

图 7-33　激活时间码

步骤 03： 在时间码激活的状态下，设置转场效果的时间长度为 00:00:00:05，如图 7-34 所示。

步骤 04： 设置完成后，可以看到之前的转场效果的时间长度发生变化，如图 7-35 所示。

> **专家指点**　除用上述方法激活时间码之外，还可以用组合键 Control +D 快速激活时间码。

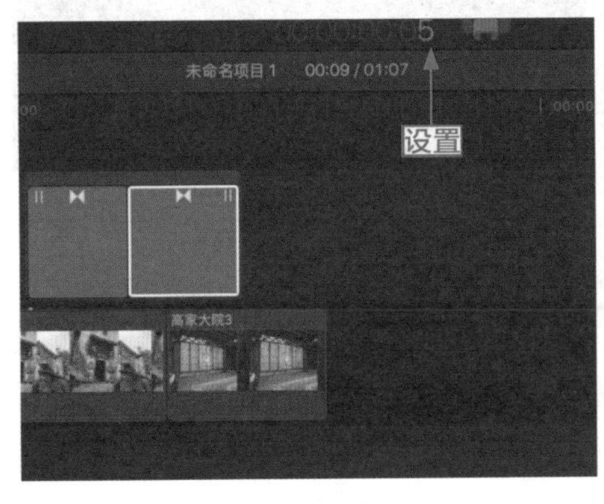

图 7-34　设置时间长度

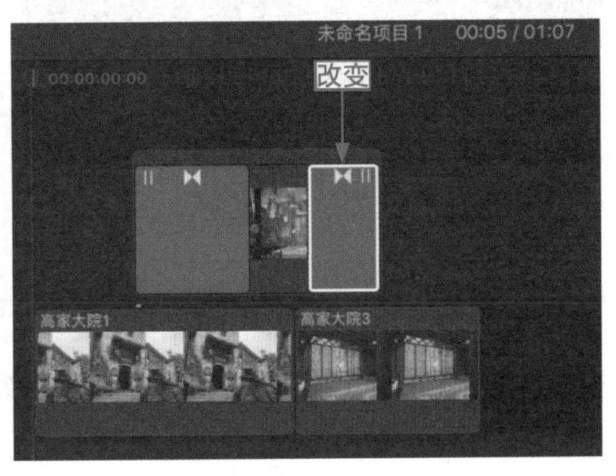

图 7-35　转场效果的时间长度发生变化

7.3 设置：视频转场效果的属性

在Final Cut Pro X中，可以对添加的转场效果进行相应设置，从而达到美化转场效果的目的。本节主要介绍设置转场效果属性的方法。

7.3.1 设置方向：改变洪江商城素材的转场方向

操练+视频 7.3.1 设置方向：改变洪江商城素材的转场方向

素材文件	素材\第7章\洪江商城1.jpg、洪江商城2.jpg	扫描封底文泉云盘的二维码获取资源
效果文件	效果1：第2章－第7章\第7章\7.3.1 洪江商城.fcpbundle	
视频文件	视频\第7章\7.3.1 设置方向：改变洪江商城素材的转场方向.mp4	

在Final Cut Pro X中，可以改变转场效果的方向，预览转场效果时，可以反向预览显示效果。下面介绍改变转场效果方向的操作方法。

步骤01：在“时间线”面板中导入素材文件（素材\第7章\洪江商城1.jpg、洪江商城2.jpg），如图7-36所示。

步骤02：打开“转场”面板，在其中选择“棋盘格”转场效果，如图7-37所示。

图7-36 导入素材

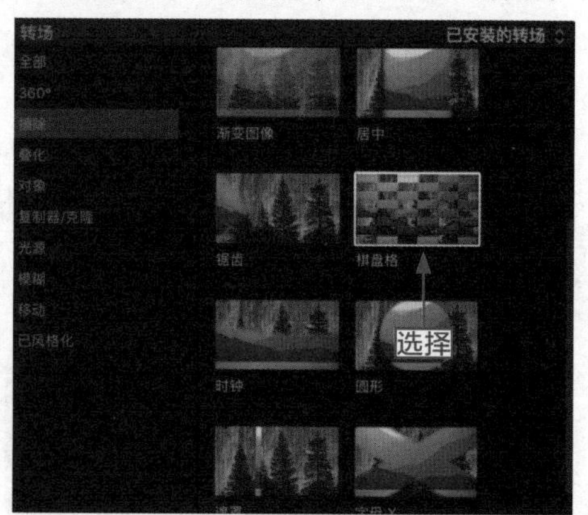

图7-37 选择“棋盘格”转场效果

步骤03：按住鼠标左键，将选择的转场效果拖曳至两个素材之间，释放鼠标左键，即可为素材添加转场效果，如图7-38所示。

步骤04：选中刚添加的转场效果，打开“转场检查器”，在“棋盘格”选项区中设置方向为上，如图7-39所示。

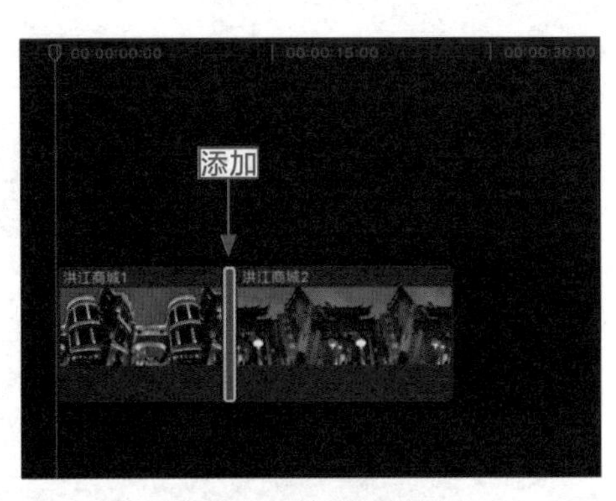

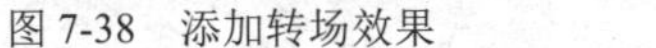

图 7-38　添加转场效果

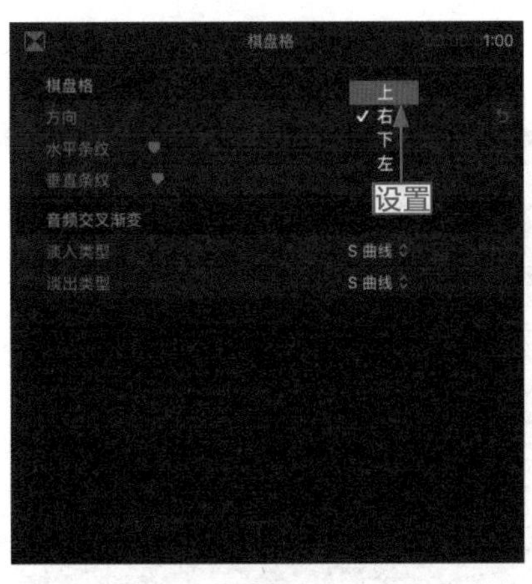

图 7-39　设置方向为“上”

步骤 05：执行操作后，在检视器窗口中预览添加的转场效果，如图 7-40 所示。

图 7-40　预览添加的转场效果

7.3.2　改变颜色：调整含苞怒放素材的转场颜色

操练 + 视频　7.3.2　改变颜色：调整含苞怒放素材的转场颜色

素材文件	素材 \ 第 7 章 \ 含苞怒放 1.jpg、含苞怒放 2.jpg	扫描封底文泉云盘的二维码获取资源
效果文件	效果 1：第 2 章 – 第 7 章 \ 第 7 章 \7.3.2　含苞怒放 .fcpbundle	
视频文件	视频 \ 第 7 章 \7.3.2　改变颜色：调整含苞怒放素材的转场颜色 .mp4	

为了贴合素材画面的颜色，可以将转场效果的默认颜色改成更贴近素材画面的颜色。

步骤 01：在“时间线”面板中导入素材文件（素材 \ 第 7 章 \ 含苞怒放 1.jpg、含苞怒放 2.jpg），如图 7-41 所示。

步骤 02：打开“转场”面板，在其中选择“渐变到颜色”转场效果，如图 7-42 所示。

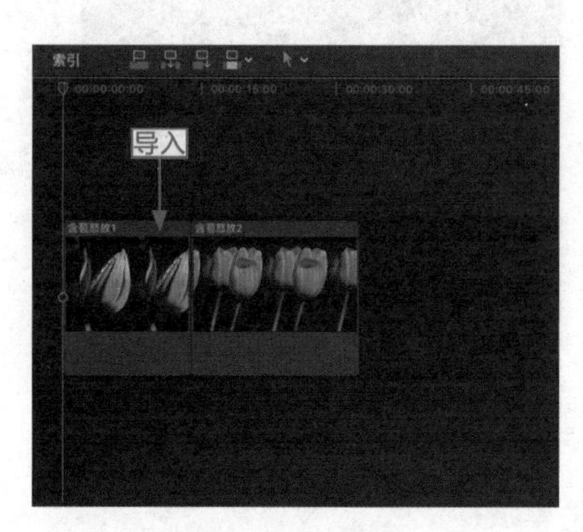

图 7-41　导入素材

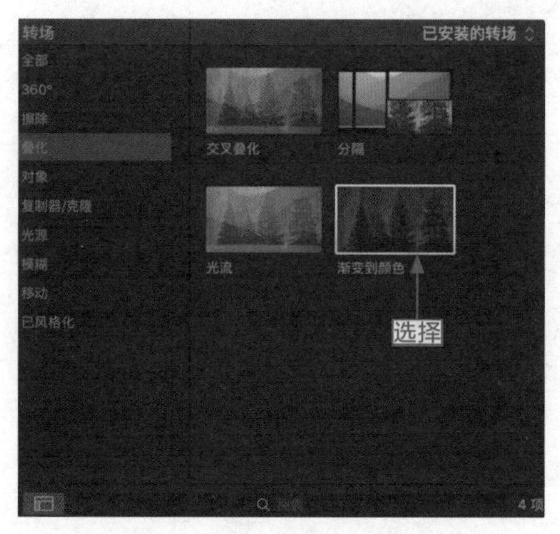

图 7-42　选择"渐变到颜色"转场效果

步骤 03：按住鼠标左键，将选择的转场效果拖曳至两个素材之间，释放鼠标左键，即可为素材添加转场效果，如图 7-43 所示。

步骤 04：选中刚添加的转场效果，打开"转场检查器"，在"渐变到颜色"选项区中单击"颜色"右侧的黑色色块，如图 7-44 所示。

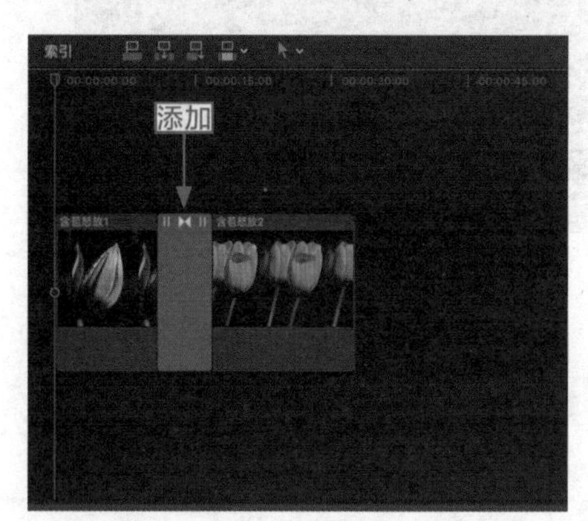

图 7-43　添加转场效果

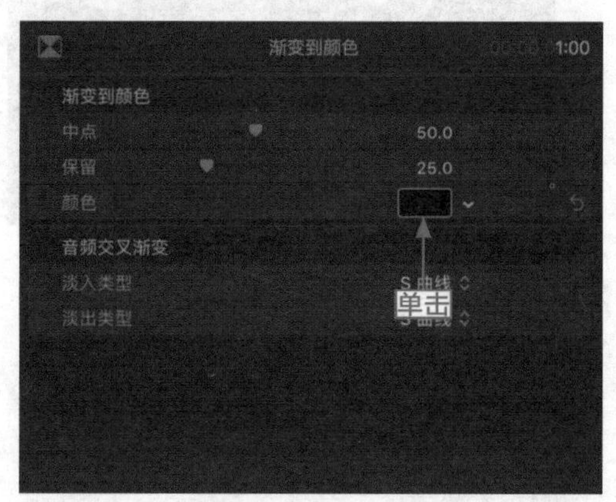

图 7-44　单击黑色色块

步骤 05：弹出"颜色"对话框，单击"颜色调板"按钮，如图 7-45 所示。

步骤 06：展开"颜色"面板，在其中选择"绿色"选项，如图 7-46 所示。

步骤 07：执行操作后，转场效果的颜色由黑色变成绿色。在检视器窗口中查看改变后的转场颜色，如图 7-47 所示。

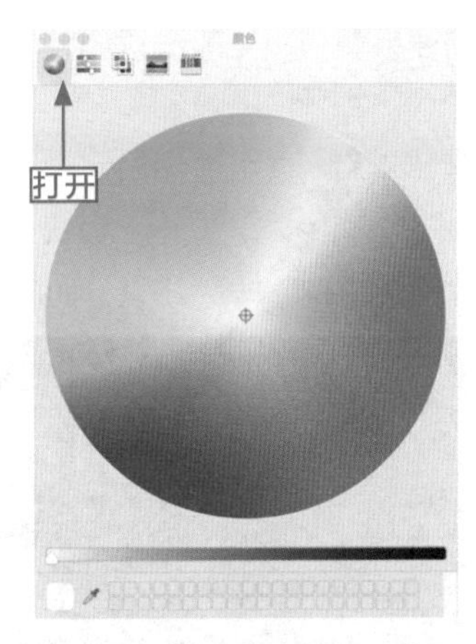

图 7-45　单击“颜色调板”按钮

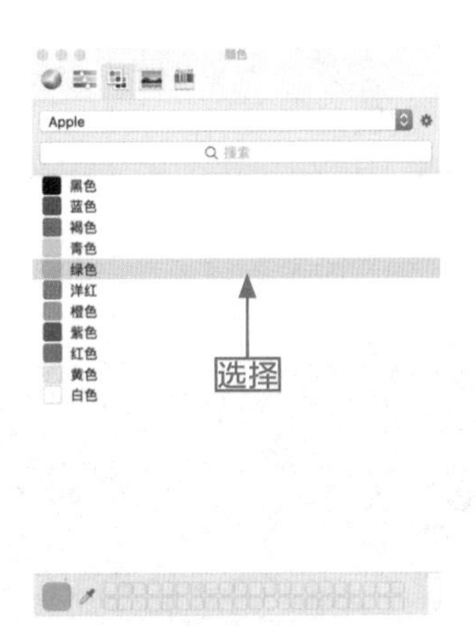

图 7-46　选择“绿色”选项

图 7-47　查看改变后的转场颜色

7.3.3　中心位置：调整自由绽放素材的中心位置

操练 + 视频　7.3.3　中心位置：调整自由绽放素材的中心位置

素材文件	素材 \ 第 7 章 \ 自由绽放 1.jpg、自由绽放 2.jpg	扫描封底文泉云盘的二维码获取资源
效果文件	效果 1：第 2 章 – 第 7 章 \ 第 7 章 \7.3.3 自由绽放 .fcpbundle	
视频文件	视频 \ 第 7 章 \ 7.3.3 中心位置：调整自由绽放素材的中心位置 .mp4	

“镜头眩光”转场效果的光圈可以根据用户的需要来调节，一般通过调整转场效果的中心位置来调整光圈位置。

步骤 01：在“时间线”面板中导入素材文件（素材\第 7 章\自由绽放 1.jpg、自由绽放 2.jpg），如图 7-48 所示。

步骤 02：打开“转场”面板，在其中选择“镜头眩光”转场效果，如图 7-49 所示。

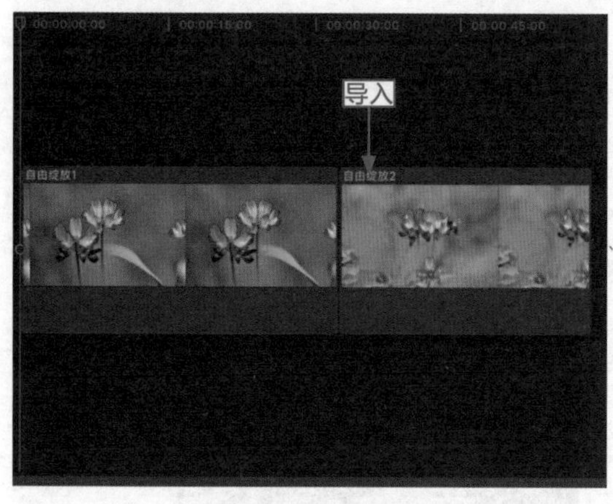

图 7-48　导入素材

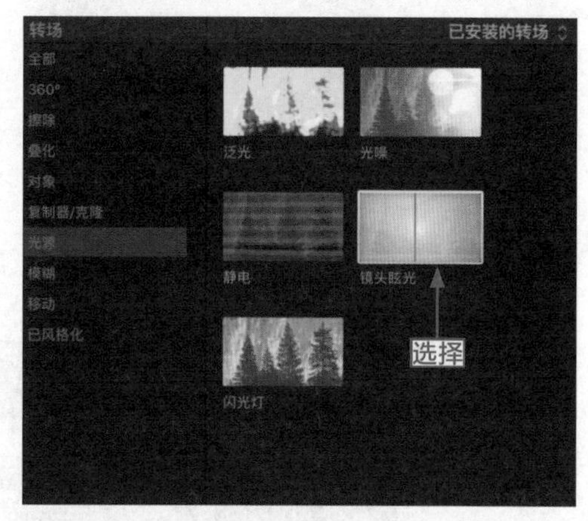

图 7-49　选择“镜头眩光”转场效果

步骤 03：按住鼠标左键，将选择的转场效果拖曳至两个素材之间，释放鼠标左键，即可为素材添加转场效果，如图 7-50 所示。

步骤 04：选中刚添加的转场效果，打开“转场检查器”，在“镜头眩光”选项区展开 Center End（中心端）选项，在其中设置 X 为 0.77px、Y 为 0.91px，如图 7-51 所示。

图 7-50　添加转场效果

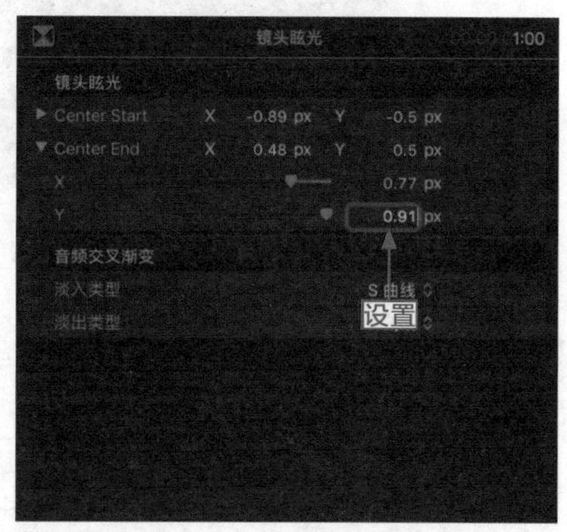

图 7-51　设置 Center End 的参数

步骤 05：设置完成后，预览改变光圈位置后的转场效果，如图 7-52 所示。

图 7-52　预览改变光圈位置后的转场效果

7.3.4　模糊数值：用模糊度改变画面清晰度

操练 + 视频　7.3.4　模糊数值：用模糊度改变画面清晰度

素材文件	素材 \ 第 7 章 \ 香槟玫瑰 1.jpg、香槟玫瑰 2.jpg	扫描封底文泉云盘的二维码获取资源
效果文件	效果 1：第 2 章 – 第 7 章 \ 第 7 章 \7.3.4　香槟玫瑰 .fcpbundle	
视频文件	视频 \ 第 7 章 \7.3.4 模糊数值：用模糊度改变画面清晰度 .mp4	

转场效果的模糊度直接决定素材画面的清晰度。下面介绍改变模糊度的操作方法。

步骤 01：在“时间线”面板中导入素材文件（素材 \ 第 7 章 \ 香槟玫瑰 1.jpg、香槟玫瑰 2.jpg），如图 7-53 所示。

步骤 02：打开“转场”面板，在其中选择“简单”转场效果，如图 7-54 所示。

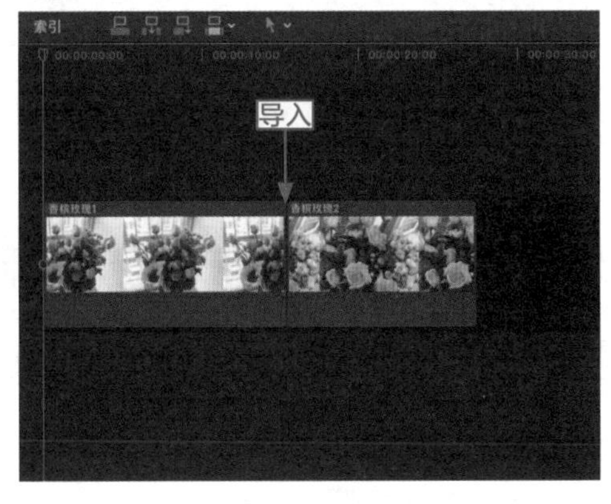

图 7-53　导入素材

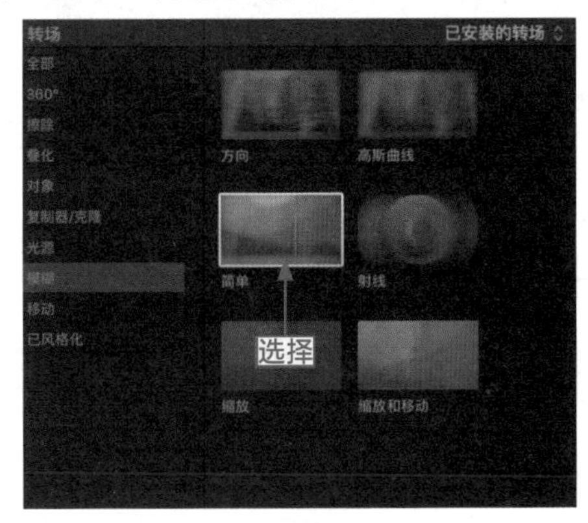

图 7-54　选择“简单”转场效果

步骤 03：按住鼠标左键，将选择的转场效果拖曳至两个素材之间，释放鼠标左键，即可为素材添加转场效果，如图 7-55 所示。

步骤 04：选中刚添加的转场效果，打开“转场检查器”，在“简单”选项区中设置“模糊”为 35.0，如图 7-56 所示。

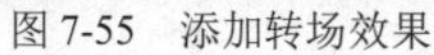

图 7-55　添加转场效果

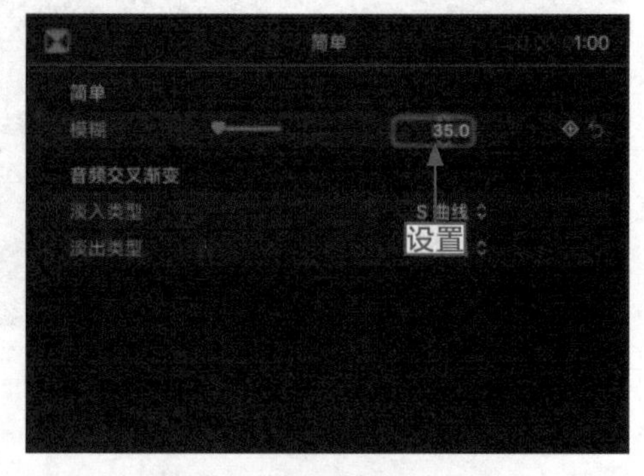

图 7-56　设置“模糊”为 35.0

步骤 05：设置完成后，预览改变模糊度后的转场效果，如图 7-57 所示。

图 7-57　预览改变模糊度后的转场效果

7.3.5　黑洞转场：制作花色迷人素材的转场效果

操练 + 视频　7.3.5　黑洞转场：制作花色迷人素材的转场效果

<table>
<tr><td>素材文件</td><td>素材 \ 第 7 章 \ 花色迷人 1.jpg、花色迷人 2.jpg</td><td rowspan="3">扫描封底文泉云盘的二维码获取资源</td></tr>
<tr><td>效果文件</td><td>效果 1：第 2 章 – 第 7 章 \ 第 7 章 \7.3.5　花色迷人 .fcpbundle</td></tr>
<tr><td>视频文件</td><td>视频 \ 第 7 章 \ 7.3.5　黑洞转场：制作花色迷人素材的转场效果 .mp4</td></tr>
</table>

设置 Echoes（回声）数值可以改变“黑洞”转场效果中洞口的大小。下面介绍设置 Echoes 数值的操作方法。

步骤 01：在“时间线”面板中导入素材文件（素材\第 7 章\花色迷人 1.jpg、花色迷人 2.jpg），如图 7-58 所示。

步骤 02：打开“转场”面板，在其中选择“黑洞”转场效果，如图 7-59 所示。

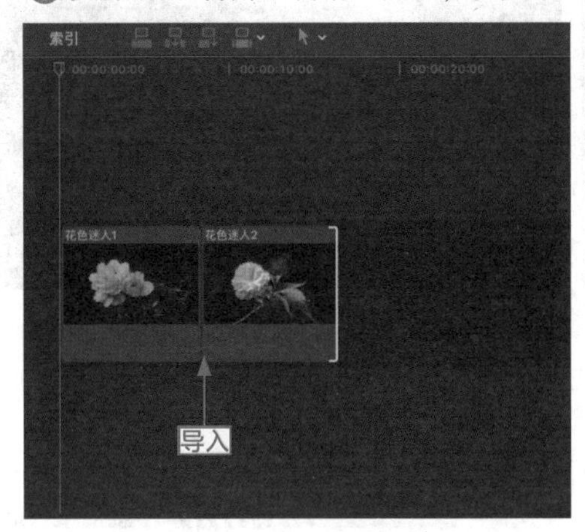

图 7-58　导入素材图像

图 7-59　选择“黑洞”转场效果

步骤 03：按住鼠标左键，将选择的转场效果拖曳至两个素材之间，释放鼠标左键，即可为素材添加转场效果，如图 7-60 所示。

步骤 04：选中刚添加的转场效果，打开“转场检查器”，在“黑洞”选项区中设置 Echoes 为 23，如图 7-61 所示。

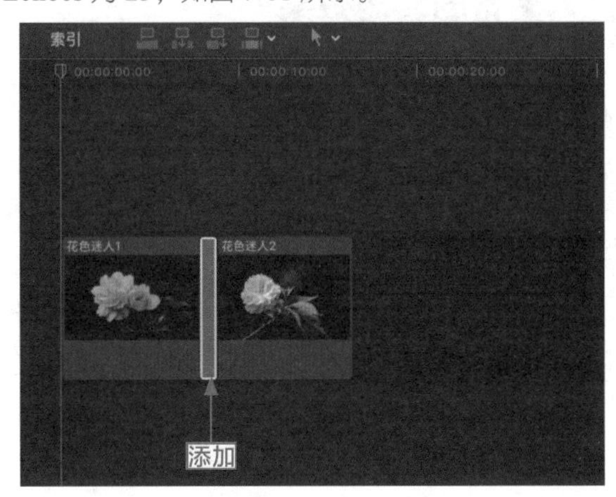

图 7-60　添加转场效果

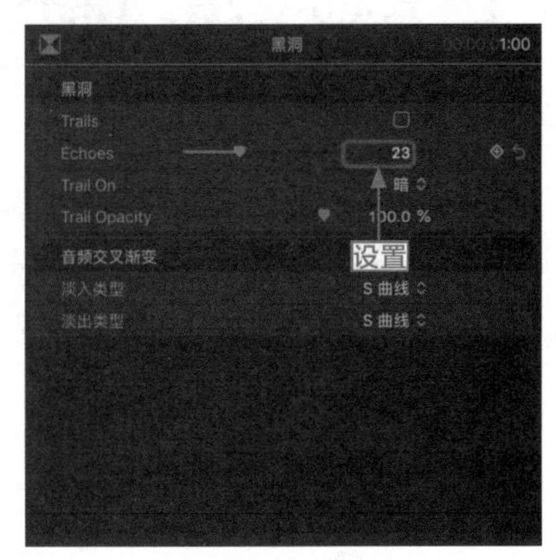

图 7-61　设置 Echoes 为 23

步骤 05：设置完成后，预览素材的转场效果，如图 7-62 所示。

图 7-62　预览素材的转场效果

7.4　应用：视频常用的转场特效

视频影片是由镜头与镜头之间的链接组建起来的，用户可以在两个镜头之间添加过渡效果，使得整个画面看起来更有层次感。

7.4.1　360° 分割：制作风景怡人素材的转场效果

操练＋视频　7.4.1　360° 分割：制作风景怡人素材的转场效果

素材文件	素材 \ 第 7 章 \ 风景怡人 1.jpg、风景怡人 2.jpg	扫描封底文泉云盘的二维码获取资源
效果文件	效果 1：第 2 章 – 第 7 章 \ 第 7 章 \7.4.1　风景怡人 .fcpbundle	
视频文件	视频 \ 第 7 章 \7.4.1 360° 分割：制作风景怡人素材的转场效果 .mp4	

“360° 分割”转场效果是将画面的镜头从中心拆分为几个画面，并从左向右移动，逐渐过渡至第二个镜头的转场效果。

步骤 01：在“时间线”面板中导入素材文件（素材 \ 第 7 章 \ 风景怡人 1.jpg、风景怡人 2.jpg），如图 7-63 所示。

步骤 02：在检视器中预览导入的素材画面，如图 7-64 所示。

步骤 03：打开“转场”面板，在其中选择“360° 分割”转场效果，如图 7-65 所示。

步骤 04：按住鼠标左键，将选择的转场效果拖曳至两个素材之间，释放鼠标左键，即可为素材添加转场效果，如图 7-66 所示。

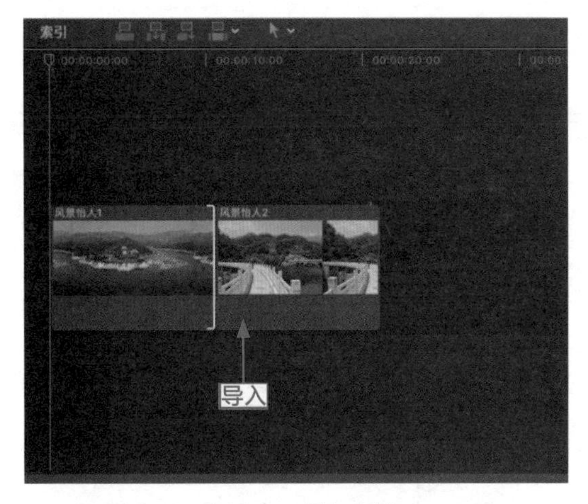

图 7-63　导入素材

图 7-64　预览素材画面

图 7-65　选择“360°分割”转场效果

图 7-66　添加转场效果

步骤 05：操作完成后，在检视器中预览添加的转场效果，如图 7-67 所示。

图 7-67　预览添加的转场效果

7.4.2 插图擦除：制作潜伏视频的转场效果

操练 + 视频	7.4.2 插图擦除：制作潜伏视频的转场效果	
素材文件	素材 \ 第 7 章 \ 潜伏 1.jpg、潜伏 2.jpg	扫描封底文泉云盘的二维码获取资源
效果文件	效果 1：第 2 章 – 第 7 章 \ 第 7 章 \7.4.2 潜伏 .fcpbundle	
视频文件	视频 \ 第 7 章 \ 7.4.2 插图擦除：制作潜伏视频的转场效果 .mp4	

“插图擦除”转场效果是用第二个镜头的画面以渐变的方式逐渐取代第一个镜头的转场效果。

步骤 01：在“时间线”面板中导入两个素材文件（素材 \ 第 7 章 \ 潜伏 1.jpg、潜伏 2.jpg），如图 7-68 所示。

步骤 02：在检视器中预览导入的素材画面，如图 7-69 所示。

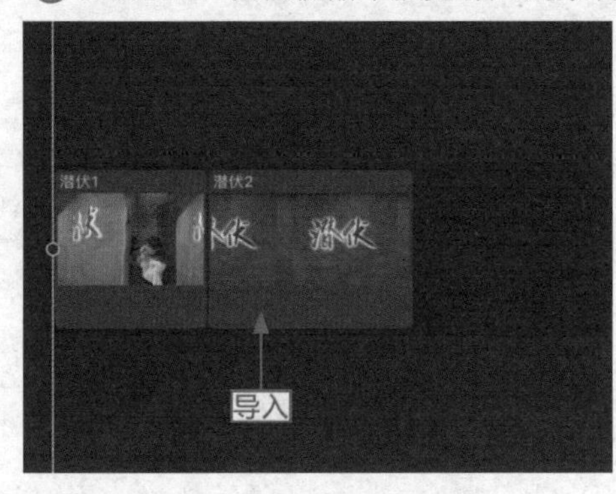

图 7-68 导入素材图像

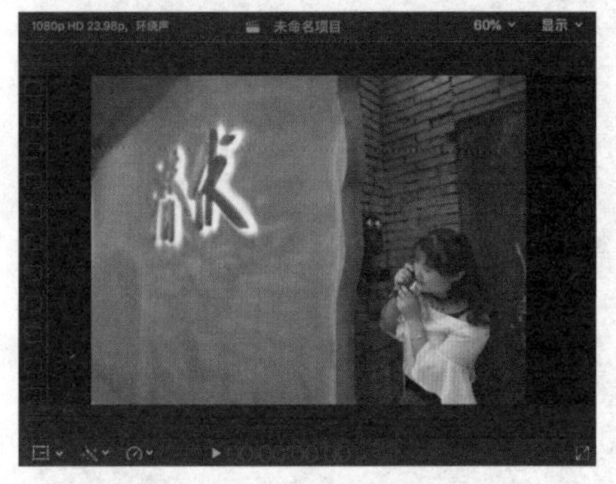

图 7-69 预览导入的素材画面

步骤 03：打开“转场”面板，在其中选择“插图擦除”转场效果，如图 7-70 所示。

步骤 04：按住鼠标左键，将选择的转场效果拖曳至两个素材之间，释放鼠标左键，即可为素材添加转场效果，如图 7-71 所示。

图 7-70 选择“插图擦除”转场效果

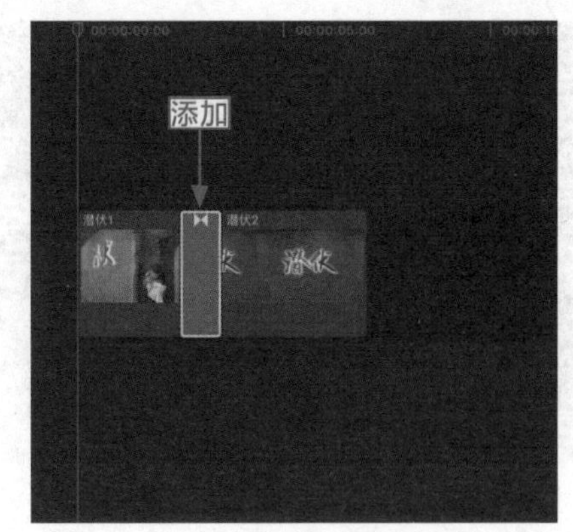

图 7-71 添加转场效果

步骤 05：打开“转场检查器”，如图 7-72 所示。

步骤 06：展开“插图擦除”选项，设置“插图方向”为“左上方”，如图 7-73 所示。

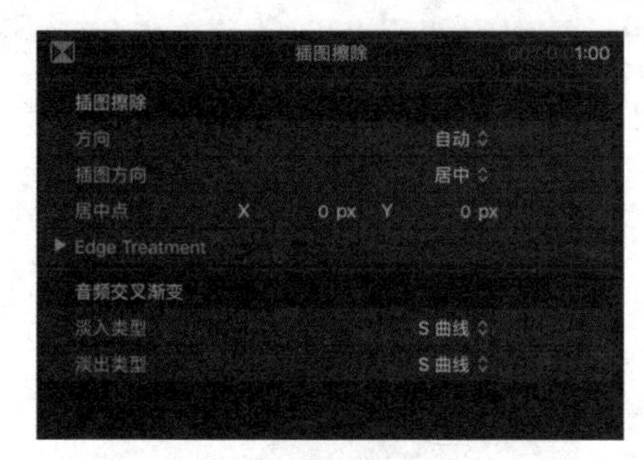

图 7-72　打开“转场检查器”

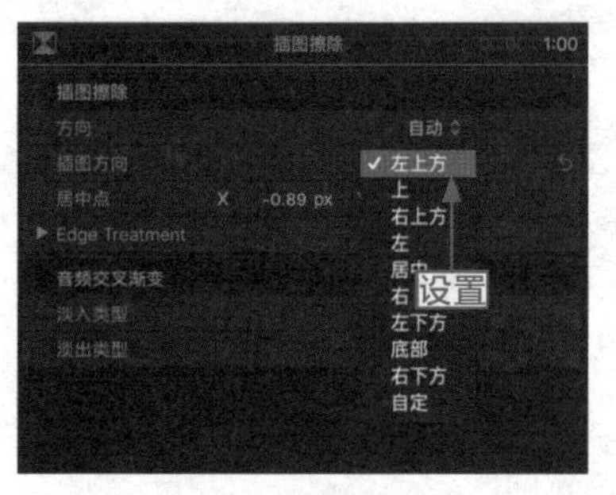

图 7-73　设置“插图方向”为“左上方”

步骤 07：操作完成后，在检视器中预览添加的转场效果，如图 7-74 所示。

图 7-74　预览添加的转场效果

7.4.3　立体翻转：制作暗香浮动素材的转场效果

操练 + 视频　7.4.3　立体翻转：制作暗香浮动素材的转场效果

素材文件	素材 \ 第 7 章 \ 暗香浮动 1.jpg、暗香浮动 2.jpg	扫描封底文泉云盘的二维码获取资源
效果文件	效果 1：第 2 章－第 7 章 \ 第 7 章 \7.4.3　暗香浮动 .fcpbundle	
视频文件	视频 \ 第 7 章 \7.4.3 立体翻转：制作暗香浮动素材的转场效果 .mp4	

“立体翻转”转场效果可将视频左右立体反转。下面介绍添加“立体翻转”转场效果的操作方法。

步骤 01：在“时间线”面板中导入素材文件（素材 \ 第 7 章 \ 暗香浮动 1.jpg、暗香浮动 2.jpg），如图 7-75 所示。

步骤 02：在检视器中预览导入的素材画面，如图 7-76 所示。

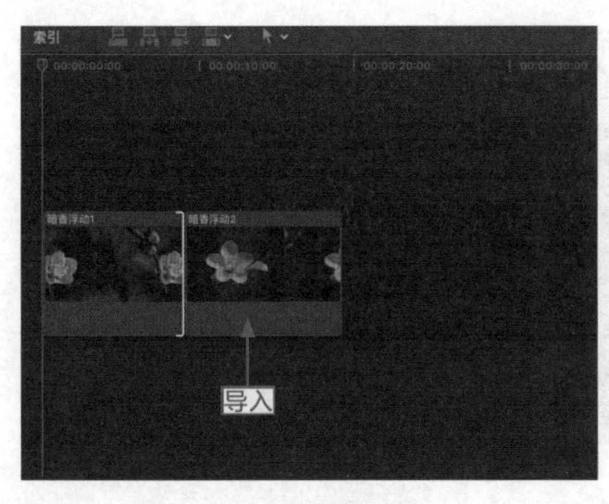

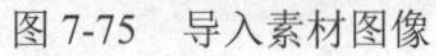

图 7-75　导入素材图像

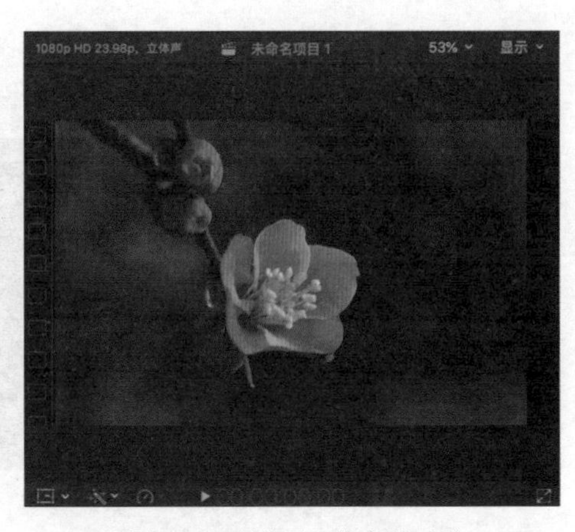

图 7-76　预览导入的素材画面

步骤 03：打开“转场”面板，在其中选择“立体翻转”转场效果，如图 7-77 所示。

步骤 04：按住鼠标左键，将选择的转场效果拖曳至两个素材之间，释放鼠标左键，即可为素材添加转场效果，如图 7-78 所示。

图 7-77　选择“立体翻转”转场效果

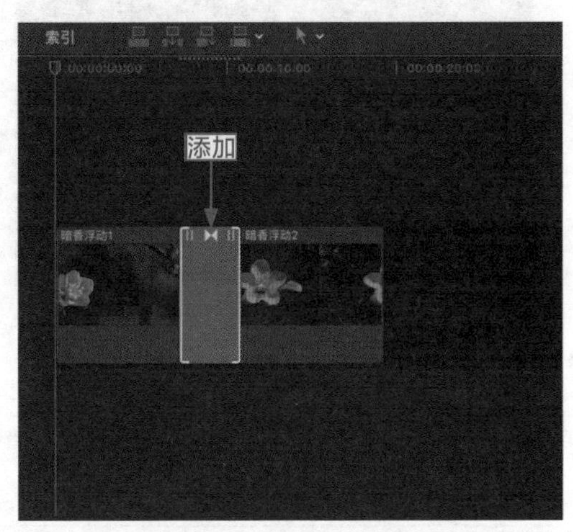

图 7-78　添加转场效果

步骤 05：操作完成后，在检视器中预览添加的转场效果，如图 7-79 所示。

图 7-79　预览添加的转场效果

7.4.4　星形转场：制作一枝独秀素材的转场效果

操练 + 视频　7.4.4　星形转场：制作一枝独秀素材的转场效果

素材文件	素材 \ 第 7 章 \ 一枝独秀 1.jpg、一枝独秀 2.jpg	扫描封底文泉云盘的二维码获取资源
效果文件	效果 1：第 2 章 – 第 7 章 \ 第 7 章 \7.4.4　一枝独秀 .fcpbundle	
视频文件	视频 \ 第 7 章 \ 7.4.4　星形转场：制作一枝独秀素材的转场效果 .mp4	

“星形”转场效果主要针对图像进行星形形状的转场。下面介绍“星形”转场效果的添加方法。

步骤 01：在“时间线”面板中导入素材文件（素材 \ 第 7 章 \ 一枝独秀 1.jpg、一枝独秀 2.jpg），如图 7-80 所示。

步骤 02：在检视器中预览导入的素材画面，如图 7-81 所示。

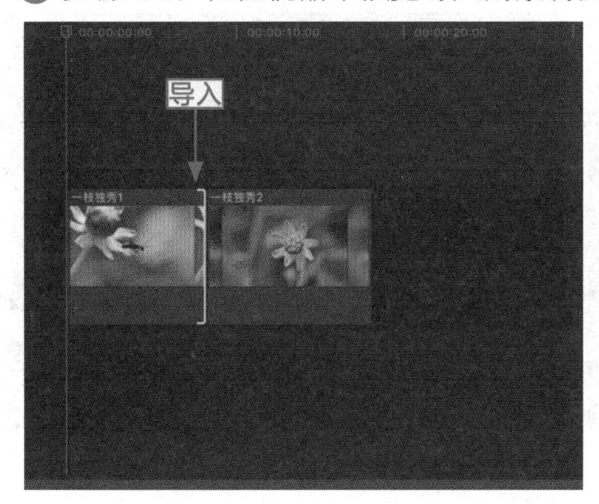

图 7-80　导入素材图像

图 7-81　预览导入的素材画面

步骤 03：打开“转场”面板，在其中选择“星形”转场效果，如图 7-82 所示。

步骤 04：按住鼠标左键，将选择的转场效果拖曳至两个素材之间，释放鼠标左键，即可为素材添加转场效果，如图 7-83 所示。

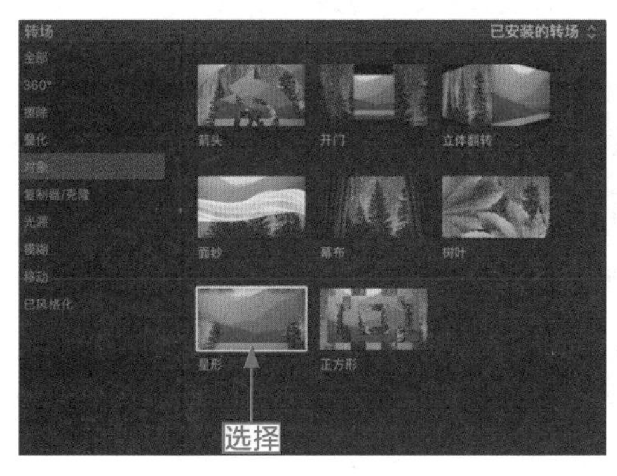

图 7-82　选择“星形”转场效果

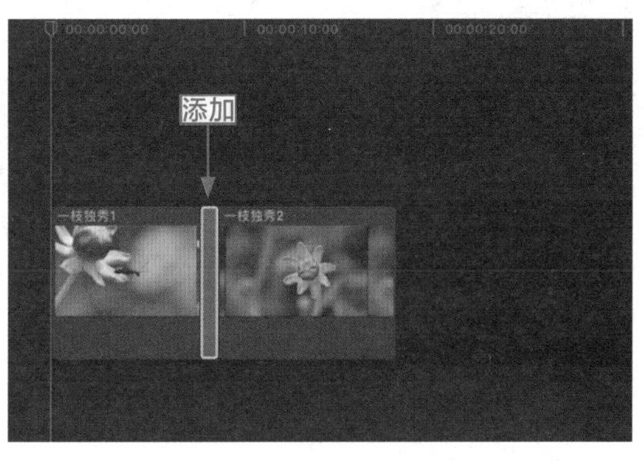

图 7-83　添加转场效果

步骤 05：打开“转场检查器”，在“星形”选项区中设置“锐化”为3.0，如图7-84所示。

步骤 06：设置“旋转”的参数为-30.0°，如图7-85所示。

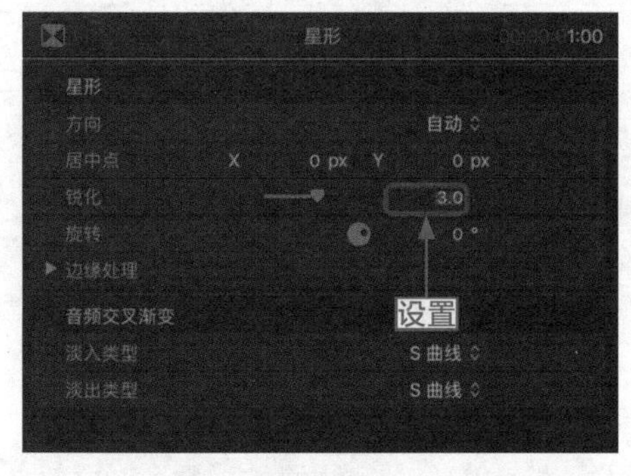

图7-84　设置“锐化”为3.0

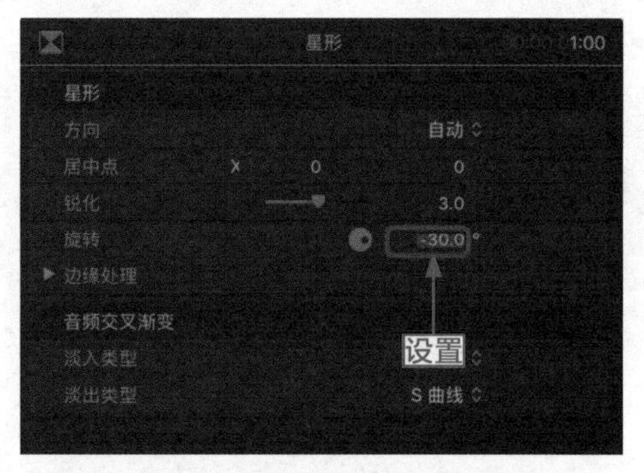

图7-85　设置“旋转”的参数为-30.0°

步骤 07：设置完成后，在检视器中预览添加的转场效果，如图7-86所示。

图7-86　预览添加的转场效果

7.4.5　克隆旋转：制作山水阳朔素材的转场效果

操练+视频　7.4.5　克隆旋转：制作山水阳朔素材的转场效果

素材文件	素材\第7章\山水阳朔1.jpg、山水阳朔2.jpg	扫描封底文泉云盘的二维码获取资源
效果文件	效果1：第2章－第7章\第7章\7.4.5　山水阳朔.fcpbundle	
视频文件	视频\第7章\7.4.5 克隆旋转：制作山水阳朔素材的转场效果.mp4	

“克隆旋转”转场效果指的是将素材画面复制成多个画面，从左向右移动进行过渡的转场效果。

步骤 01：在“时间线”面板中导入素材文件（素材\第7章\山水阳朔1.jpg、山水阳朔2.jpg），如图7-87所示。

步骤 02：在检视器中预览导入的素材画面，如图 7-88 所示。

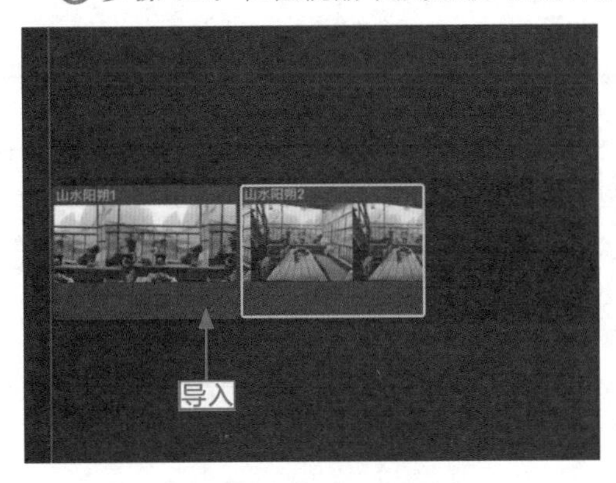

图 7-87　导入素材图像

图 7-88　预览导入的素材画面

步骤 03：打开“转场”面板，在其中选择“克隆旋转”转场效果，如图 7-89 所示。

步骤 04：按住鼠标左键，将选择的转场效果拖曳至两个素材之间，释放鼠标左键，即可为素材添加转场效果，如图 7-90 所示。

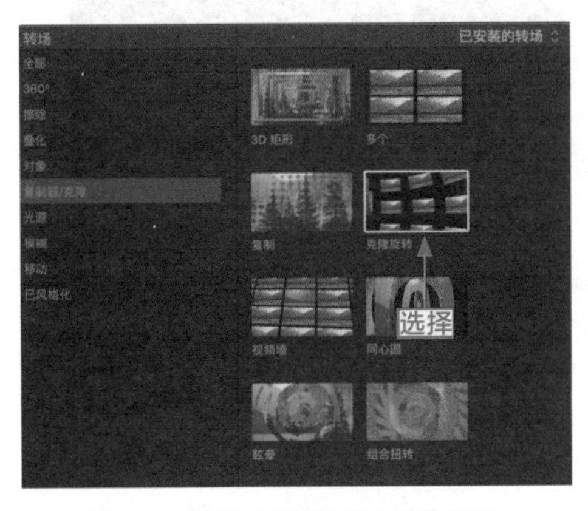

图 7-89　选择“克隆旋转”转场效果

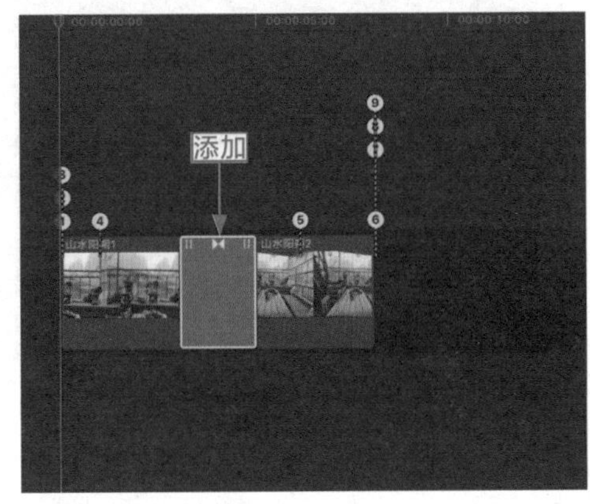

图 7-90　添加转场效果

步骤 05：操作完成后，在检视器中单击“播放”按钮，预览添加的转场效果，如图 7-91 所示。

图 7-91　预览添加的转场效果

7.4.6 卷页转场：制作锦花绣草素材的转场效果

操练 + 视频 7.4.6 卷页转场：制作锦花绣草素材的转场效果

素材文件	素材 \ 第 7 章 \ 锦花绣草 1.jpg、锦花绣草 2.jpg	扫描封底文泉云盘的二维码获取资源
效果文件	效果 1：第 2 章 - 第 7 章 \ 第 7 章 \7.4.6 锦花绣草 .fcpbundle	
视频文件	视频 \ 第 7 章 \7.4.6 卷页转场：制作锦花绣草素材的转场效果 .mp4	

“卷页”转场效果主要是将第一幅图像以翻页的形式从一角卷起，最终将第二幅图像显示出来。

步骤 01：在“时间线”面板中导入素材文件（素材 \ 第 7 章 \ 锦花绣草 1.jpg、锦花绣草 2.jpg），如图 7-92 所示。

步骤 02：在检视器中预览导入的素材画面，如图 7-93 所示。

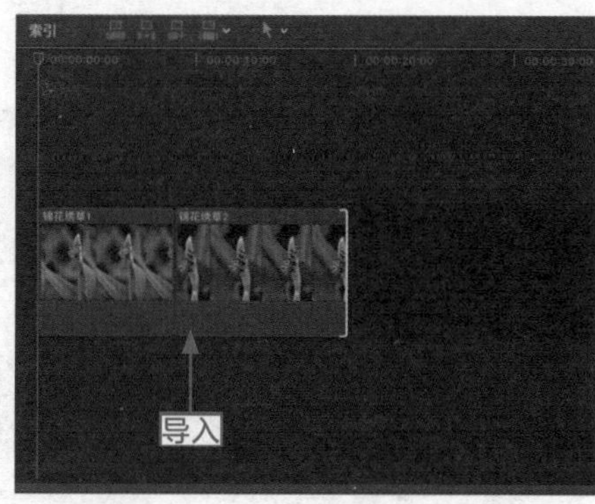

图 7-92 导入素材图像

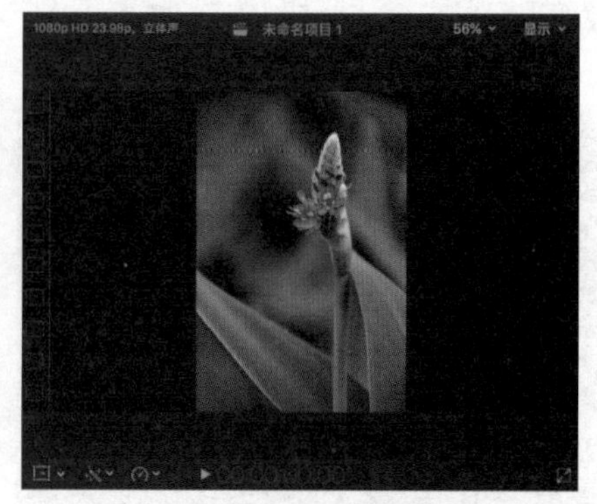

图 7-93 预览导入的素材画面

步骤 03：打开“转场”面板，在其中选择“卷页”转场效果，如图 7-94 所示。

步骤 04：按住鼠标左键，将选择的转场效果拖曳至两个素材之间，释放鼠标左键，即可为素材添加转场效果，如图 7-95 所示。

图 7-94 选择“卷页”转场效果

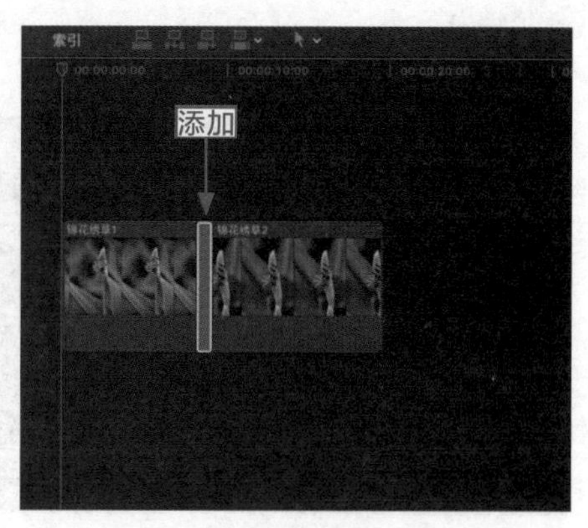

图 7-95 添加转场效果

专家指点　在“转场”面板的“移动”文件夹中选择“卷页”转场效果后，单击鼠标右键，在弹出的快捷菜单中选择“设为默认”命令，即可将“卷页”转场效果设置为默认转场效果。

步骤 05：操作完成后，在检视器中预览添加的转场效果，如图 7-96 所示。

图 7-96　预览添加的转场效果

7.4.7　向下摇移：制作繁花似锦素材的转场效果

操练 + 视频	7.4.7　向下摇移：制作繁花似锦素材的转场效果	
素材文件	素材 \ 第 7 章 \ 繁花似锦 1.jpg、繁花似锦 2.jpg	扫描封底文泉云盘的二维码获取资源
效果文件	效果 1：第 2 章 – 第 7 章 \ 第 7 章 \7.4.7　繁花似锦 .fcpbundle	
视频文件	视频 \ 第 7 章 \ 7.4.7　向下摇移：制作繁花似锦素材的转场效果 .mp4	

在“向下摇移”转场过程中，画面会以向下摇曳的状态移动。下面介绍添加“向下摇移”转场效果的操作方法。

步骤 01：在“时间线”面板中导入素材文件（素材 / 第 7 章 / 繁花似锦 1.jpg、繁花似锦 2.jpg），如图 7-97 所示。

步骤 02：在检视器中预览导入的素材画面，如图 7-98 所示。

步骤 03：打开“转场”面板，在其中选择“向下摇移”转场效果，如图 7-99 所示。

步骤 04：按住鼠标左键，将选择的转场效果拖曳至两个素材之间，释放鼠标左键，即可为素材添加转场效果，如图 7-100 所示。

步骤 05：操作完成后，在检视器中预览添加的转场效果，如图 7-101 所示。

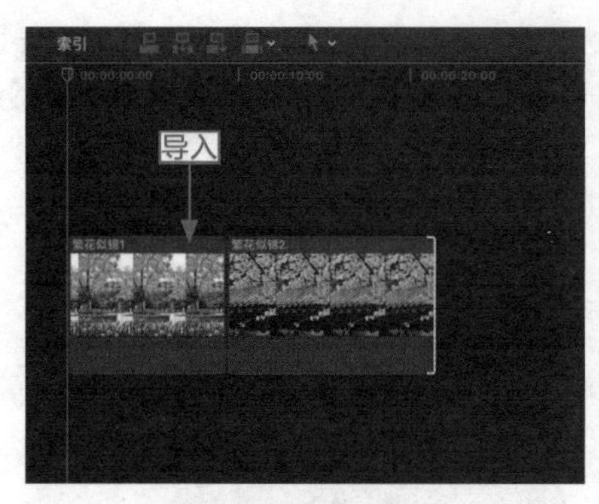

图 7-97　导入素材图像

图 7-98　预览导入的素材画面

图 7-99　选择“向下摇移”转场效果

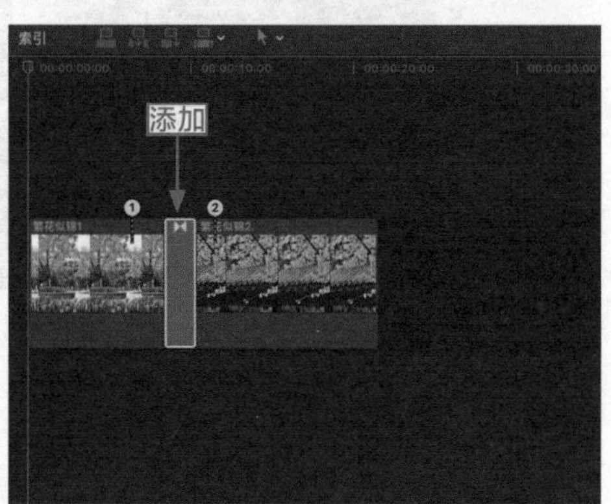

图 7-100　添加转场效果

图 7-101　预览添加的转场效果

7.5　本章小结

本章主要介绍了制作转场特效的操作方法，包括探索镜头之间的转场特效、了解视频转场的基础知识、设置视频转场效果的属性以及应用视频常用的转场特效等内容。掌握这些技巧和方法，用户可以为视频制作出更多精良的转场效果。

CHAPTER 08

第 8 章 合成：制作视频素材的抠像特效

在 Final Cut Pro X 中，合成特效是一种视频编辑方法，它将视频素材添加到视频轨中之后，对视频素材的大小、位置以及透明度等属性进行调节，本章主要以抠像和合成操作为例进行讲解。

~ 知识要点 ~

- 绿幕抠像：抠出图层中的绿色区域
- 亮度键抠像：将两个视频画面叠加
- 动画合成：制作灯光素材缩放效果
- 混合模式：制作观光电梯叠加效果
- 发生器：了解发生器的使用方法
- 多层文件：合成梦想家园多层文件

~ 本章重点 ~

- 绿幕抠像：抠出图层中的绿色区域
- 动画合成：制作灯光素材缩放效果
- 混合模式：制作观光电梯叠加效果
- 多层文件：合成梦想家园多层文件

8.1 学习：掌握视频的抠像方法

在 Final Cut Pro X 中，可以对视频进行抠像，也可以更改背景颜色，以让画面更美观。本节主要讲解一些基本的抠像特效的操作方法。

8.1.1 绿幕抠像：抠出图层中的绿色区域

操练 + 视频 8.1.1 绿幕抠像：抠出图层中的绿色区域

素材文件	素材 \ 第 8 章 \ 抱枕 .jpg	扫描封底文泉云盘的二维码获取资源
效果文件	效果 2：第 8 章－第 15 章 \ 第 8 章 \8.1.1 抱枕 .fcpbundle	
视频文件	视频 \ 第 8 章 \8.1.1 绿幕抠像：抠出图层中的绿色区域 .mp4	

绿幕抠像是用来抠出图层中所有绿色区域的方法。下面介绍添加“抠像器”特效，去除背景中的绿色区域的操作方法。

步骤 01：在事件浏览器中导入素材（素材\第 8 章\抱枕 .jpg），如图 8-1 所示。

步骤 02：将导入的素材拖曳到“时间线”面板中，如图 8-2 所示。

图 8-1　导入素材

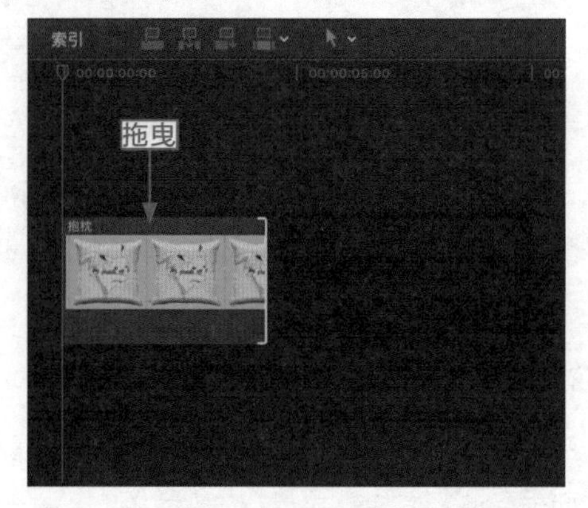

图 8-2　拖曳素材

步骤 03：打开“效果”面板，在其中选择“抠像器”视频效果，如图 8-3 所示，将其拖曳到“时间线”面板的素材上。

步骤 04：执行操作后，即可将素材中的绿色背景抠去，背景变成黑色，如图 8-4 所示。

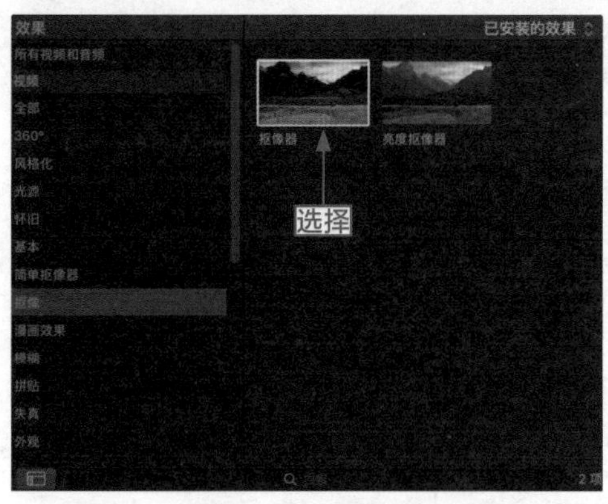

图 8-3　选择“抠像器”视频效果

图 8-4　素材绿色背景变成黑色

8.1.2　亮度键抠像：将两个视频画面叠加

操练 + 视频　8.1.2　亮度键抠像：将两个视频画面叠加

素材文件	素材\第 8 章\变幻莫测 1.mp4、变幻莫测 2.mp4	扫描封底文泉云盘的二维码获取资源
效果文件	效果 2：第 8 章 – 第 15 章\第 8 章\8.1.2 变幻莫测 .fcpbundle	
视频文件	视频\第 8 章\8.1.2 亮度键抠像：将两个视频画面叠加 .mp4	

运用“亮度抠像器”效果，可以让两个视频画面叠加在一起，将一个素材的部分显示在另一个素材画面上，利用半透明的画面来呈现下一张画面，制作出半透明效果。

步骤 01：在“时间线”面板中导入视频素材（素材 \ 第 8 章 \ 变幻莫测 1.mp4、变幻莫测 2.mp4），如图 8-5 所示。

步骤 02：将第一段视频素材移动到第二段视频素材的上方，让其呈交叉的形式，如图 8-6 所示。

图 8-5　导入素材

图 8-6　两段素材呈交叉的形式

步骤 03：打开“效果”面板，在其中选择“亮度抠像器”视频效果，如图 8-7 所示，按住鼠标左键并将其拖曳到第一段视频素材上。

步骤 04：释放鼠标左键，即可为素材添加视频效果。调整时间指示器至第一段视频素材的开始处，如图 8-8 所示。

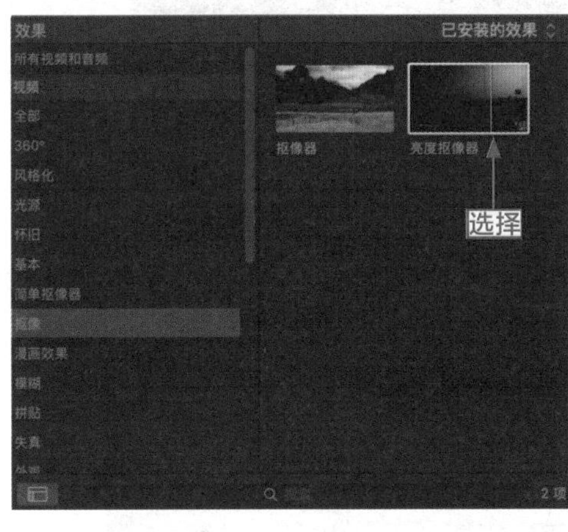

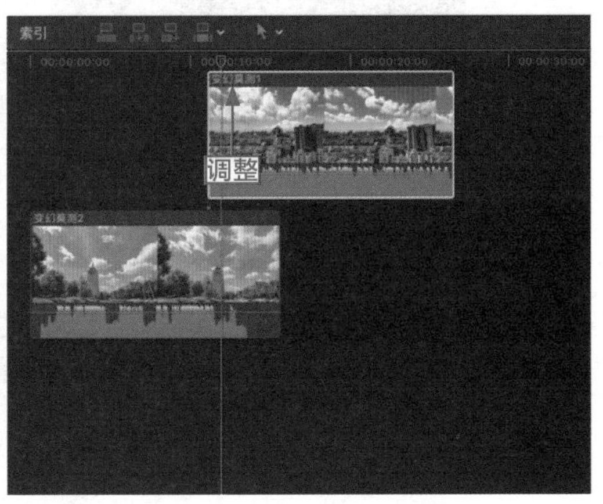

图 8-7　选择“亮度抠像器”效果

图 8-8　调整时间指示器

步骤 05：打开“视频检查器”，设置“亮度滚降”为 10%，然后单击右侧的“添加关键帧”按钮，如图 8-9 所示，添加一个关键帧。

步骤 06：再次调整时间指示器至合适位置，如图 8-10 所示。

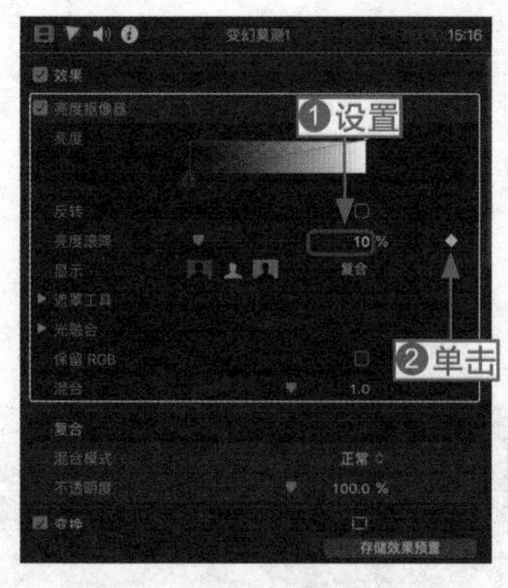

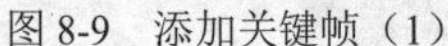

图 8-9　添加关键帧（1）　　图 8-10　调整时间指示器至合适位置

步骤 07：在“视频检查器”中，设置“亮度滚降”为 50%，然后单击右侧的“添加关键帧”按钮，如图 8-11 所示，添加第二个关键帧。

步骤 08：调整时间指示器至第二段视频素材的结尾处，在“视频检查器”中设置“亮度滚降”为 0，然后单击右侧的“添加关键帧”按钮，如图 8-12 所示，添加第三个关键帧。

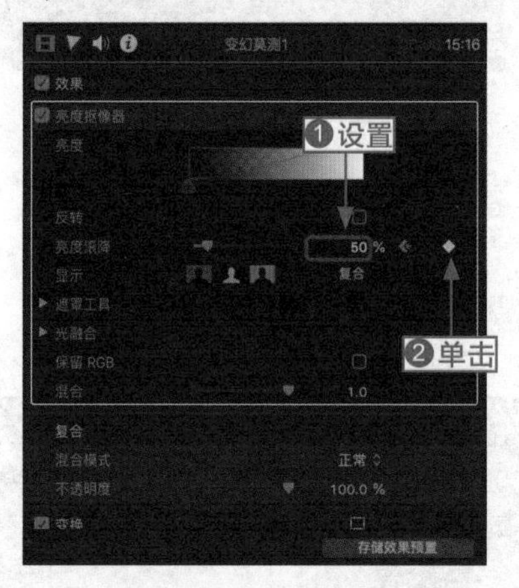

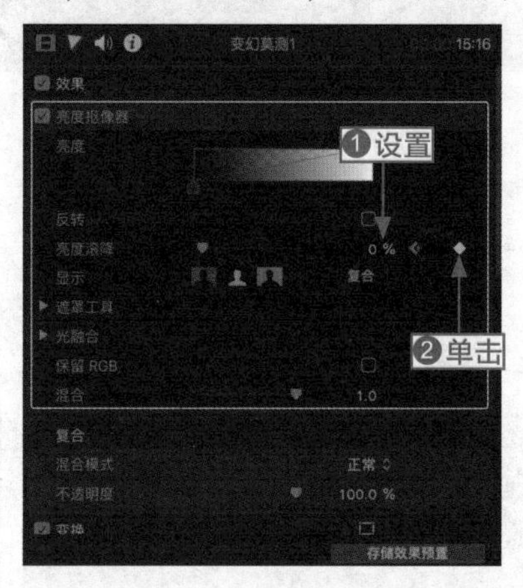

图 8-11　添加关键帧（2）　　图 8-12　添加关键帧（3）

步骤 09：执行上述操作后，在检视器中预览运用“亮度抠像器”制作的素材画面效果，如图 8-13 所示。

图 8-13　预览制作的画面效果

8.2　研究：制作素材的合成特效

制作合成特效的方法是非常实用的，因为在制作视频的过程中，常常需要将几个视频合并在一起，以此来保证视频的连贯性。

8.2.1　动画合成：制作灯光素材缩放效果

操练 + 视频	8.2.1　动画合成：制作灯光素材缩放效果	
素材文件	素材 \ 第 8 章 \ 灯光 .mp4	扫描封底文泉云盘的二维码获取资源
效果文件	效果 2：第 8 章－第 15 章 \ 第 8 章 \8.2.1　灯光 .fcpbundle	
视频文件	视频 \ 第 8 章 \8.2.1　动画合成：制作灯光素材缩放效果 .mp4	

在视频上添加关键帧，可以制作动画效果，这里是指通过关键帧为视频素材制作缩放效果。下面介绍制作动画缩放效果的操作方法。

步骤 01：在“时间线”面板中导入一个视频素材文件（素材 \ 第 8 章 \ 灯光 .mp4），如图 8-14 所示。

步骤 02：将时间指示器调整至开始位置，打开“视频检查器”，在其中设置“缩放（全部）”为 80%，如图 8-15 所示，添加第一个关键帧。

步骤 03：调整时间指示器至 00:00:02:00 的位置，在“视频检查器”中设置“缩放（全部）”为 110%，如图 8-16 所示，添加第二个关键帧。

步骤 04：调整时间指示器至 00:00:01:00 的位置，在“视频检查器”中设置“缩放（全部）”为 140%，如图 8-17 所示，添加第三个关键帧。

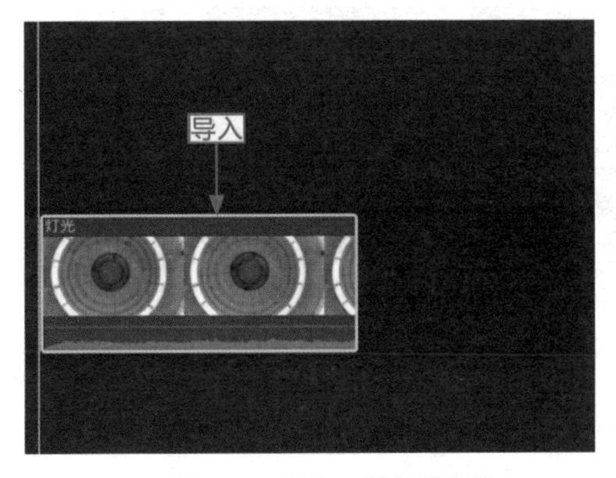

图 8-14　导入一段视频素材

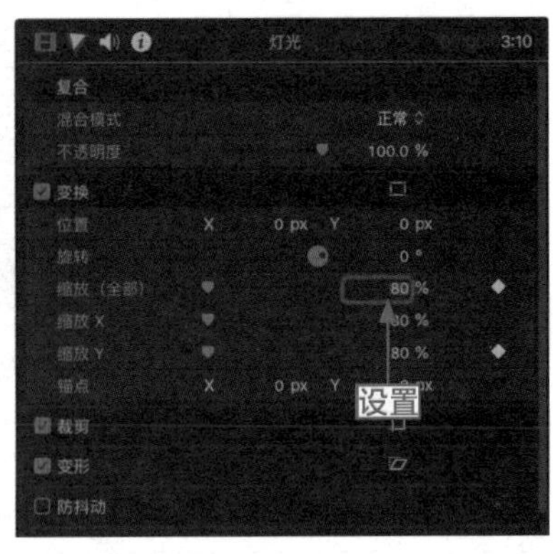

图 8-15　设置“缩放（全部）”为 80%

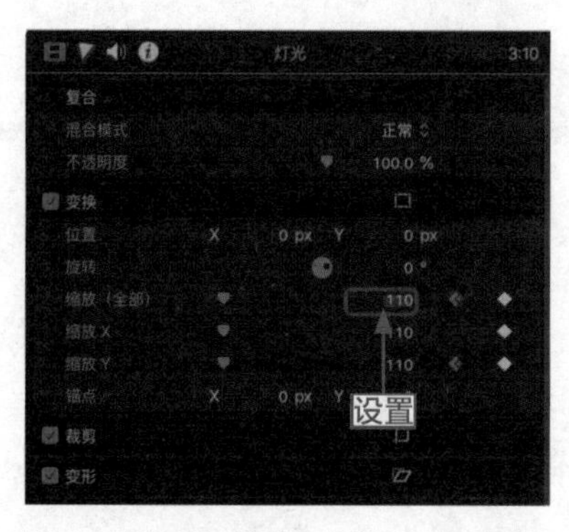

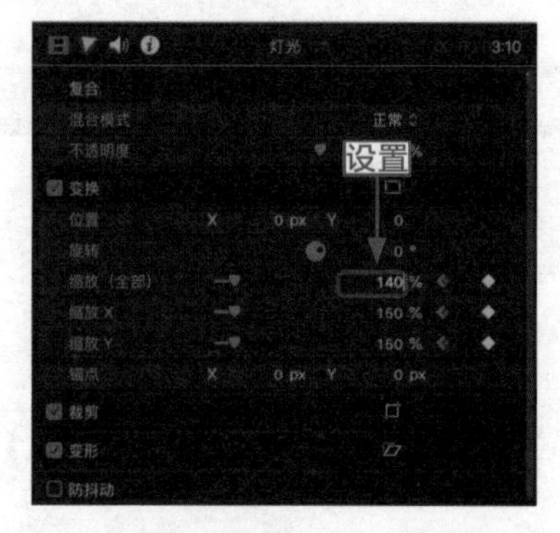

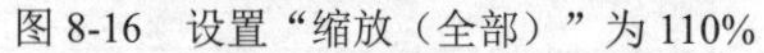

图 8-16　设置“缩放（全部）”为 110%　　　图 8-17　设置“缩放（全部）”为 140%

步骤 05：在“时间线”面板中，调整时间指示器至 00:00:02:00 的位置，如图 8-18 所示。

步骤 06：在“视频检查器”中设置“缩放（全部）”为 100%，如图 8-19 所示，添加第四个关键帧。

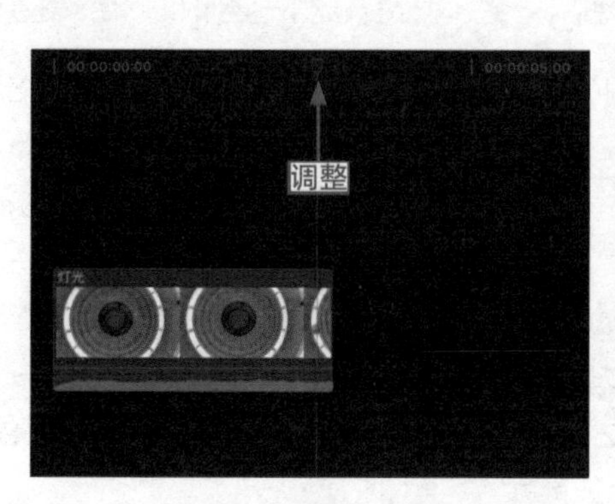

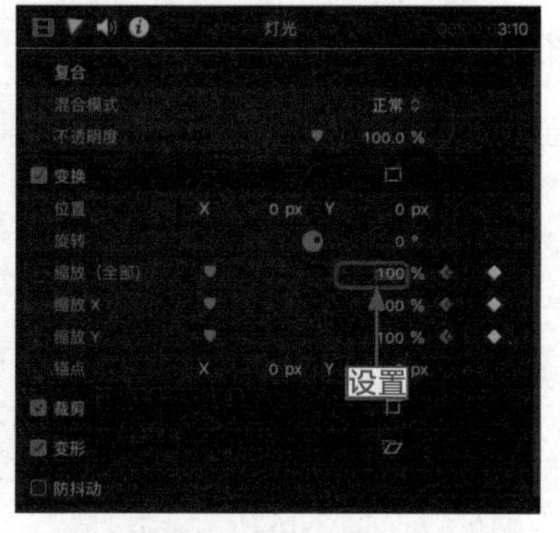

图 8-18　调整时间指示器　　　图 8-19　设置“缩放（全部）”为 100%

步骤 07：执行上述操作后，在检视器中预览为素材制作的缩放画面效果，如图 8-20 所示。

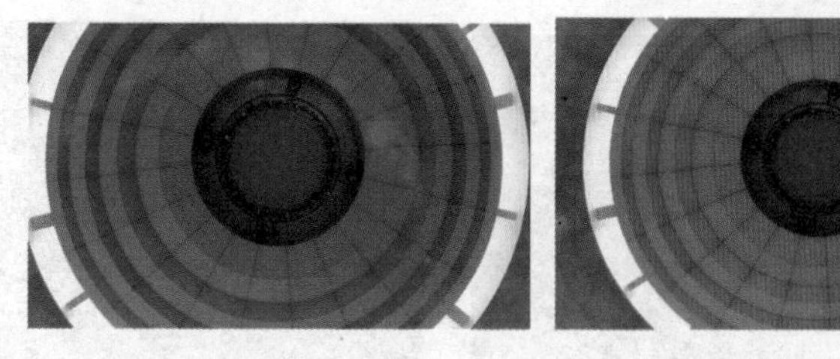

图 8-20　预览为素材制作的缩放画面效果

8.2.2　混合模式：制作霞光满天素材叠加效果

用户可以运用混合模式制作出一些比较特别的叠加效果。下面介绍如何使用混合模式来制作特殊效果。

操练＋视频　8.2.2　混合模式：制作霞光满天叠加效果

素材文件	素材 \ 第 8 章 \ 霞光满天 1.mp4、霞光满天 2.mp4	扫描封底文泉云盘的二维码获取资源
效果文件	效果 2：第 8 章 – 第 15 章 \ 第 8 章 \8.2.2　霞光满天 .fcpbundle	
视频文件	视频 \ 第 8 章 \ 8.2.2　混合模式：制作霞光满天素材叠加效果 .mp4	

步骤 01： 在“时间线”面板中导入视频素材（素材 \ 第 8 章 \ 霞光满天 1.mp4、霞光满天 2.mp4），如图 8-21 所示。

步骤 02： 在“视频检查器”中设置“混合模式”为“亮光”，“不透明度”为 10%，如图 8-22 所示，添加一个关键帧。

图 8-21　导入视频素材

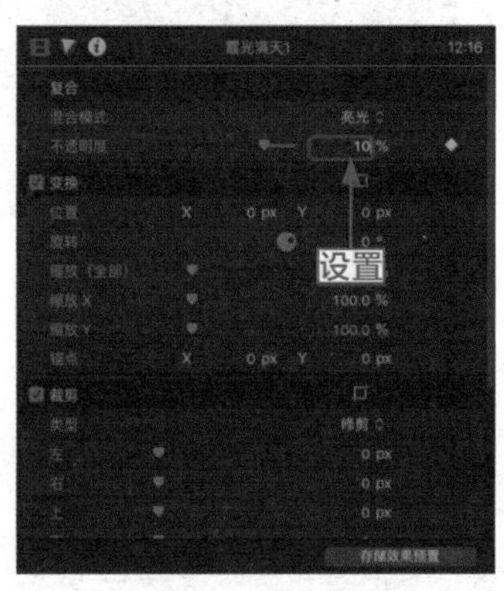

图 8-22　设置“不透明度”为 10%

步骤 03： 调整时间指示器至 00:00:01:23 的位置，在“视频检查器”中设置“不透明度”为 80%，如图 8-23 所示，添加第二个关键帧。

步骤 04： 选中“时间线”面板的第二段素材，调整时间指示器至 00:00:17:07 的位置，在“视频检查器”中设置“不透明度”为 30%，如图 8-24 所示，添加一个关键帧。

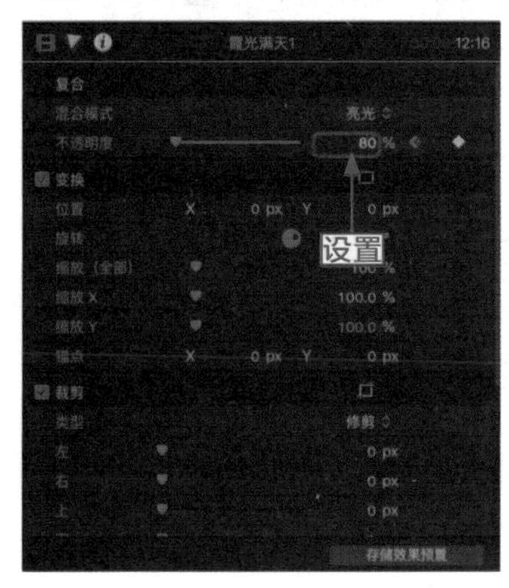

图 8-23　设置“不透明度”为 80%

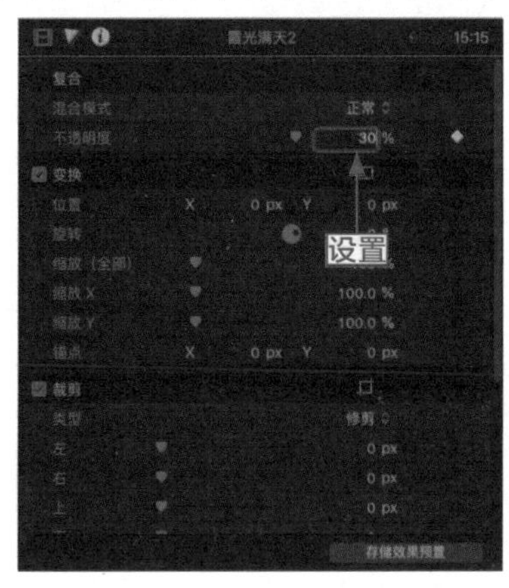

图 8-24　设置“不透明度”为 30%

步骤 05：调整时间指示器至 00:00:20:23 的位置，在“视频检查器”中设置“不透明度”为 70%，如图 8-25 所示，添加第二个关键帧。

步骤 06：调整时间指示器至 00:00:23:07 的位置，在“视频检查器”中设置“不透明度”为 100%，如图 8-26 所示，添加第三个关键帧。

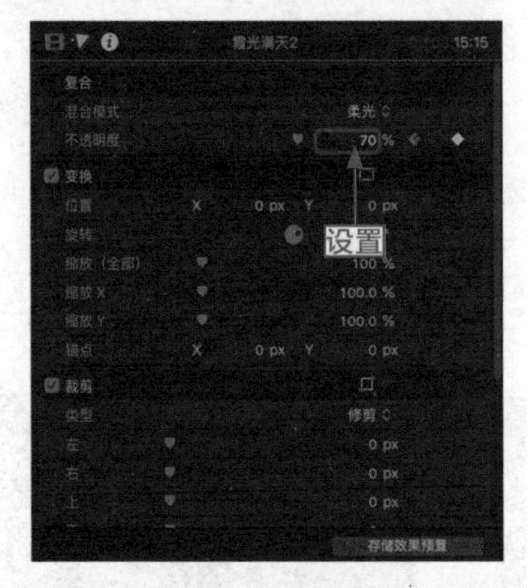

图 8-25　设置“不透明度”为 70%

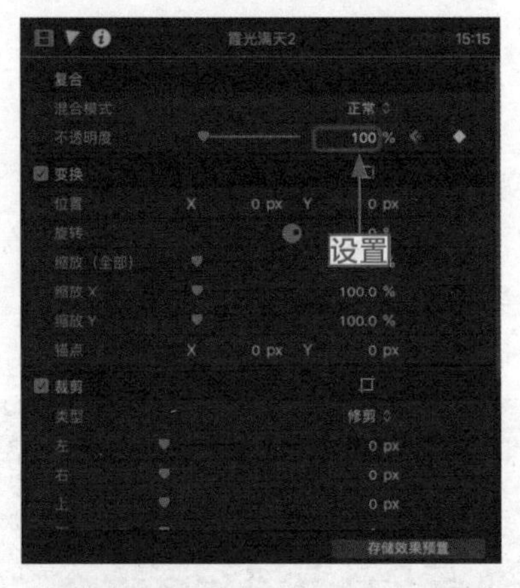

图 8-26　设置“不透明度”为 100%

步骤 07：执行上述操作后，在检视器中预览素材的画面效果，如图 8-27 所示。

图 8-27　预览素材的画面效果

8.2.3　发生器：了解发生器的使用方法

操练 + 视频　8.2.3　发生器：了解发生器的使用方法

素材文件	无	扫描封底文泉云盘的二维码获取资源
效果文件	无	
视频文件	视频 \ 第 8 章 \8.2.3 发生器：了解发生器的使用方法 .mp4	

发生器的本质是视频片段，这表示可以将发生器当视频素材来使用，而视频素材的属性发生器也具备同样的属性。下面介绍发生器的使用方法。

步骤 01： 在浏览器中单击“显示或隐藏‘字幕和发生器’边栏”按钮，如图 8-28 所示。

步骤 02： 展开“发生器”面板，查看里面的素材，如图 8-29 所示。

图 8-28　单击相应按钮

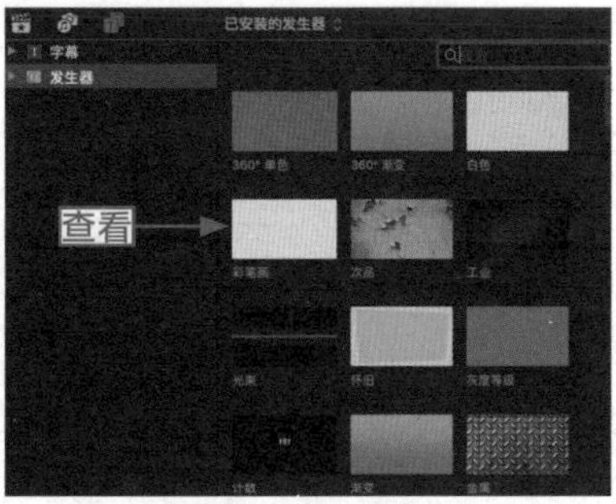

图 8-29　查看素材

步骤 03： 在“背景”选项区中，选择“闪光”素材，如图 8-30 所示。

步骤 04： 按住鼠标左键，将选择的素材拖曳至“时间线”面板的主轨道上，如图 8-31 所示。

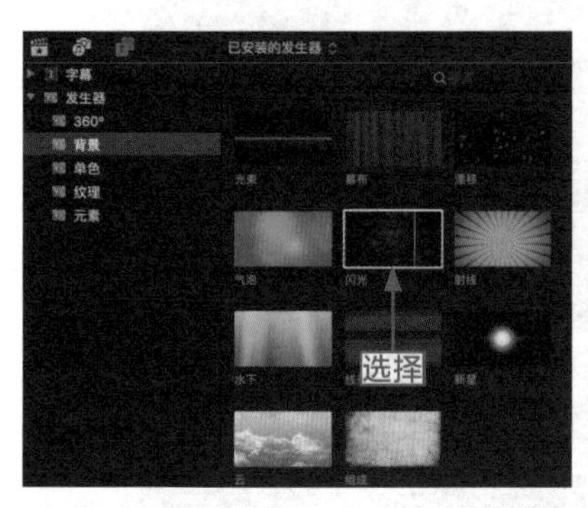

图 8-30　选择“闪光”素材

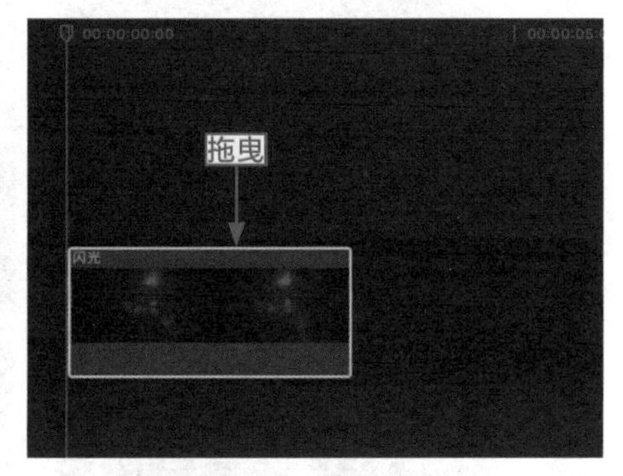

图 8-31　拖曳素材

步骤 05： 展开“发生器”面板，在“背景”选项区中，选择“新星”素材，如图 8-32 所示。

步骤 06： 按住鼠标左键，将选择的素材拖曳至“时间线”面板中“闪光”素材的后面，如图 8-33 所示。

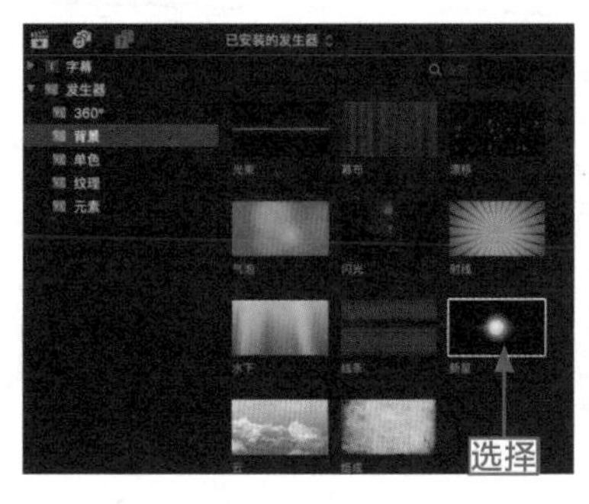

图 8-32　选择“新星”素材

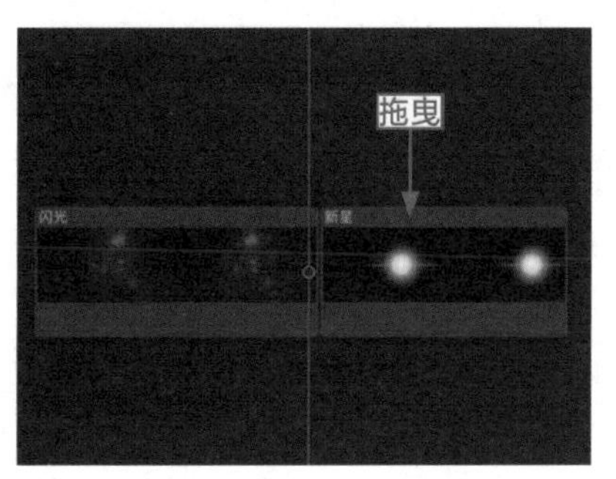

图 8-33　拖曳“新星”素材

步骤 07：打开“转场”面板，在其中选择“交叉叠化”转场效果，如图 8-34 所示。按住鼠标左键，将选择的转场效果拖曳至“时间线”面板的两个素材之间。

步骤 08：释放鼠标左键，即可为素材添加“交叉叠化”转场效果，如图 8-35 所示。

图 8-34　选择“交叉叠化”转场效果

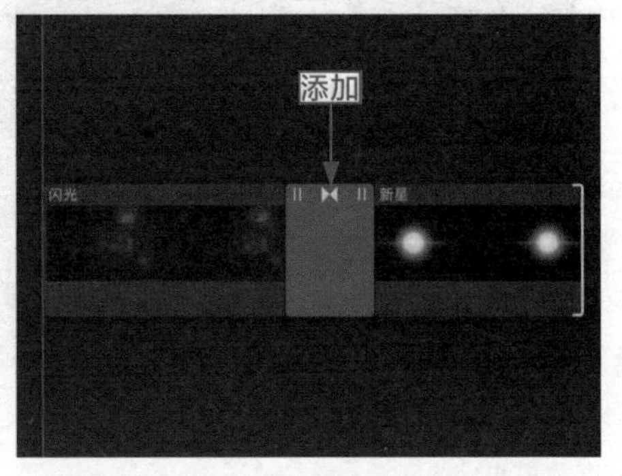

图 8-35　添加“交叉叠化”转场效果

步骤 09：操作完成后，在检视器中预览制作的“发生器”素材画面效果，如图 8-36 所示。

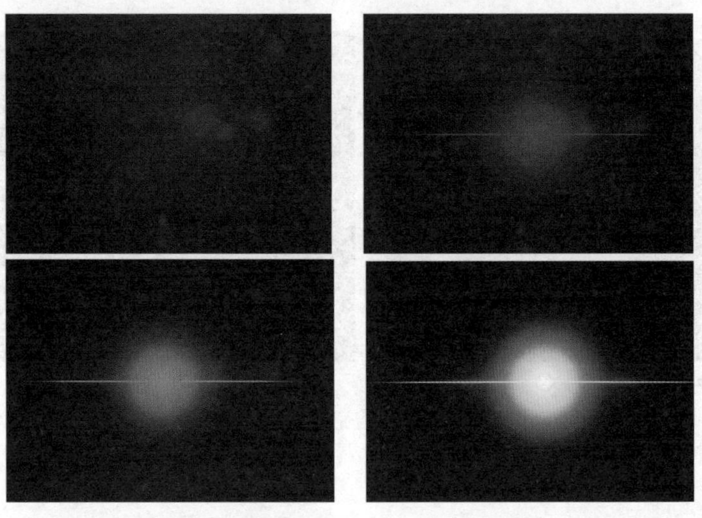

图 8-36　预览制作的“发生器”素材效果

8.2.4　多层文件：合成梦想家园多层文件

操练 + 视频	8.2.4　多层文件：合成梦想家园多层文件	
素材文件	素材 \ 第 8 章 \ 梦想家园 .jpg、草莓 .png	扫描封底文泉云盘的二维码获取资源
效果文件	效果 2：第 8 章 – 第 15 章 \ 第 8 章 \8.2.4　梦想家园 .fcpbundle	
视频文件	视频 \ 第 8 章 \ 8.2.4　多层文件：合成梦想家园多层文件 .mp4	

在 Final Cut Pro X 中，多层图形文件可以在画面中合成。下面介绍制作多层图形文件的操作方法。

步骤 01： 在“时间线”面板中导入两幅素材图像（素材\第 8 章\梦想家园.jpg、草莓.png），如图 8-37 所示。

步骤 02： 调整时间指示器至 00:00:07:14 的位置，在“视频检查器”中设置“位置”的参数为（-55.5px，224.2px）、“旋转”为 250.0°、“缩放（全部）”为 10%，如图 8-38 所示，添加第一组关键帧。

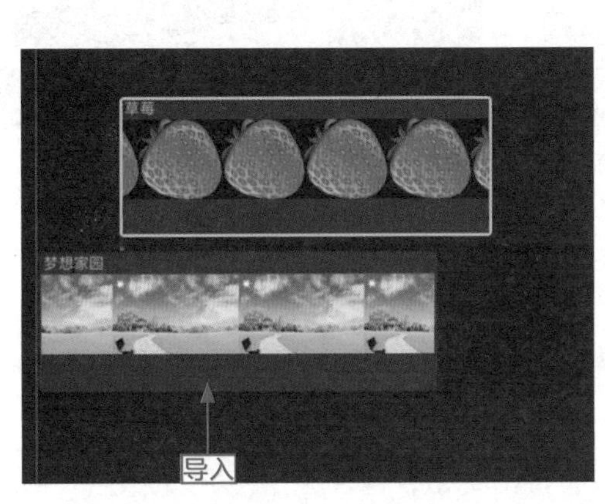

图 8-37　导入素材图像

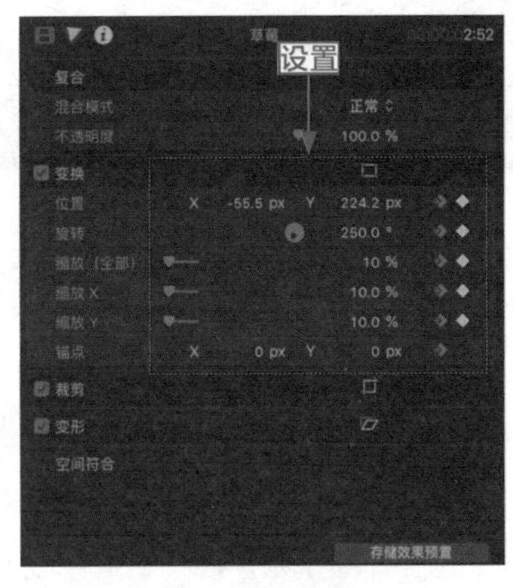

图 8-38　添加关键帧（1）

步骤 03： 调整时间指示器至 00:00:12:21 的位置，在“视频检查器”中设置“缩放（全部）”为 20%，如图 8-39 所示，添加第二组关键帧。

步骤 04： 调整时间指示器至 00:00:15:01 的位置，在“视频检查器”中设置“位置”的参数为（-36.5px，-233.5px）、“旋转”为 170.0°、“缩放（全部）”为 13.44%，如图 8-40 所示，添加第三组关键帧。

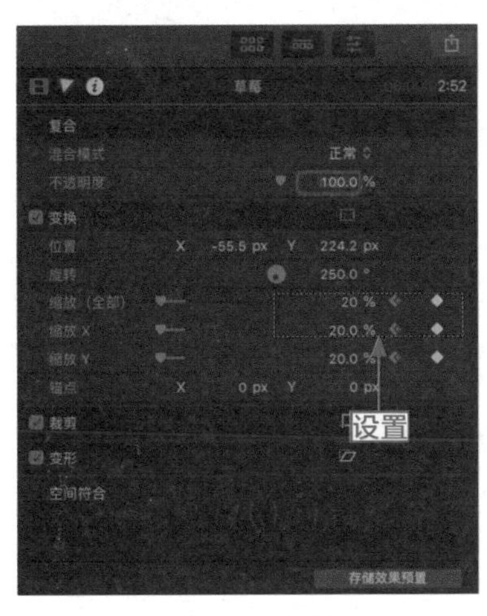

图 8-39　添加关键帧（2）

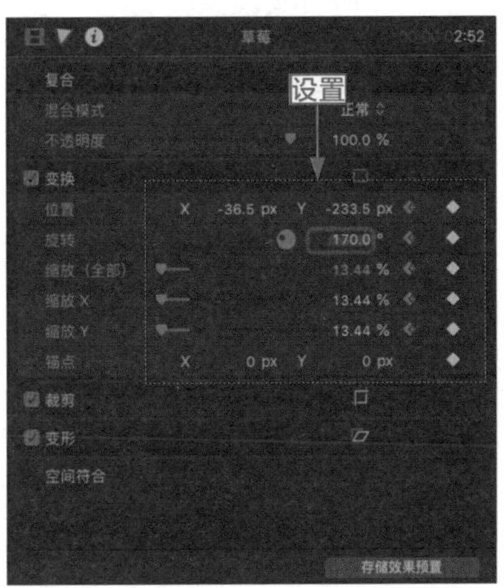

图 8-40　添加关键帧（3）

❺ **步骤 05**：再次在"时间线"面板中添加一个"草莓 .png"素材，然后用与上同样的方法，为素材添加关键帧。操作完成后，在检视器中预览制作的视频画面效果，如图 8-41 所示。

图 8-41　预览制作的视频画面效果

8.3　本章小结

本章主要介绍了制作视频素材合成特效的操作方法，包括抠出图层中的绿色区域、将两个视频画面叠加、制作灯光素材缩放效果、制作霞光满天素材叠加效果、了解发生器的使用方法以及合成梦想家园多层文件等内容。掌握这些内容，用户可以合成更多精美绝伦的视频。

CHAPTER 09

第 9 章　调色：调整视频素材的色彩色调

色彩色调在视频的编辑中是不可忽略的重要元素，合理的色彩搭配总能为视频增添几分亮点。本章主要包括了解色彩色调的基础知识、掌握示波器的应用方法、对影视素材进行一级调色、对影视素材进行深入调色以及更加细致地调整色彩画面等内容，详细介绍了影视素材文件调色的操作方法。

~ 知识要点 ~

- 色彩概念：光线刺激人眼的视觉反应
- 色相知识：主要用于区别色彩的种类
- 波形图：显示出选择的片段画面信息
- 直方图：查看素材画面中的像素画面
- 平衡色彩：制作风平浪静的调色效果
- 饱和度：调整画面明暗校正素材颜色
- 形状遮罩：制作落日素材的调色效果
- 颜色遮罩：用目标颜色调整素材颜色

~ 本章重点 ~

- 亮度属性：表现物体的立体与空间感
- 色彩校正：对项目进行特殊调整处理
- 矢量显示器：查看画面中的色相信息
- 颜色遮罩：用目标颜色调整素材颜色

9.1　了解：色彩色调的基础知识

色彩是视频的一大亮点，没有色彩，视频便会索然无味。用户在学习调整视频素材的颜色之前，必须对色彩的基础知识有一个基本的了解。

9.1.1　色彩概念：光线刺激人眼的视觉反应

色彩是人的眼睛受光线刺激而产生的一种视觉效应，因此光线是影响色彩明亮度和鲜艳度的一个重要因素。

从物理角度来讲，可见光是电磁波的一部分，其波长大致为 400 ～ 700nm，位于该范围内的光线被称为可视光线。自然的光线可以分为红、橙、黄、绿、青、蓝和紫 7 种不同的色彩，如图 9-1 所示。

图 9-1　颜色的划分

自然界中的大多数物体都拥有吸收、反射和透射光线的特性，由于其本身并不能发光，因此人们看到的大多是剩余光线的混合色彩，如图 9-2 所示。

图 9-2　自然界中的色彩

9.1.2　色相知识：主要用于区别色彩的种类

色相是指颜色的“相貌”，主要用于区别色彩的种类和名称。

每一种颜色都有一种具体的色相，以区别于其他颜色。不同的颜色可以让人产生不同的感觉，如红色能给人带来温暖、激情的感觉；蓝色则给人以寒冷、平稳的感觉，如图 9-3 所示。

9.1.3　亮度属性：表现物体的立体与空间感

亮度是指色彩明暗程度，几乎所有的颜色都具有亮度属性；饱和度是指色彩的鲜艳程度，并由颜色的波长来决定。

要表现物体的立体感与空间感，则需要通过不同亮度的对比来实现。简单来讲，色彩的亮度越高，颜色就越淡；反之，亮度越低，颜色就越重，并最终表现为黑色。从色彩的成分来讲，饱和度取决于色彩中含色成分与消色成分之间的比例，含色成分越多，饱和度越高；反之，消色成分越多，则饱和度越低，如图 9-4 所示。

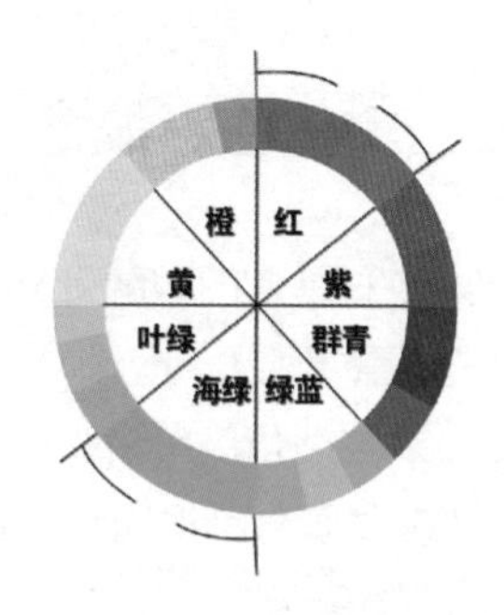

图 9-3　色环中的冷暖色

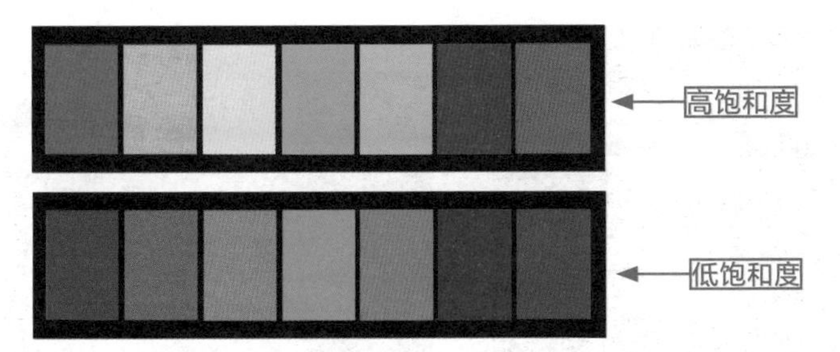

图 9-4　不同的饱和度

9.1.4　色彩校正：对项目进行特殊调整处理

色彩校正主要是针对素材中画面的对比度、亮度以及饱和度等项目进行特殊的调整和处理，图 9-5 所示的是色彩校正视频画面效果对比。

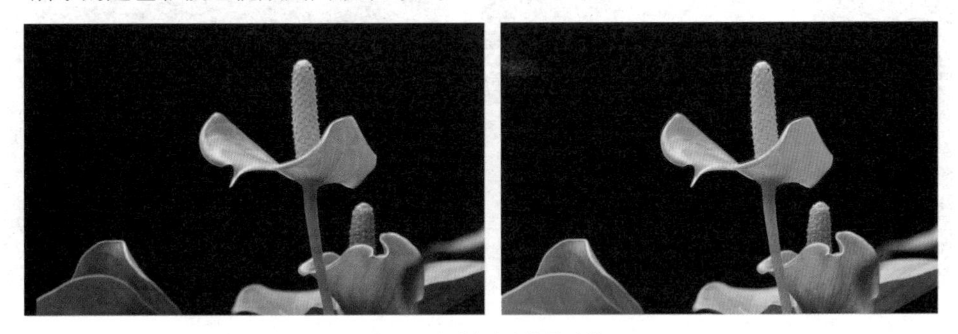

图 9-5　视频画面效果对比

9.1.5　设置画质：设置高清画质提高美观性

操练 + 视频　9.1.5　设置画质：设置高清画质提高美观性

素材文件	素材 \ 第 9 章 \ 房子 .mp4	扫描封底文泉云盘的二维码获取资源
效果文件	效果 2：第 8 章 – 第 15 章 \ 第 9 章 \9.1.5　房子 .fcpbundle	
视频文件	视频 \ 第 9 章 \9.1.5　设置画质：设置高清画质提高美观性 .mp4	

画质是影响整个视频的重要因素之一，如果制作的视频画质非常差，就会严重影响画面的观赏性。相反，如果视频的画质非常好，视频的美观性也会大大提升。

步骤 01：制作一个项目文件（素材 \ 第 9 章 \ 房子 .mp4），在事件浏览器中选择一个需要导出的项目文件，如图 9-6 所示。

步骤 02：选择“文件”|“发送到 Compressor”命令，如图 9-7 所示。

图 9-6　选择需要导出的项目

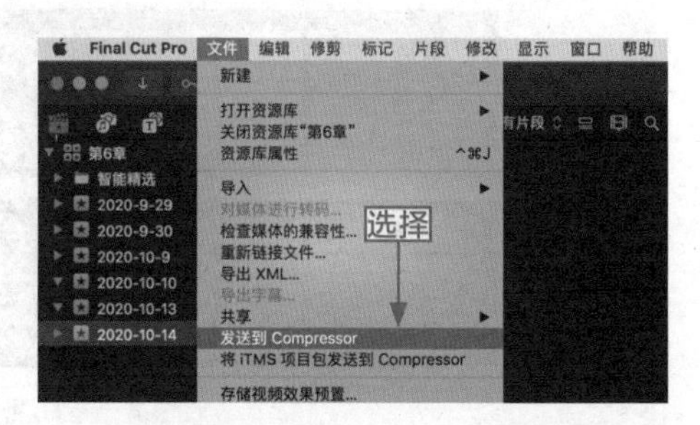

图 9-7　选择“发送到 Compressor”命令

步骤 03：执行操作后，弹出一个对话框，如图 9-8 所示。

步骤 04：单击对话框左下方的“加号”按钮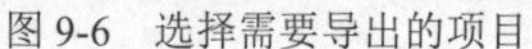，在弹出的列表中选择“新建设置”选项，如图 9-9 所示。

图 9-8　弹出一个对话框

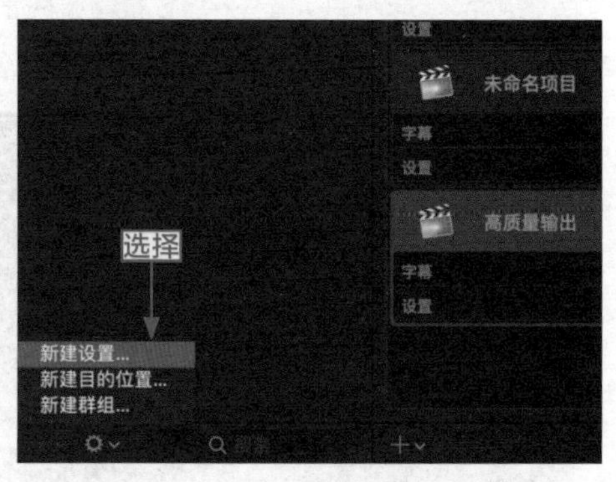

图 9-9　选择“新建设置”选项

步骤 05：弹出“新建设置”对话框，单击“格式”文本框右侧的下拉按钮，在弹出的列表中选择 MPEG-4 选项，如图 9-10 所示。

步骤 06：在“名称”文本框中输入文字“高质量输出”，然后单击右下角的“好”按钮，如图 9-11 所示。

图 9-10　选择 MPEG-4 选项

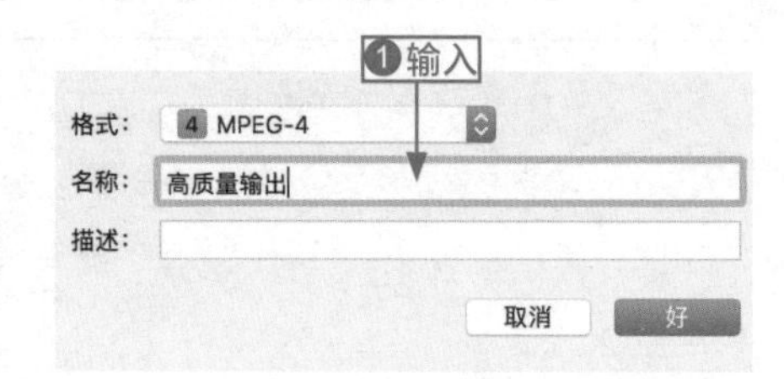

图 9-11　输入文字

步骤 07：设置完成后，切换点“视频”选项卡，在“视频属性”选项区中设置“编解码器”为 H.264、“熵模式”为 CAVLC、“数据速率”为 25000kbps，如图 9-12 所示。

步骤 08：执行上述操作后，选择“高质量输出”项目，如图 9-13 所示，按住鼠标左键将其拖曳至右侧的黑色框中。

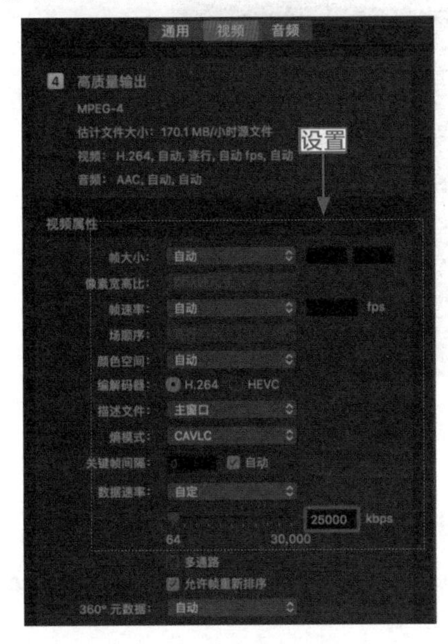

图 9-12　设置视频属性

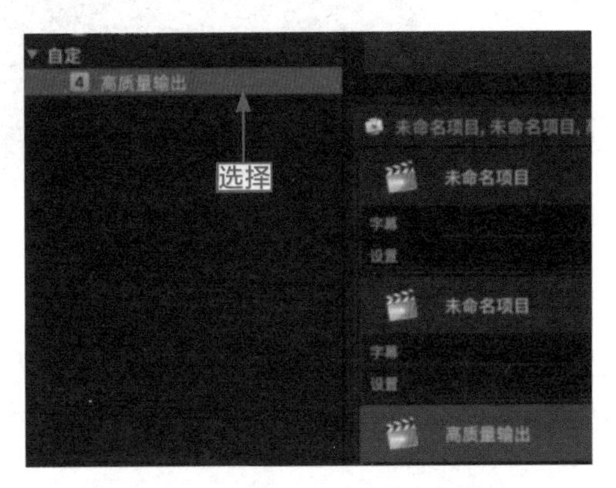

图 9-13　选择“高质量输出”项目

步骤 09：释放鼠标左键，即可拖曳成功，如图 9-14 所示。

步骤 10：在“高质量输出”项目上单击鼠标右键，在弹出的快捷菜单中选择“位置”|“桌面”命令，如图 9-15 所示。

图 9-14　“高质量输出”项目拖曳成功

图 9-15　选择“位置”|“桌面”命令

步骤 11：设置导出位置后，单击“开始批处理”按钮，如图 9-16 所示，即可导出高画质的视频。

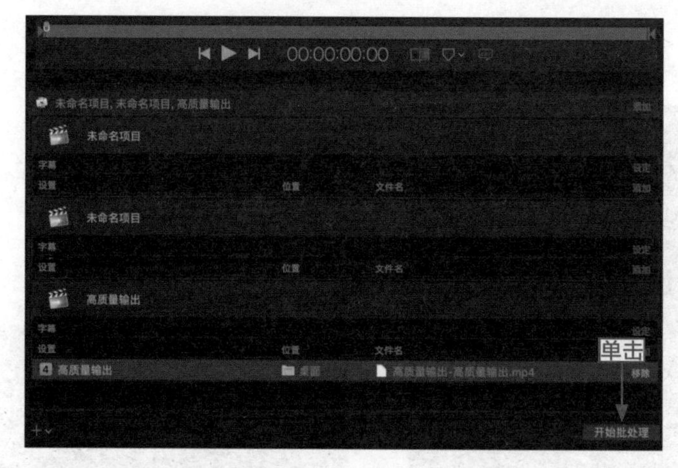

图 9-16　单击“开始批处理”按钮

9.2　掌握：示波器的应用方法

示波器可以用来查看视频的显示状态，本节主要讲解波形图示波器、矢量显示器和直方图示波器。

9.2.1　波形图：显示出选择的片段画面信息

操练 + 视频　9.2.1　波形图：显示出选择的片段画面信息

素材文件	素材 \ 第 9 章 \ 海水 .mp4	扫描封底文泉云盘的二维码获取资源
效果文件	效果 2：第 8 章 – 第 15 章 \ 第 9 章 \9.2.1　海水 .fcpbundle	
视频文件	视频 \ 第 9 章 \ 9.2.1　波形图：显示出选择的片段画面信息 .mp4	

在“波形图示波器”面板中，可以显示出选择的片段画面的颜色和亮度信息。下面介绍打开“波形图示波器”面板的操作方法。

步骤 01：在“时间线”面板中导入一段视频（素材 \ 第 9 章 \ 海水 .mp4），如图 9-17 所示。

步骤 02：在检视器中单击“显示”右侧的下拉按钮，在弹出的下拉列表中选择“视频观测仪”选项，如图 9-18 所示。

步骤 03：打开“视频观测仪”面板，单击“选区观测仪及其设置”按钮，在弹出的下拉列表中选择“波形”选项，如图 9-19 所示。

步骤 04：执行操作后，即可打开“波形图示波器”面板，如图 9-20 所示。

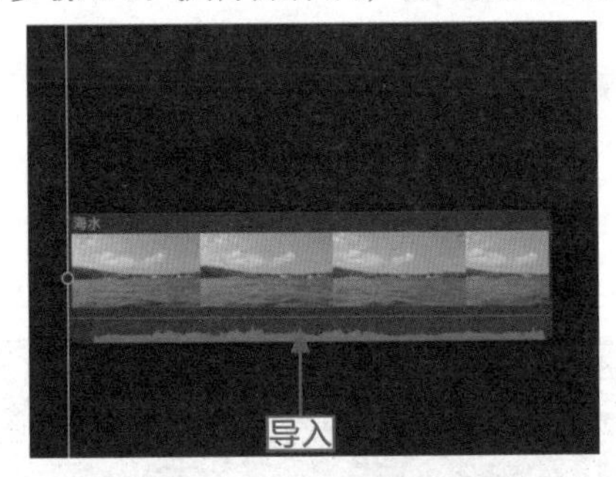

图 9-17　导入视频素材

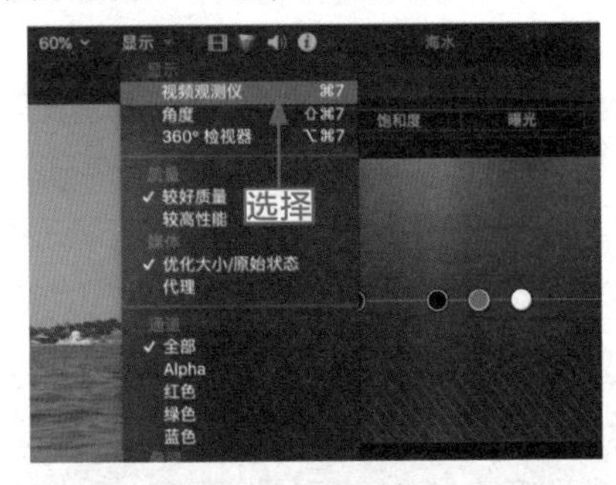

图 9-18　选择“视频观测仪”选项

图 9-19　选择“波形”选项

图 9-20　打开“波形图示波器”面板

9.2.2　矢量显示器：查看画面中的色相信息

“矢量显示器”面板的显示状态为圆形，可以在其中查看素材画面中的色相和饱和度等信息。

在“视频观测仪”面板中单击“选区观测仪及其设置”按钮，在弹出的下拉列表中选择“矢量显示器”选项，如图 9-21 所示；执行操作后，即可打开“矢量显示器”面板，如图 9-22 所示。

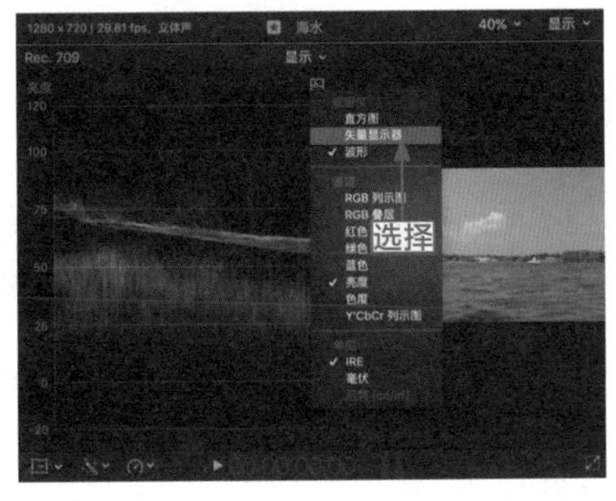

图 9-21　选择“矢量显示器”选项

图 9-22　打开“矢量显示器”面板

9.2.3 直方图：查看素材画面中的像素画面

一般在默认情况下，打开“视频观测仪”后会直接显示“直方图示波器”面板，而在“直方图示波器”中，可以查看到素材画面中包含的像素和数值。

在“视频观测仪”面板中单击“选区观测仪及其设置”按钮，在弹出的下拉列表中选择“直方图”选项，如图 9-23 所示；执行操作后，即可打开“直方图示波器”面板，如图 9-24 所示。

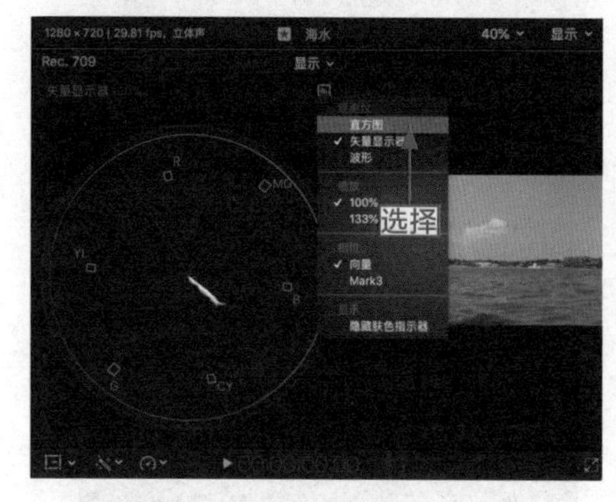

图 9-23 选择“直方图”选项

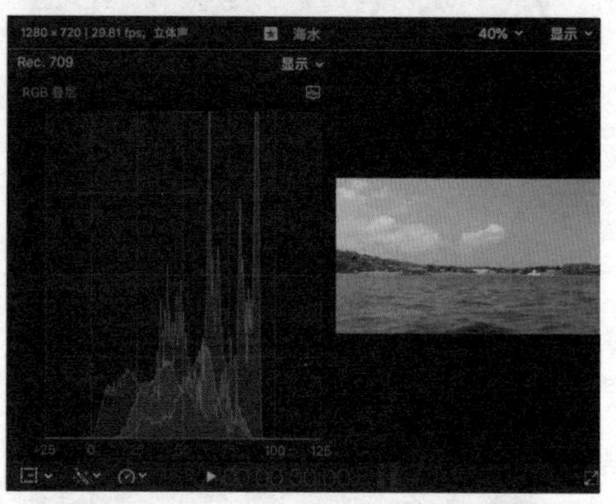

图 9-24 打开“直方图示波器”面板

9.3 初调：对素材进行一级调色

在 Final Cut Pro X 中编辑视频时，往往需要对视频素材的色彩进行校正，调整素材的颜色。本节主要介绍校正视频色彩的技巧。

9.3.1 平衡色彩：制作风平浪静的调色效果

操练 + 视频　9.3.1 平衡色彩：制作风平浪静的调色效果

素材文件	素材 \ 第 9 章 \ 枝上露珠 .jpg	扫描封底文泉云盘的二维码获取资源
效果文件	效果 2：第 8 章 – 第 15 章 \ 第 9 章 \9.3.1　枝上露珠 .fcpbundle	
视频文件	视频 \ 第 9 章 \9.3.1　平衡色彩：制作风平浪静的调色效果 .mp4	

使用“平衡颜色”命令能够通过调整画面的色相、饱和度以及明度来达到平衡素材颜色的目的。下面介绍“平衡颜色”命令的使用方法。

步骤 01: 在“时间线”面板中导入一个素材文件（素材 \ 第 9 章 \ 枝上露珠 .jpg），如图 9-25 所示。

步骤 02：选择“修改”|“平衡颜色”命令，如图 9-26 所示。

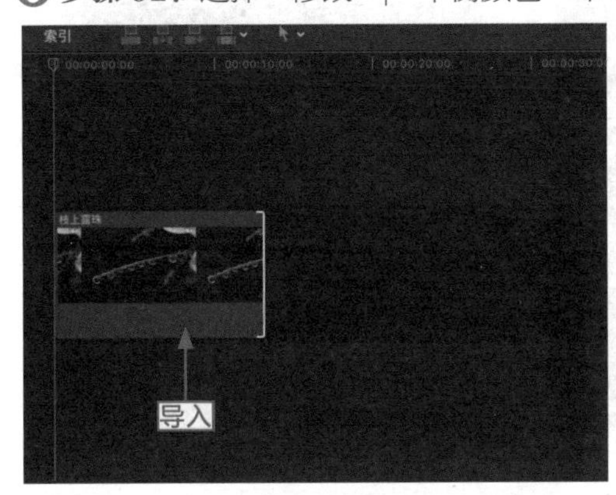

图 9-25　导入素材文件

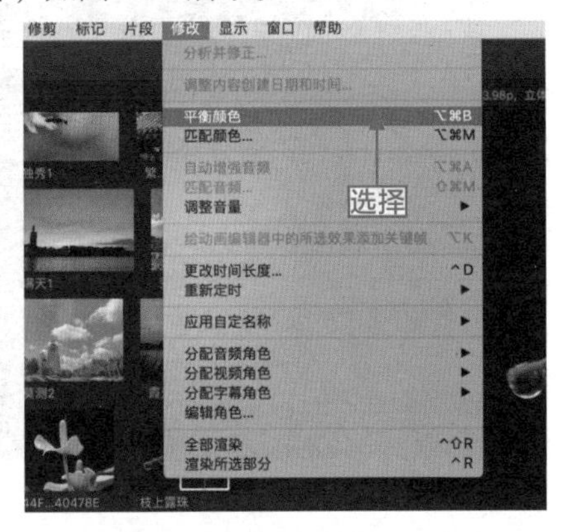

图 9-26　选择“平衡颜色”命令

步骤 03：执行操作后，即可平衡素材的颜色，效果如图 9-27 所示。

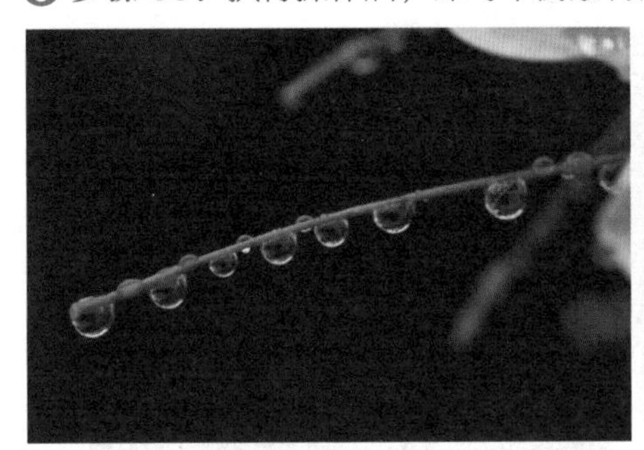

图 9-27　平衡素材的颜色

9.3.2　饱和度：调整画面明暗以校正素材颜色

操练 + 视频	9.3.2　饱和度：调整画面明暗以校正素材颜色	
素材文件	素材 \ 第 9 章 \ 花团锦簇 .jpg	扫描封底文泉云盘的二维码获取资源
效果文件	效果 2：第 8 章 – 第 15 章 \ 第 9 章 \9.3.2　花团锦簇 .fcpbundle	
视频文件	视频 \ 第 9 章 \ 9.3.2　饱和度：调整画面明暗以校正素材颜色 .mp4	

调整饱和度主要是通过调整画面的明暗关系和色彩变化来实现画面颜色的校正。下面介绍通过调整饱和度来调整素材颜色的操作方法。

步骤 01：在“时间线”面板中导入素材（素材 \ 第 9 章 \ 花团锦簇 .jpg），如图 9-28 所示。

步骤 02：单击“显示颜色检查器”按钮，打开“颜色检查器”，添加一个“颜色板”，如图 9-29 所示。

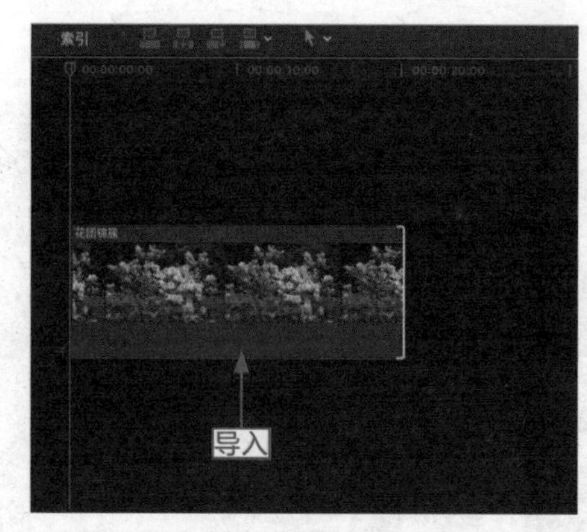

图 9-28　导入素材

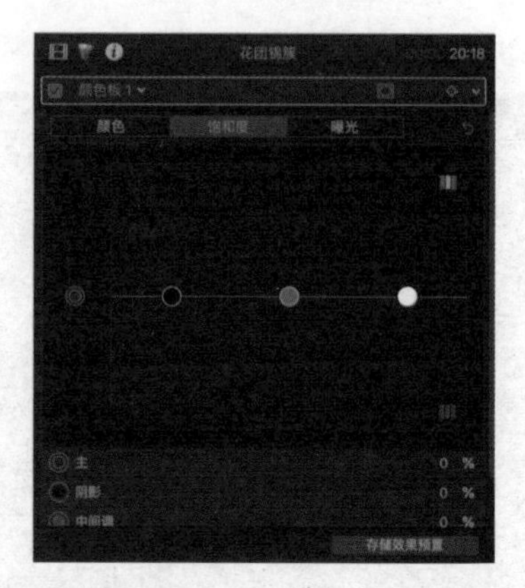

图 9-29　打开“颜色检查器”

步骤 03：在“颜色检查器”中选择“调整中间调的饱和度”滑块，并按住鼠标左键向上拖曳，如图 9-30 所示。

步骤 04：拖曳到适当位置后，再拖曳“调整高光的饱和度”滑块至合适位置，如图 9-31 所示。

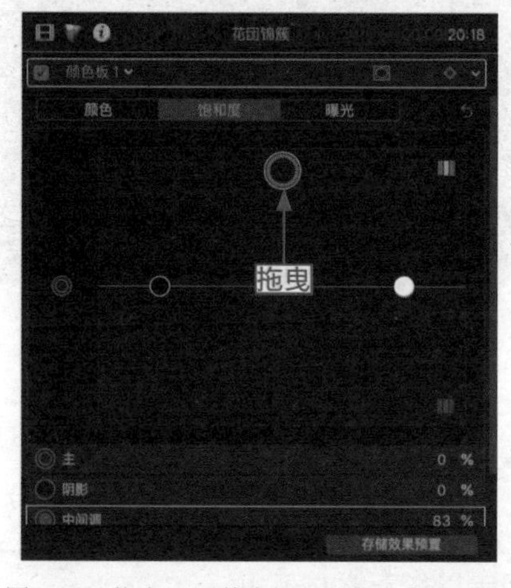

图 9-30　拖曳“调整中间调的饱和度”滑块

图 9-31　拖曳“调整高光的饱和度”滑块

步骤 05：执行操作后，即可完成调整素材的饱和度的操作，效果对比如图 9-32 所示。

图 9-32　预览素材效果

9.3.3　曝光度：调整素材画面的高光和阴影

操练 + 视频	9.3.3　曝光度：调整素材画面的高光和阴影	
素材文件	素材 \ 第 9 章 \ 悬崖峭壁 .mp4	扫描封底文泉云盘的二维码获取资源
效果文件	效果 2：第 8 章 – 第 15 章 \ 第 9 章 \9.3.3　悬崖峭壁 .fcpbundle	
视频文件	视频 \ 第 9 章 \9.3.3　曝光度：调整素材画面的高光和阴影 .mp4	

调整曝光度可以调整素材画面的高光、阴影，并可以调整每一个位置的颜色。下面介绍通过调整曝光度来调整图像的操作方法。

步骤 01：在“时间线”面板中导入一段视频素材（素材 \ 第 9 章 \ 悬崖峭壁 .mp4），如图 9-33 所示。

步骤 02：单击“显示颜色检查器”按钮，打开“颜色检查器”，如图 9-34 所示。

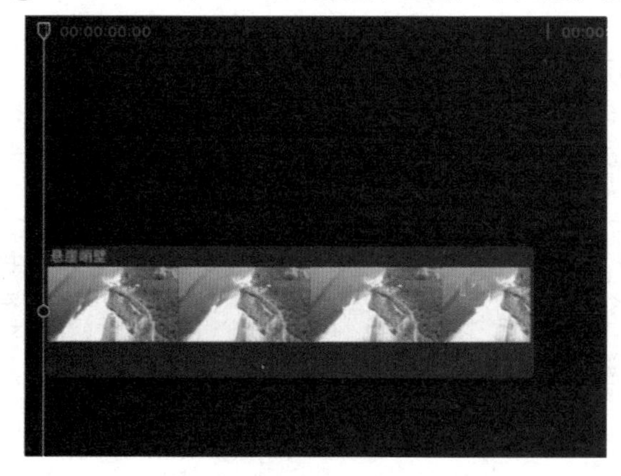

图 9-33　导入视频素材

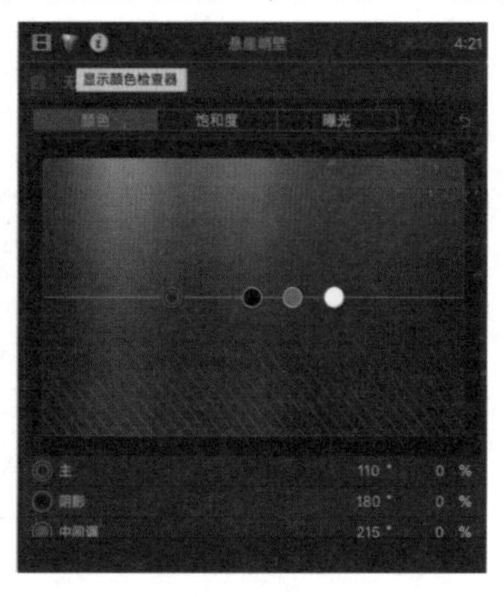

图 9-34　打开“颜色检查器”

步骤 03：在“颜色检查器”中切换至“曝光”选项卡，如图 9-35 所示。

步骤 04：在其中分别将下方的 3 个圆形滑块拖曳至合适位置，如图 9-36 所示。

图 9-35　切换至“曝光”选项卡

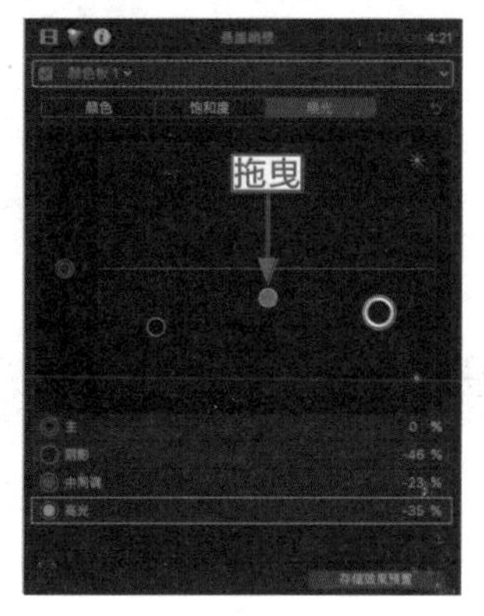

图 9-36　拖曳 3 个圆形滑块至适当位置

专家指点 曝光度越高，素材画面的颜色越亮；曝光度越低，画面的颜色越暗。

步骤 05：操作完成后，即可利用曝光度调整素材，对比效果如图 9-37 所示。

图 9-37 预览素材画面效果

9.3.4 自动匹配：制作碧海蓝天素材的调色效果

操练 + 视频 9.3.4 自动匹配：制作碧海蓝天素材的调色效果

素材文件	素材 \ 第 9 章 \ 碧海蓝天 .mp4	扫描封底文泉云盘的二维码获取资源
效果文件	无	
视频文件	视频 \ 第 9 章 \ 9.3.4 自动匹配：制作碧海蓝天素材的调色效果 .mp4	

使用“匹配颜色”命令可以自动对素材画面的颜色进行校正，从而匹配到最适合视频画面的颜色。

步骤 01：在“时间线”面板中导入一段视频素材（素材 \ 第 9 章 \ 碧海蓝天 .mp4），在检查器中查看导入的素材画面，如图 9-38 所示。

图 9-38 查看素材画面

步骤 02：选中“时间线”面板中的视频素材，选择“修改”|“匹配颜色”命令，如图 9-39 所示。

步骤 03：执行操作后，检视器中会出现两个素材画面，如图 9-40 所示，左侧的画面会显示进行颜色匹配的片段画面。

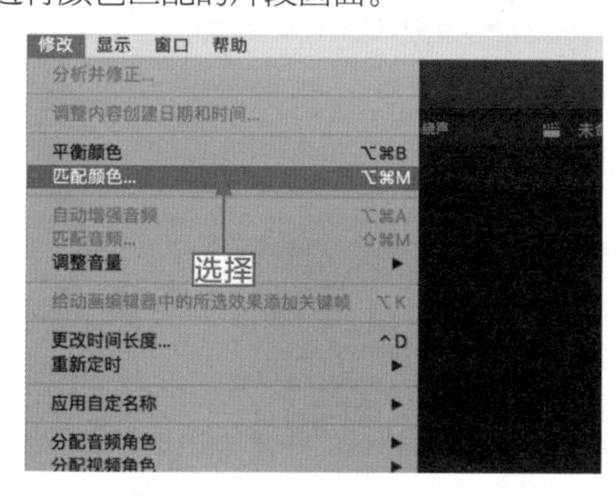

图 9-39　选择“匹配颜色”命令

图 9-40　出现两个素材画面

步骤 04：将鼠标指针移动到“时间线”面板的素材上，会出现一个相机标志，如图 9-41 所示，移动鼠标选择需要进行匹配颜色的画面并单击。

步骤 05：检视器的两个素材画面自动进行匹配，单击“应用匹配项”按钮，如图 9-42 所示，即可完成素材的自动匹配颜色操作。

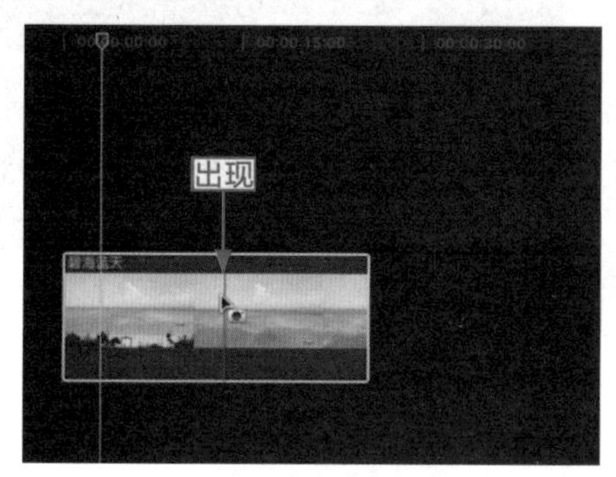

图 9-41　出现相机标志

图 9-42　单击“应用匹配项”按钮

9.4　深调：对素材进行二级调色

色彩的调整主要是针对素材中的对比度、亮度、颜色以及通道等项目进行特殊的调整和处理。前面介绍了一些比较基础的调色方法，本节将对调色方法进行更深入的探究。

9.4.1　形状遮罩：制作蔡伦竹海素材的调色效果

“形状遮罩”是对素材的局部画面进行调色的一种常用方法。下面介绍运用“形状遮罩”

调色的操作方法。

操练 + 视频　9.4.1　形状遮罩：制作蔡伦竹海素材的调色效果

素材文件	素材 \ 第 9 章 \ 蔡伦竹海 .mp4	扫描封底文泉云盘的二维码获取资源
效果文件	效果 2：第 8 章 – 第 15 章 \ 第 9 章 \9.4.1　蔡伦竹海 .fcpbundle	
视频文件	视频 \ 第 9 章 \9.4.1 形状遮罩：制作蔡伦竹海素材的调色效果 .mp4	

步骤 01：在“时间线”面板中导入视频素材（素材 \ 第 9 章 \ 蔡伦竹海 .mp4），如图 9-43 所示。

步骤 02：选中“时间线”面板中的视频素材，选择“编辑”|“添加颜色板”命令，如图 9-44 所示。

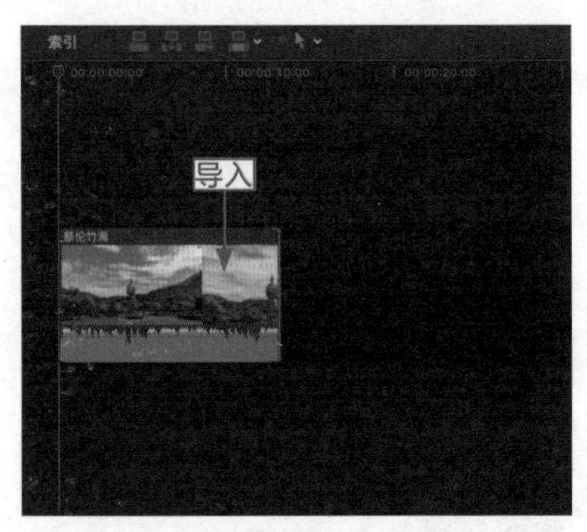

图 9-43　导入视频素材

图 9-44　选择“添加颜色板”命令

步骤 03：执行操作后，打开“颜色检查器”，如图 9-45 所示。

步骤 04：单击“颜色板 1”右侧的“应用遮罩”按钮，在弹出的列表中选择“添加形状遮罩”选项，如图 9-46 所示。

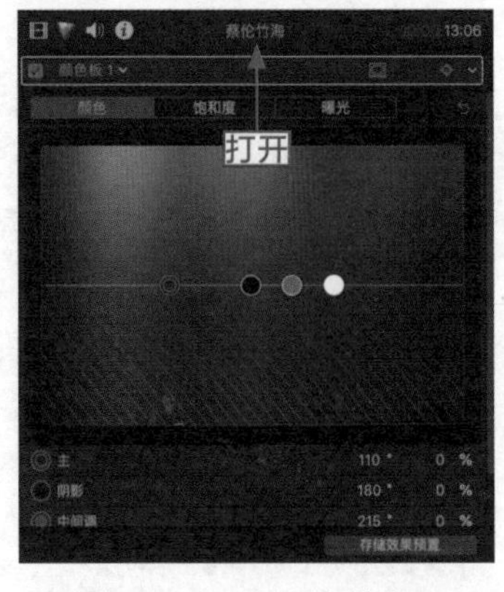

图 9-45　打开“颜色检查器”

图 9-46　选择“添加形状遮罩”选项

步骤 05： 在检视器窗口中出现一个圆形，而“颜色检查器”中也会出现“形状遮罩 1”，如图 9-47 所示。

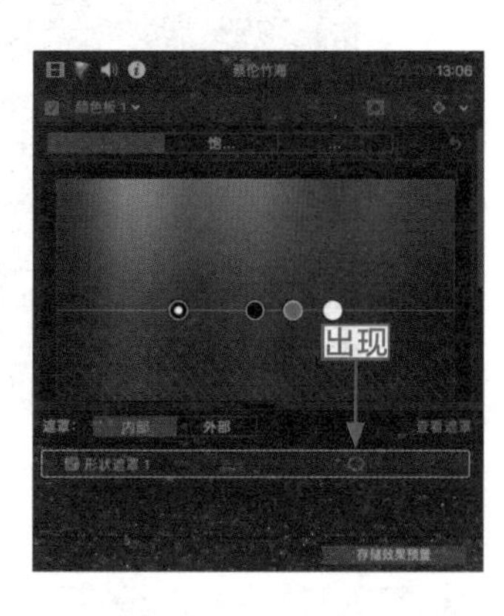

图 9-47　出现遮罩

步骤 06： 在检视器中用鼠标拖曳画面中的绿色圆点，可以将圆形变成椭圆形，如图 9-48 所示。

步骤 07： 如果想要将遮罩形状变成正方形，可以用鼠标拖曳画面中的白色小圆点，如图 9-49 所示。

图 9-48　圆形变成椭圆形　　　　图 9-49　将遮罩形状变成正方形

步骤 08： 在“颜色检查器”中切换至“饱和度”面板，拖曳“全局”滑块至底部，如图 9-50 所示，降低素材的饱和度。

步骤 09： 单击“颜色板 1”右侧的“应用遮罩”按钮，在弹出的列表中选择“反转遮罩”选项，如图 9-51 所示。

> **专家指点**　除以上述方法为素材添加“颜色板”之外，用户还可以按 Option+E 组合键快速添加“颜色板”效果。

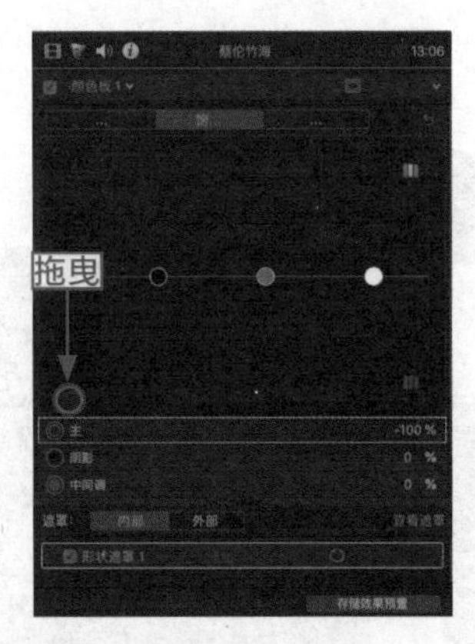

图 9-50　拖曳“全局”滑块至底部

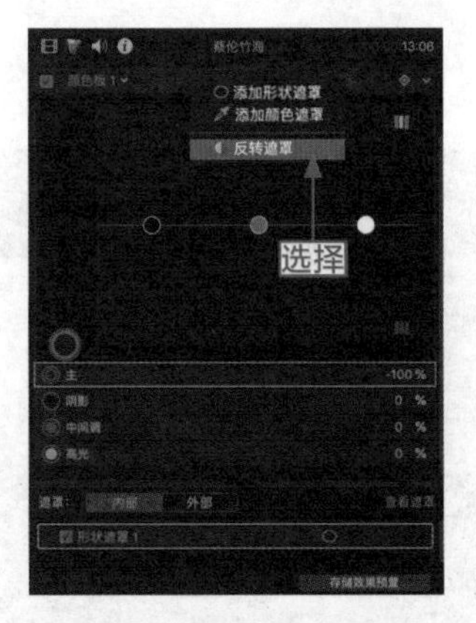

图 9-51　选择“反转遮罩”选项

步骤 10：使用“反转遮罩”后，检视器中的遮罩效果会进行对调，如图 9-52 所示。

图 9-52　遮罩效果进行对调

步骤 11：单击“形状遮罩 1”右侧的“添加关键帧”按钮，如图 9-53 所示，添加一个关键帧。

步骤 12：如果对添加的效果不满意，还可以单击“添加关键帧”按钮旁边的下拉按钮，选择“还原参数”选项，如图 9-54 所示。

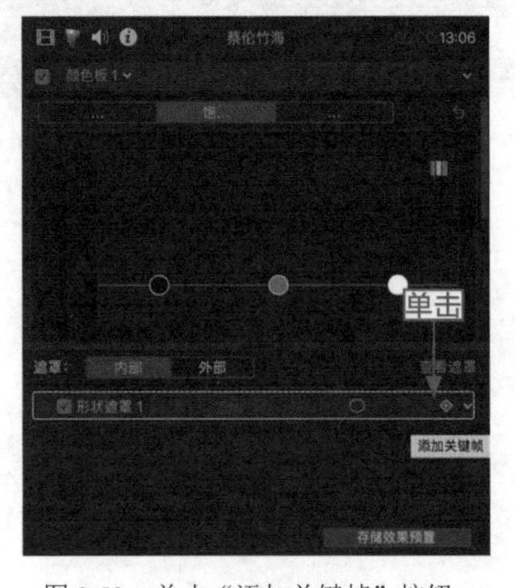

图 9-53　单击“添加关键帧”按钮

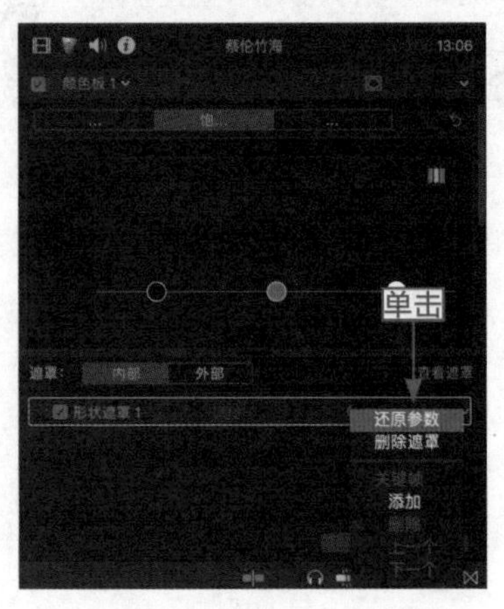

图 9-54　选择“还原参数”选项

步骤 13： 将画面中的遮罩效果调整满意后，单击“启用或停用屏幕控制”按钮，如图 9-55 所示，关闭控制滑块。

步骤 14： 操作完成后，在检视器中预览素材画面的效果，如图 9-56 所示。

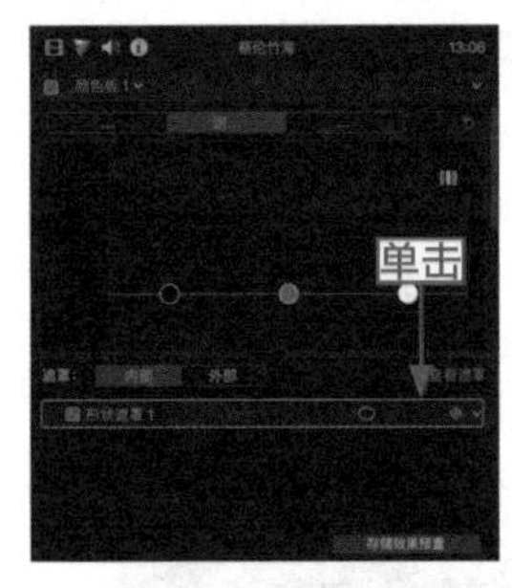

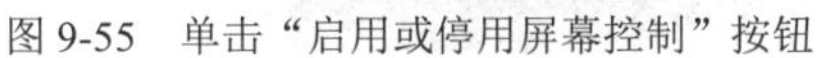

图 9-55　单击“启用或停用屏幕控制”按钮

图 9-56　预览素材画面的效果

9.4.2　颜色遮罩：用目标颜色调整素材颜色

操练 + 视频　9.4.2　颜色遮罩：用目标颜色调整素材颜色

素材文件	素材 \ 第 9 章 \ 碧海蓝天 .mp4	扫描封底文泉云盘的二维码获取资源
效果文件	无	
视频文件	视频 \ 第 9 章 \9.4.2 颜色遮罩：用目标颜色调整素材颜色 .mp4	

“颜色遮罩”主要是通过目标颜色来调整素材中的颜色。下面介绍运用“颜色遮罩”调整图像的操作方法。

步骤 01： 以 9.3.4 节的素材效果为例，在“时间线”面板中导入一段视频素材（素材 \ 第 9 章 \ 碧海蓝天 .mp4），如图 9-57 所示。

步骤 02： 选中“时间线”面板中的素材，按 Option ＋ E 组合键添加一个“颜色板”特效，单击“颜色板 1”右侧的“应用遮罩”按钮，在弹出的列表中选择“添加颜色遮罩”选项，如图 9-58 所示。

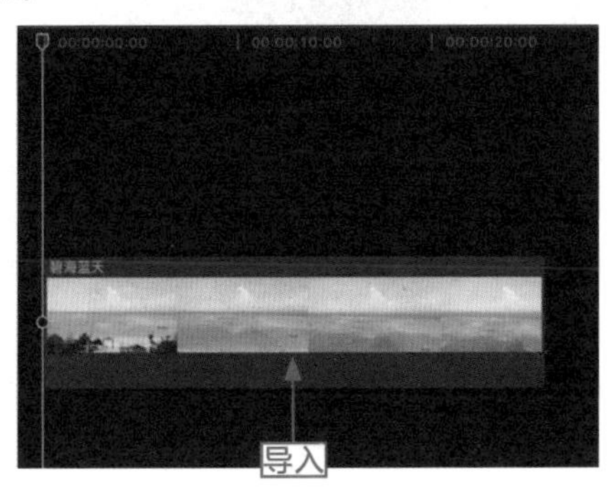

图 9-57　导入视频素材

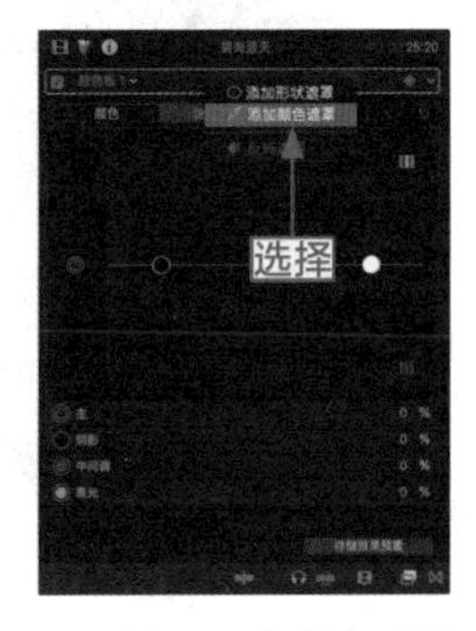

图 9-58　选择“添加颜色遮罩”选项

步骤 03：单击“颜色遮罩”右侧的吸管图标，如图 9-59 所示。

步骤 04：将鼠标指针移动到检视器中需要调整颜色的位置，此时鼠标指针呈现吸管形状，单击后进行拖曳，如图 9-60 所示，吸取素材颜色。

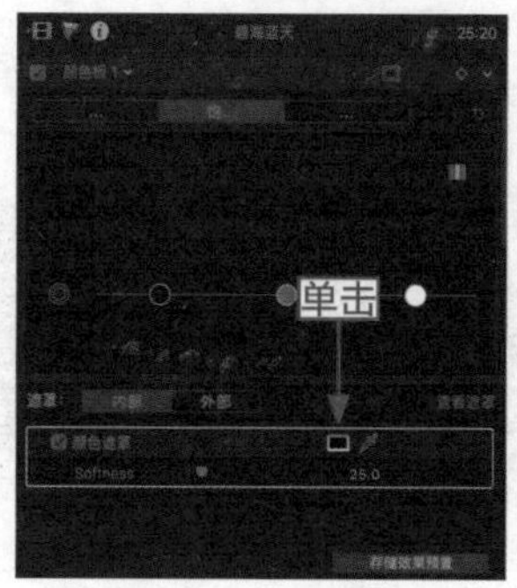

图 9-59　单击吸管图标

图 9-60　先单击再拖曳

步骤 05：吸取完成后，在“颜色检查器”面板中单击“查看遮罩”按钮，如图 9-61 所示。

步骤 06：查看检视器中的“颜色遮罩”，如图 9-62 所示，白色部分为需要调整的部分。

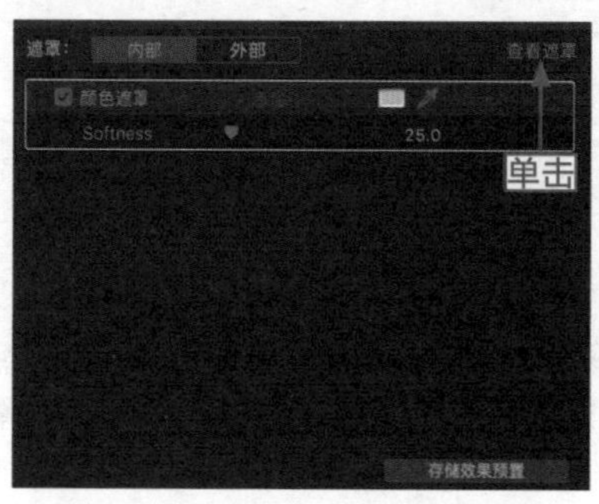

图 9-61　单击“查看遮罩”按钮

图 9-62　查看检视器中的“颜色遮罩”

步骤 07：在“颜色检查器”中切换至“饱和度”面板，如图 9-63 所示。

步骤 08：拖曳“全局”滑块至顶部，如图 9-64 所示，调整“颜色遮罩”的颜色。

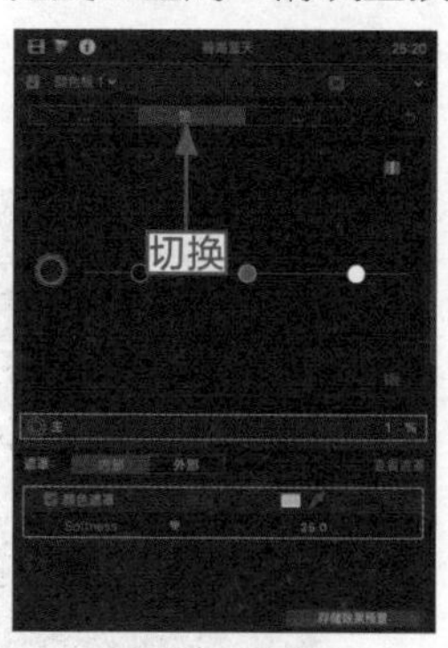

图 9-63　切换至“饱和度”面板

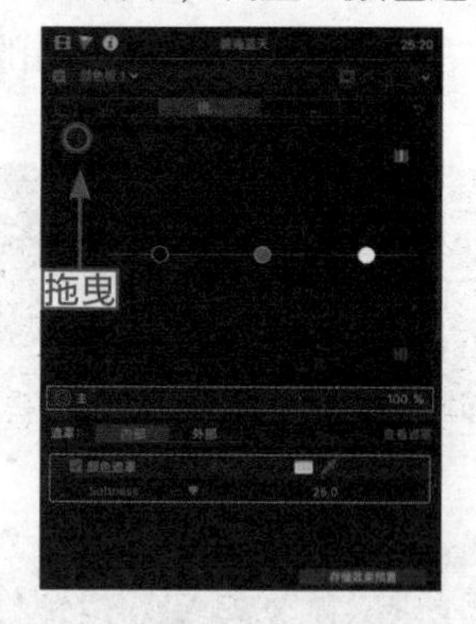

图 9-64　拖曳“全局”滑块至顶部

步骤 09：操作完成后，在检视器中预览素材画面的效果，如图 9-65 所示。

图 9-65　预览素材画面的效果

9.5　精调：细致地调整色彩画面

高级调色的内容会比基础调色更全面，经过高级调色的素材也会显得更加精致。本节内容包括运用色轮调色和使用颜色板调色。

9.5.1　色轮调色：制作连墙接栋素材的调色效果

操练 + 视频	9.5.1　色轮调色：制作连墙接栋素材的调色效果	
素材文件	素材 \ 第 9 章 \ 连墙接栋 .mp4	扫描封底文泉云盘的二维码获取资源
效果文件	效果 2：第 8 章 – 第 15 章 \ 第 9 章 \9.5.1　连墙接栋 .fcpbundle	
视频文件	视频 \ 第 9 章 \9.5.1　色轮调色：制作连墙接栋素材的调色效果 .mp4	

运用“色轮”调整素材颜色可以让画面看起来更加和谐。下面介绍运用“色轮”调整视频画面的操作方法。

步骤 01：在“时间线”面板中导入一段视频素材（素材 \ 第 9 章 \ 连墙接栋 .mp4），如图 9-66 所示。

步骤 02：在检视器中预览导入的素材画面，如图 9-67 所示。

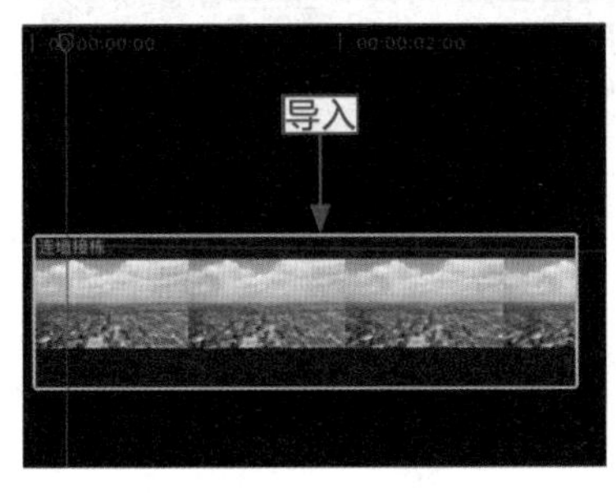

图 9-66　导入视频素材

图 9-67　预览导入的素材画面

步骤 03：按 Option ＋ E 组合键添加一个“颜色板”特效，单击“颜色板 1”右侧的“应用遮罩”按钮，在弹出的列表中选择“添加颜色遮罩”选项，如图 9-68 所示。

步骤 04：将鼠标指针移动到检视器中需要调整颜色的位置，此时鼠标指针呈现吸管形状，单击后进行拖曳，如图 9-69 所示，吸取素材颜色。

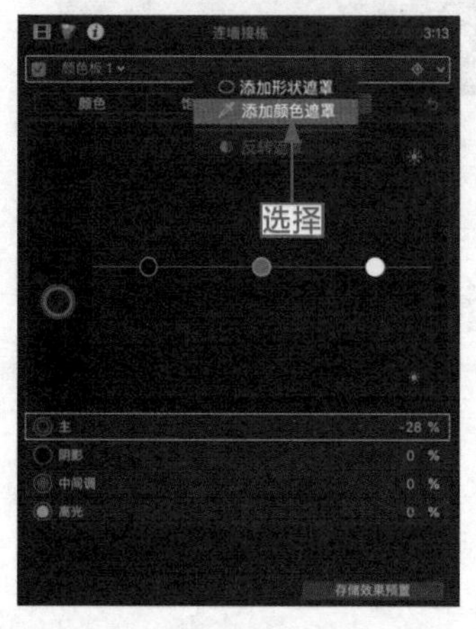

图 9-68 选择“添加颜色遮罩”选项

图 9-69 单击并拖曳

步骤 05：单击“颜色板 1”旁边的下拉按钮，在弹出的下拉列表中选择“色相 / 饱和度曲线”选项，如图 9-70 所示。

步骤 06：用吸管吸取检查器素材画面的蓝色部分，将“色相 vs 饱和度”选区中的第 3 个滑块拖曳至合适位置，如图 9-71 所示。

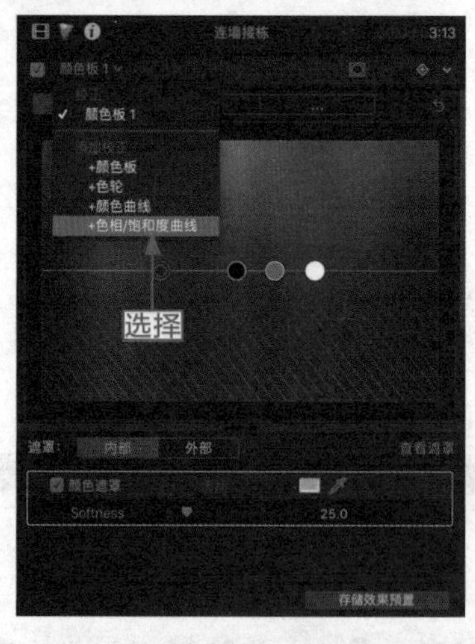

图 9-70 选择“色相 / 饱和度曲线”选项

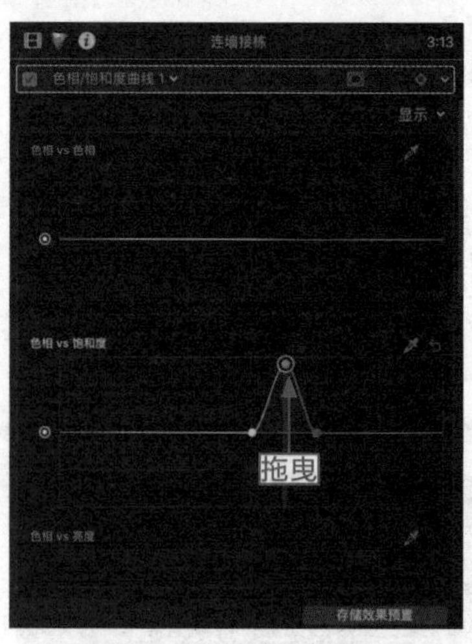

图 9-71 拖曳第 3 个滑块

步骤 07：单击“色相 / 饱和度曲线 1”旁边的下拉按钮，在弹出的下拉列表中选择“色轮”选项，如图 9-72 所示。

步骤 08：在“色轮”面板中，单击“色轮 1”右侧的“应用遮罩”按钮，在弹出的列表中选择“添加颜色遮罩”选项，如图 9-73 所示。

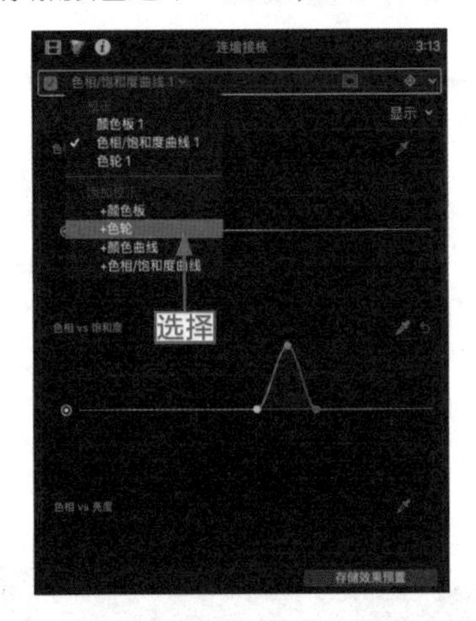

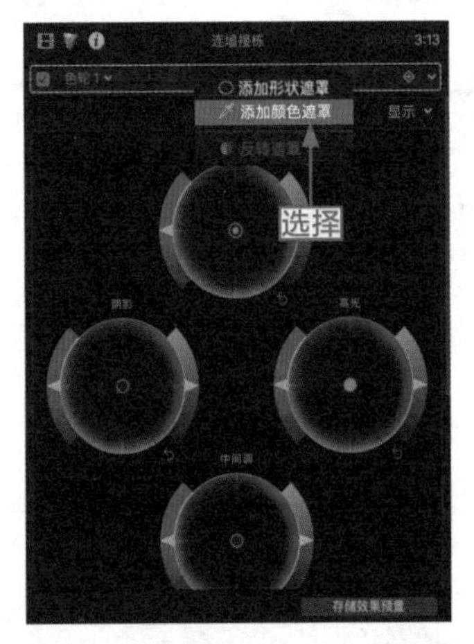

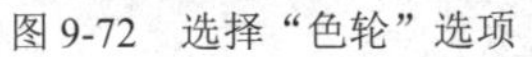

图 9-72　选择“色轮”选项　　图 9-73　选择“添加颜色遮罩”选项

步骤 09：将鼠标指针移动到检视器中需要调整颜色的位置，此时鼠标指针呈现吸管形状，按住鼠标并拖曳，如图 9-74 所示，吸取素材颜色。

步骤 10：拖曳“中间调”的圆形滑块至合适位置，设置 Softness 参数为 100，如图 9-75 所示。

图 9-74　单击并拖曳　　图 9-75　设置 Softness 参数为 100

步骤 11：操作完成后，在检视器中预览素材画面的效果，如图 9-76 所示。

图 9-76　预览素材画面的效果

9.5.2　颜色板调色：制作蓝天素材的调色效果

操练 + 视频　9.5.2　颜色板调色：制作蓝天素材的调色效果

素材文件	素材 \ 第 9 章 \ 蓝天 .jpg、背景 .jpg	扫描封底文泉云盘的二维码获取资源
效果文件	效果 2：第 8 章 – 第 15 章 \ 第 9 章 \9.5.2　蓝天 .fcpbundle	
视频文件	视频 \ 第 9 章 \9.5.2　颜色板调色：制作蓝天的调色效果 .mp4	

在调色过程中经常用到“颜色板”，可以在其中设置各项参数来进行调色。

步骤 01：在“时间线”面板中导入素材文件（素材 \ 第 9 章 \ 蓝天 . jpg、背景 .jpg），如图 9-77 所示。

图 9-77　导入素材

步骤 02：选中“时间线”面板中的“蓝天”素材，打开“效果”面板，在其中选择“亮度抠像器”视频效果，如图 9-78 所示，双击，即可为“蓝天”素材添加视频效果。

步骤 03：打开“视频检查器”，将“亮度抠像器”中的亮度滑块向左拖曳至合适位置，如图 9-79 所示。

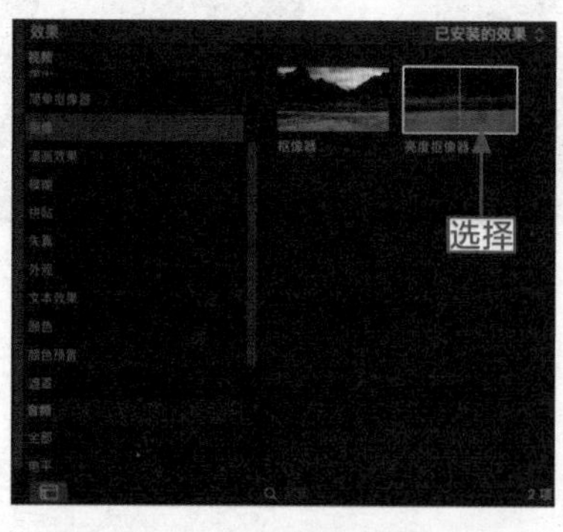

图 9-78　选择“亮度抠像器”视频效果

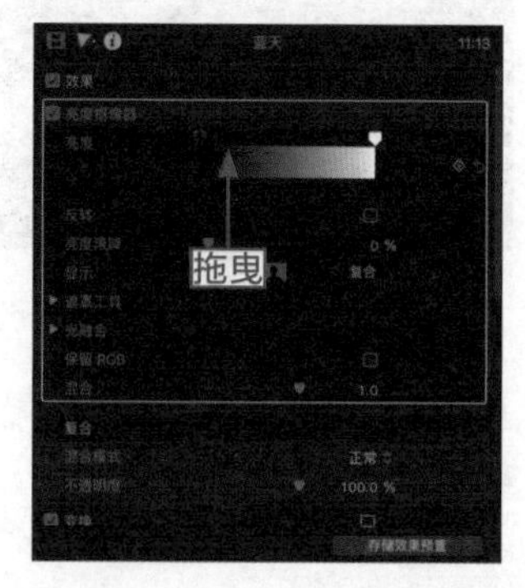

图 9-79　拖曳滑块至适当位置

步骤 04：依次向左拖曳“亮度”旁边的其他两个滑块至合适位置，如图 9-80 所示。

步骤 05：选中“时间线”面板中的“背景”素材，按 Option + E 组合键添加一个“颜色板”特效，并在“颜色检查器”中设置“阴影”为 -11%、“中间调”为 13%、“高光”为 61%，如图 9-81 所示。

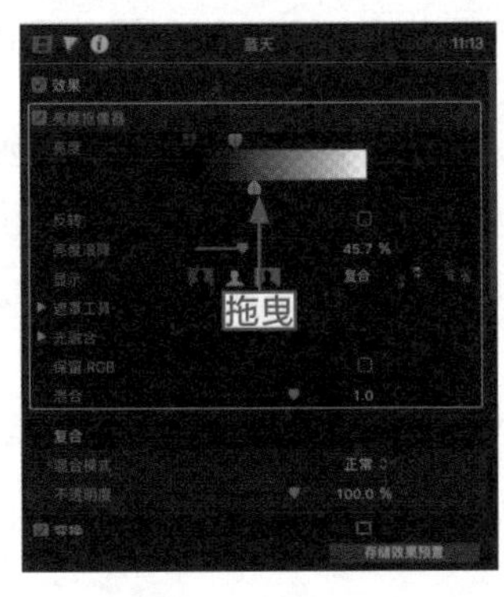

图 9-80　拖曳其他滑块

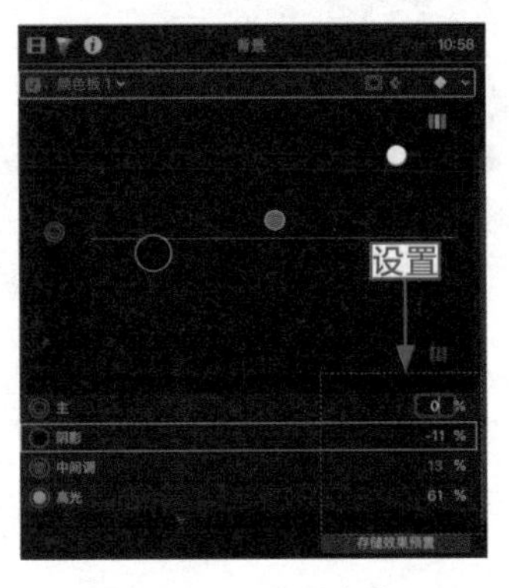

图 9-81　设置参数

步骤 06：调整时间指示器至 00:00:07:05 的位置，在“颜色检查器”面板中设置“主”为 35%、“阴影”为 -1%、“中间调”为 19%、“高光”为 22%，如图 9-82 所示。

步骤 07：设置完成后，单击“颜色板 1”右侧的“添加关键帧”按钮，如图 9-83 所示，添加一个关键帧。

步骤 08：执行上述操作后，在检视器中预览素材画面效果，如图 9-84 所示。

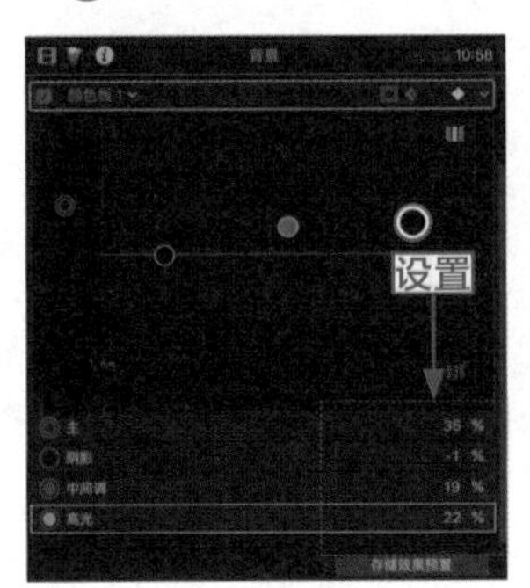

图 9-82　设置参数

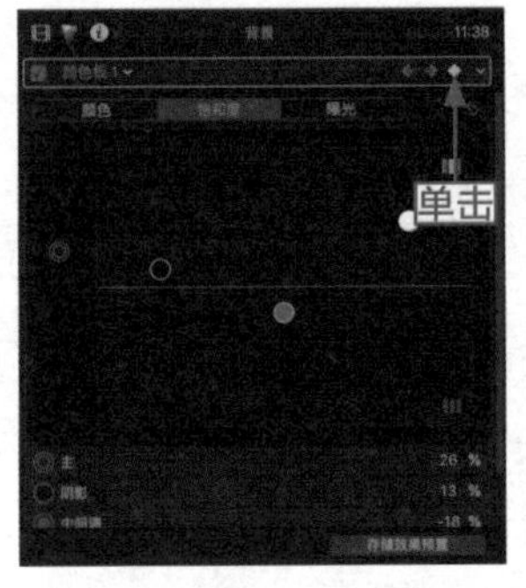

图 9-83　单击“添加关键帧”按钮

图 9-84　预览素材画面效果

9.6　本章小结

本章主要介绍了制作视频素材合成特效的操作方法，包括了解色彩色调的基础知识、掌握示波器的应用方法、对影视素材进行一级调色、对影视素材进行二级调色以及细致地调整色彩画面等内容。掌握这些调色技巧，用户可以将视频的画面颜色调整得更加绚丽夺目。

CHAPTER 10

第 10 章 字幕：制作影视的荧屏解说字幕

字幕是影视作品不可缺少的重要组成部分，漂亮的字幕设计可以使影片更具有吸引力和感染力。Final Cut Pro X 具有高质量的字幕功能，本章将详细介绍编辑与设置影视字幕的操作方法。

~ 知识要点 ~

- 标题字幕：了解制作的标题字幕效果
- 字幕属性：在字幕属性面板设置属性
- 设置大小：制作城市风光素材的字幕效果
- 设置字体：制作观光大楼素材的字幕效果
- 填充颜色：制作车来车往素材的字幕效果
- 设置描边：制作美丽湘江素材的字幕效果
- 缩放效果：制作俯视大桥字幕的缩放效果
- 旋转效果：制作桔元大桥字幕的旋转效果

~ 本章重点 ~

- 基本字幕：制作雨中倒伞素材的字幕效果
- 对齐方式：制作碧绿湖水素材的字幕效果
- 光晕特效：制作灯火阑珊素材字幕的光晕效果
- 开场字幕：制作西湖公园素材的开场字幕

10.1 增色：制作视频画面的字幕效果

字幕是以各种字体、样式和形式等出现在画面中的文字的总称。在现代影片中，字幕的应用越来越频繁，精美的字幕不仅可以为影片增色，还能够很好地向观众传递影片信息或制作理念。Final Cut Pro X 提供了便捷的字幕编辑功能，可以让用户在短时间内制作出专业的字幕效果。

10.1.1 标题字幕：了解制作的标题字幕效果

字幕设计与书写是影视造型的艺术手段之一，如电视或电影的片头、演员表、对白以及片尾字幕等。在通过实例学习创建字幕之前，首先了解一下制作的标题字幕效果，如图 10-1 所示。

图 10-1　制作的标题字幕效果

10.1.2　字幕属性：在字幕属性面板设置属性

在 Final Cut Pro X 的“效果控件”面板中，展开“基本字幕”面板，如图 10-2 所示，可以设置字幕的“字体”“大小”“对齐”“垂直对齐”“行间距”“字距”“基线”“全部大写”“全部大写字母大小”“表面”“外框”等属性，熟悉这些设置对制作标题字幕有着事半功倍的效果。

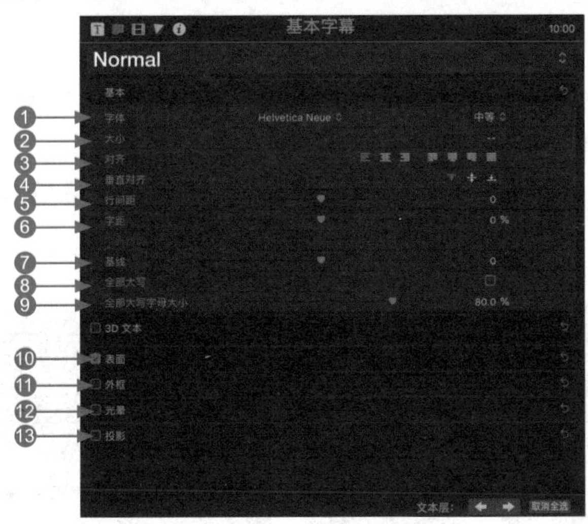

图 10-2　“基本字幕”面板

❶ 字体：单击“字体”右侧的下拉按钮，可在弹出的下拉列表中选择所需要的字体。

❷ 大小：用于设置当前选择的文本字体大小。

❸ 对齐：用于设置文本中文字的对齐方式。

❹ 垂直对齐：用于设置文本的垂直方向。

❺ 行间距：用于设置文本中行与行之间的距离，数值越大，行距越大。

❻ 字距：用于设置文本的字距，数值越大，文字的距离越大。

❼ 基线：在保持文字行距和大小不变的情况下，改变文本在文字块内的位置，或将文本更远地偏离路径。

❽ 全部大写：选中“全部大写”右侧的复选框，可以将输入的英文字母全部变成大写。

❾ 全部大写字母大小：用于设置大写英文字母的大小，百分比越大，字母越大。

❿ 表面：单击选项后的“显示”按钮，可以调整文本的颜色和不透明度，设置文本的填充形式。

⓫ 外框：可以为字幕添加描边效果。

⓬ 光晕：可以为文本添加外发光效果。

⓭ 投影：设置文本阴影的颜色以及其他参数。

10.1.3 基本字幕：制作亭亭净植素材的字幕效果

操练 + 视频 10.1.3 基本字幕：制作亭亭净植素材的字幕效果

素材文件	素材 \ 第 10 章 \ 亭亭净植 .mp4	扫描封底文泉云盘的二维码获取资源
效果文件	效果 2：第 8 章 – 第 15 章 \ 第 10 章 \10.1.3 亭亭净植 .fcpbundle	
视频文件	视频 \ 第 10 章 \10.1.3 基本字幕：制作亭亭净植素材的字幕效果 .mp4	

要让字幕的整体效果更加具有吸引力和感染力，用户需要对字幕属性进行精心调整。下面将介绍字幕属性的作用与调整技巧。

步骤 01：在“时间线”面板中导入一段视频素材（素材 \ 第 10 章 \ 亭亭净植 .mp4），如图 10-3 所示。

步骤 02：调整时间指示器至需要添加字幕的位置，如图 10-4 所示。

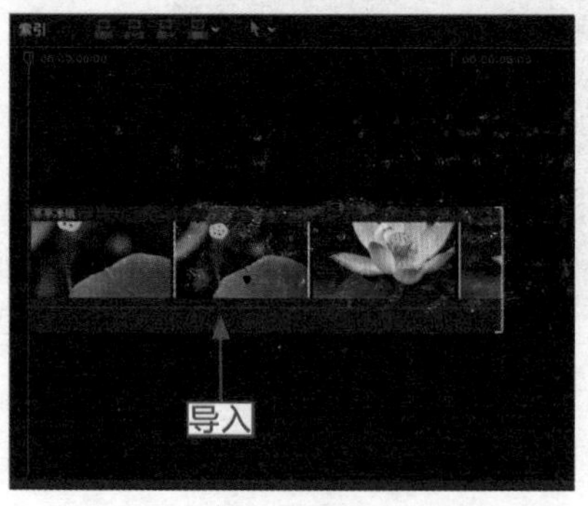

图 10-3 导入视频素材

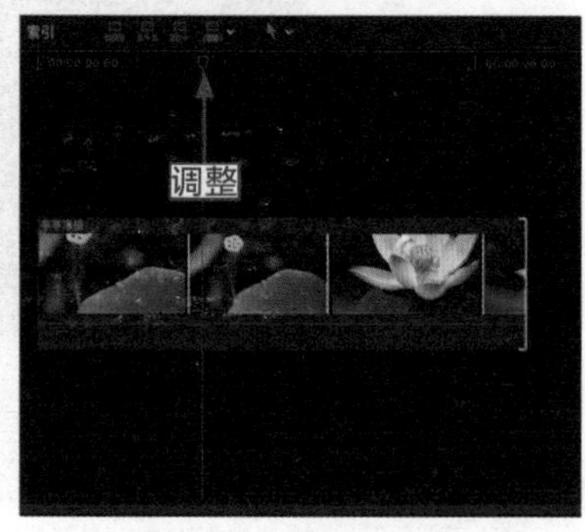

图 10-4 调整时间指示器

步骤 03：选择“编辑”|“字幕”|“添加字幕”命令，如图 10-5 所示。

步骤 04：弹出一个对话框，单击“英文”右侧的下拉按钮，在弹出的下拉列表中选择“中文（简体）”选项，如图 10-6 所示。

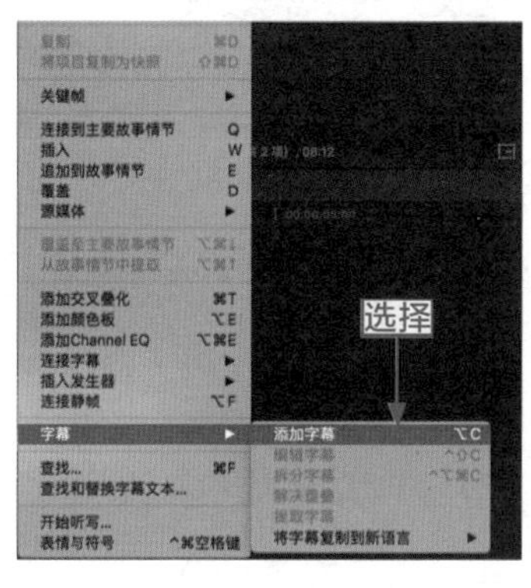

图 10-5　选择“添加字幕”命令

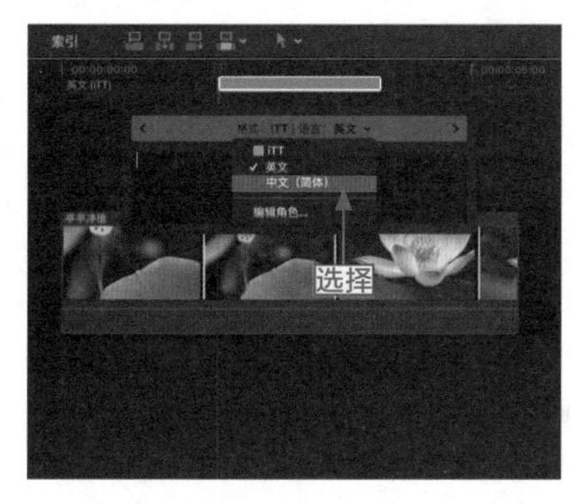

图 10-6　选择“中文（简体）”选项

步骤 05：在对话框中输入相应文本内容，如图 10-7 所示。

步骤 06：输入完成后，在素材的上面出现一个紫色文本框，如图 10-8 所示。

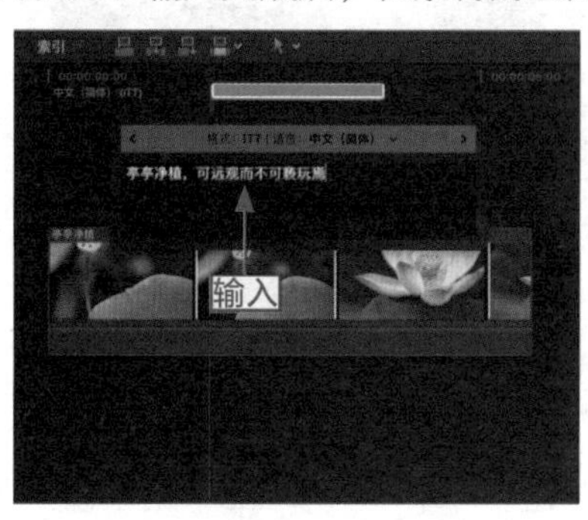

图 10-7　输入文字

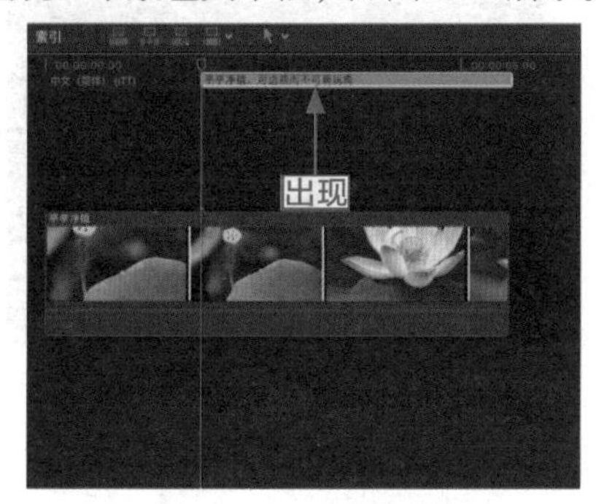

图 10-8　出现紫色文本框

步骤 07：与此同时，在检视器的预览窗口中也会出现相应的文字，如图 10-9 所示。

步骤 08：制作完成，预览添加字幕后的视频效果，如图 10-10 所示。

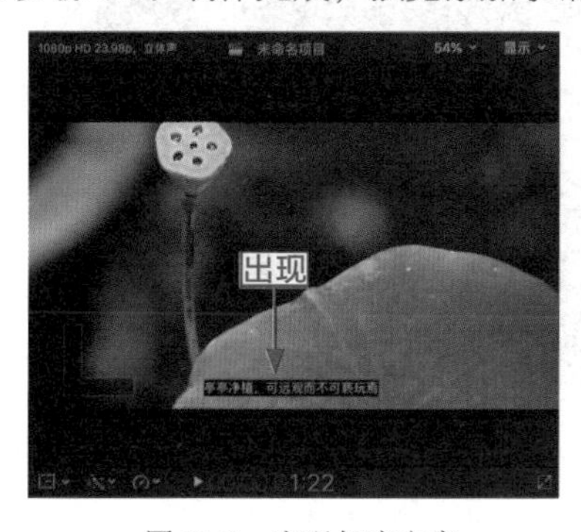

图 10-9　出现相应文字

图 10-10　预览添加字幕后的视频效果

10.1.4 连接字幕：制作余霞成绮素材的字幕效果

操练+视频 10.1.4 连接字幕：制作余霞成绮素材的字幕效果

素材文件	素材 \ 第 10 章 \ 余霞成绮 .mp4	扫描封底文泉云盘的二维码获取资源
效果文件	效果 2：第 8 章 – 第 15 章 \ 第 10 章 \10.1.4 余霞成绮 .fcpbundle	
视频文件	视频 \ 第 10 章 \10.1.4 连接字幕：制作余霞成绮素材的字幕效果 .mp4	

连接字幕与添加字幕的不同之处在于，制作连接字幕后，还可以改变字幕的文字属性。下面介绍制作连接字幕的操作方法。

步骤 01：在“时间线”面板中导入一段视频素材（素材 \ 第 10 章 \ 余霞成绮 .mp4），如图 10-11 所示。

步骤 02：选择“编辑”|“连接字幕”|“基本字幕”命令，如图 10-12 所示。

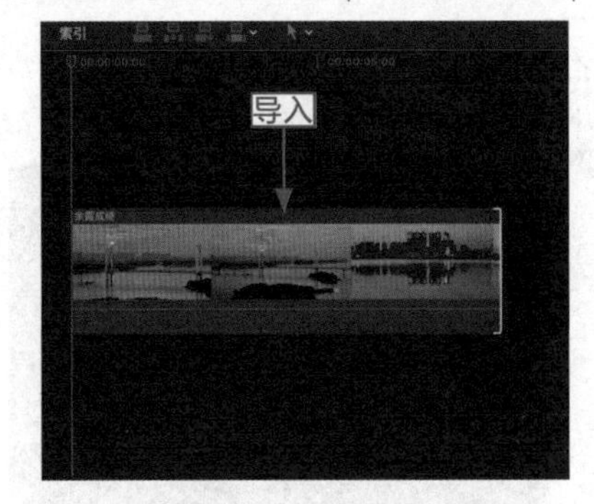

图 10-11 导入视频素材

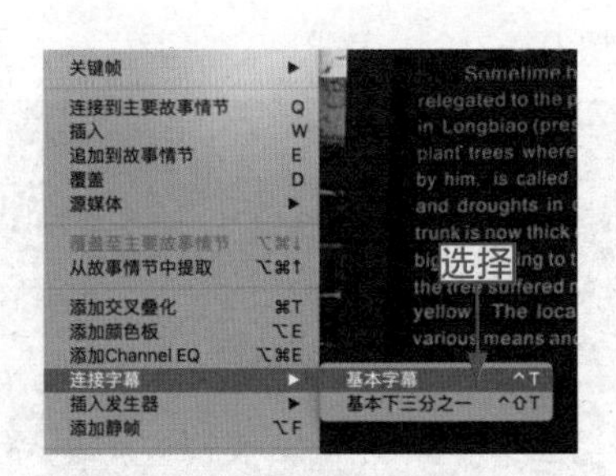

图 10-12 选择“基本字幕”命令

步骤 03：在“时间线”面板中的素材上方出现一个“基本字幕”的紫色文本框，拖曳文本框的长度与素材的长度一致，如图 10-13 所示。

步骤 04：双击文本框，在检视器的预览窗口中会出现“标题”两个字，如图 10-14 所示。

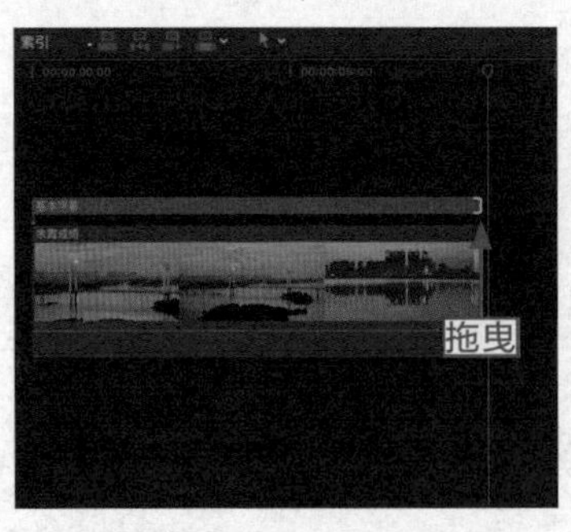

图 10-13 拖曳紫色文本框

图 10-14 出现“标题”文字

步骤 05：在检视器中输入文字“余霞成绮”，如图 10-15 所示。

步骤 06：单击检视器中“显示”旁边的下拉按钮，在弹出的下拉列表中选择“显示字

幕 / 操作安全区”选项，如图 10-16 所示。

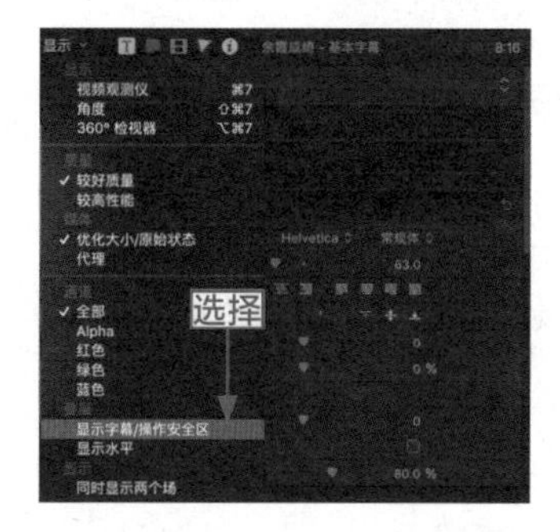

图 10-15　输入文字　　　图 10-16　选择“显示字幕 / 操作安全区”选项

步骤 07：执行操作后，预览窗口中会出现一个黄色的方形框，如图 10-17 所示，这就是字幕文本的安全区。

步骤 08：在安全区中拖曳文本至适当位置，如图 10-18 所示。若超出了安全区，那么文字不会显示。

图 10-17　出现黄色的方形框　　　图 10-18　拖曳文本至适当位置

步骤 09：拖曳完成后，按 Enter 键确认，在检视器中预览制作的字幕效果，如图 10-19 所示。

图 10-19　预览制作的字幕效果

10.2　设置：调整视频素材的字幕属性

字幕的整体效果会直接影响观者的视觉体验感，好看的字幕效果可以给视频增色，也能让观者赏心悦目。

10.2.1　设置大小：制作城市风光素材的字幕效果

操练 + 视频　10.2.1　设置大小：制作城市风光素材的字幕效果

素材文件	素材 \ 第 10 章 \ 城市风光 .mp4	扫描封底文泉云盘的二维码获取资源
效果文件	效果 2：第 8 章 – 第 15 章 \ 第 10 章 \10.2.1　城市风光 .fcpbundle	
视频文件	视频 \ 第 10 章 \10.2.1　设置大小：制作城市风光素材的字幕效果 .mp4	

如果字幕中的文字太小，可以对其进行设置。下面介绍设置字幕文字大小的操作方法。

步骤 01：在“时间线”面板中导入一段视频素材（素材 \ 第 10 章 \ 城市风光 .mp4），如图 10-20 所示。

步骤 02：按 Control + T 组合键，在素材上方添加一个字幕文本，如图 10-21 所示。

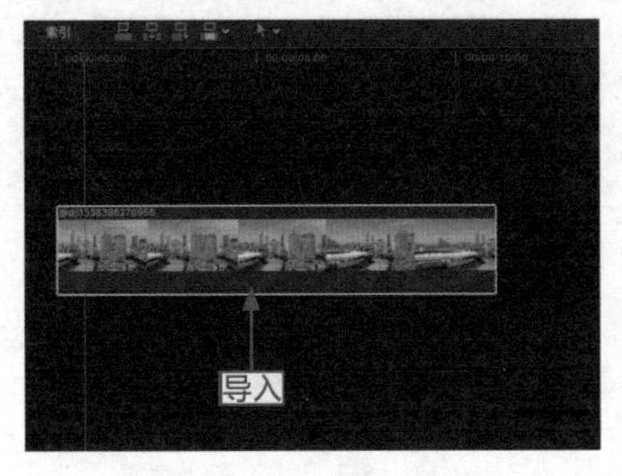

图 10-20　导入视频素材

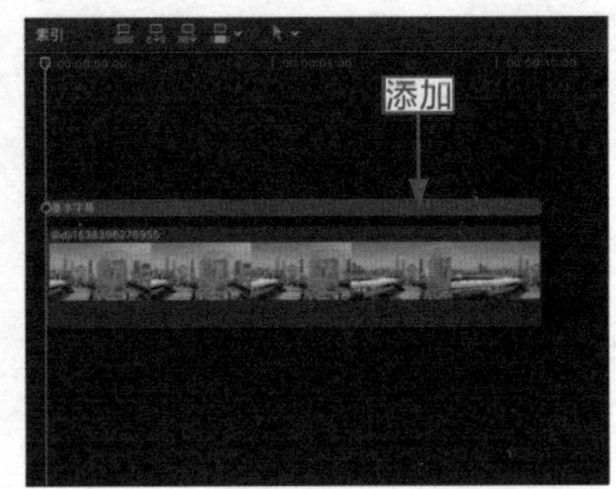

图 10-21　添加一个字幕文本

步骤 03：双击文本框，在检视器中输入文字“城市风光”，如图 10-22 所示。

步骤 04：打开“字幕属性”面板（即相应文字的“基本字幕”面板），设置“大小”为 120.0，如图 10-23 所示，设置完成后，适当调整文字的位置。

图 10-22　输入文字

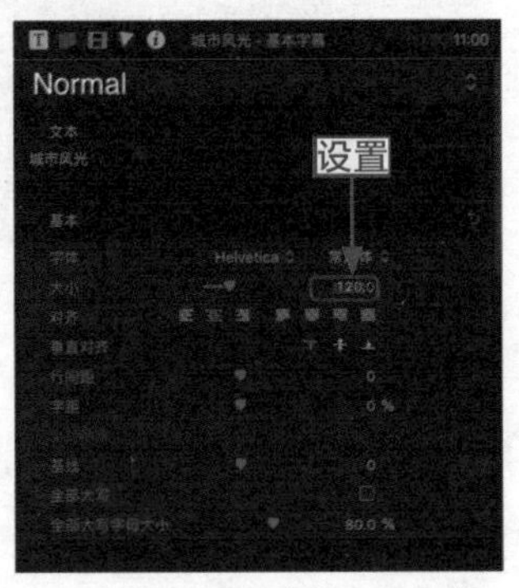

图 10-23　设置“大小”为 120.0

步骤 05：执行上述操作后，在检视器中预览制作的字幕效果，如图 10-24 所示。

图 10-24　预览制作的字幕效果

10.2.2　设置字体：制作观光大楼素材的字幕效果

操练 + 视频　10.2.2　设置字体：制作观光大楼素材的字幕效果

素材文件	素材 \ 第 10 章 \ 观光大楼 .mp4	扫描封底文泉云盘的二维码获取资源
效果文件	效果 2：第 8 章 – 第 15 章 \ 第 10 章 \10.2.2　观光大楼 .fcpbundle	
视频文件	视频 \ 第 10 章 \10.2.2　设置字体：制作观光大楼素材的字幕效果 .mp4	

一般制作的字幕会有一个默认的字体，如果用户对默认的字体不满意，可以在字幕属性面板中更改文字的字体样式。

步骤 01：在“时间线”面板中导入一段视频素材（素材 \ 第 10 章 \ 观光大楼 .mp4），如图 10-25 所示。

步骤 02：按 Control ＋ T 组合键，在素材上方添加一个字幕文本，如图 10-26 所示。

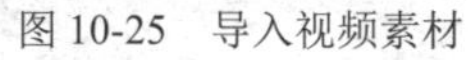

图 10-25　导入视频素材

图 10-26　添加一个字幕文本

步骤 03：双击文本框，在检视器中输入文字“观光大楼”，如图 10-27 所示，并适当调整文字的大小和位置。

步骤 04：打开“字幕属性”面板，在其中设置“字体”为“隶书”，如图 10-28 所示。

步骤 05：执行上述操作后，在检视器中预览制作的字幕效果，如图 10-29 所示。

图 10-27　输入文字

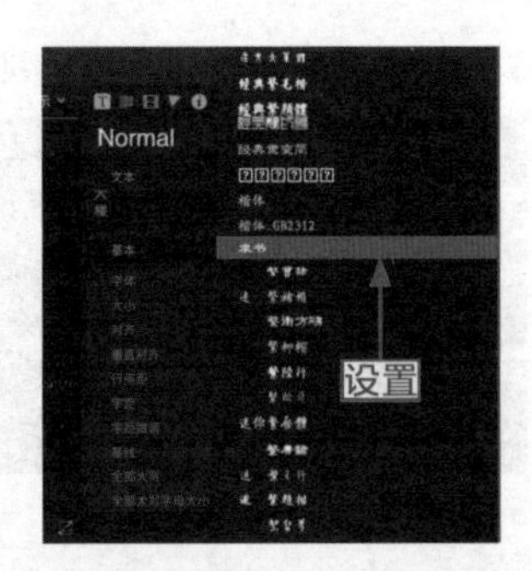

图 10-28　设置“字体”为“隶书”

图 10-29　预览制作的字幕效果

10.2.3　设置字距：设置体育馆素材的字距

操练 + 视频　10.2.3　设置字距：设置体育馆素材的字距

素材文件	素材 \ 第 10 章 \ 体育馆 .mov	扫描封底文泉云盘的二维码获取资源
效果文件	效果 2：第 8 章 – 第 15 章 \ 第 10 章 \10.2.3　体育馆 .fcpbundle	
视频文件	视频 \ 第 10 章 \10.2.3　设置字距：设置体育馆素材的字距 .mp4	

字距主要是指文字之间的间隔距离。下面介绍在 Final Cut Pro X 中设置字距的操作方法。

步骤 01：在“时间线”面板中导入视频素材（素材 \ 第 10 章 \ 体育馆 .mov），如图 10-30 所示。

步骤 02：按 Control ＋ T 组合键，在素材上方添加一个字幕文本，如图 10-31 所示。

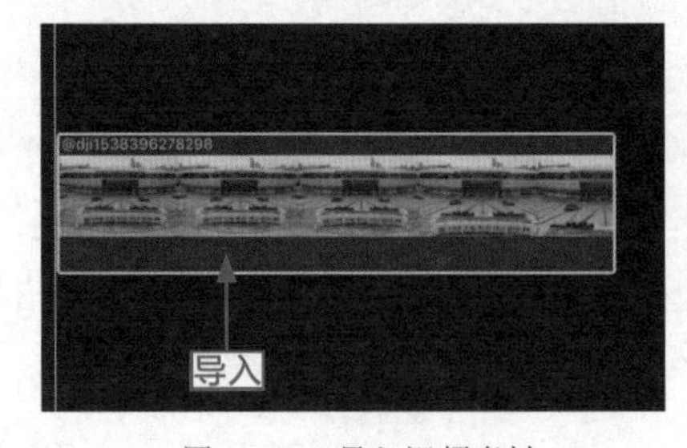

图 10-30　导入视频素材

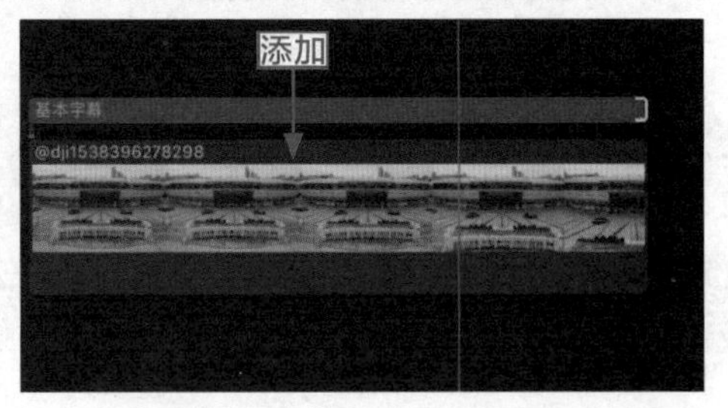

图 10-31　添加一个字幕文本

步骤 03：双击文本框，在检视器中输入文字“贺龙体育馆”，如图 10-32 所示。

步骤 04：打开“字幕属性”面板，在其中设置“字距”为 100.0%，如图 10-33 所示。

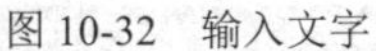

图 10-32　输入文字

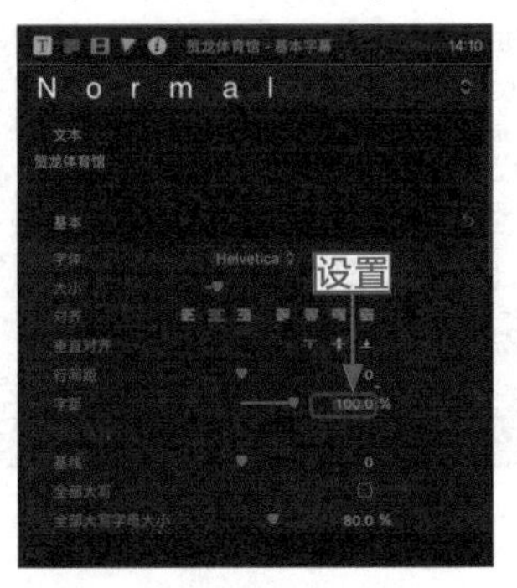

图 10-33　设置“字距”为 100.0%

步骤 05：执行上述操作后，在检视器中预览制作的字幕效果，如图 10-34 所示。

图 10-34　预览制作的字幕效果

10.2.4　对齐方式：制作于飞之乐素材的字幕效果

操练 + 视频	10.2.4　对齐方式：制作于飞之乐素材的字幕效果	
素材文件	素材 \ 第 10 章 \ 于飞之乐 .mp4	扫描封底文泉云盘的二维码获取资源
效果文件	效果 2：第 8 章－第 15 章 \ 第 10 章 \10.2.4　于飞之乐 .fcpbundle	
视频文件	视频 \ 第 10 章 \10.2.4　对齐方式：制作于飞之乐的字幕效果 .mp4	

字幕对齐是将字幕的文本以一定方式对齐，以使文字形式美观。下面介绍设置字幕对齐的操作方法。

步骤 01：在“时间线”面板中导入一段视频素材（素材 \ 第 10 章 \ 于飞之乐 .mp4），如图 10-35 所示。

步骤 02：按 Control ＋ T 组合键，在素材上方添加一个字幕文本，如图 10-36 所示。

步骤 03：双击文本框，在检视器中输入相应文字，如图 10-37 所示，并适当调整文字的大小和位置。

步骤 04：打开“字幕属性”面板，单击“将文本向右对齐”按钮，如图 10-38 所示。

图 10-35　导入视频素材

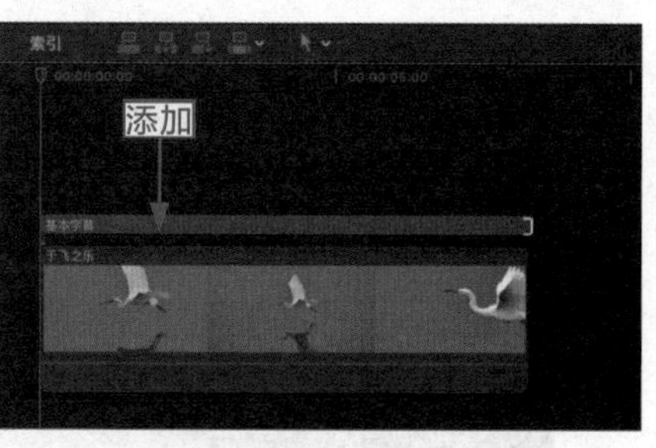

图 10-36　添加一个字幕文本

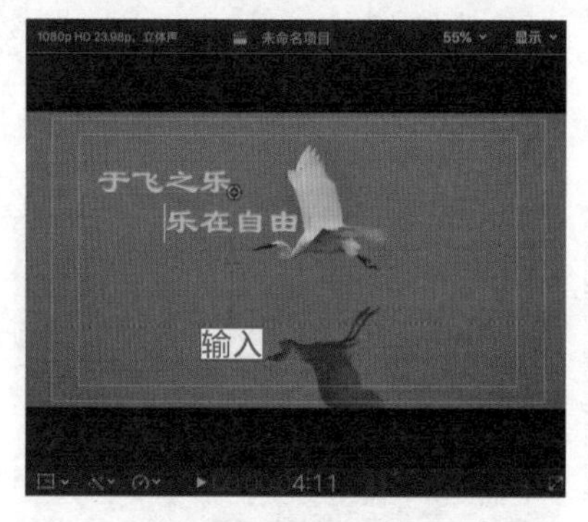

图 10-37　输入相应文字

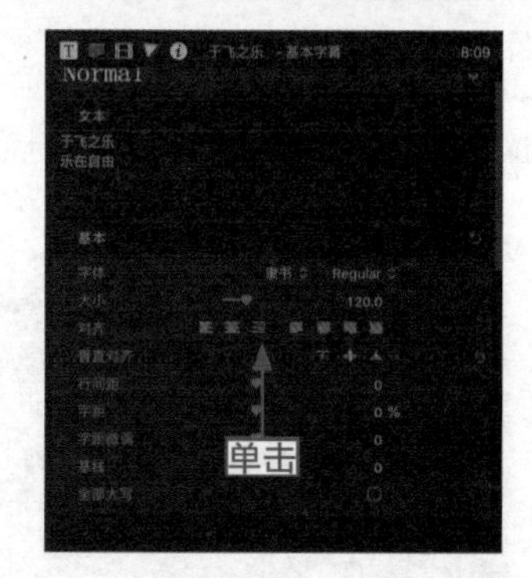

图 10-38　单击“将文本向右对齐”按钮

步骤 05：执行上述操作后，在检视器中预览制作的字幕效果，如图 10-39 所示。

> **专家指点**
> 在“字幕属性”面板中，用户可以根据需要，选择自己喜欢的文字对齐方式。

图 10-39　预览制作的字幕效果

10.3　填充：改变视频字幕的颜色效果

除了可以为字幕填充颜色外，还可以设置描边、纹理、光晕等效果。本节将详细介绍设置字幕颜色效果的操作方法。

10.3.1　填充颜色：制作车来车往素材的字幕效果

操练 + 视频　10.3.1　填充颜色：制作车来车往素材的字幕效果

素材文件	素材 \ 第 10 章 \ 车来车往 .mp4	扫描封底文泉云盘的二维码获取资源
效果文件	效果 2：第 8 章－第 15 章 \ 第 10 章 \10.3.1　车来车往 .fcpbundle	
视频文件	视频 \ 第 10 章 \10.3.1　填充颜色：制作车来车往素材的字幕效果 .mp4	

“颜色填充”是指在字体内填充一种单独的颜色。下面介绍设置颜色填充的操作方法。

步骤 01：在“时间线”面板中导入一段视频素材（素材 \ 第 10 章 \ 车来车往 .mp4），如图 10-40 所示。

步骤 02：按 Control ＋ T 组合键，在素材上方添加一个字幕文本，如图 10-41 所示。

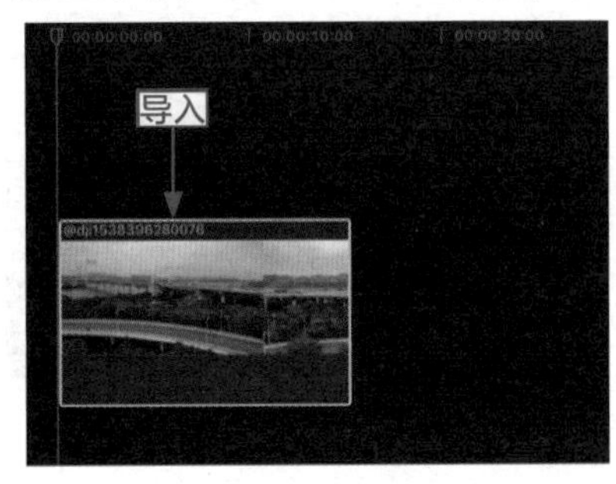

图 10-40　导入视频素材

图 10-41　添加一个字幕文本

步骤 03：双击文本框，在检视器中输入相应文字，如图 10-42 所示，并适当调整文字的大小和位置。

步骤 04：打开“字幕属性”面板，单击“表面”右侧的“显示”按钮，如图 10-43 所示。

图 10-42　输入相应文字

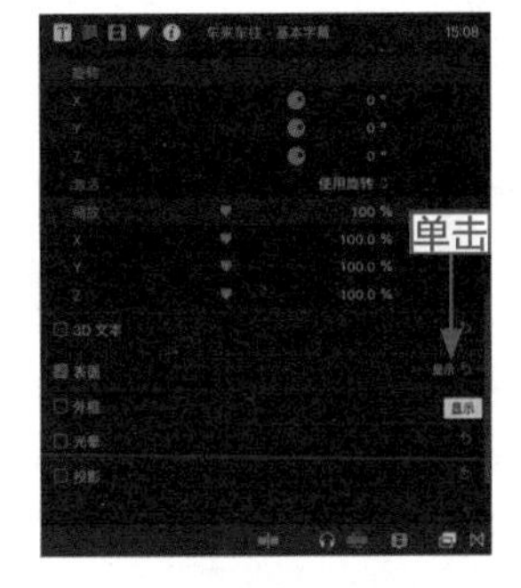

图 10-43　单击“显示”按钮

步骤 05：展开“表面”选项区，单击“颜色”旁边的色块，如图 10-44 所示。

步骤 06：在“颜色”对话框中，切换至“调色板”面板，选择“黄色”选项，如图 10-45 所示。

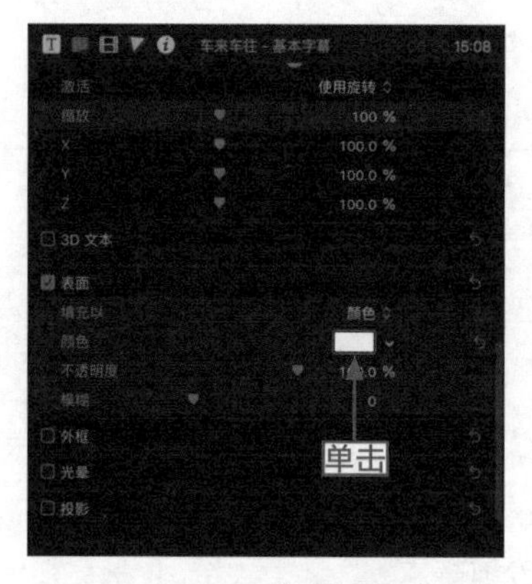

图 10-44　单击色块

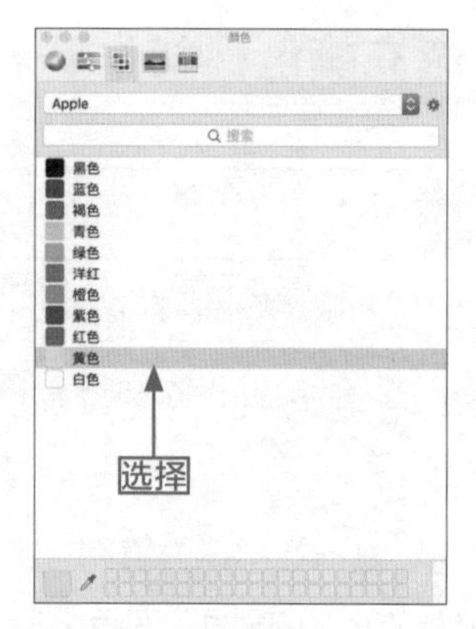

图 10-45　选择“黄色”选项

步骤 07：关闭“颜色”对话框，在检视器中查看字幕的填充效果，如图 10-46 所示。

图 10-46　查看字幕的填充效果

10.3.2　设置描边：制作美丽湘江素材的字幕效果

操练 + 视频	10.3.2　设置描边：制作美丽湘江素材的字幕效果	
素材文件	素材 \ 第 10 章 \ 美丽湘江 .mp4	扫描封底文泉云盘的二维码获取资源
效果文件	效果 2：第 8 章 – 第 15 章 \ 第 10 章 \10.3.2　美丽湘江 .fcpbundle	
视频文件	视频 \ 第 10 章 \10.3.2　设置描边：制作美丽湘江素材的字幕效果 .mp4	

描边是指颜色从文字边缘向内进行扩展，描边效果可能会覆盖字幕的原有填充效果，因此在设置时需要调整好各项参数才能制作出需要的效果。下面介绍具体操作方法。

步骤 01：在“时间线”面板中导入一段视频素材（素材 / 第 10 章 / 美丽湘江 .mp4），如图 10-47 所示。

步骤 02：按 Control ＋ T 组合键，在素材上方添加一个字幕文本，如图 10-48 所示。

步骤 03：双击文本框，在检视器中输入文字“美丽湘江”，如图 10-49 所示。

步骤 04：打开“字幕属性”面板，设置“字体”为“楷体”、“大小”为 165.0、“颜色”为柠檬黄，如图 10-50 所示。

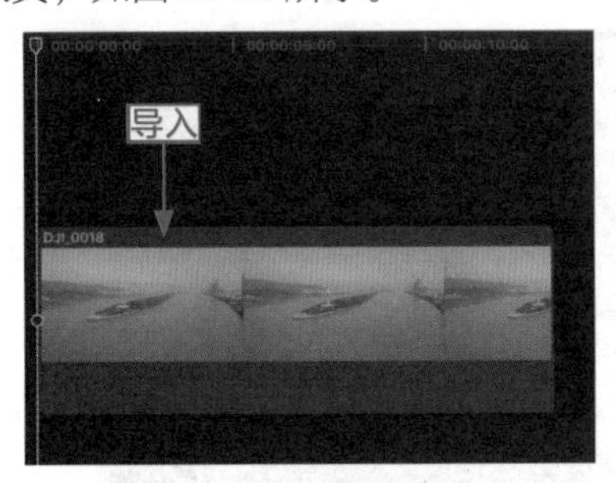

图 10-47　导入视频素材

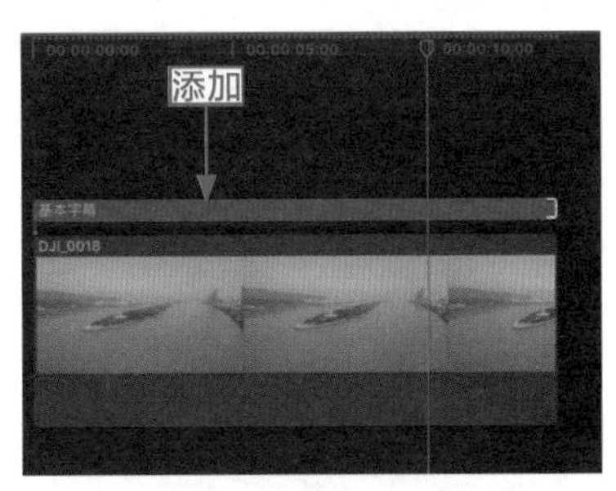

图 10-48　添加一个字幕文本

图 10-49　输入相应文字

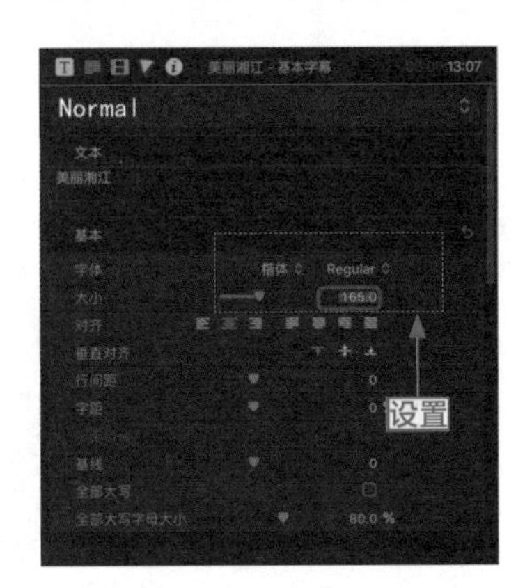

图 10-50　设置文字属性

步骤 05：选中“外框”复选框，单击“外框”右侧的“显示”按钮，如图 10-51 所示。

步骤 06：展开“外框”选项区，单击“颜色”旁边的色块，如图 10-52 所示。

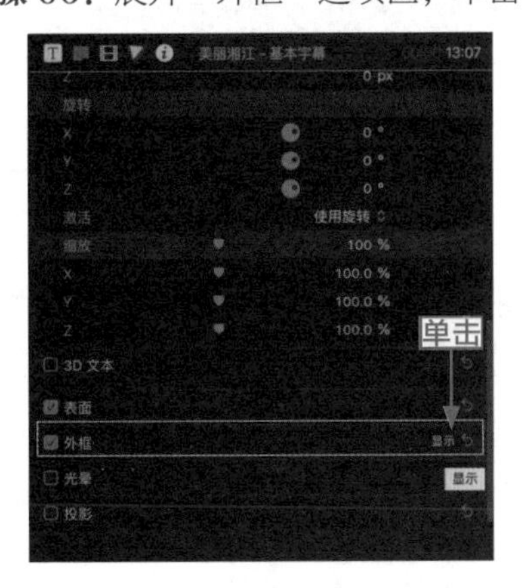

图 10-51　单击“显示”按钮

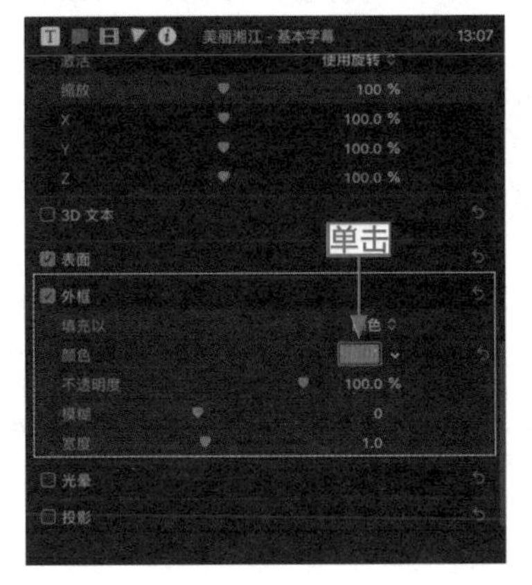

图 10-52　单击色块

步骤 07：在“颜色”对话框中，切换至“调色板”面板，选择“橙色”选项，如

图 10-53 所示。

步骤 08：关闭“颜色”对话框，设置“宽度”为 3.0，如图 10-54 所示。

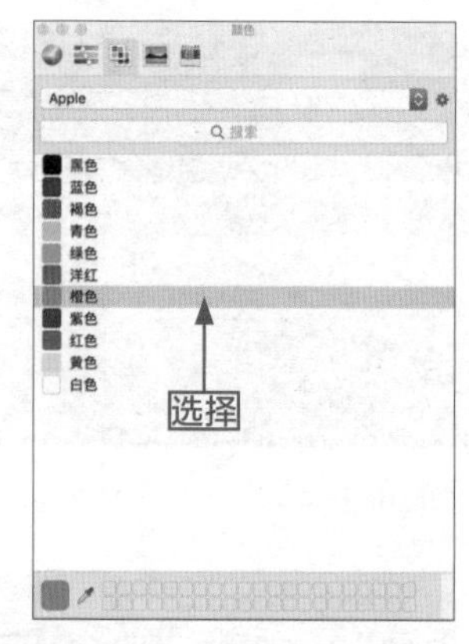

图 10-53　选择“橙色”选项

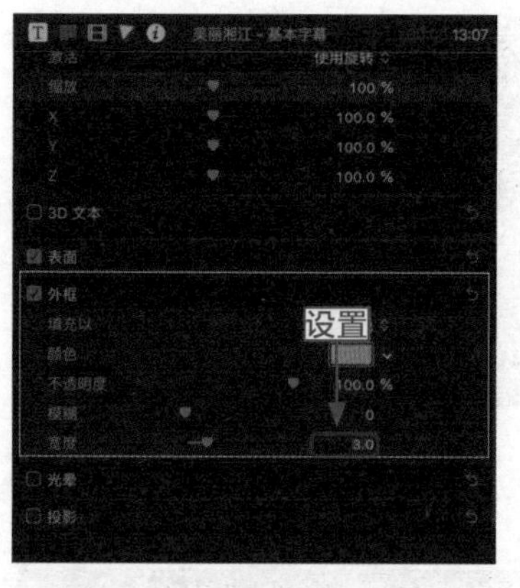

图 10-54　设置“宽度”为 3.0

步骤 09：执行上述操作后，在检视器中查看字幕的描边效果，如图 10-55 所示。

图 10-55　查看字幕的描边效果

10.3.3　渐变描边：制作高速公路字幕的渐变描边效果

操练 + 视频　10.3.3　渐变描边：制作高速公路字幕的渐变描边效果

素材文件	素材 \ 第 10 章 \ 高速公路 .mov	扫描封底文泉云盘的二维码获取资源
效果文件	效果 2：第 8 章 – 第 15 章 \ 第 10 章 \10.3.3　高速公路 .fcpbundle	
视频文件	视频 \ 第 10 章 \ 10.3.3 渐变描边：制作高速公路字幕的渐变描边效果 .mp4	

渐变描边是指从一种颜色逐渐向另一种颜色过渡的一种描边方式。下面介绍设置渐变描边的操作方法。

步骤 01：在“时间线”面板中导入一段视频素材（素材 \ 第 10 章 \ 高速公路 .mov），如图 10-56 所示。

步骤 02：按 Control + T 组合键，在素材上方添加一个字幕文本，如图 10-57 所示。

步骤 03：双击文本框，在检视器中输入文字“高速公路”，如图 10-58 所示。

步骤 04： 打开“字幕属性”面板，设置“字体”为“隶书”、“大小”为 150.0、“颜色”为洋红色，如图 10-59 所示。

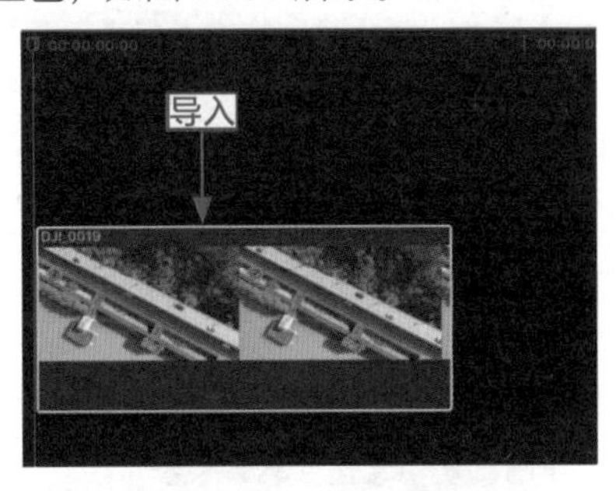

图 10-56　导入视频素材

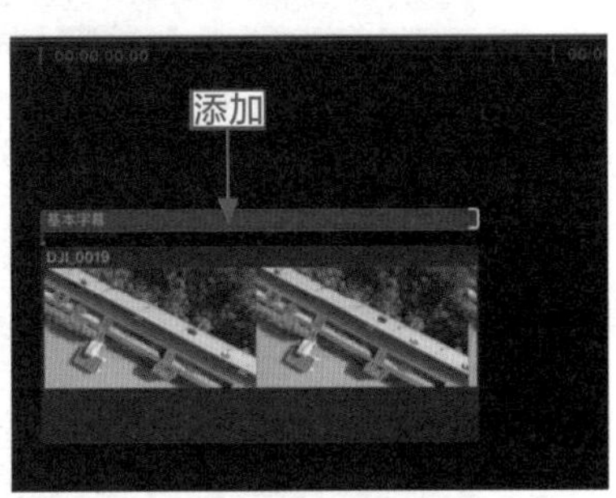

图 10-57　添加一个字幕文本

图 10-58　输入文字

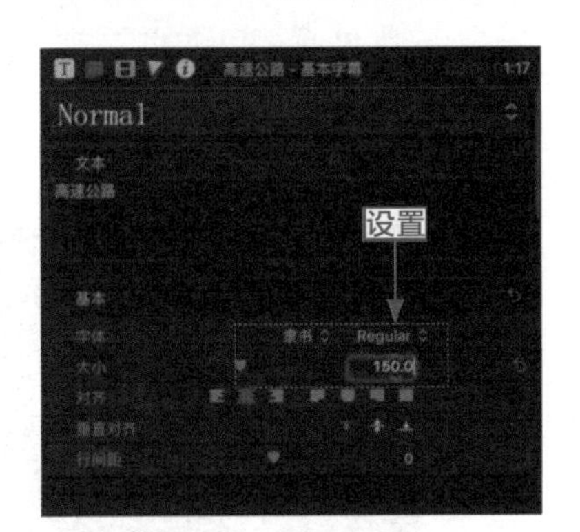

图 10-59　设置文字属性

步骤 05： 选中“外框”复选框，单击“填充以”右侧的下拉按钮，在弹出的下拉列表中选择“渐变”选项，如图 10-60 所示。

步骤 06： 在“外框”选项区中，展开“渐变”选项，如图 10-61 所示。

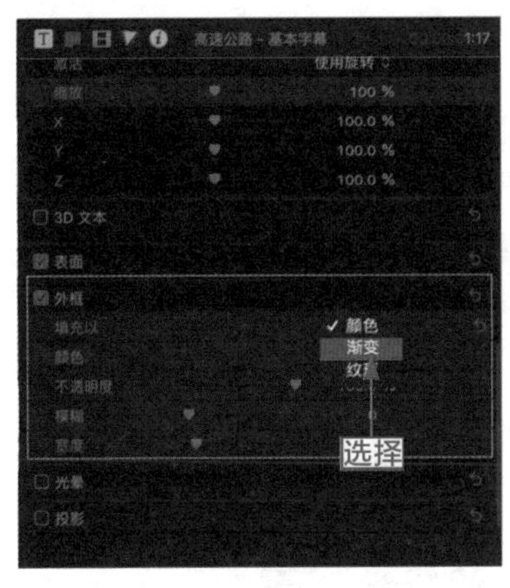

图 10-60　选择“渐变”选项

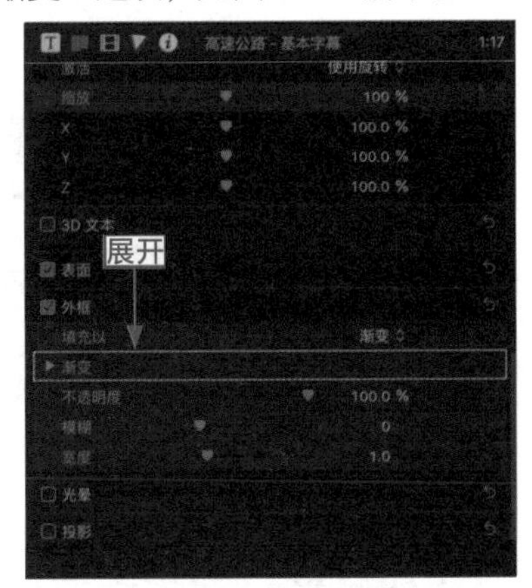

图 10-61　展开“渐变”选项

步骤 07： 单击白色颜色条下方的 RGB1 色块，如图 10-62 所示。

步骤 08：弹出“颜色”对话框，切换至“铅笔”面板，选择“冰晶蓝”，如图 10-63 所示。

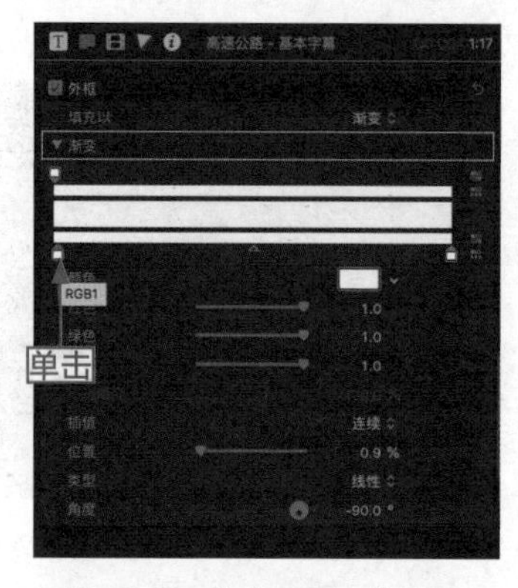

图 10-62 单击 RGB1 色块

图 10-63 选择“冰晶蓝”

步骤 09：关闭“颜色”对话框，单击白色颜色条下方的 RGB2 色块，如图 10-64 所示。

步骤 10：弹出“颜色”对话框，在“铅笔”面板中选择“柠檬黄”，如图 10-65 所示。

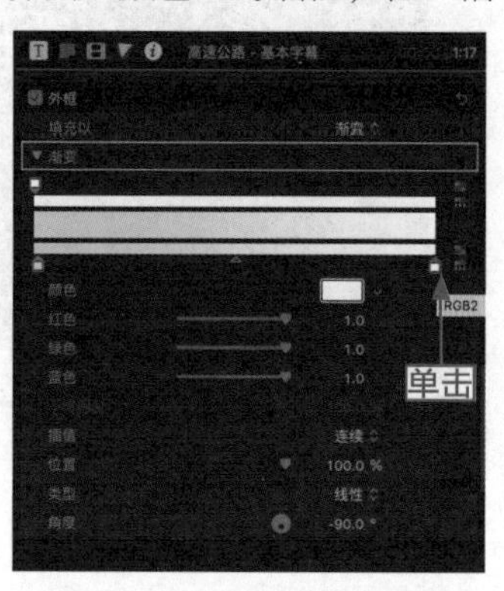

图 10-64 单击 RGB2 色块

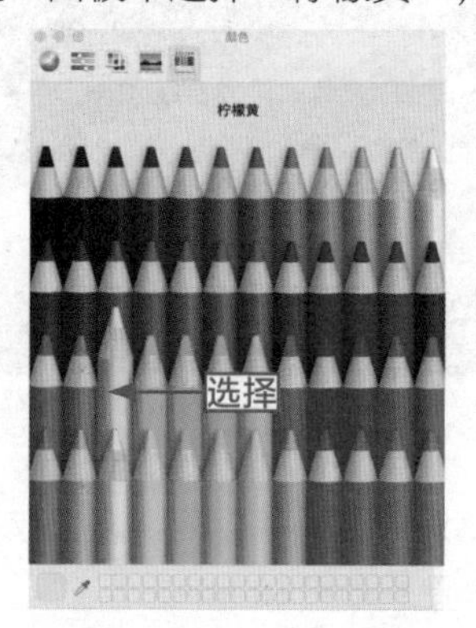

图 10-65 选择“柠檬黄”

步骤 11：执行上述操作后，在检视器中查看字幕的渐变描边效果，如图 10-66 所示。

图 10-66 查看字幕的渐变描边效果

10.3.4 设置纹理：制作立交桥字幕的纹理效果

使用“纹理”效果可以为字幕设置背景纹理，纹理的文件可以是位图，也可以是矢量图。

下面介绍设置纹理的操作方法。

操练 + 视频　10.3.4　设置纹理：制作立交桥字幕的纹理效果

素材文件	素材 \ 第 10 章 \ 立交桥 .mp4	扫描封底文泉云盘的二维码获取资源
效果文件	效果 2：第 8 章 – 第 15 章 \ 第 10 章 \10.3.4　立交桥 .fcpbundle	
视频文件	视频 \ 第 10 章 \10.3.4　设置纹理：制作立交桥的纹理效果 .mp4	

步骤 01：在“时间线”面板中导入一段视频素材（素材 \ 第 10 章 \ 立交桥 .mp4），如图 10-67 所示。

步骤 02：按 Control ＋ T 组合键，在素材上方添加一个字幕文本，如图 10-68 所示。

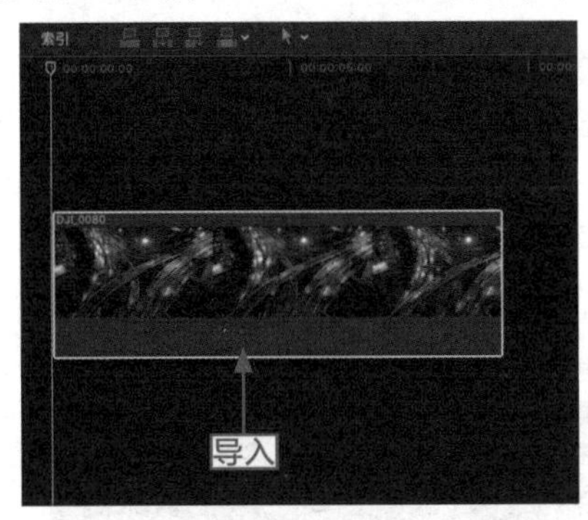

图 10-67　导入视频素材

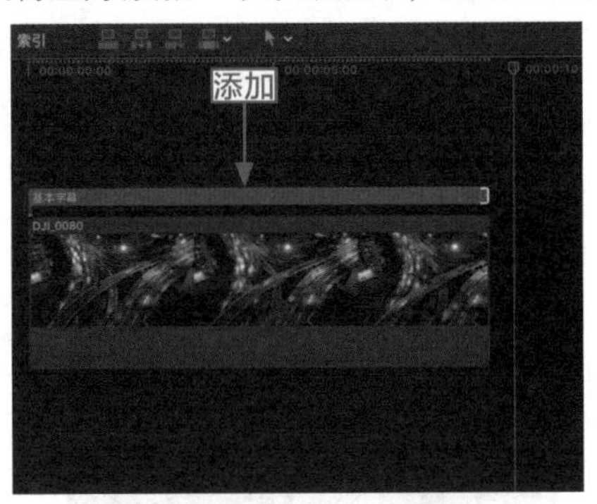

图 10-68　添加一个字幕文本

步骤 03：双击文本框，在检视器中输入文字“立交桥”，如图 10-69 所示。

步骤 04：打开“字幕属性”面板，设置“字体”为“隶书”、“大小”为 200.0、“颜色”为蓝绿色，如图 10-70 所示。

图 10-69　输入文字

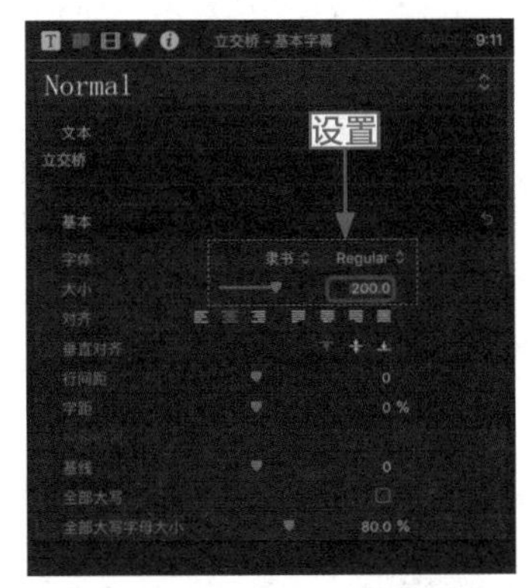

图 10-70　设置文字属性

步骤 05：选中“外框”复选框，单击“外框”右侧的“显示”按钮，如图 10-71 所示。

步骤 06：在“外框”选项区中，单击“填充以”右侧的下拉按钮，在弹出的下拉列表中选择“纹理”选项，如图 10-72 所示。

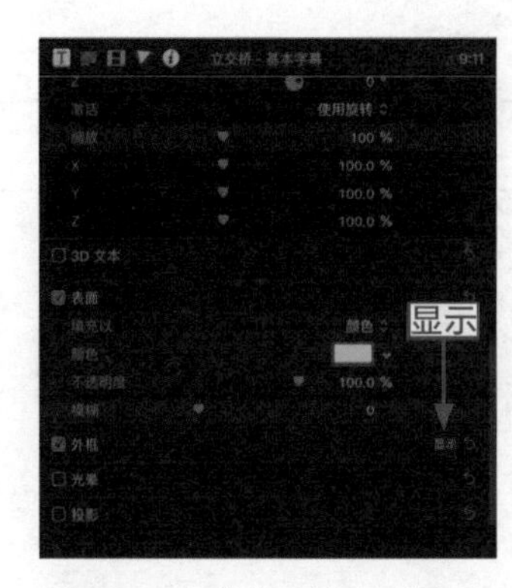

图 10-71 单击“显示”按钮

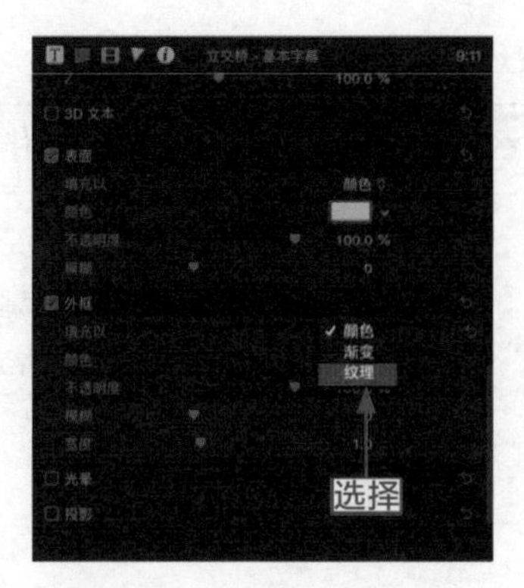

图 10-72 选择“纹理”选项

步骤 07：关闭“颜色”对话框，设置“宽度”为 5.0，如图 10-73 所示。

步骤 08：执行上述操作后，在检视器中查看字幕的纹理效果，如图 10-74 所示。

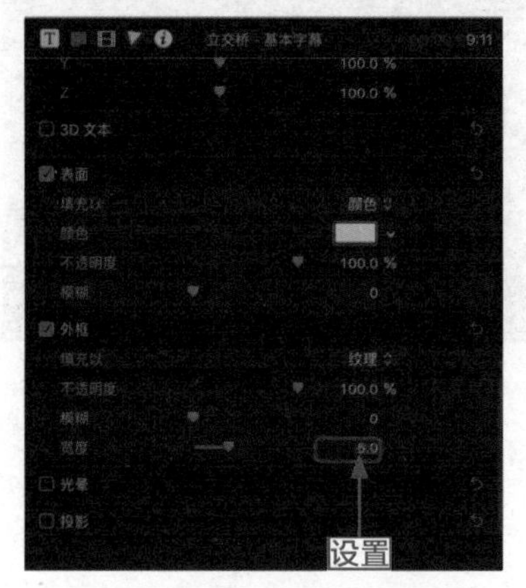

图 10-73 设置“宽度”为 5.0

图 10-74 查看字幕的纹理效果

10.3.5 光晕特效：制作灯火阑珊字幕的光晕效果

操练 + 视频	10.3.5 光晕特效：制作灯火阑珊字幕的光晕效果	
素材文件	素材 \ 第 10 章 \ 灯火阑珊 .mp4	扫描封底文泉云盘的二维码获取资源
效果文件	效果 2：第 8 章 – 第 15 章 \ 第 10 章 \10.3.5 灯火阑珊 .fcpbundle	
视频文件	视频 \ 第 10 章 \10.3.5 光晕特效：制作灯火阑珊的光晕效果 .mp4	

“光晕”特效可以让字幕产生发光的效果。下面介绍制作发光字幕效果的操作方法。

步骤 01：在“时间线”面板中导入一段视频素材（素材 \ 第 10 章 \ 灯火阑珊 .mp4），如图 10-75 所示。

步骤 02：按 Control ＋ T 组合键，在素材上方添加一个字幕文本，如图 10-76 所示。

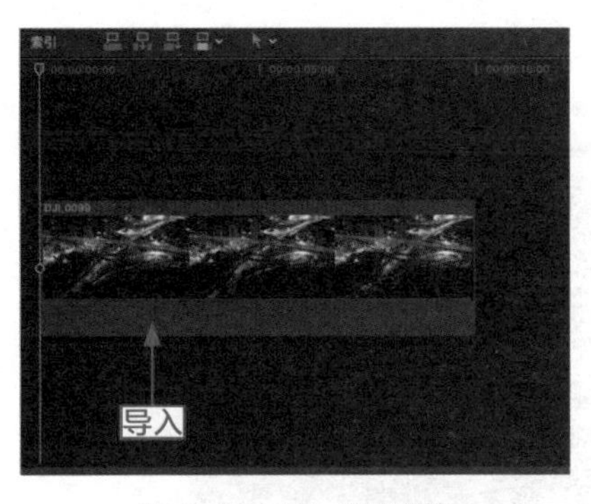

图 10-75　导入视频素材

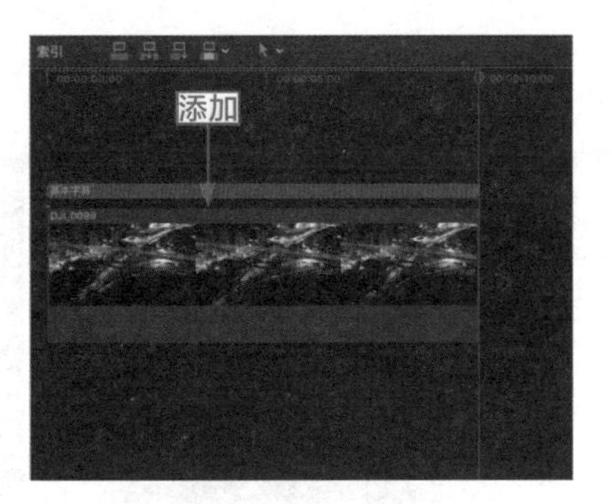

图 10-76　添加一个字幕文本

步骤 03：双击文本框，在检视器中输入文字“灯火阑珊”，如图 10-77 所示。

步骤 04：打开“字幕属性”面板，设置“字体”为“黑体”、“大小”为 150.0、“颜色”为洋红色，如图 10-78 所示。

图 10-77　输入文字

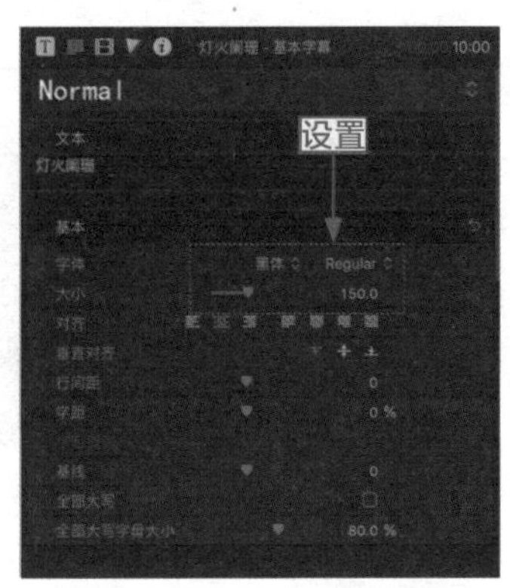

图 10-78　设置文字属性

步骤 05：选中“光晕”复选框，单击“光晕”右侧的“显示”按钮，如图 10-79 所示。

步骤 06：展开“光晕”选项区，单击“颜色”旁边的色块，如图 10-80 所示。

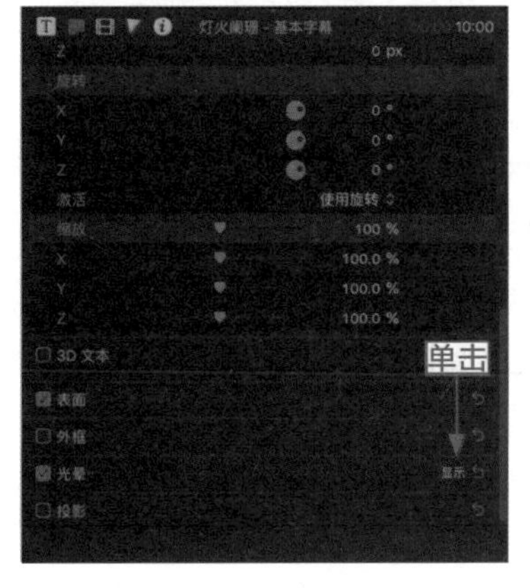

图 10-79　单击“显示”按钮

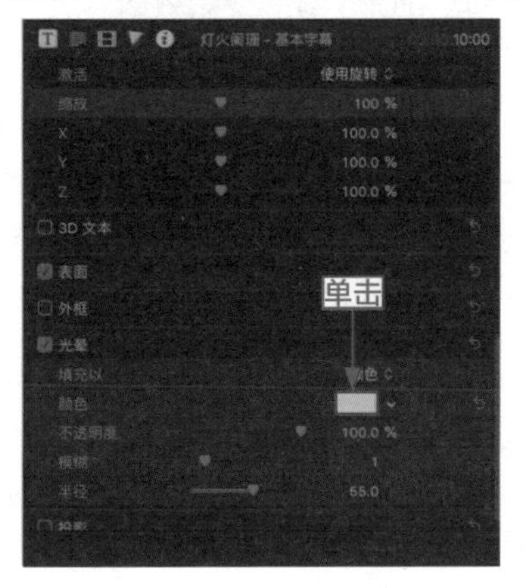

图 10-80　单击色块

步骤 07：弹出“颜色”对话框，切换至“铅笔”面板，选择“蓝绿色”，如图 10-81 所示。

步骤 08：关闭“颜色”对话框，设置“模糊”为 5.0、“半径”为 55.0，如图 10-82 所示。

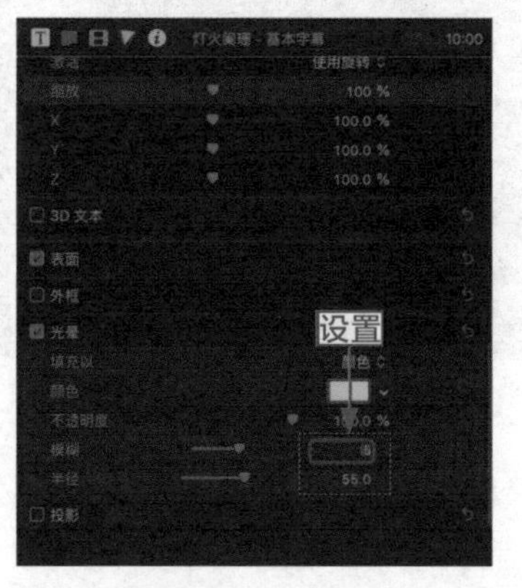

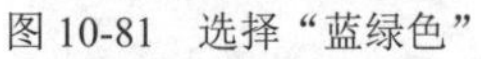

图 10-81　选择“蓝绿色”　　图 10-82　设置参数

步骤 09：执行上述操作后，在检视器中查看字幕的光晕效果，如图 10-83 所示。

图 10-83　查看字幕的光晕效果

10.3.6　投影效果：制作福元大桥字幕的投影效果

操练 + 视频　10.3.6　投影效果：制作福元大桥字幕的投影效果

素材文件	素材 \ 第 10 章 \ 福元大桥 .mp4	扫描封底文泉云盘的二维码获取资源
效果文件	效果 2：第 8 章 – 第 15 章 \ 第 10 章 \10.3.6　福元大桥 .fcpbundle	
视频文件	视频 \ 第 10 章 \10.3.6　投影效果：制作福元大桥的投影效果 .mp4	

“投影”是可选效果，只有在选中“投影”复选框的状态下，Final Cut Pro X 才会显示用户添加的字幕投影效果。在添加字幕投影效果后，可以对“投影”选项区中各参数进行设置，以得到更好的投影效果，下面介绍具体操作步骤。

步骤 01：在“时间线”面板中导入一段视频素材（素材 \ 第 10 章 \ 福元大桥 .mp4），如图 10-84 所示。

步骤 02：按 Control ＋ T 组合键，在素材上方添加一个字幕文本，如图 10-85 所示。

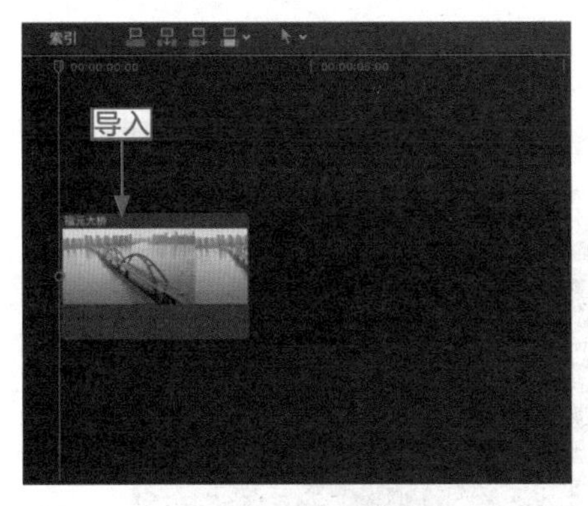

图 10-84　导入视频素材

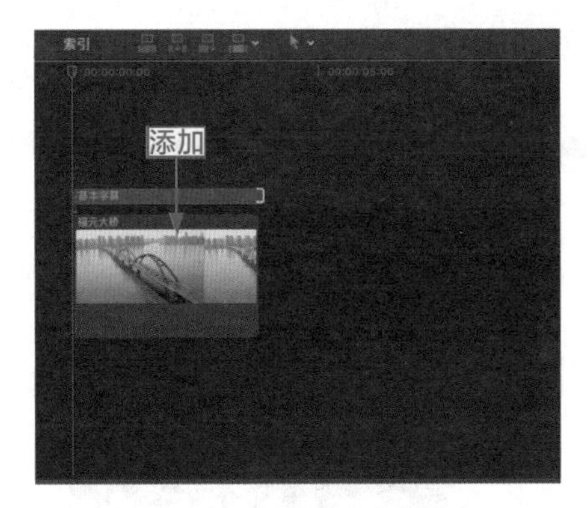

图 10-85　添加一个字幕文本

步骤 03：双击文本框，在检视器中输入文字“福元大桥”，如图 10-86 所示。

步骤 04：打开“字幕属性”面板，设置“字体”为“隶书”、“大小”为 125.0、“颜色”为浅绿色，如图 10-87 所示。

图 10-86　输入文字

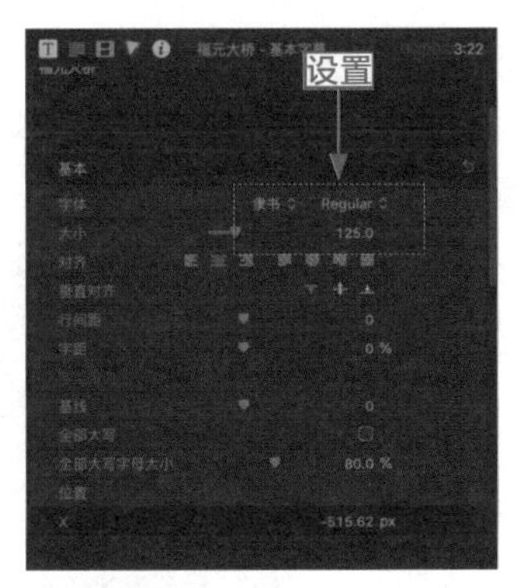

图 10-87　设置文字属性

步骤 05：选中“投影”复选框，单击“投影”右侧的“显示”按钮，如图 10-88 所示。

步骤 06：展开“投影”选项区，单击“投影”旁边的色块，如图 10-89 所示。

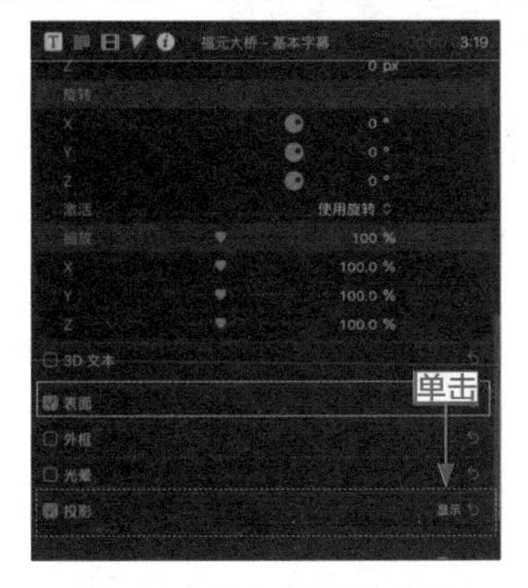

图 10-88　单击“显示”按钮

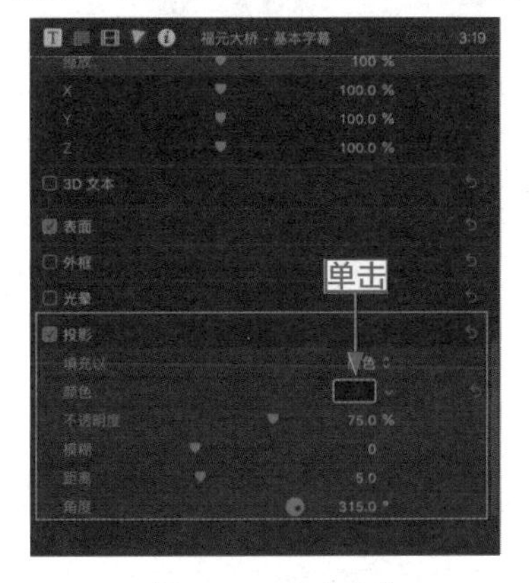

图 10-89　单击色块

步骤 07：弹出“颜色”对话框，切换至“铅笔”选项卡，选择“樱桃红”，如图 10-90 所示。

步骤 08：关闭“颜色”对话框，设置“角度”为 30°，如图 10-91 所示。

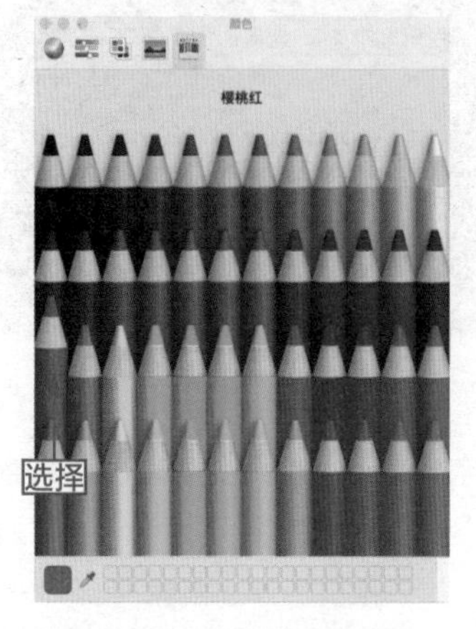

图 10-90　选择“樱桃红”

图 10-91　设置“角度”为 30°

步骤 09：执行上述操作后，在检视器中查看字幕的投影效果，如图 10-92 所示。

图 10-92　查看字幕的投影效果

10.4　运动：制作视频字幕的动画效果

随着视频的发展，动态字幕的应用也越来越频繁，这些精美的字幕特效不仅能够点明视频的主题，让影片更加赏心悦目，还能够为观众传递一种艺术信息。本节主要介绍精彩字幕特效的制作方法。

10.4.1　缩放效果：制作俯视大桥字幕的缩放效果

“缩放”字幕效果常常运用于大型的视频广告中，如电影广告、服装广告、汽车广告等。

下面介绍制作“缩放”字幕效果的操作方法。

操练 + 视频　10.4.1　缩放效果：制作俯视大桥字幕的缩放效果

素材文件	素材 \ 第 10 章 \ 俯视大桥 .mp4	扫描封底文泉云盘的二维码获取资源
效果文件	效果 2：第 8 章 – 第 15 章 \ 第 10 章 \10.4.1　俯视大桥 .fcpbundle	
视频文件	视频 \ 第 10 章 \10.4.1　缩放效果：制作俯视大桥字幕的缩放效果 .mp4	

步骤 01： 在“时间线”面板中导入一段视频素材（素材 \ 第 10 章 \ 俯视大桥 .mp4），如图 10-93 所示。

步骤 02： 在“时间线”面板中添加一个字幕文本，双击文本框，在检视器中输入相应文字，如图 10-94 所示。

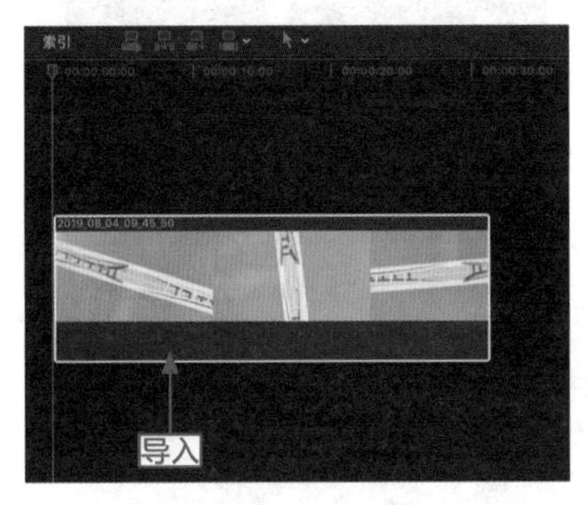

图 10-93　导入视频素材

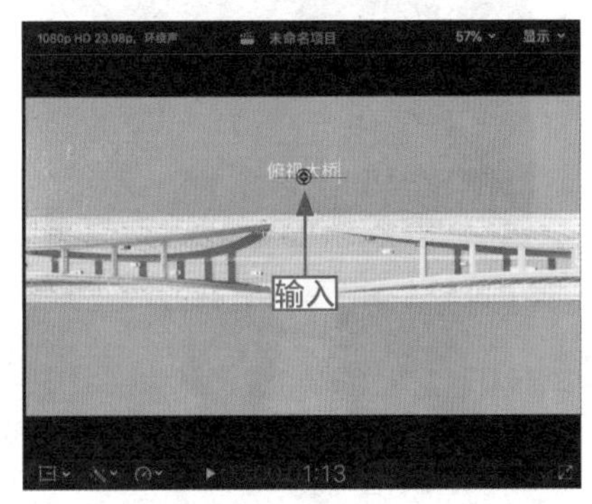

图 10-94　输入相应文字

步骤 03： 打开“字幕属性”面板，在其中设置“字体”为“楷体”、“大小”为 175.0、“颜色”为绿色，如图 10-95 所示，并适当调整文字的位置。

步骤 04： 切换至“视频检查器”面板，单击“缩放（全部）”右侧的“添加关键帧”按钮，如图 10-96 所示，添加一个关键帧。

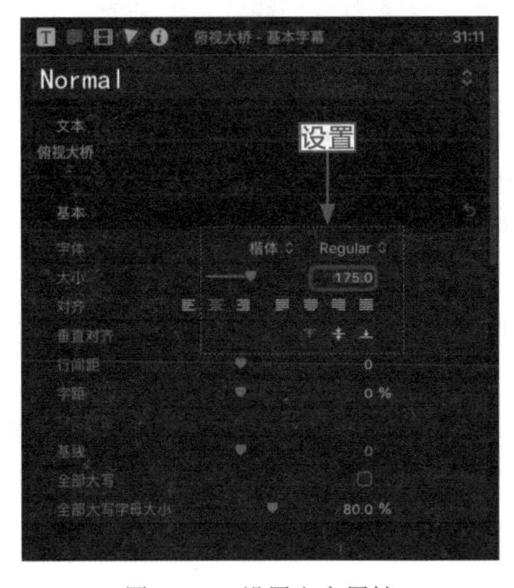

图 10-95　设置文字属性

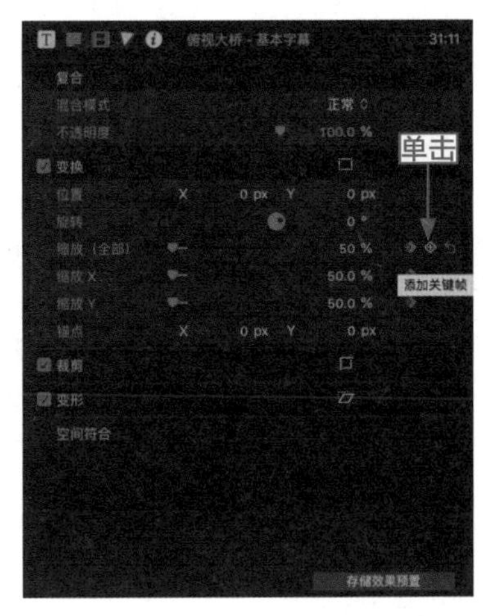

图 10-96　单击“添加关键帧”按钮（1）

步骤 05：调整时间指示器至合适位置，在“视频检查器”中，设置“缩放（全部）”为 80%，再次单击“添加关键帧”按钮，如图 10-97 所示，添加第二个关键帧。

步骤 06：调整时间指示器至合适位置，设置“缩放（全部）”为 100%，再次单击“添加关键帧”按钮，如图 10-98 所示，添加第三个关键帧。

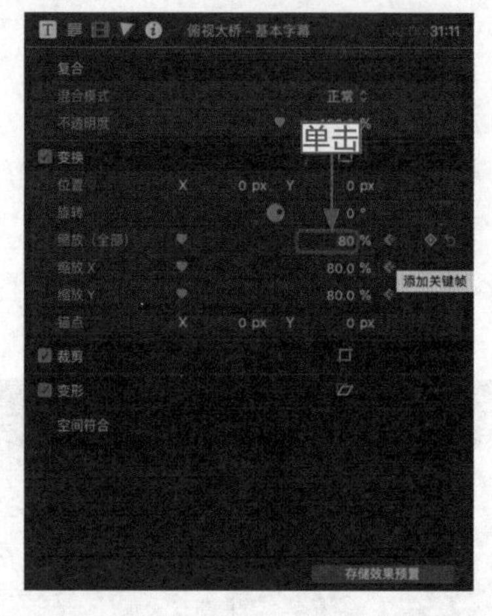

图 10-97 单击“添加关键帧”按钮（2）

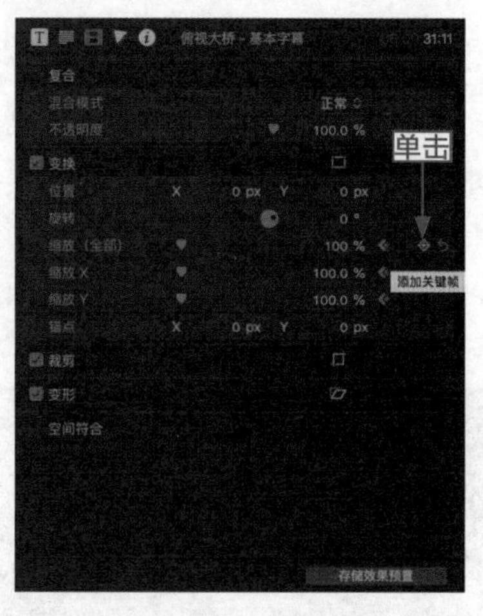

图 10-98 单击“添加关键帧”按钮（3）

步骤 07：操作完成后，在检视器中查看字幕的缩放效果，如图 10-99 所示。

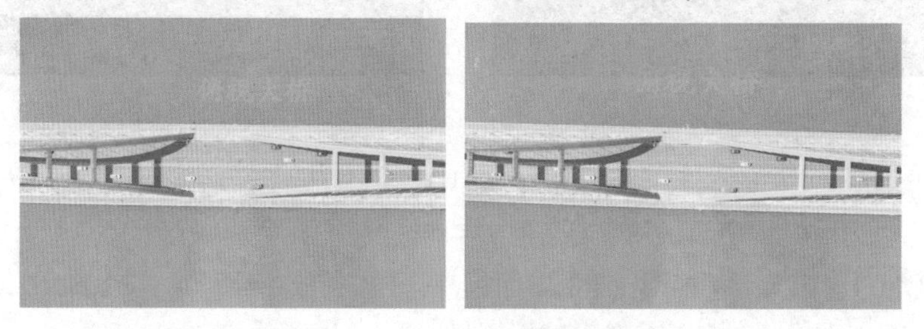

图 10-99 查看字幕的缩放效果

10.4.2 旋转效果：制作桔元大桥字幕的旋转效果

操练 + 视频 10.4.2 旋转效果：制作桔元大桥字幕的旋转效果

素材文件	素材 \ 第 10 章 \ 桔元大桥 .mp4	扫描封底文泉云盘的二维码获取资源
效果文件	效果 2：第 8 章 – 第 15 章 \ 第 10 章 \10.4.2 桔元大桥 .fcpbundle	
视频文件	视频 \ 第 10 章 \10.4.2 旋转效果：制作桔元大桥字幕的旋转效果 .mp4	

“旋转”字幕效果主要是通过设置“旋转”参数，让字幕在画面中旋转。下面介绍制作“旋转”字幕效果的操作方法。

步骤 01：在“时间线”面板中导入一段视频素材（素材 \ 第 10 章 \ 桔元大桥 .mp4），如图 10-100 所示。

步骤 02：在“时间线”面板中添加一个字幕文本，双击文本框，在检视器中输入相应文字“桔元大桥”，然后设置“字体”为“楷体”、“大小”为 175.0、“颜色”为黄色，如图 10-101 所示。

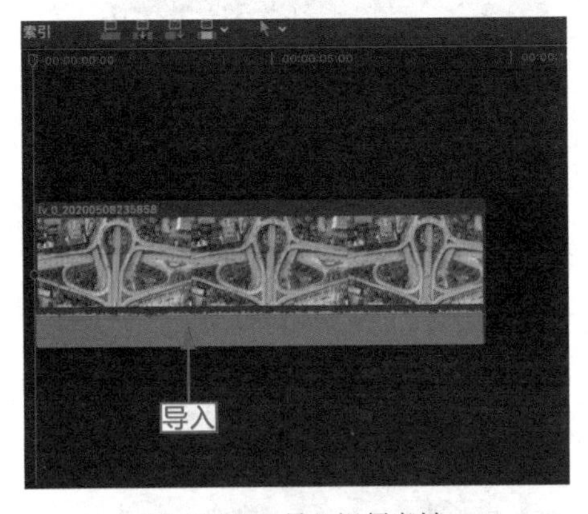

图 10-100　导入视频素材

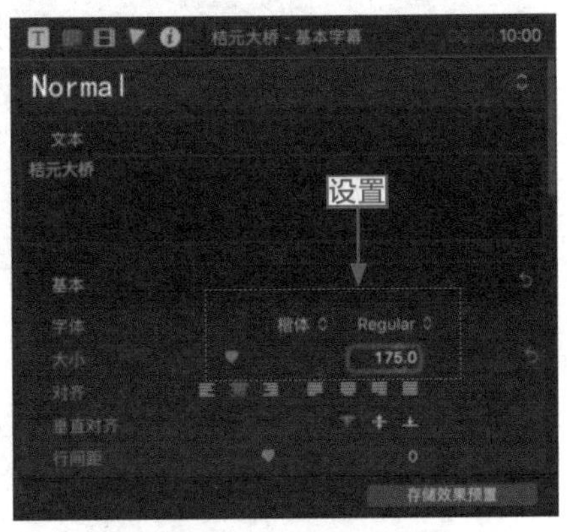

图 10-101　设置文字属性

步骤 03：在检视器中预览设置的文字效果，如图 10-102 所示，并适当调整文字位置。

步骤 04：切换至“视频检查器”面板，单击“旋转”右侧的“添加关键帧”按钮，添加一个关键帧，如图 10-103 所示。

图 10-102　预览文字效果

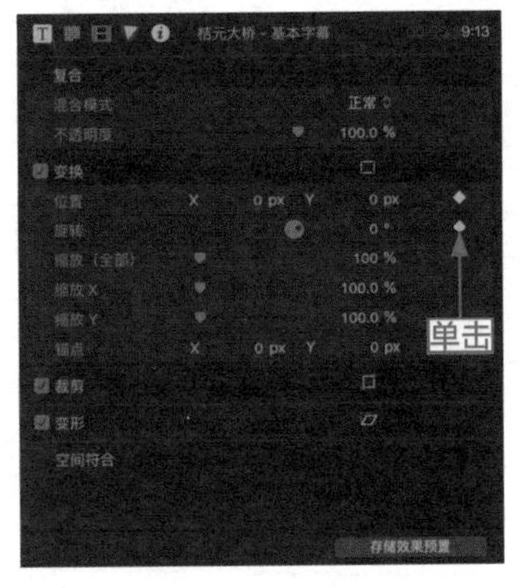

图 10-103　添加关键帧（1）

步骤 05：调整时间指示器至合适位置，在“视频检查器”中，设置“旋转”为 30°，添加第二个关键帧，如图 10-104 所示。

步骤 06：调整时间指示器至合适位置，在“视频检查器”中，设置“旋转”为 0°，添加第三个关键帧，如图 10-105 所示。

步骤 07：操作完成后，在检视器中查看字幕的旋转效果，如图 10-106 所示。

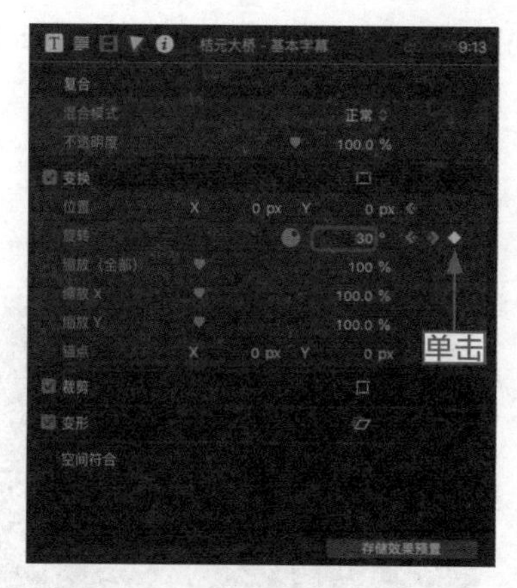

图 10-104　添加关键帧（2）

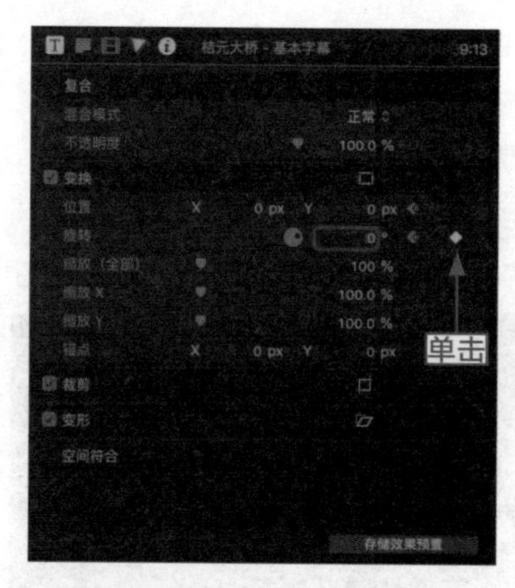

图 10-105　添加关键帧（3）

图 10-106　查看字幕的旋转效果

10.4.3　淡入淡出：制作夜幕将至字幕的淡入淡出效果

操练 + 视频　10.4.3　淡入淡出：制作夜幕将至字幕的淡入淡出效果

素材文件	素材 \ 第 10 章 \ 夜幕将至 .mp4	扫描封底文泉云盘的二维码获取资源
效果文件	效果 2：第 8 章 – 第 15 章 \ 第 10 章 \10.4.3 夜幕将至 .fcpbundle	
视频文件	视频 \ 第 10 章 \10.4.3 淡入淡出：制作夜幕将至字幕的淡入淡出效果 .mp4	

在 Final Cut Pro X 中，设置“视频检查器”面板中的“不透明度”参数，可以制作字幕的淡入淡出特效，下面介绍具体操作步骤。

步骤 01：在“时间线”面板中导入一段视频素材（素材 \ 第 10 章 \ 夜幕将至 .mp4），如图 10-107 所示。

步骤 02：在“时间线”面板中添加一个字幕文本，双击文本框，在检视器中输入文字“夜幕降至”，然后设置“字体”为“隶书”、“大小”为 120.0、“颜色”为紫色，如图 10-108 所示。

步骤 03：在检视器中预览设置的文字效果，并适当调整文字位置，如图 10-109 所示。

步骤 04：切换至“视频检查器”面板，单击“不透明度”右侧的“添加关键帧”按钮，如图 10-110 所示，添加一个关键帧。

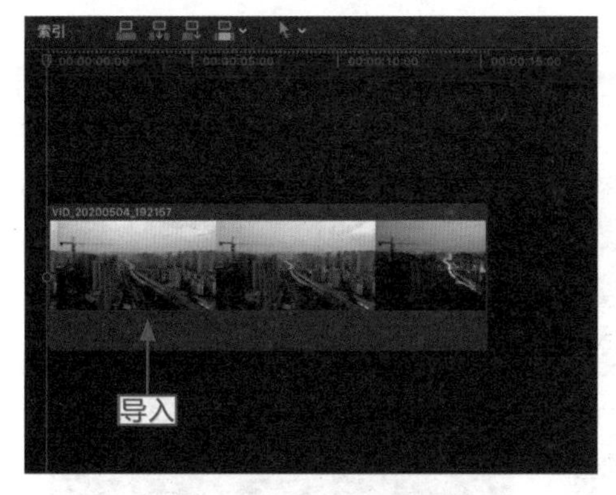

图 10-107　导入视频素材

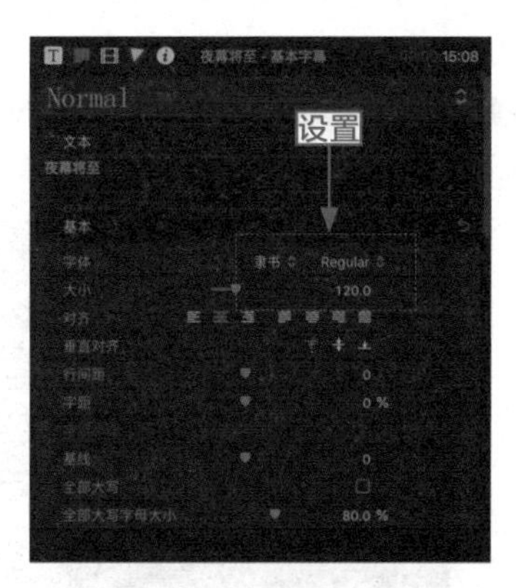

图 10-108　设置文字属性

图 10-109　调整文字位置

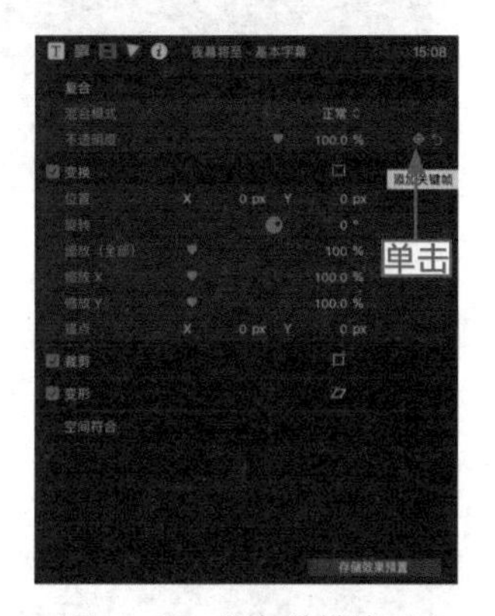

图 10-110　添加关键帧（1）

步骤 05：调整时间指示器至合适位置，在“视频检查器”中，设置“不透明度”为 0，添加第二个关键帧，如图 10-111 所示。

步骤 06：调整时间指示器至合适位置，在“视频检查器”中，设置“不透明度”为 100%，添加第三个关键帧，如图 10-112 所示。

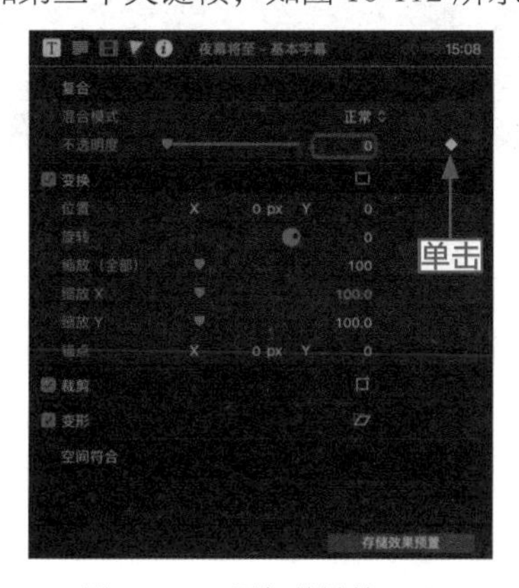

图 10-111　添加关键帧（2）

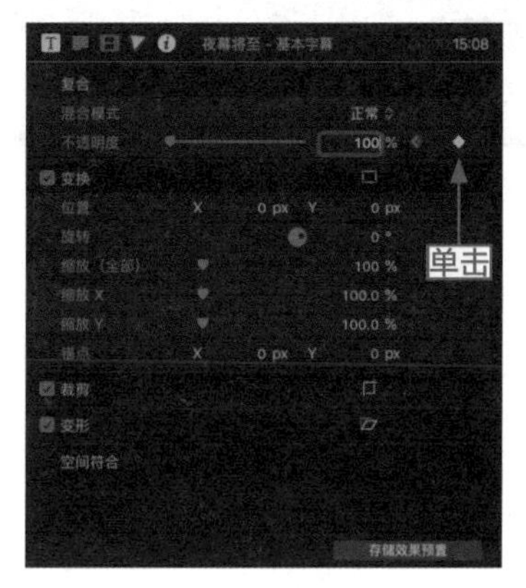

图 10-112　添加关键帧（3）

步骤07：调整时间指示器至合适位置，在“视频检查器”中，设置“不透明度”为50%，添加第四个关键帧，如图10-113所示。

步骤08：调整时间指示器至合适位置，在“视频检查器”中，设置“不透明度”为0，添加第五个关键帧，如图10-114所示。

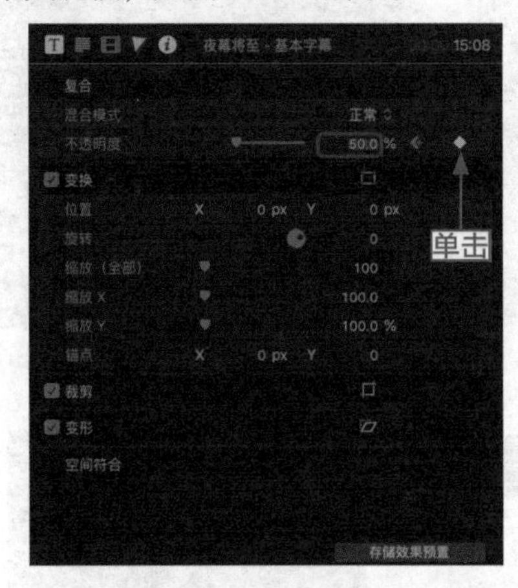

图10-113　添加关键帧（4）

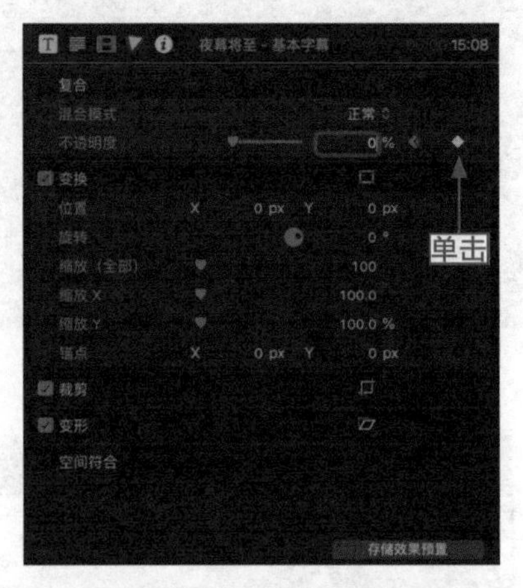

图10-114　添加关键帧（5）

步骤09：操作完成后，在检视器中查看字幕的淡入淡出效果，如图10-115所示。

图10-115　查看字幕的淡入淡出效果

10.4.4　开场字幕：制作璀璨夺目素材的开场字幕

制作字幕的开场效果是在视频的开始处添加一个字幕效果。下面介绍制作字幕开场效果的操作方法。

操练 + 视频　10.4.4　开场字幕：制作璀璨夺目素材的开场字幕

素材文件	素材 \ 第 10 章 \ 璀璨夺目 .mp4	扫描封底文泉云盘的二维码获取资源
效果文件	效果 2：第 8 章 – 第 15 章 \ 第 10 章 \10.4.4　璀璨夺目 .fcpbundle	
视频文件	视频 \ 第 10 章 \10.4.4　开场字幕：制作璀璨夺目素材的开场字幕 .mp4	

步骤 01：在“时间线”面板中导入一段视频素材（素材 \ 第 10 章 \ 璀璨夺目 .mp4），如图 10-116 所示。

步骤 02：在检视器中预览导入的素材，如图 10-117 所示。

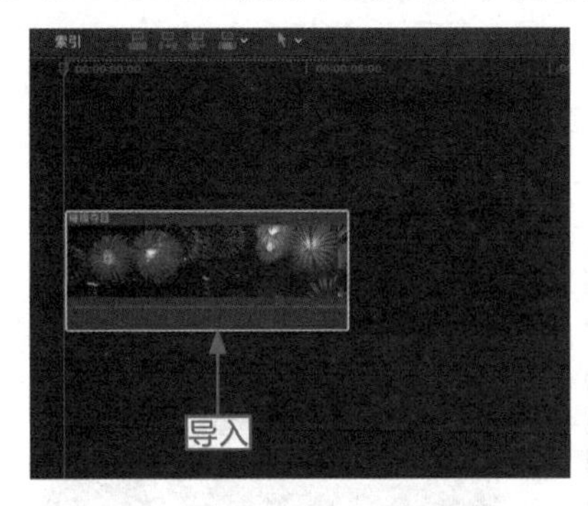

图 10-116　导入视频素材

图 10-117　预览导入的素材

步骤 03：单击事件浏览器中的“显示或隐藏‘字幕和发生器’边栏”按钮，如图 10-118 所示。

步骤 04：打开“字幕和发生器”面板，单击“字幕”左侧的倒三角按钮，展开“字幕”选项，如图 10-119 所示。

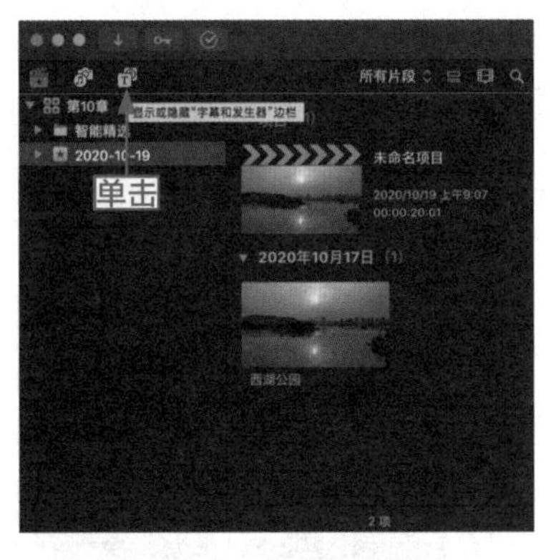

图 10-118　单击相应按钮

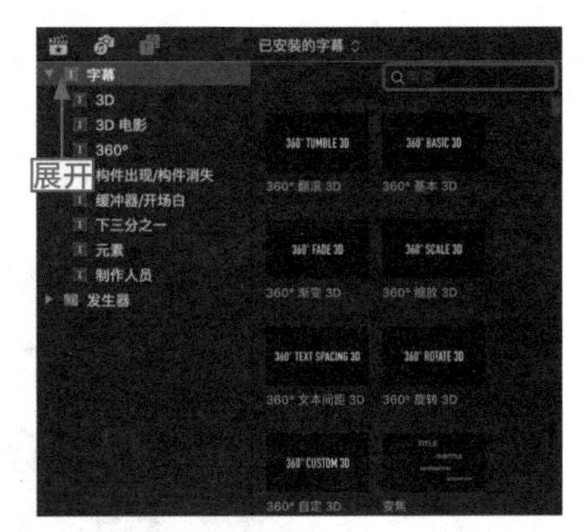

图 10-119　展开“字幕”选项

步骤 05：查看“字幕”选项区中的字幕效果，如图 10-120 所示。

步骤 06：在“字幕和发生器”面板中的搜索栏中输入文字“显示”，如图 10-121 所示，浏览器就会自动筛选出所有名称中有此文字的字幕。

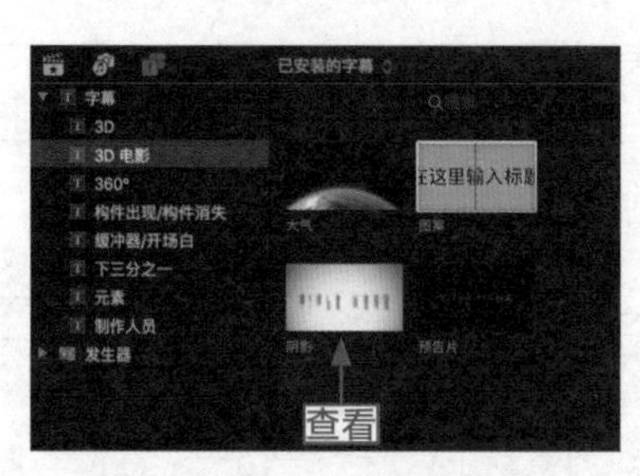

图 10-120　查看字幕效果

图 10-121　在搜索栏中输入文字

步骤 07：将时间指示器调整至素材的开始位置，在“字幕”选项区选择一个字幕效果，按 W 键，即可在素材的开始位置处添加一个开场字幕，如图 10-122 所示。

步骤 08：在检视器中输入相应文字，并设置“字体”为“楷体”、“大小”为 100.0，如图 10-123 所示。

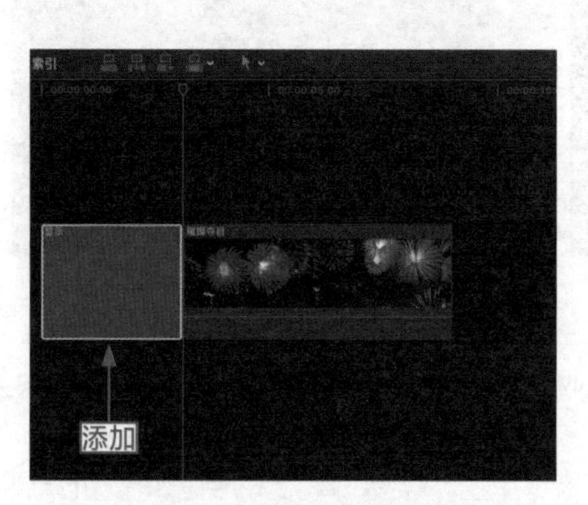

图 10-122　添加一个开场字幕

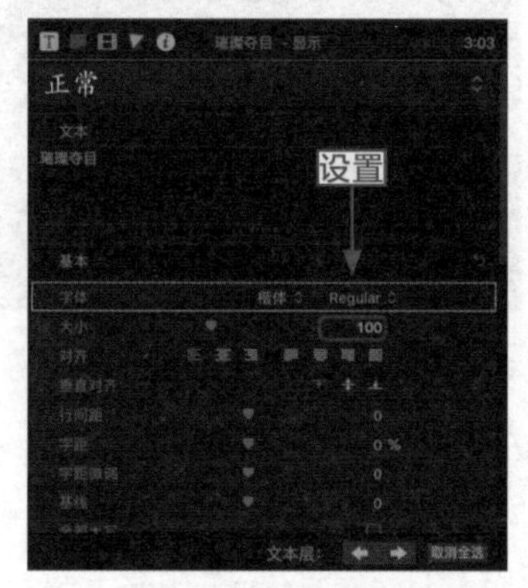

图 10-123　设置字幕属性

步骤 09：设置完成后，在检视器中单击左上角的“下一个文本层”按钮，如图 10-124 所示，切换至下一个文本层。

步骤 10：输入相应文字，在“字幕属性”面板中，设置“字体”为“黑体”、“大小”为 60.0，如图 10-125 所示。

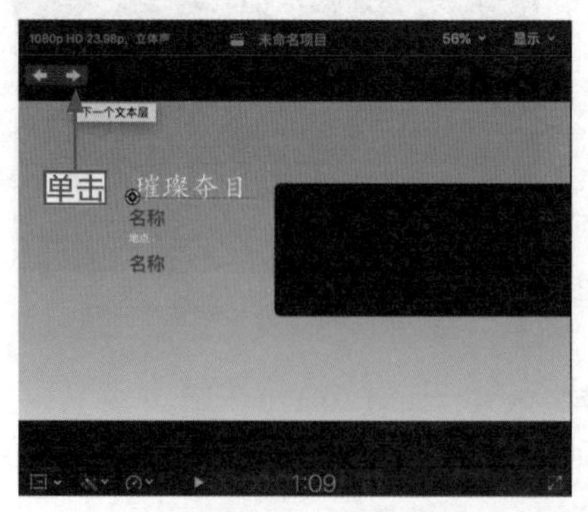

图 10-124　单击“下一个文本层”按钮

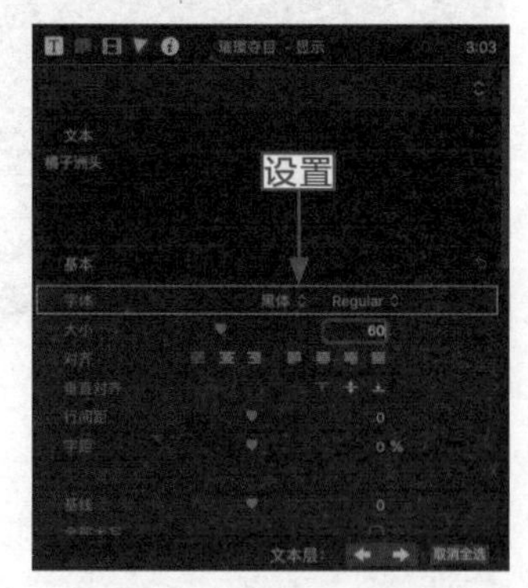

图 10-125　设置文字属性

步骤 11：执行上述操作后，在检视器中预览制作的开场字幕效果，如图 10-126 所示。

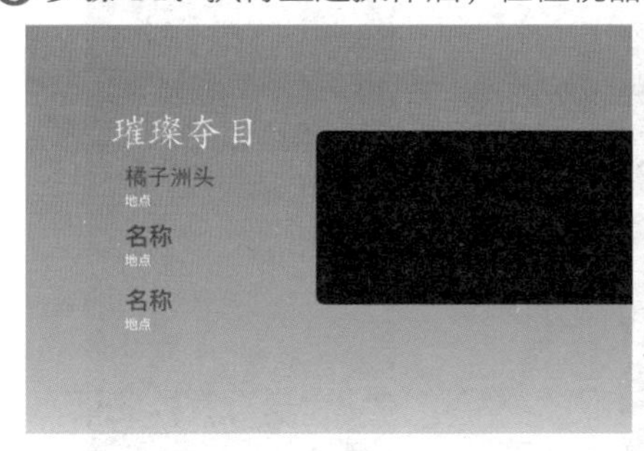

图 10-126　预览制作的开场字幕效果

10.4.5　复制字幕：复制栖息素材的字幕样本

操练 + 视频　10.4.5　复制字幕：复制栖息素材的字幕样本

素材文件	素材 \ 第 10 章 \ 栖息 .mp4	扫描封底文泉云盘的二维码获取资源
效果文件	效果 2：第 8 章 – 第 15 章 \ 第 10 章 \10.4.5　栖息 .fcpbundle	
视频文件	视频 \ 第 10 章 \ 10.4.5　复制字幕：复制栖息素材的字幕样本 .mp4	

有时为了保证字幕的格式一致，可以直接对字幕样本进行复制，之后再更改相应文字内容。下面介绍复制字幕的操作方法。

步骤 01：在"时间线"面板中导入一段视频素材（素材 \ 第 10 章 \ 栖息 .mp4），如图 10-127 所示。

步骤 02：在"时间线"面板中添加一个字幕文本，双击文本框，在检视器中输入相应文字，如图 10-128 所示。

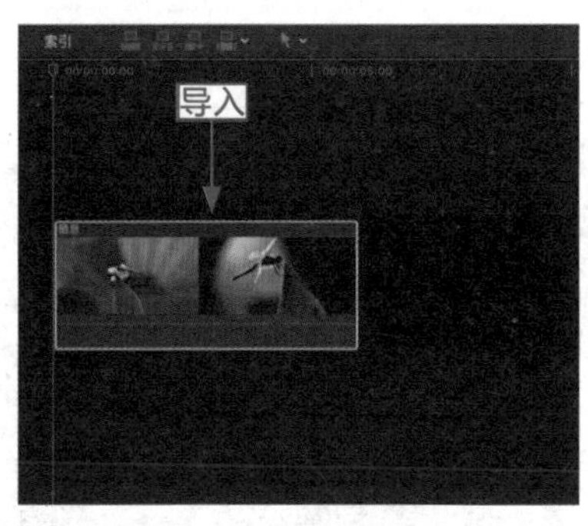

图 10-127　导入视频素材

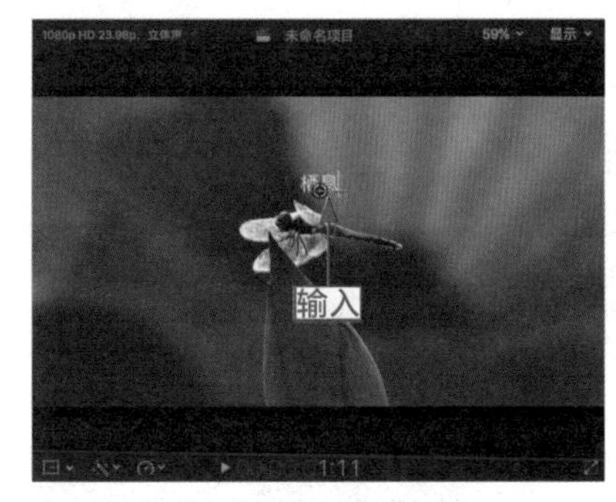

图 10-128　输入相应文字

步骤 03：设置"字体"为"隶书"、"大小"为 200.0、"颜色"为蓝色，如图 10-129 所示。

步骤 04：设置完成后，选中"时间线"面板中的字幕文本，选择"编辑" | "拷贝"命令，如图 10-130 所示。

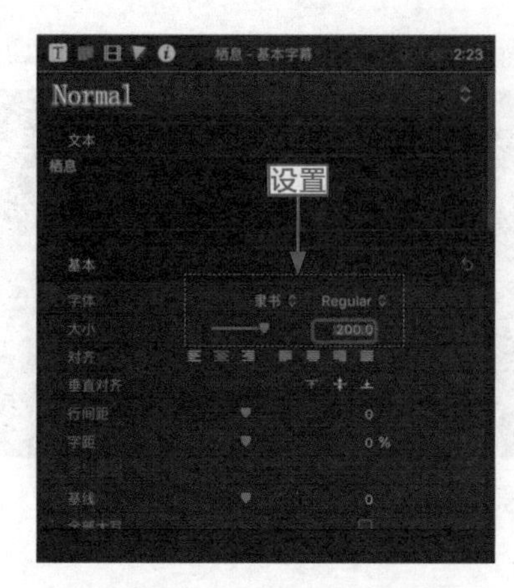

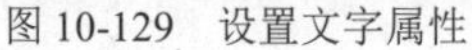

图 10-129　设置文字属性

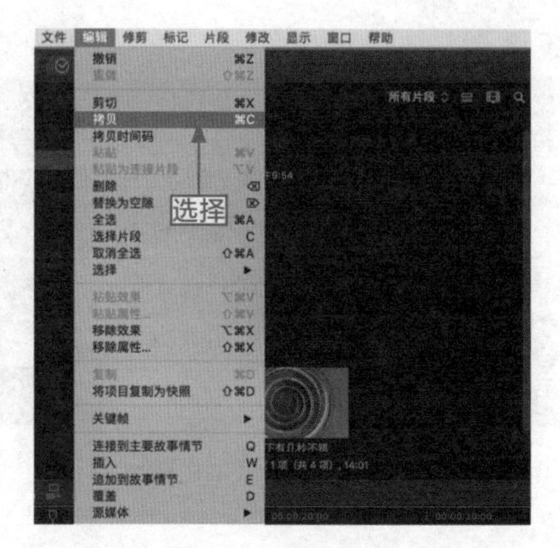

图 10-130　选择“拷贝”命令

步骤 05：将时间指示器移动到需要复制字幕的位置，选择“编辑”|“粘贴”命令，如图 10-131 所示。

步骤 06：执行操作后，即可成功复制一个字幕文本，如图 10-132 所示。

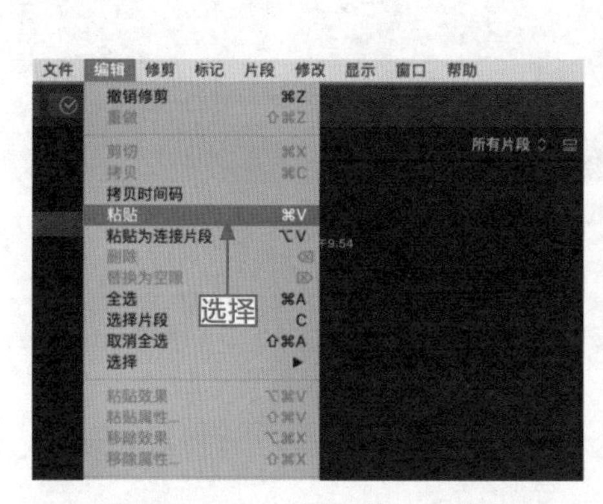

图 10-131　选择“粘贴”命令

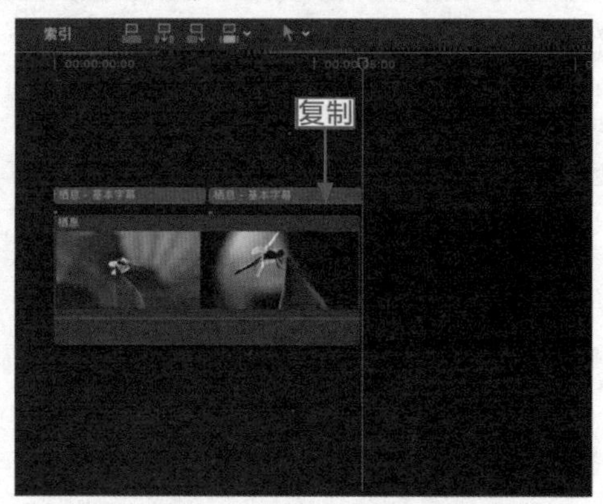

图 10-132 复制一个字幕文本

步骤 07：在检视器中单击“播放”按钮，预览复制的字幕效果，如图 10-133 所示。

图 10-133　预览复制的字幕效果

10.5　使用：掌握发生器与字幕的应用

发生器是 Final Cut Pro X 中的素材模板，本节主要讲解发生器的应用操作，包括应用“时间码”发生器和“占位符”发生器等内容。

10.5.1　时间码：为梅溪湖素材添加时间码发生器

操练 + 视频	10.5.1　时间码：为梅溪湖素材添加时间码发生器	
素材文件	素材 \ 第 10 章 \ 梅溪湖 .mp4	扫描封底文泉云盘的二维码获取资源
效果文件	效果 2：第 8 章 – 第 15 章 \ 第 10 章 \10.5.1　梅溪湖 .fcpbundle	
视频文件	视频 \ 第 10 章 \10.5.1　时间码：为梅溪湖添加时间码发生器 .mp4	

“时间码”发生器可以在视频画面中添加一个时间码，用以表示小时、分、秒和帧数。下面介绍具体的操作步骤。

步骤 01：在“时间线”面板中导入一段视频素材（素材 \ 第 10 章 \ 梅溪湖 .mp4），如图 10-134 所示。

步骤 02：单击事件浏览器中的“显示或隐藏‘字幕和发生器’边栏”按钮，如图 10-135 所示。

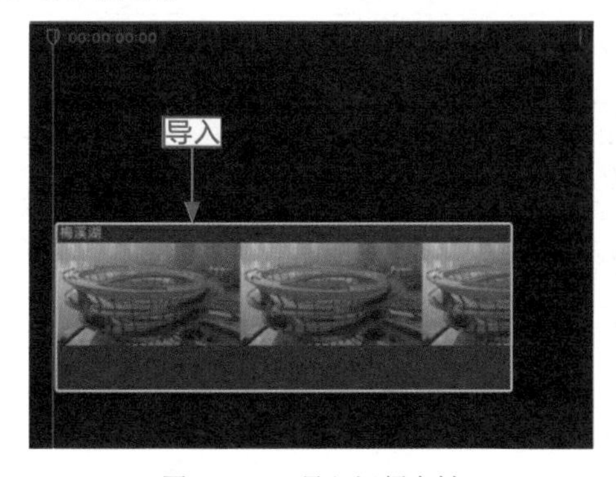

图 10-134　导入视频素材

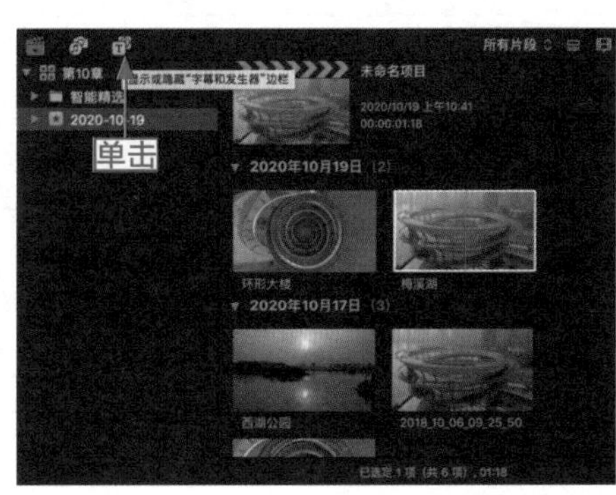

图 10-135　单击相应按钮

步骤 03：打开“字幕和发生器”面板，并展开“发生器”选项，在其中选择“时间码”发生器，如图 10-136 所示。

步骤 04：按住鼠标左键将“时音码”发生器拖曳至“时间线”面板中素材的上方，选择“修剪” | “延长编辑”命令，如图 10-137 所示，时间码片段会自动与素材片段对齐。

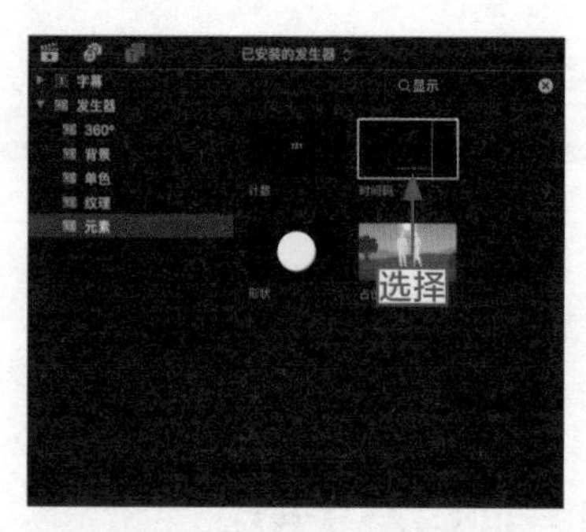

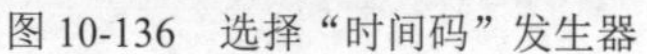

图 10-136　选择“时间码”发生器

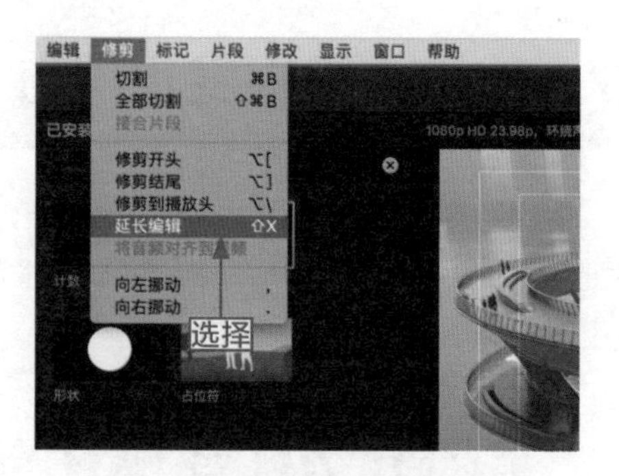

图 10-137　选择“延长编辑”命令

步骤 05：执行上述操作后，在检视器中显示出时间码标志，如图 10-138 所示。

图 10-138　预览制作的字幕效果

10.5.2　占位符：在素材画面中随意切换镜头

操练 + 视频　10.5.2　占位符：在素材画面中随意切换镜头

素材文件	无	扫描封底文泉云盘的二维码获取资源
效果文件	效果 2：第 8 章 – 第 15 章 \ 第 10 章 \10.5.2　占位符 .fcpbundle	
视频文件	视频 \ 第 10 章 \10.5.2　占位符：在素材画面中随意切换镜头 .mp4	

“占位符”发生器可以切换素材镜头的远景或特写，方便用户进行观察。

步骤 01：单击事件浏览器中的“显示或隐藏‘字幕和发生器’边栏”按钮，如图 10-139 所示。

步骤 02：打开“字幕和发生器”面板，展开“发生器”选项，在其中选择“占位符”发生器，如图 10-140 所示，按住鼠标左键并拖曳其至“时间线”面板中。

步骤 03：打开“发生器检查器”面板，单击 Framing（框架）右侧的下拉按钮，在弹出的列表中选择 Close-up(CU)（特写）选项，如图 10-141 所示。

步骤 04：设置完成后，在检视器中预览画面效果，如图 10-142 所示。

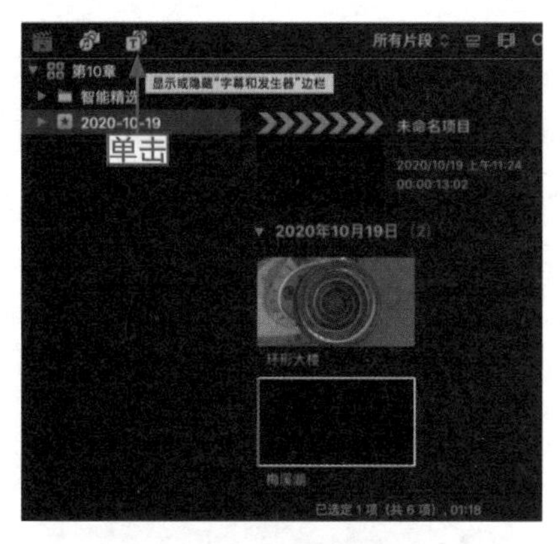

图 10-139　单击相应按钮

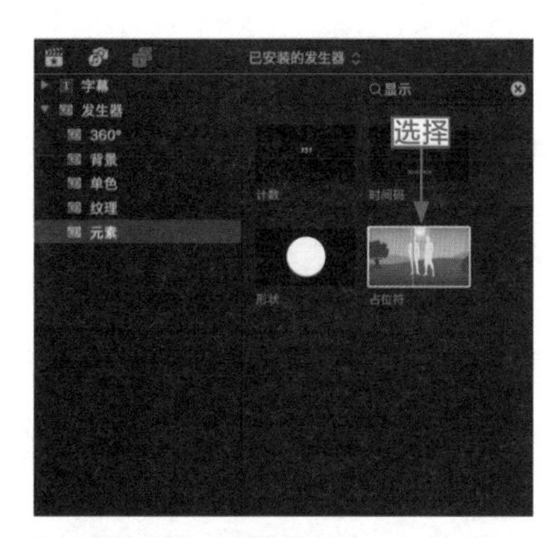

图 10-140　选择“占位符”发生器

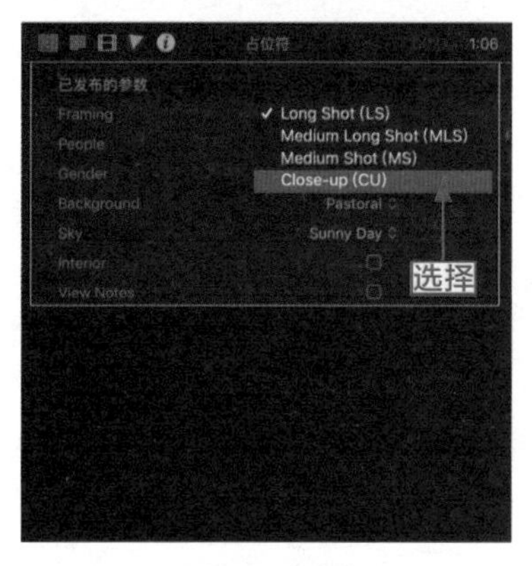

图 10-141　选择 Close-up(CU) 选项

图 10-142　预览画面效果

10.6　本章小结

本章主要介绍了制作视频字幕的操作方法，包括制作视频画面的字幕效果、调整视频素材的字幕属性、改变视频字幕的颜色效果、制作视频字幕的动画效果以及掌握发生器与字幕的应用等内容。掌握这些内容，用户可以为视频制作更多精彩的字幕效果。

PART FOUR 04

后期处理篇

CHAPTER 11
第 11 章

音效：制作背景音乐的音频特效

在Final Cut Pro X中，为视频添加优美动听的音乐，可以使制作的视频更上一个台阶。因此，音频的编辑与特效的制作是完成视频制作必不可少的一个重要环节。本章主要介绍录制声音与制作音频特效的方法，使制作的背景音乐更加动听与专业，希望读者熟练掌握本章内容。

~ 知识要点 ~

- 调整区域：调整音频轨道的某段音乐
- 音频音量：通过关键帧调整素材音量
- 调整音量：在检查器中调整音乐音量
- 均衡效果：给音频素材添加均衡效果
- 修正音频：对音频素材进行分析修正
- 声相模式：掌握打开声相的操作方法
- 音频通道：用音频通道管理音频素材
- 音频效果：给音频素材添加音频效果

~ 本章重点 ~

- 音频指示器：调整与控制音频素材
- 手动调整：根据需要调整音乐声音
- 添加转场：通过添加转场控制音频
- 立体声模式：增强音频素材立体效果

11.1 修正：音频素材的原始音质

在制作视频的过程中，背景音乐是必不可少的，音乐很多时候可以让视频画面看起来更有感染力。本节主要对音频的相关知识进行简单介绍。

11.1.1 音频指示器：调整与控制音频素材

如果用户需要对项目中的声音进行调整与控制，可以利用“音频指示器”对音频状况进行评估。

选择“窗口”|“在工作区中显示”|“音频指示器”命令，如图 11-1 所示；执行操作后，即可打开“音频指示器”面板，如图 11-2 所示。

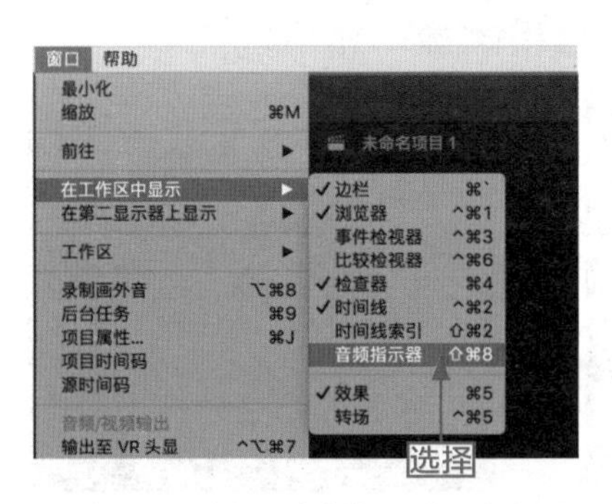

图 11-1　选择“音频指示器”命令

图 11-2　打开“音频指示器”面板

11.1.2　手动调整：根据需要调整音乐声音

操练 + 视频　11.1.2　手动调整：根据需要调整音乐声音

素材文件	素材 \ 第 11 章 \ 音乐 1.mp3	扫描封底文泉云盘的二维码获取资源
效果文件	效果 2：第 8 章 – 第 15 章 \ 第 11 章 \11.1.2　音乐 1.fcpbundle	
视频文件	视频 \ 第 11 章 \11.1.2　手动调整：根据需要调整音乐声音 .mp4	

在 Final Cut Pro X 中，用户可以根据需要调整音乐的音量，使整段音乐与视频更加协调，这在视频编辑中经常会用到。本节主要介绍调高与调低声音音量的操作方法。

步骤 01：在“时间线”面板中导入一段音频素材（素材 \ 第 11 章 \ 音乐 1.mp3），如图 11-3 所示。

步骤 02：单击“更改片段在时间线中的外观”按钮，如图 11-4 所示。

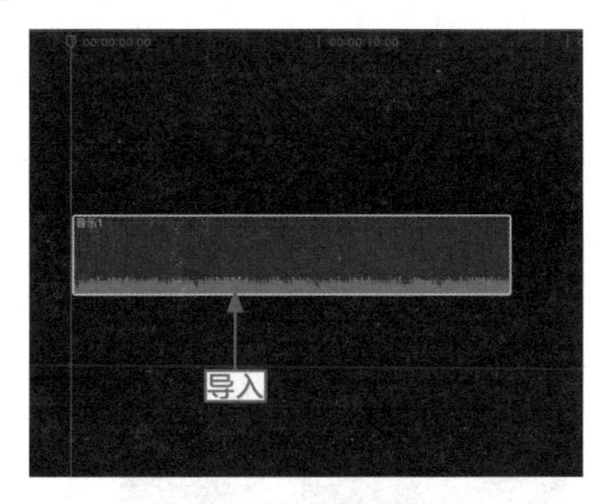

图 11-3　导入音频素材

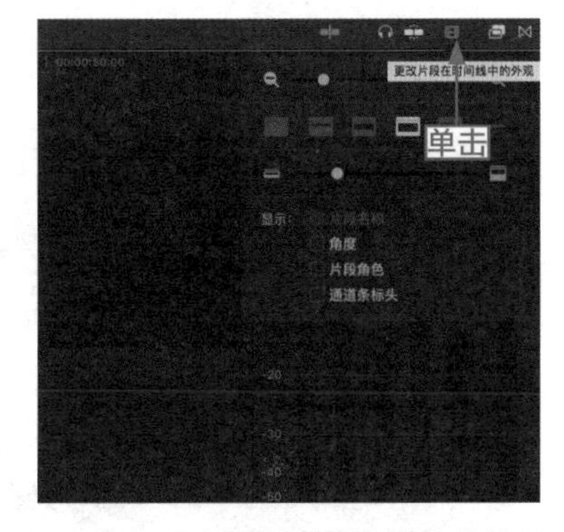

图 11-4　单击“更改片段在时间线中的外观”按钮

步骤 03：弹出“外观设置”对话框，向右拖曳“调整片段高度”滑块至合适位置，如

图 11-5 所示，调整素材的高度。

步骤 04：将鼠标指针移动到素材片段的横线上，鼠标指针呈双向箭头形状，此时素材上出现“0.0dB”字样，如图 11-6 所示，表示素材的音量在原始状态。

图 11-5　拖曳滑块至合适位置

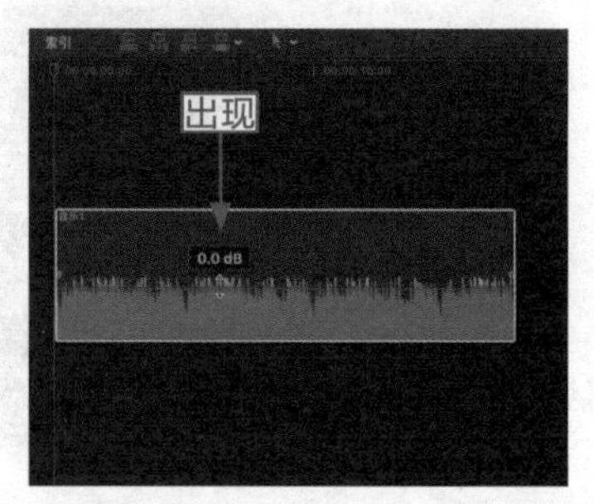

图 11-6　素材上出现“0.0dB”字样

步骤 05：按住鼠标左键向下拖曳横线，调整素材的音量参数为 -9.0dB，如图 11-7 所示。

步骤 06：用户如果对调整的参数不满意，可以在菜单中选择“修改”|“调整音量”|“还原（0dB）”命令，如图 11-8 所示，即可还原素材之前的音量参数。

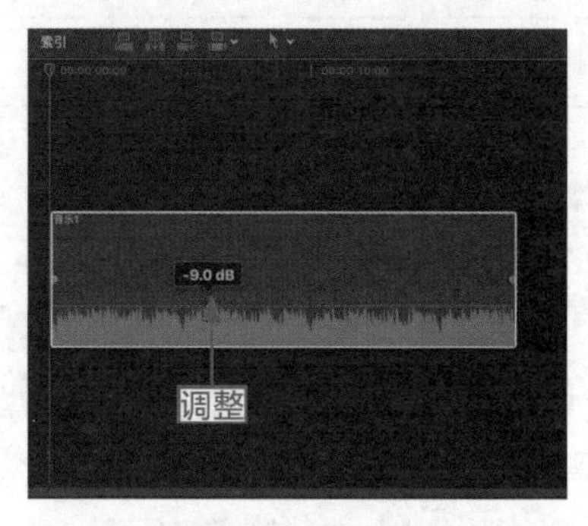

图 11-7　调整素材的音量参数为 -9.0dB

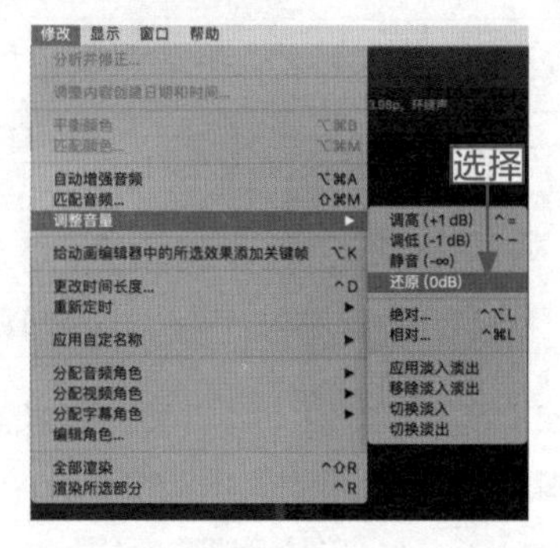

图 11-8　选择“还原（0dB）”命令

步骤 07：选择“修改”|“调整音量”|“调高（+1dB）”命令，如图 11-9 所示，可以将素材的音量更精准地调高。

步骤 08：此时，“时间线”面板上的素材音量会提高 1dB，如图 11-10 所示。

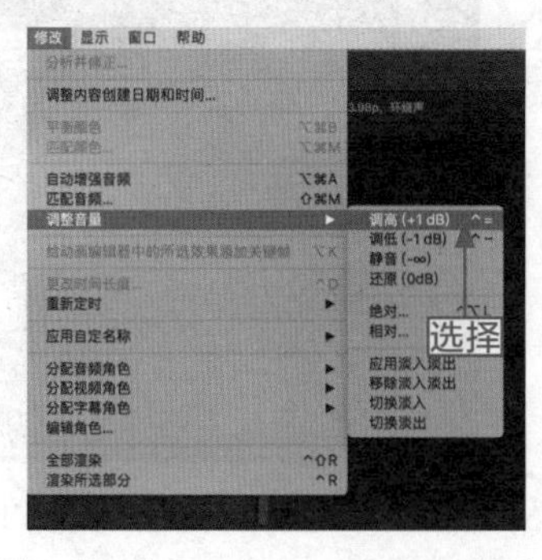

图 11-9　选择“调高（+1dB）”命令

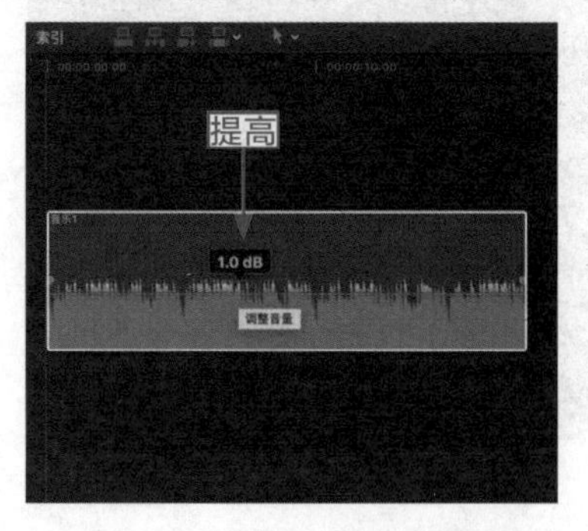

图 11-10　素材音量提高 1dB

步骤 09：选择“修改”|“调整音量”|“调低（-1dB）命令，如图 11-11 所示，可以将素材的音量更精准地调低。

步骤 10：执行操作后，“时间线”面板上的素材音量会降低 1dB，如图 11-12 所示。

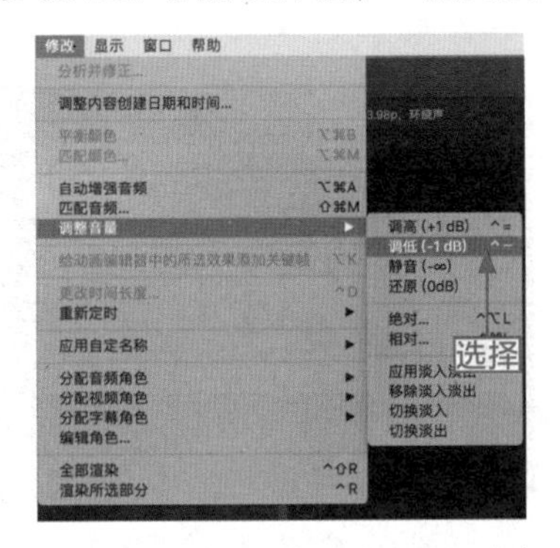

图 11-11　选择“调低（-1dB）”命令

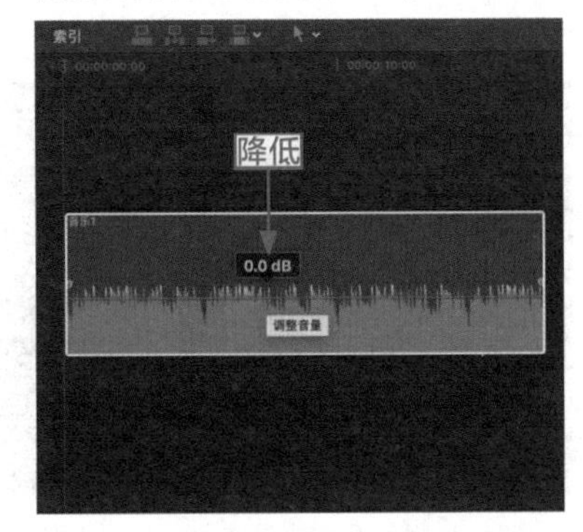

图 11-12　素材音量降低 1 分贝

11.1.3　调整区域：调整音频轨道的某段音乐

操练 + 视频	11.1.3　调整区域：调整音频轨道的某段音乐	
素材文件	素材 \ 第 11 章 \ 音乐 2.mp3	扫描封底文泉云盘的二维码获取资源
效果文件	效果 2：第 8 章 – 第 15 章 \ 第 11 章 \11.1.3　音乐 2.fcpbundle	
视频文件	视频 \ 第 11 章 \11.1.3　调整区域：调整音频轨道的某段音乐 .mp4	

用户可以根据需要对音频轨道中的某一段音乐进行调整，以更加仔细地查看音乐的音波和声调，以及轨道中的细节声线。本节主要介绍调整特定区域内音乐音量的操作方法。

步骤 01：在“时间线”面板中导入一段音频素材（素材 \ 第 11 章 \ 音乐 2.mp3），如图 11-13 所示。

步骤 02：在工具箱中选择范围选择工具，如图 11-14 所示。

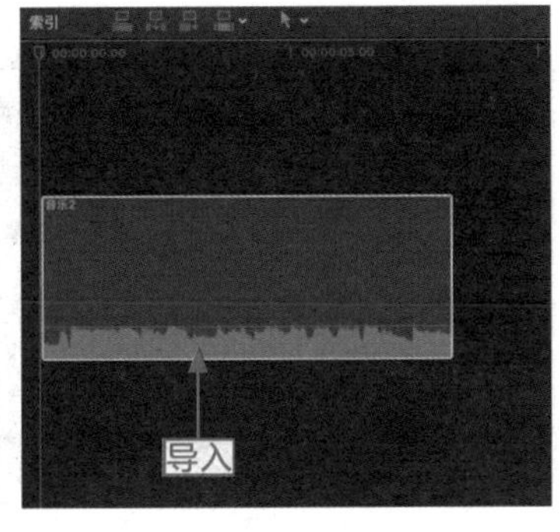

图 11-13　导入音频素材

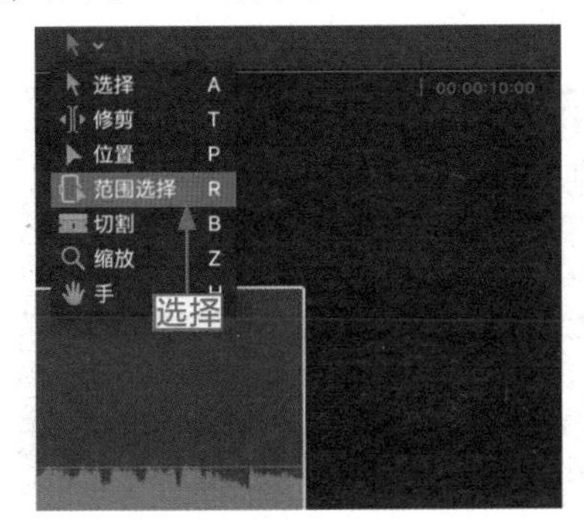

图 11-14　选择范围选择工具

步骤 03：在“时间线”面板中选中需要调整音量的区域，如图 11-15 所示。

步骤 04：将鼠标指针移动至素材片段缩略图的横线上，待鼠标指针变成双向箭头形状时，按住鼠标左键向下拖曳，释放鼠标左键，便可调整选中片段的音量，同时调整音量的横线上出现 4 个关键帧，如图 11-16 所示。

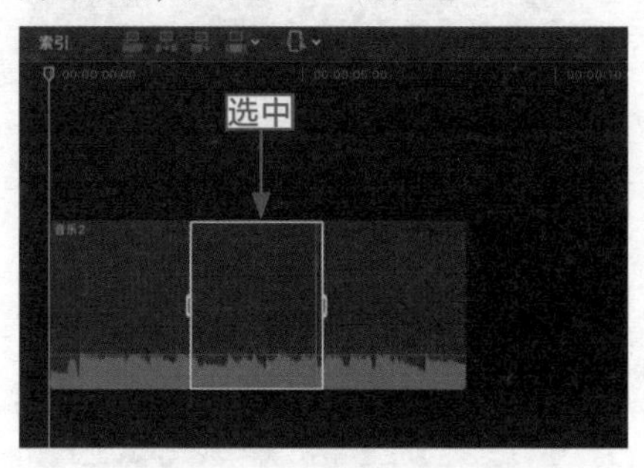

图 11-15　选中需要调整音量的区域

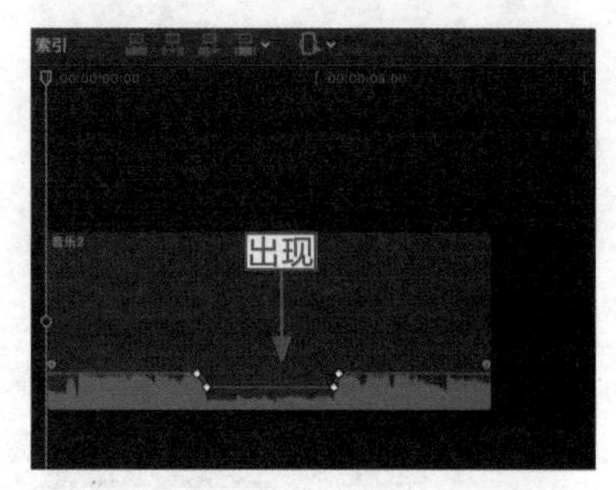

图 11-16　出现 4 个关键帧

11.1.4　音频音量：通过关键帧调整素材音量

操练 + 视频	11.1.4　音频音量：通过关键帧调整素材音量	
素材文件	素材 \ 第 11 章 \ 音乐 3.mp3	扫描封底文泉云盘的二维码获取资源
效果文件	效果 2：第 8 章 – 第 15 章 \ 第 11 章 \11.1.4　音乐 3.fcpbundle	
视频文件	视频 \ 第 11 章 \11.1.4　音频音量：通过关键帧调整素材音量 .mp4	

除以上讲到的两种方法外，用户还可以通过添加关键帧来调整音频素材的音量。下面介绍利用关键帧调整音频音量的操作方法。

步骤 01：在“时间线”面板中导入一段音频素材（素材 \ 第 11 章 \ 音乐 3.mp3），如图 11-17 所示。

步骤 02：按住 Option 键，将鼠标指针移动到素材缩略图的横线上，在合适位置单击，即可添加一个关键帧，如图 11-18 所示。

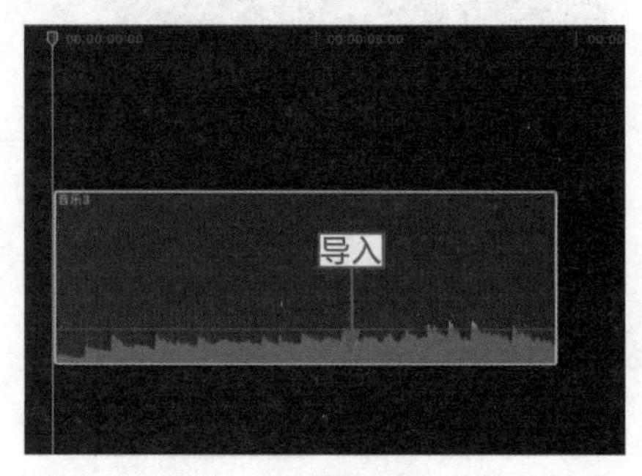

图 11-17　导入音频素材

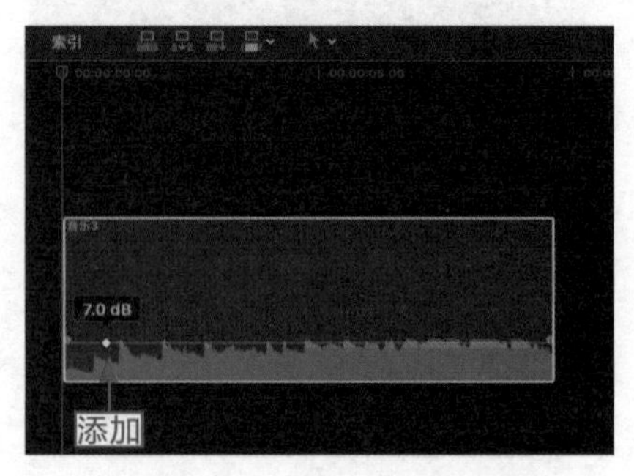

图 11-18　添加一个关键帧

步骤 03： 用与上同样的方法，依次在其他位置添加三个关键帧，如图 11-19 所示，拖曳横线可以调整音量。

步骤 04： 选择第四个关键帧，单击鼠标右键，在弹出的快捷菜单中选择“删除关键帧”命令，如图 11-20 所示，即可删除该关键帧。

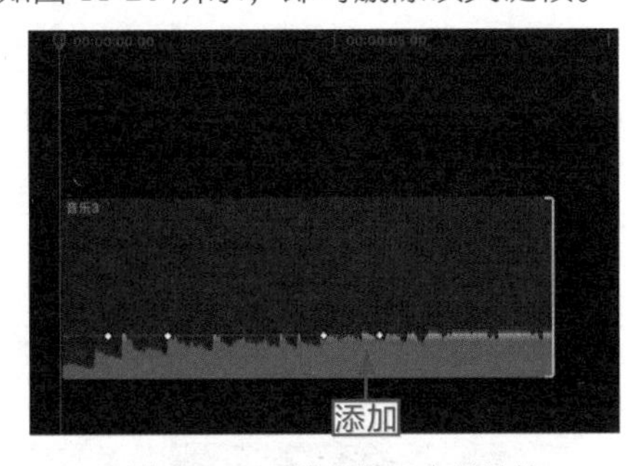

图 11-19　再次添加 3 个关键帧

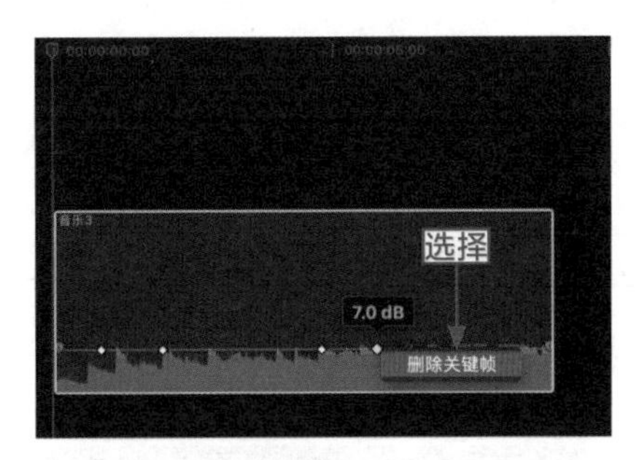

图 11-20　选择“删除关键帧”命令

步骤 05： 如果需要同时删除多个关键帧，在工具箱中选择范围选择工具，框选需要进行删除的关键帧区域范围，单击鼠标右键，在弹出的快捷菜单中选择“删除关键帧”命令，如图 11-21 所示。

步骤 06： 执行操作后，即可同时删除多个关键帧，如图 11-22 所示。

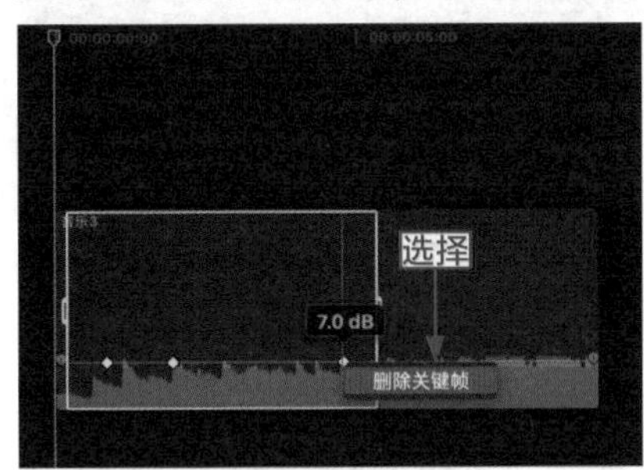

图 11-21　选择“删除关键帧”命令

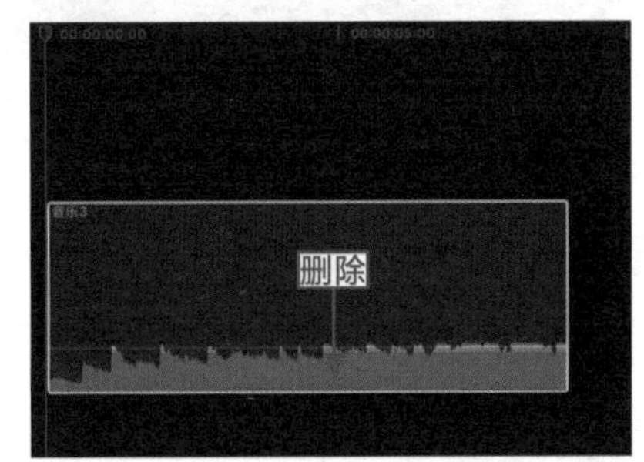

图 11-22　删除多个关键帧

11.2　调音：适当调整音频的音量

在 Final Cut Pro X 中，用户可以对音频素材进行适当的处理，让音频达到更好的效果。本节将详细介绍编辑音频效果的操作方法。

11.2.1　音频渐变：让背景音乐音量高入低出

创建音频渐变效果可以让音频从最低音量逐渐提高或者从最高音量逐渐降低。下面介绍具体操作方法。

操练+视频　11.2.1　音频渐变：让背景音乐音量高入低出

素材文件	素材 \ 第 11 章 \ 音乐 4.mp3	扫描封底文泉云盘的二维码获取资源
效果文件	效果 2：第 8 章 – 第 15 章 \ 第 11 章 \11.2.1　音乐 4.fcpbundle	
视频文件	视频 \ 第 11 章 \11.2.1 音频渐变：让背景音乐音量高入低出 .mp4	

步骤 01：在“时间线”面板中导入一段音频素材（素材 \ 第 11 章 \ 音乐 4.mp3），如图 11-23 所示。

步骤 02：将鼠标指针移动到“时间线”面板素材的第一个白色滑块上，按住鼠标左键并向右拖曳滑块至合适位置，然后释放鼠标左键，如图 11-24 所示。

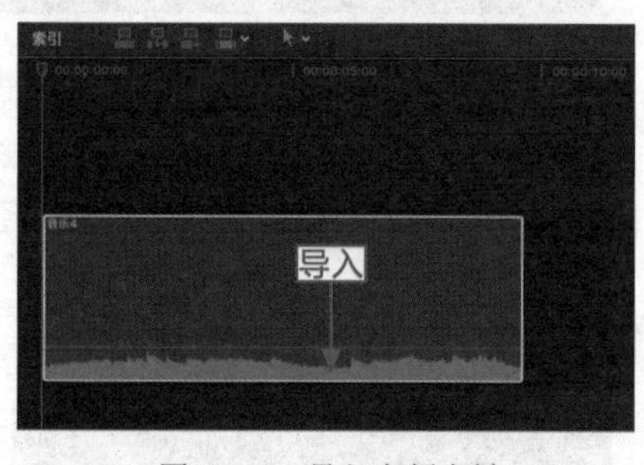

图 11-23　导入音频素材

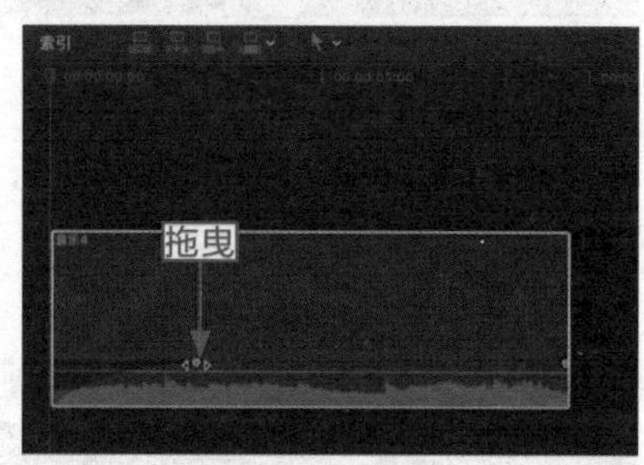

图 11-24　拖曳白色滑块至合适位置

步骤 03：在滑块上单击鼠标右键，在弹出的菜单中选择“S 曲线”选项，如图 11-25 所示。

步骤 04：执行操作后，即可改变音频渐变的类型，如图 11-26 所示。

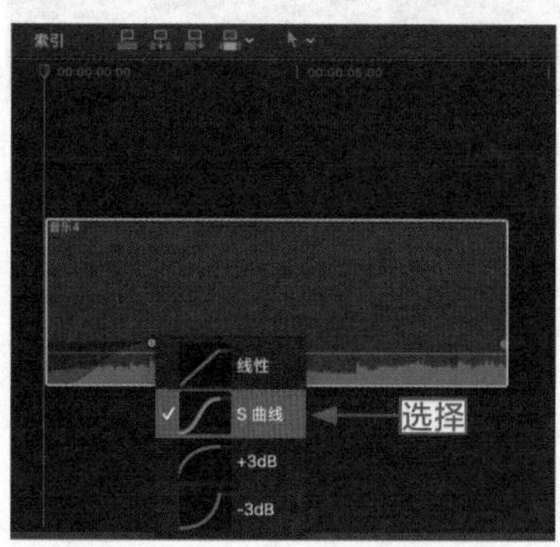

图 11-25　选择“S 曲线”选项

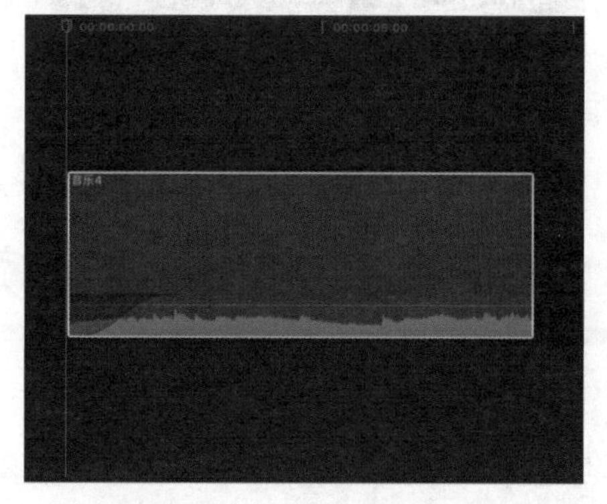

图 11-26　改变音频渐变的类型

11.2.2　添加转场：通过添加转场控制音频

在运用 Final Cut Pro X 调整音频时，往往会使用多个音频素材。因此，用户需要通过添加转场效果来控制音频的最终效果。

操练 + 视频　11.2.2　添加转场：通过添加转场控制音频

素材文件	素材 \ 第 11 章 \ 音乐 5.mp3、音乐 6.mp3	扫描封底文泉云盘的二维码获取资源
效果文件	效果 2：第 8 章－第 15 章 \ 第 11 章 \11.2.2　音乐 5.fcpbundle	
视频文件	视频 \ 第 11 章 \11.2.2　添加转场：通过添加转场控制音频 .mp4	

步骤 01：在“时间线”面板中导入两段音频素材（素材 \ 第 11 章 \ 音乐 5.mp3、音乐 6.mp3），如图 11-27 所示。

步骤 02：单击音频片段间的编辑点，如图 11-28 所示。

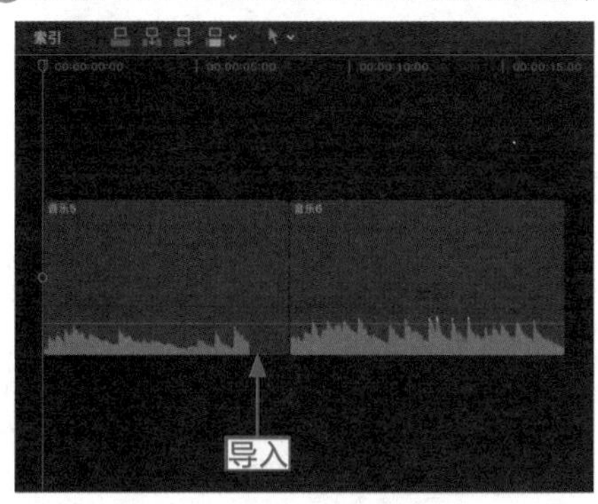

图 11-27　导入音频素材

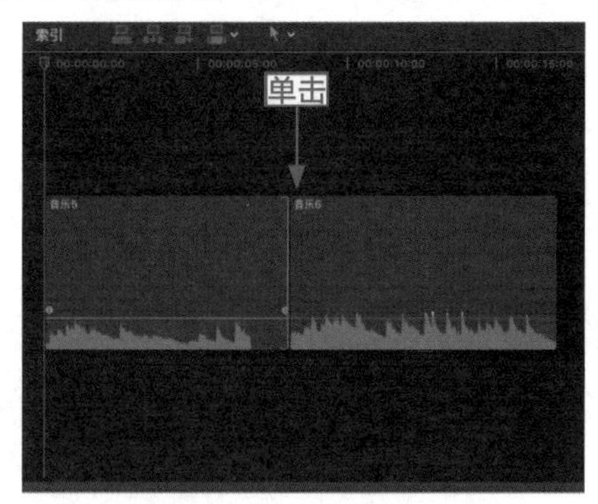

图 11-28　单击编辑点

步骤 03：选择“编辑”|“添加交叉叠化”命令，如图 11-29 所示。

步骤 04：执行操作后，即可在“时间线”面板中的素材之间添加一个“交叉叠化”转场效果，如图 11-30 所示。

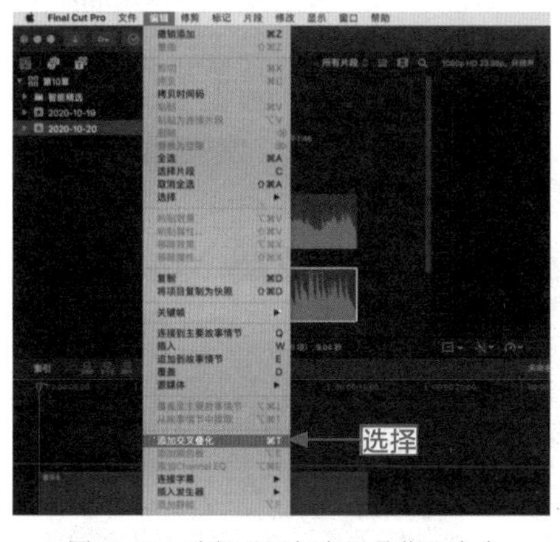

图 11-29　选择“添加交叉叠化”命令

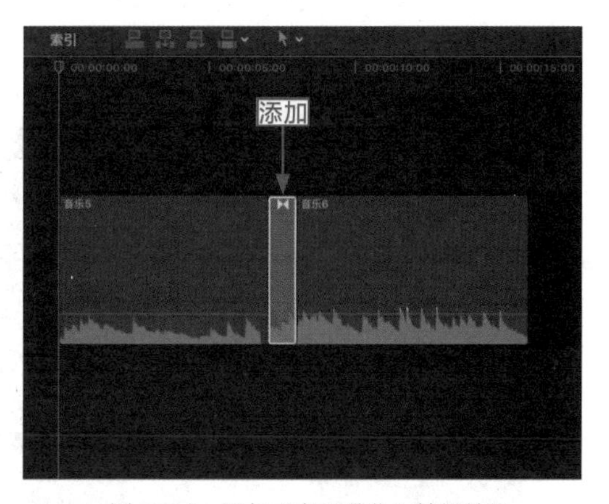

图 11-30　添加“交叉叠化”转场效果

步骤 05：单击“时间线”面板上添加的转场效果，打开“转场检查器”，查看“交叉叠化”转场信息，如图 11-31 所示。

步骤 06：单击“淡入类型”右侧“S 曲线”旁边的下拉按钮，在弹出的下拉列表中选择“S 曲线”选项，如图 11-32 所示，修改音频片段的淡入类型。

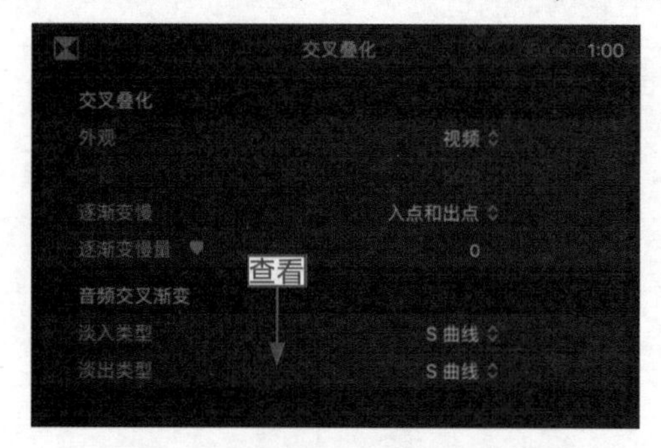

图 11-31　查看“交叉叠化”转场信息

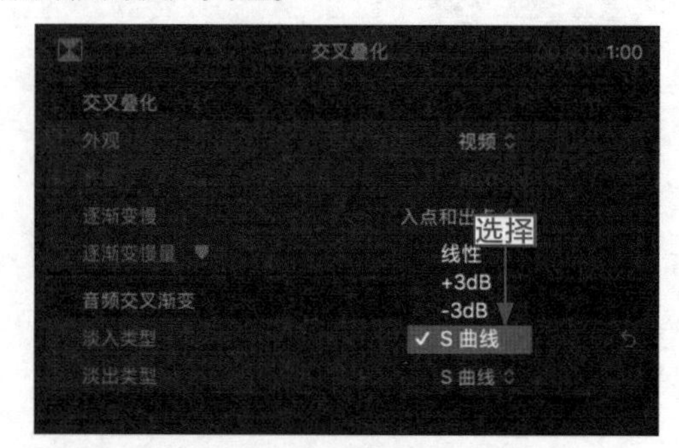

图 11-32　选择“S 曲线”选项

11.2.3　调整音量：在检查器中调整音乐音量

操练＋视频　11.2.3　调整音量：在检查器中调整音乐音量

素材文件	素材 \ 第 11 章 \ 音乐 7.mp3	扫描封底文泉云盘的二维码获取资源
效果文件	效果 2：第 8 章－第 15 章 \ 第 11 章 \11.2.3　音乐 7.fcpbundle	
视频文件	视频 \ 第 11 章 \11.2.3　调整音量：在检查器中调整音乐音量 .mp4	

调整音量的方式有很多种，除之前讲到的在“时间线”面板中调整音量之外，用户还可以在检查器中调整音频素材的音量。

步骤 01：在“时间线”面板中导入一段音频素材（素材 \ 第 11 章 \ 音乐 7.mp3），如图 11-33 所示。

步骤 02：打开“信息检查器”，在其中查看音频素材的信息，如图 11-34 所示。

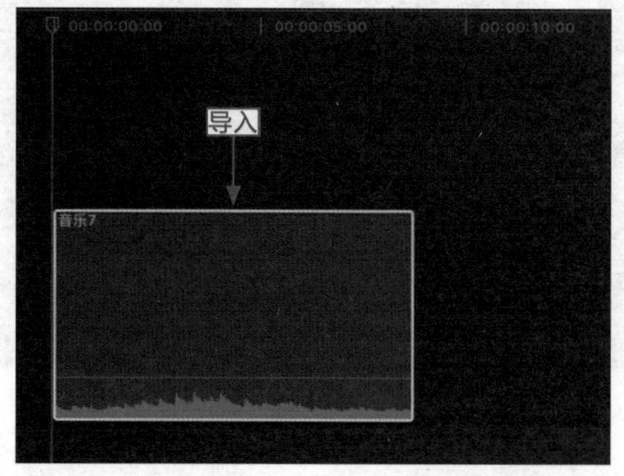

图 11-33　导入音频素材

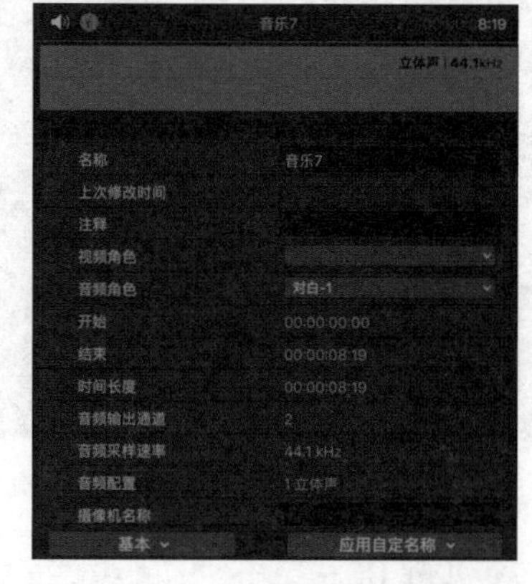

图 11-34　查看音频素材的信息

步骤 03：单击“显示音频检查器”按钮，切换至“音频检查器”，如图 11-35 所示。

步骤 04：拖曳“音量”旁边的滑块，调整参数为 -8.1dB，如图 11-36 所示。

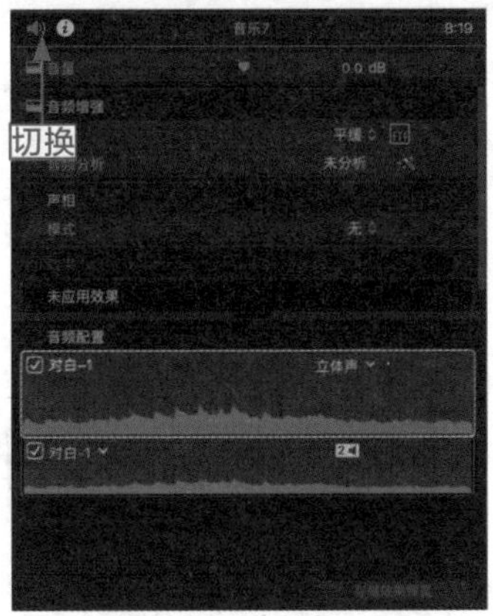

图 11-35　切换至“音频检查器”

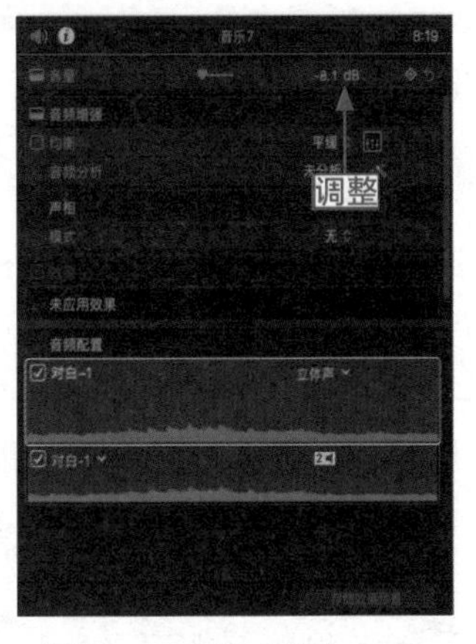

图 11-36　调整参数为 -8.1dB

步骤 05：单击 -8.1dB 参数，此时会出现一个文本框，在其中输入准确的数值，如图 11-37 所示。

步骤 06：输入完成后，按 Enter 键确认，即可成功调整音频素材的音量，如图 11-38 所示。

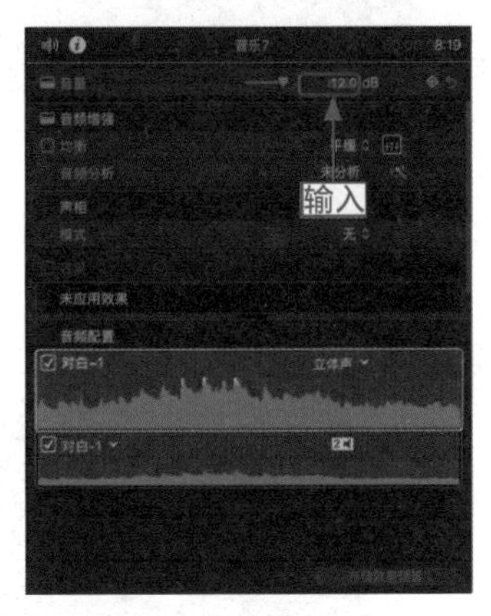

图 11-37　输入准确的数值

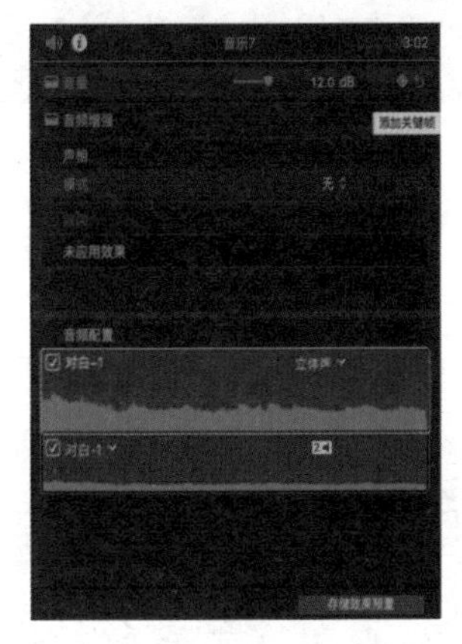

图 11-38　成功调整音频素材的音量

11.2.4　均衡效果：给音频素材添加均衡效果

在 Final Cut Pro X 中，音频均衡效果可提供最大限度的音调均衡控制。下面介绍设置音频均衡效果的操作方法。

操练 + 视频 11.2.4 均衡效果：给音频素材添加均衡效果

素材文件	无	扫描封底文泉云盘的二维码获取资源
效果文件	无	
视频文件	视频 \ 第 11 章 \11.2.4 均衡效果：给音频素材添加均衡效果 .mp4	

步骤 01：以上一节的素材效果为例，修改音频音量为合适参数单击“音频增强”旁边的“显示”按钮，如图 11-39 所示。

步骤 02：展开“音频增强”选项，选中“均衡”选项前面的复选框，如图 11-40 所示。

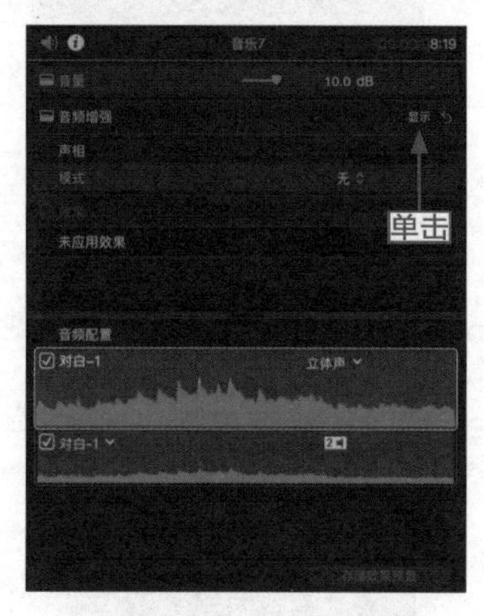

图 11-39 单击“显示”按钮

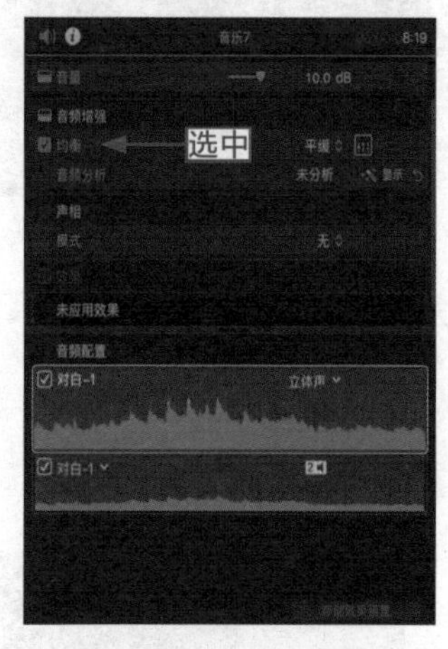

图 11-40 选中复选框

步骤 03：单击“平缓”右侧的下拉按钮，在弹出的下拉列表中选择“音乐增强”选项，如图 11-41 所示。

步骤 04：切换完均衡效果后，单击“显示高级均衡器 UI”按钮，如图 11-42 所示。

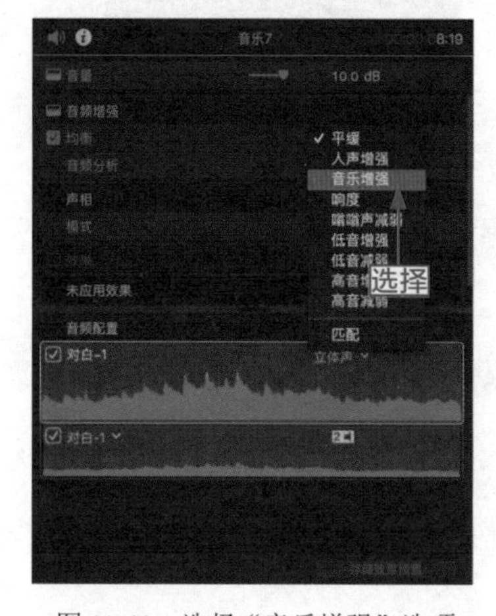

图 11-41 选择“音乐增强”选项

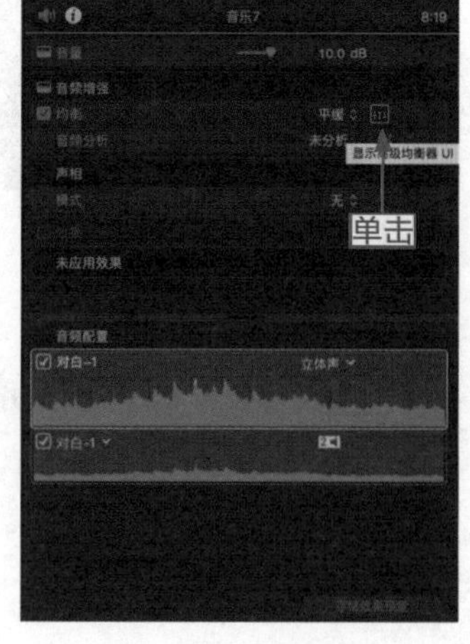

图 11-42 单击“显示高级均衡器 UI”按钮

步骤 05：打开“图形均衡器”面板，单击“平缓”右侧的下拉按钮，在弹出的下拉列表中选择“音乐增强”选项，如图 11-43 所示。

步骤 06：切换效果后，均衡器中各滑块的位置发生了变化，如图 11-44 所示。

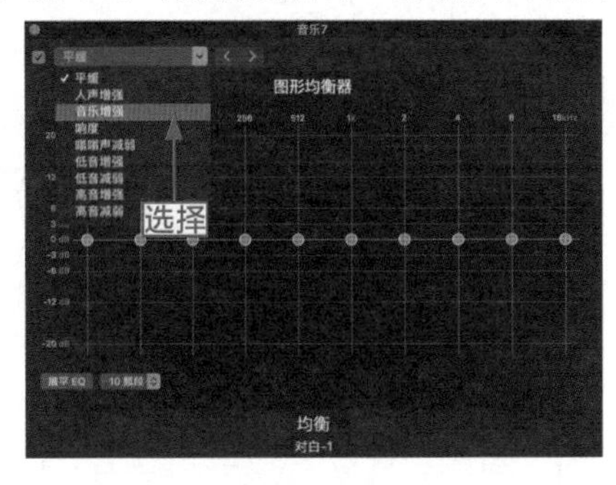

图 11-43　选择“音乐增强”选项

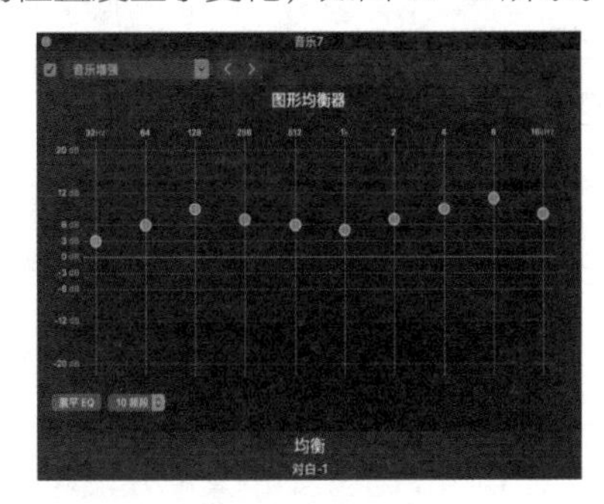

图 11-44　各滑块位置发生变化

步骤 07：选择均衡器中的第三个滑块，按住鼠标左键向上拖曳，如图 11-45 所示，调整声音效果。

步骤 08：单击第三个滑块，框选频段栏中的前面两个频段，在其中拖曳任意一个滑块，其他滑块也会跟着移动，如图 11-46 所示。

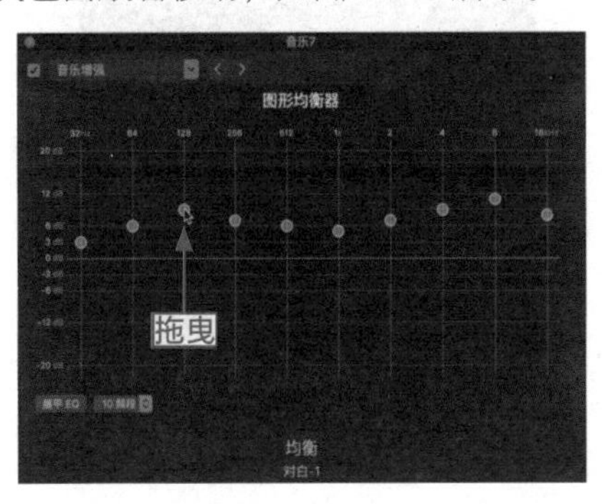

图 11-45　拖曳滑块

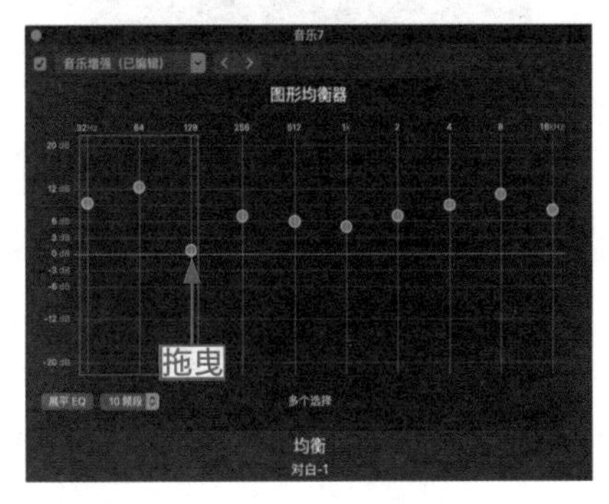

图 11-46　拖曳任意滑块

步骤 09：单击“图形均衡器”左下角“10 频段”右侧的下拉按钮，在弹出的下拉列表中选择“31 频段”选项，如图 11-47 所示。

步骤 10：执行操作后，即可修改“图形均衡器”中的频段数，如图 11-48 所示。

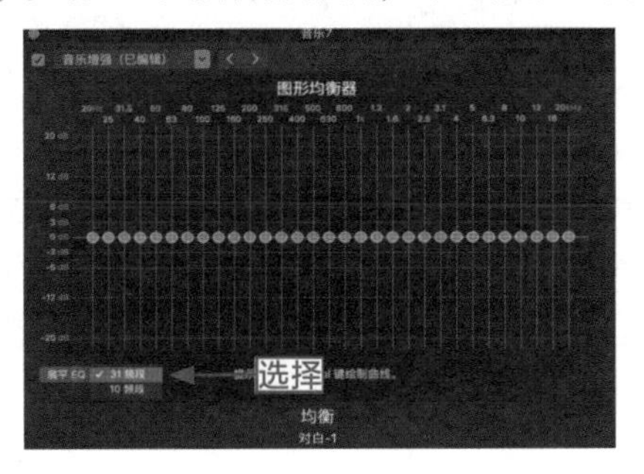

图 11-47　选择“31 频段”选项

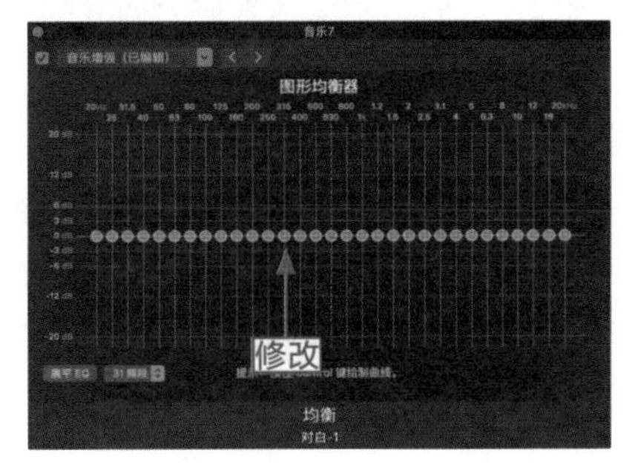

图 11-48　频段数被修改

11.2.5 修正音频：对音频素材进行分析修正

操练＋视频	11.2.5 修正音频：对音频素材进行分析修正	
素材文件	无	扫描封底文泉云盘的二维码获取资源
效果文件	无	
视频文件	视频\第11章\11.2.5 修正音频：对音频素材进行分析修正.mp4	

在Final Cut Pro X中，可以在检查器中通过“音频分析”对音频素材进行分析，下面进行详细介绍。

步骤01： 以上一节的素材效果为例，打开“音频检查器”，可以看到“音频分析”右侧是“未分析”的状态，如图11-49所示。

步骤02： 在“音频增强”选项区中，单击“音频增强”按钮，如图11-50所示。

图11-49 “音频分析”右侧是“未分析”的状态

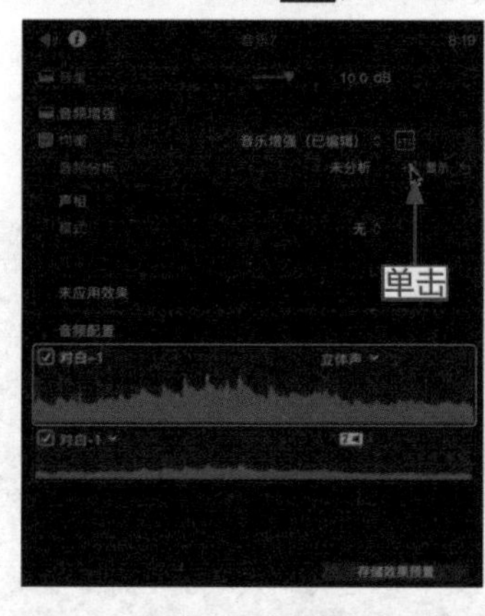

图11-50 单击“音频增强”按钮

步骤03： 开始对音频进行分析，分析完成后，“音频增强”按钮前面出现了一个绿色圆形“√”标志，如图11-51所示。

步骤04： 完成音频分析后，单击“显示”按钮，如图11-52所示。

步骤05： 展开“音频分析”隐藏的选项，如图11-53所示。可以看到，经过分析没有问题的选项后方都有一个绿色圆形“√”标志。

步骤06： 如果用户觉得对音频降噪的程度还不够，可以拖曳“降噪”选项区“数量”旁边的滑块，如图11-54所示。

步骤07： 另外，还可以在菜单栏中选择“修改”|“自动增强音频”命令，如图11-55所示；或者单击检视器下方“选区颜色校正和音频增强”右侧的下拉按钮，在弹出的下拉列表中选择“自动增强音频”选项，对音频素材进行修正，如图11-56所示。

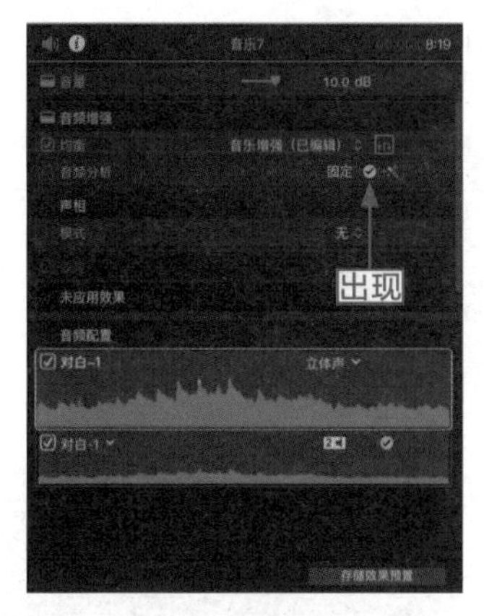

图 11-51　出现绿色圆形“√”标志

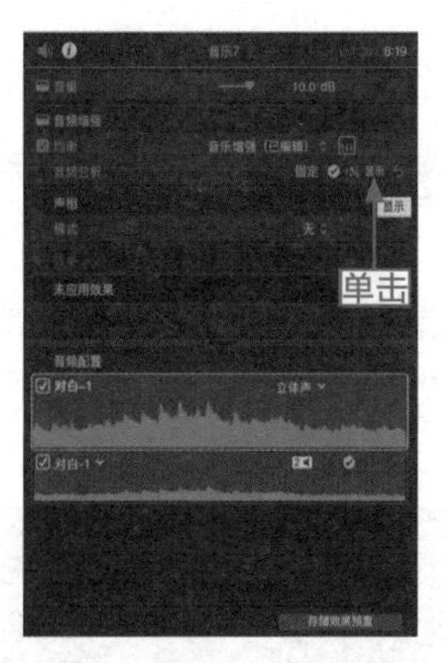

图 11-52　单击“显示”按钮

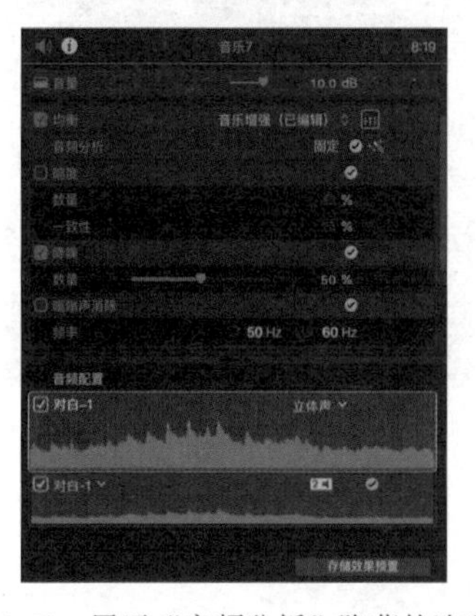

图 11-53　展开“音频分析”隐藏的选项

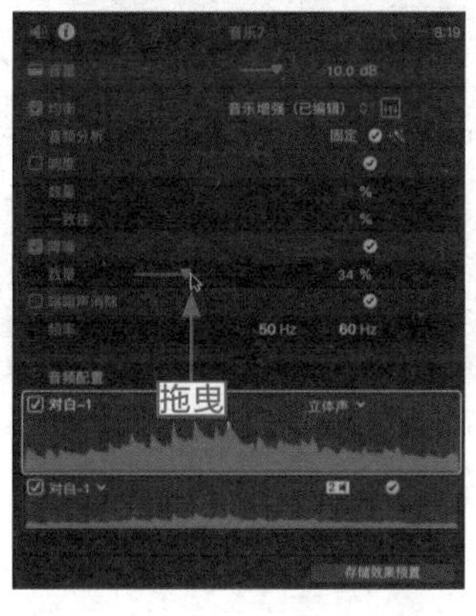

图 11-54　拖曳“数量”旁边的滑块

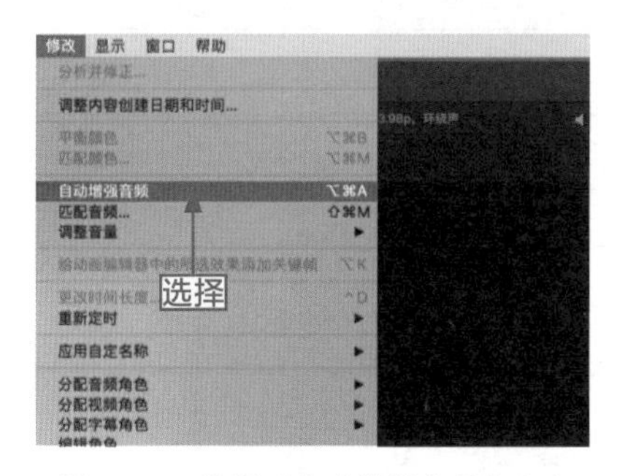

图 11-55　选择“自动增强音频”命令

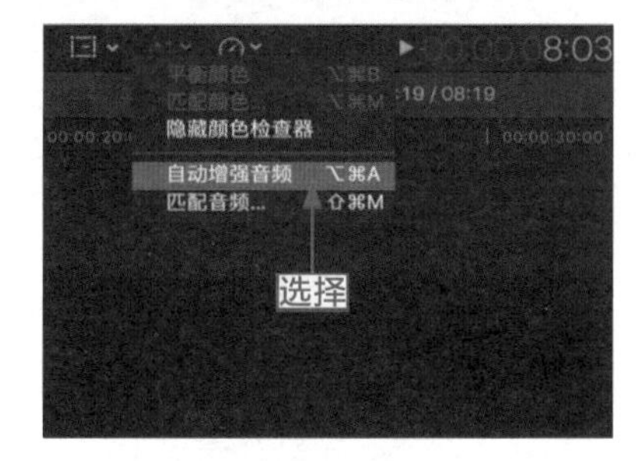

图 11-56　选择“自动增强音频”选项

11.3　切换：声相模式增添立体感

切换声相模式可以快速地改变声音的定位，Final Cut Prox 中包括立体声和环绕声两种声相模式。本节介绍如何通过切换声相模式制作声音的立体感。

11.3.1 声相模式：掌握打开声相的操作方法

“声相”选项位于“音频检查器”的“音频增强”选项区中，用户可以在这里调整声相的模式，单击“显示”按钮，如图 11-57 所示，查看声相模式的相关参数；单击“隐藏”按钮，如图 11-58 所示，即可隐藏模式参数。

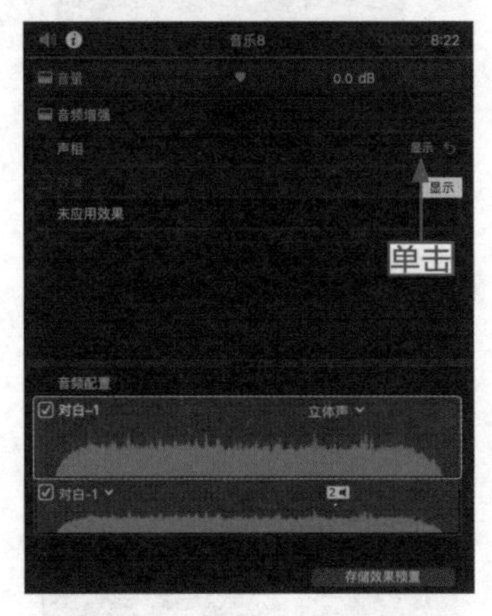

图 11-57 单击“显示”按钮

图 11-58 单击“隐藏”按钮

11.3.2 立体声模式：增强音频素材立体效果

操练 + 视频 11.3.2 立体声模式：增强音频素材立体效果

素材文件	素材 \ 第 11 章 \ 音乐 8.mp3	扫描封底文泉云盘的二维码获取资源
效果文件	效果 2：第 8 章 – 第 15 章 \ 第 11 章 \11.3.2 音乐 8.fcpbundle	
视频文件	视频 \ 第 11 章 \11.3.2 立体声模式：增强音频素材立体效果 .mp4	

立体声模式可以增强音频素材的立体效果。下面介绍设置立体声模式的操作方法。

步骤 01：在“时间线”面板中导入一段音频素材（素材 \ 第 11 章 \ 音乐 8.mp3），如图 11-59 所示。

步骤 02：选中“时间线”面板中的音频素材，在检查器中查看音频素材的属性，如图 11-60 所示。

步骤 03：打开“音频检查器”，在“音频增强”选项区中，切换声相模式为“立体声左 / 右”，如图 11-61 所示。

步骤 04：在“声相”选项区中，设置“数量”为 -100.0，如图 11-62 所示。

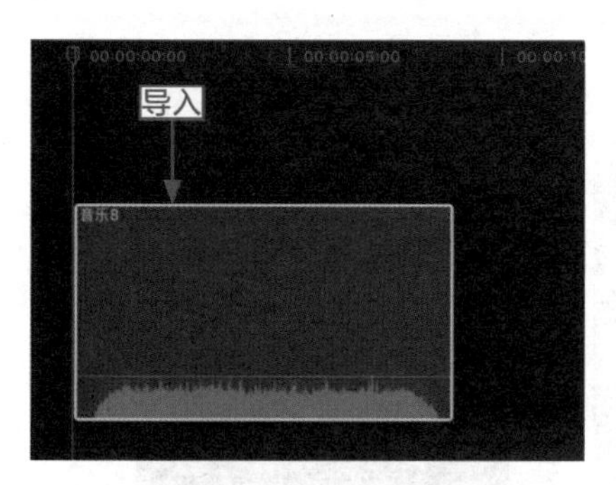

图 11-59　导入音频素材

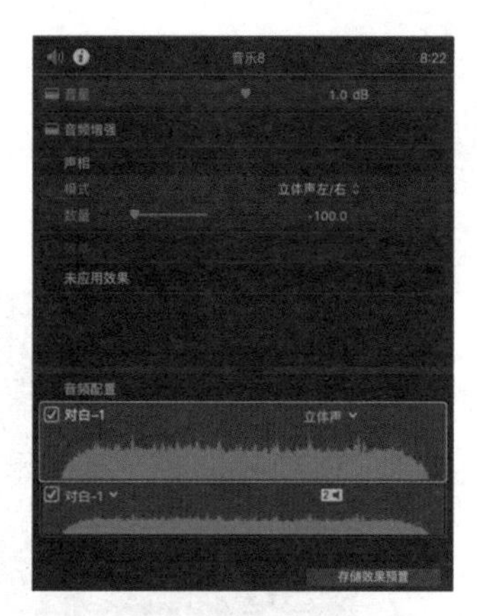

图 11-60　查看音频素材的属性

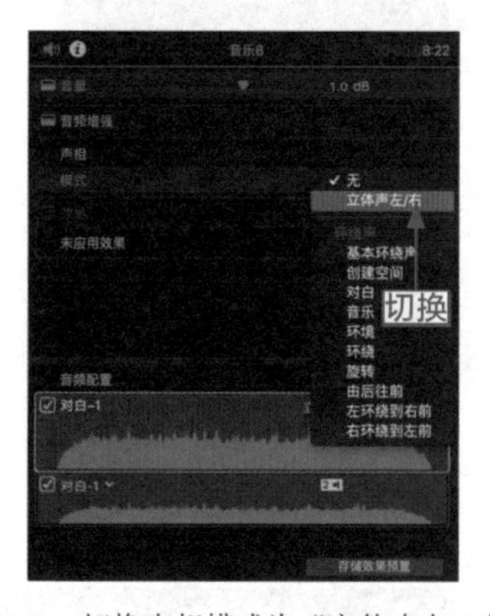

图 11-61　切换声相模式为“立体声左 / 右”

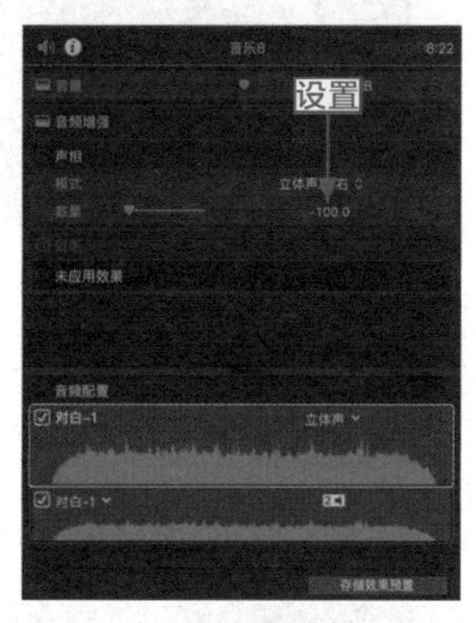

图 11-62　设置“数量”为 -100.0

步骤 05：单击检视器中的“播放”按钮，只能听到左边的声音，且只有左边的音波显示出现，如图 11-63 所示。

步骤 06：在“声相”选项区中，设置“数量”为 100.0，如图 11-64 所示。

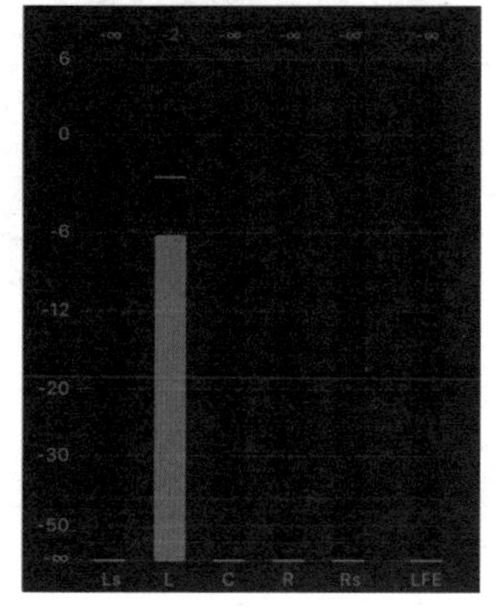

图 11-63　左边的音波显示出现

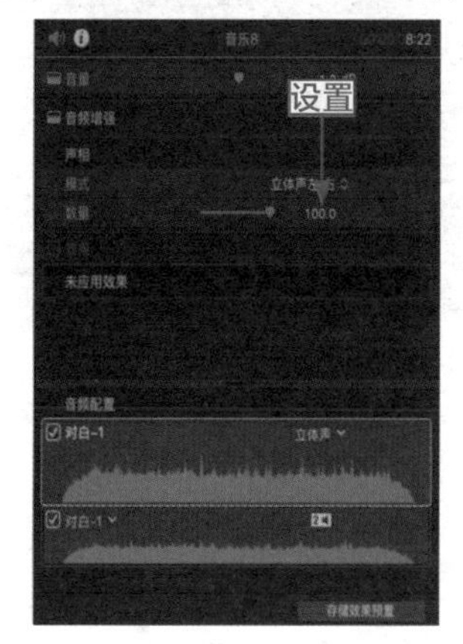

图 11-64　设置“数量”为 100.0

步骤 07：单击检视器中的“播放”按钮，只能听到右边的声音，且只有右边的音波显示出现，如图 11-65 所示。

步骤 08：将“时间线”面板中的时间指示器调整到素材的开始位置，单击“数量”右侧的“添加关键帧”按钮，添加一个关键帧，如图 11-66 所示。

图 11-65　右边的音波显示出现

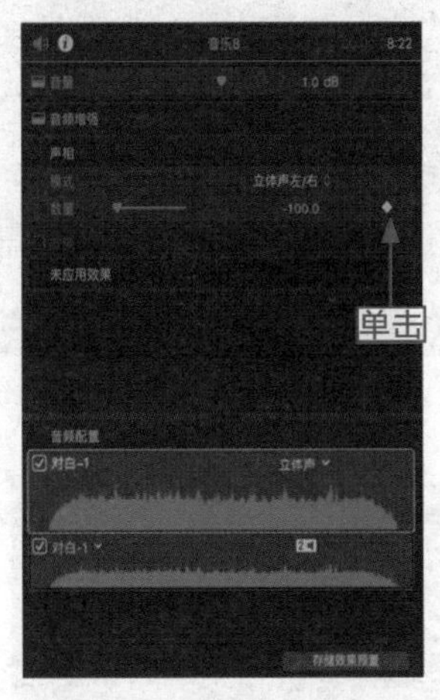

图 11-66　添加关键帧（1）

步骤 09：将时间指示器调整到 00:00:00:05 的位置，在“音频检查器”中设置“数量”为 0，添加第二个关键帧，如图 11-67 所示。

步骤 10：将时间指示器调整到 00:00:01:00 的位置，在“音频检查器”中设置“数量”为 100.0，添加第三个关键帧，如图 11-68 所示。

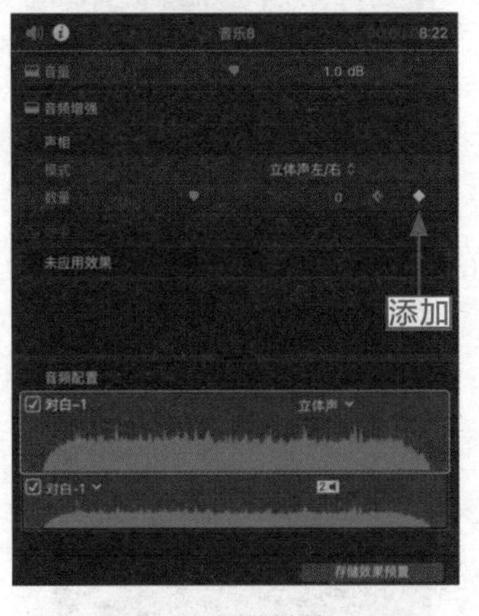

图 11-67　添加关键帧（2）

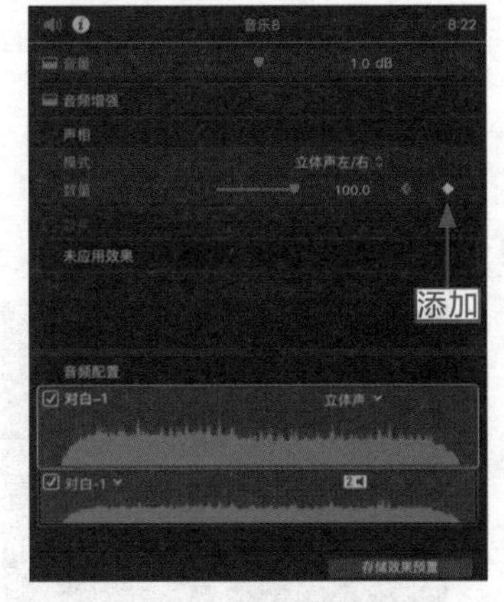

图 11-68　添加关键帧（3）

步骤 11：添加完成后，单击“播放”按钮，试听设置立体声模式的声音效果。可以发现，在播放过程中声音先从音箱的左侧传出，然后声音逐渐减弱，最后声音从音箱的右侧传出。

步骤 12：在“时间线”面板中选择音频素材，单击鼠标右键，在弹出的快捷菜单中选择“显示音频动画”命令，如图 11-69 所示。

步骤 13：打开“音频动画”对话框，可以看到之前添加的关键帧，如图 11-70 所示。

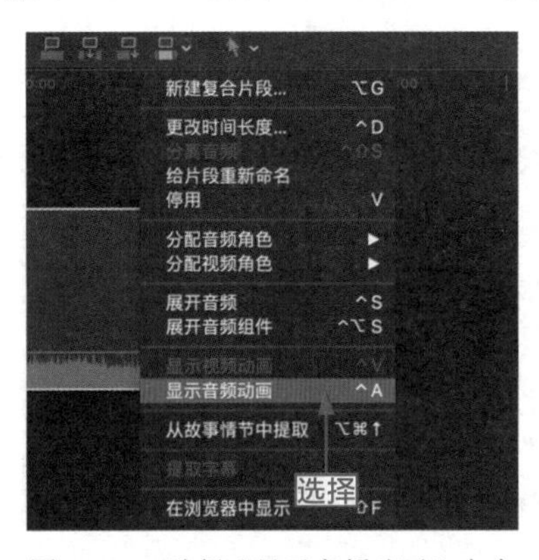

图 11-69　选择“显示音频动画”命令

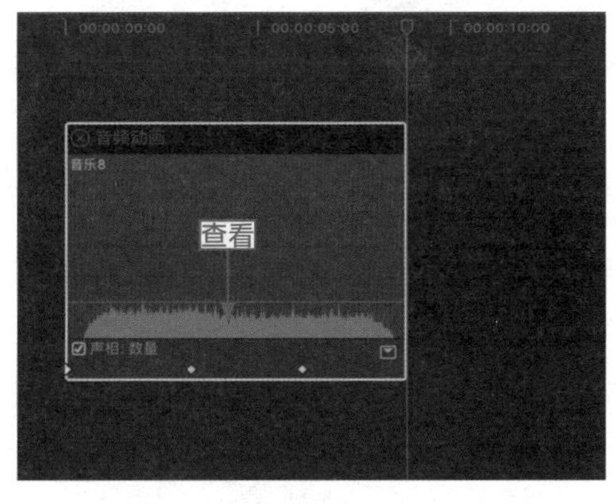

图 11-70　查看之前添加的关键帧

步骤 14：在操作区域中双击，展开“声相：数量”操作区，如图 11-71 所示。

步骤 15：在“声相：数量”操作区中，按住鼠标左键，拖曳可自行调整关键帧的位置，如图 11-72 所示。

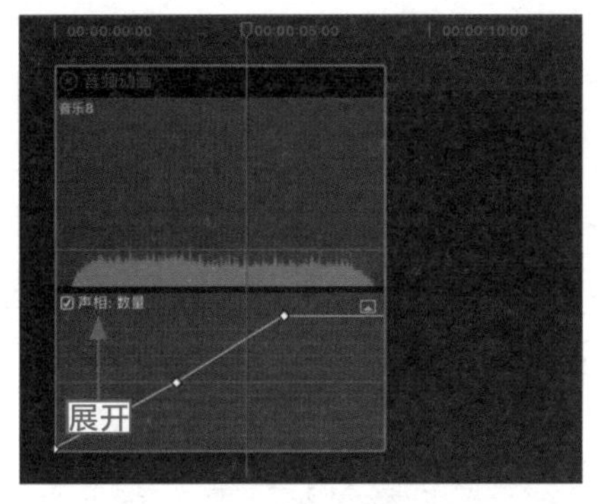

图 11-71　展开“声相：数量”操作区

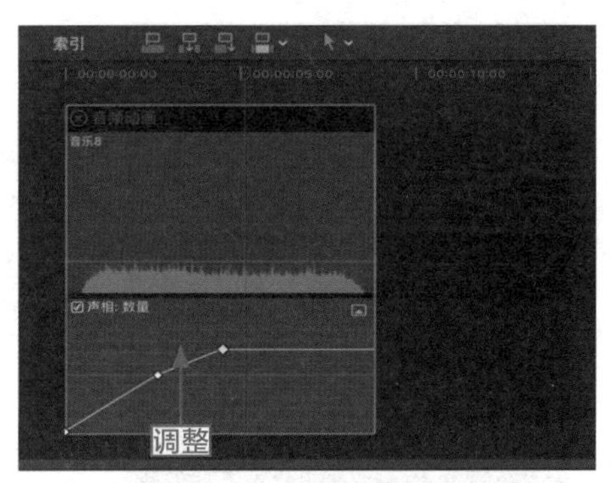

图 11-72　调整关键帧的位置

11.3.3　环绕声模式：从立体声转换为环绕声

操练 + 视频	11.3.3　环绕声模式：从立体声转换为环绕声	
素材文件	素材 \ 第 11 章 \ 音乐 9.mp3	扫描封底文泉云盘的二维码获取资源
效果文件	效果 2：第 8 章 – 第 15 章 \ 第 11 章 \11.3.3　音乐 9.fcpbundle	
视频文件	视频 \ 第 11 章 \11.3.3　环绕声模式：从立体声转换为环绕声 .mp4	

环绕声模式和立体声模式可以相互转换。下面介绍设置环绕声模式的操作方法。

步骤 01：在“时间线”面板中导入一段音频素材（素材 \ 第 11 章 \ 音乐 9.mp3），如

图 11-73 所示。

步骤 02：在菜单栏中选择“窗口”|“项目属性”命令，如图 11-74 所示。

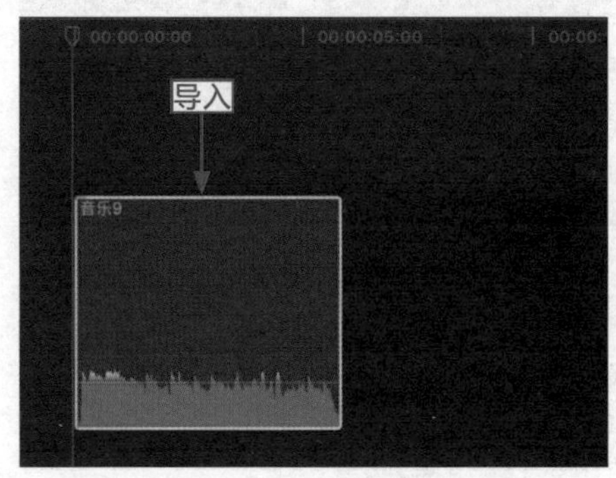

图 11-73　导入音频素材

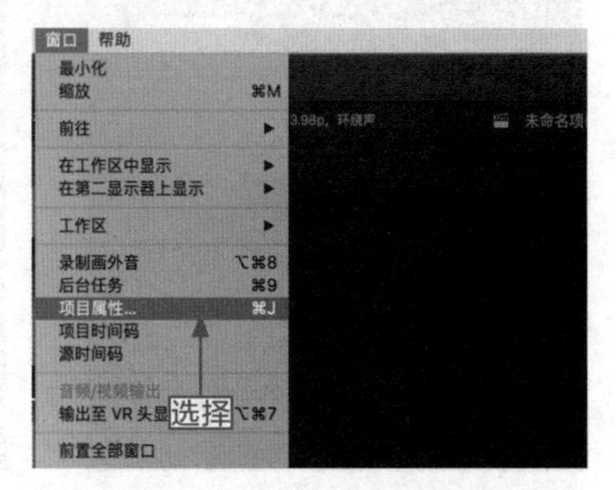

图 11-74　选择“项目属性”命令

步骤 03：打开“信息检查器”，单击“修改”按钮，如图 11-75 所示。

步骤 04：弹出一个对话框，在其中设置“项目名称”为“环绕声”、“音频”为“环绕声”，如图 11-76 所示。

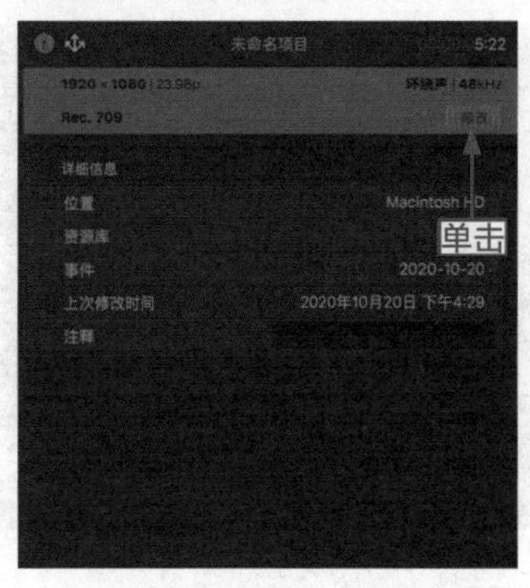

图 11-75　单击“修改”按钮

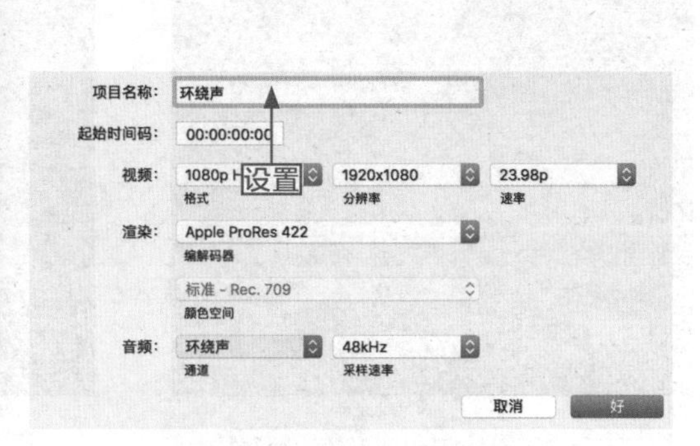

图 11-76　设置项目参数

步骤 05：此时“信息检查器”中音频的属性已经改变，如图 11-77 所示。

步骤 06：在“音频指示器”中出现两个音频通道，如图 11-78 所示。

步骤 07：在“信息检查器”中，将声相模式切换为“基本环绕声”，如图 11-79 所示。

步骤 08：切换至“基本环绕声”模式后，显示“环绕声声相器”，如图 11-80 所示。

步骤 09：拖曳“环绕声声相器”的中心圆点至合适位置，如图 11-81 所示，代表音频通道的彩色弧形发生变化。

步骤 10：在“音频指示器”中，可以看到比之前多了一个音频通道，如图 11-82 所示。

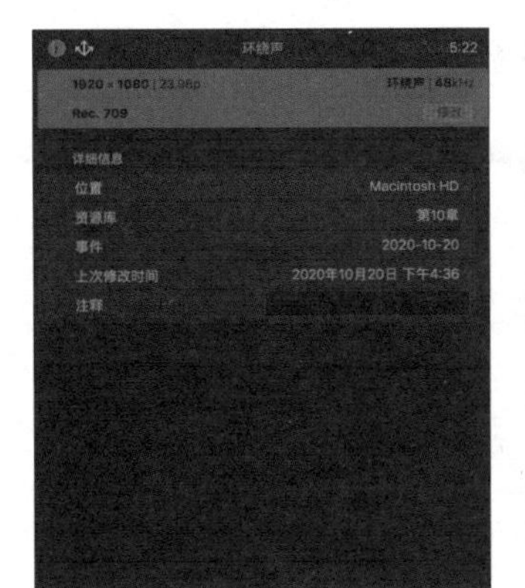

图 11-77　音频属性已经改变

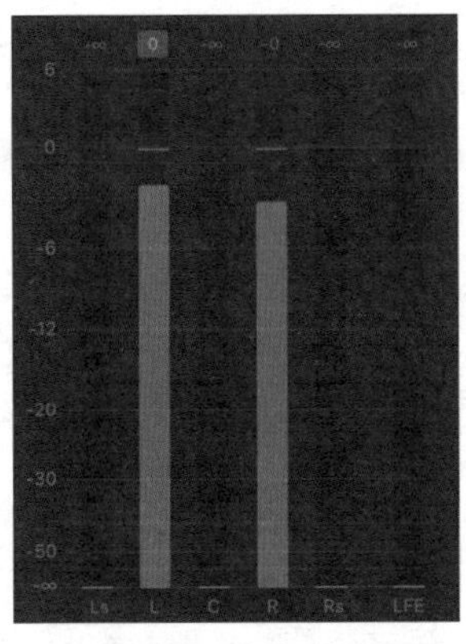

图 11-78　出现两个音频通道

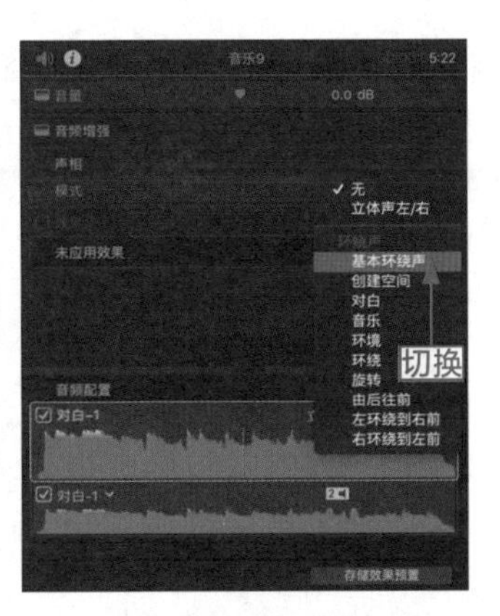

图 11-79　将声相模式切换为“基本环绕声”

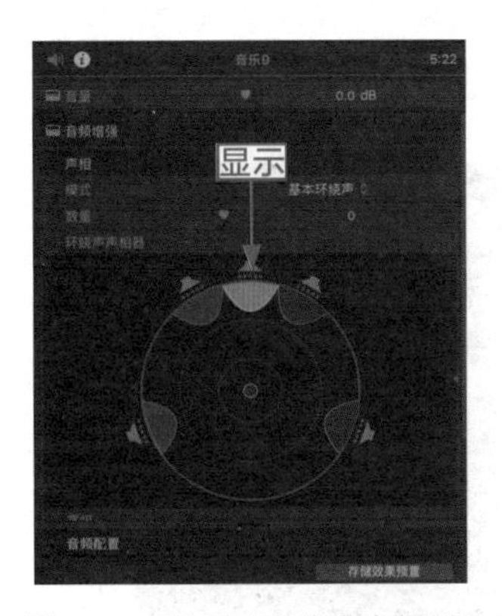

图 11-80　显示“环绕声声相器”

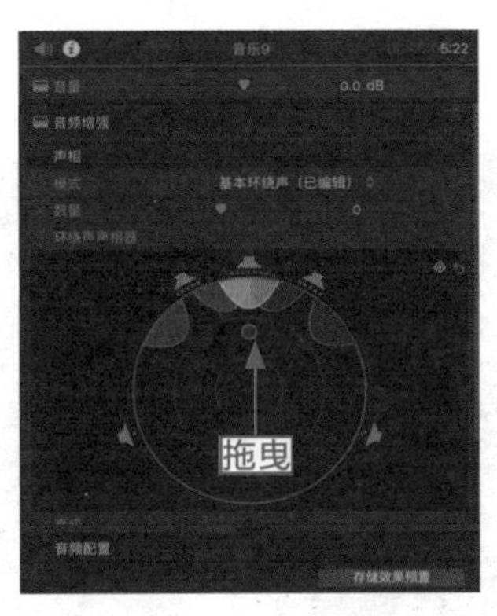

图 11-81　拖曳中心圆点

图 11-82　音频通道多出一个

步骤 11： 在“信息检查器”中，将声相模式切换为“创建空间”，如图 11-83 所示。

步骤 12： 用鼠标将“环绕声声相器”的中心圆点往左下角的位置拖曳，如图 11-84 所示。

步骤 13： 单击检视器中的“播放”按钮，此时“音频指示器”中只显示最左侧的音频通道，如图 11-85 所示。

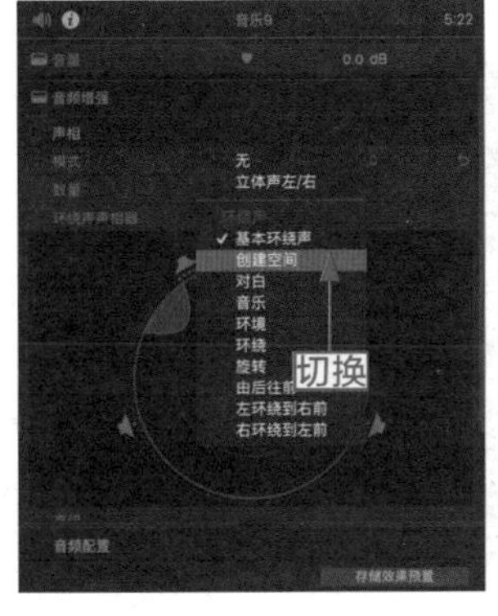

图 11-83　切换声相模式

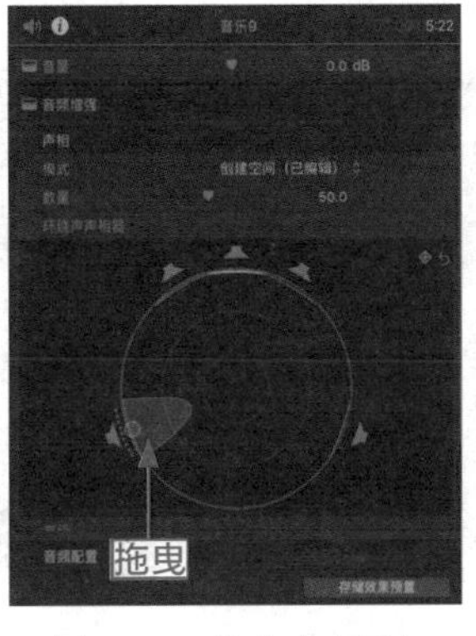

图 11-84　拖曳中心圆点

图 11-85 显示最左侧的音频通道

11.3.4 音频通道：用音频通道管理音频素材

操练 + 视频	11.3.4 音频通道：用音频通道管理音频素材	
素材文件	无	扫描封底文泉云盘的二维码获取资源
效果文件	无	
视频文件	视频 \ 第 11 章 \11.3.4 音频通道：用音频通道管理音频素材 .mp4	

在视频剪辑过程中，导入的音频素材可能会有好几段同时存在，此时就需要运用音频通道来管理这些音频素材。下面介绍使用音频通道管理音频素材的操作方法。

步骤 01：以上一节的素材效果为例，选中"时间线"面板中的素材，在"音频检查器"中查看"音频配置"选项，如图 11-86 所示。

步骤 02：单击"立体声"右侧的下拉按钮，在弹出的下拉列表中选择"双单声道"选项，如图 11-87 所示。

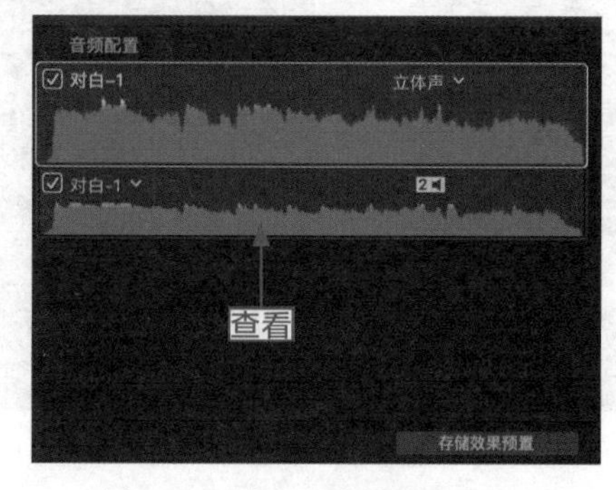

图 11-86 查看"音频配置"选项

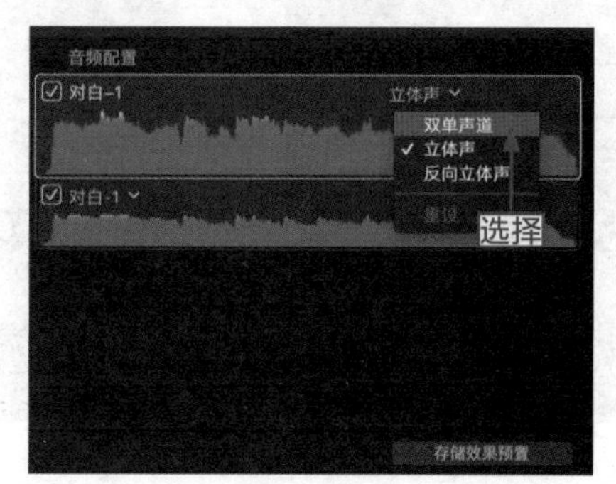

图 11-87 选择"双单声道"选项

步骤 03：执行上述操作后，音频素材的下方会重新出现两个单独的音频通道，如图 11-88 所示。

步骤 04：取消选中"对白 -1"前面的复选框，即可将"对白 -1"音频通道屏蔽，如图 11-89 所示，在播放时，便只会播放另外一个音频通道的声音。

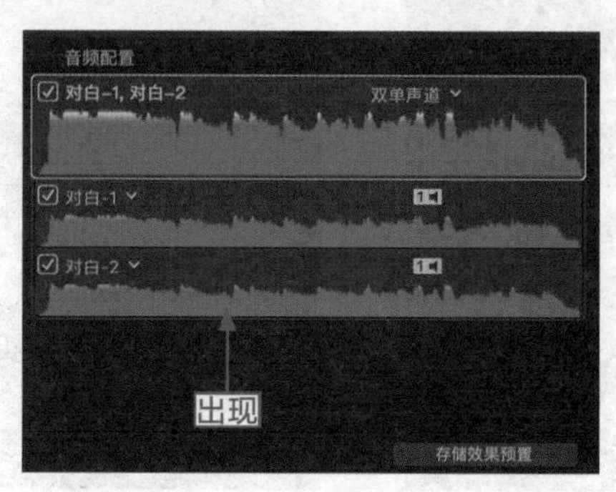

图 11-88 出现两个单独的音频通道

图 11-89 屏蔽"对白 -1"音频通道

11.3.5　音频效果：给音频素材添加音频效果

操练 + 视频　11.3.5　音频效果：给音频素材添加音频效果

素材文件	素材 \ 第 11 章 \ 音乐 10.mp3	扫描封底文泉云盘的二维码获取资源
效果文件	效果 2：第 8 章 – 第 15 章 \ 第 11 章 \11.3.5　音乐 10.fcpbundle	
视频文件	视频 \ 第 11 章 \11.3.5　音频效果：给音频素材添加音频效果 .mp4	

为音频素材添加音频效果，可以让音频素材的音质更有层次感。下面介绍为音频素材添加音频效果的操作方法。

步骤 01：在"时间线"面板中导入一段音频素材（素材 \ 第 11 章 \ 音乐 10.mp3），如图 11-90 所示。

步骤 02：单击"显示或隐藏效果浏览器"按钮，如图 11-91 所示。

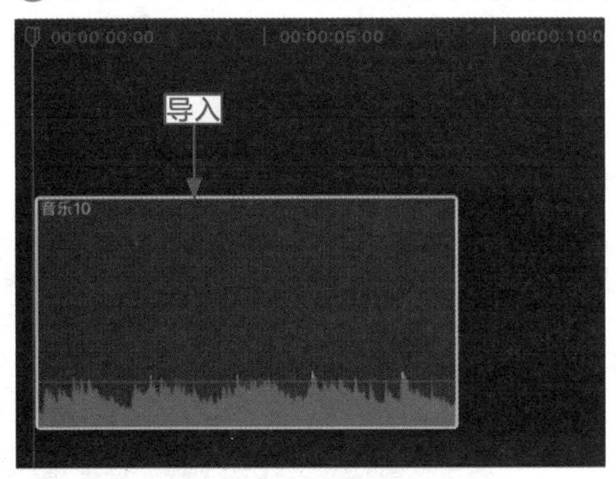

图 11-90　导入音频素材

图 11-91　单击"显示或隐藏效果浏览器"按钮

步骤 03：打开"效果"面板，在其中选择"全部"选项，如图 11-92 所示，查看里面的音频效果。

步骤 04：切换至"音频检查器"面板，此时音频素材未添加任何效果，如图 11-93 所示。

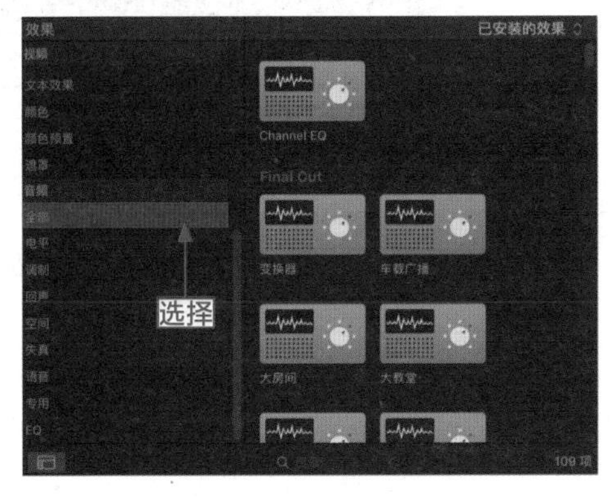

图 11-92　选择"全部"选项

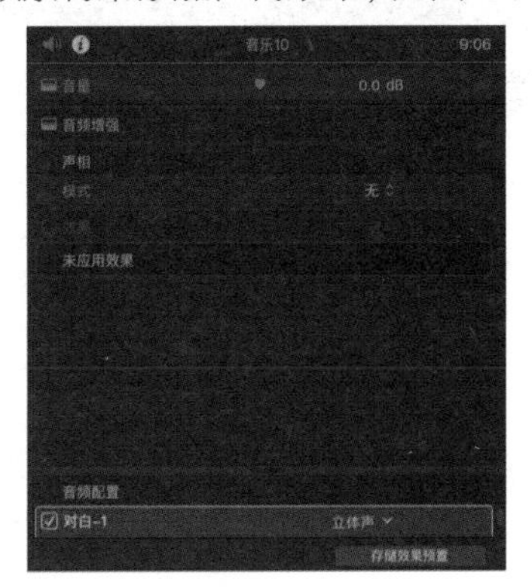

图 11-93　查看音频素材的属性

步骤05：在“效果”面板中，选择“大房间”音频效果，如图11-94所示。

步骤06：按住鼠标左键，将选择的音频效果拖曳至“时间线”面板中的素材上，如图11-95所示。

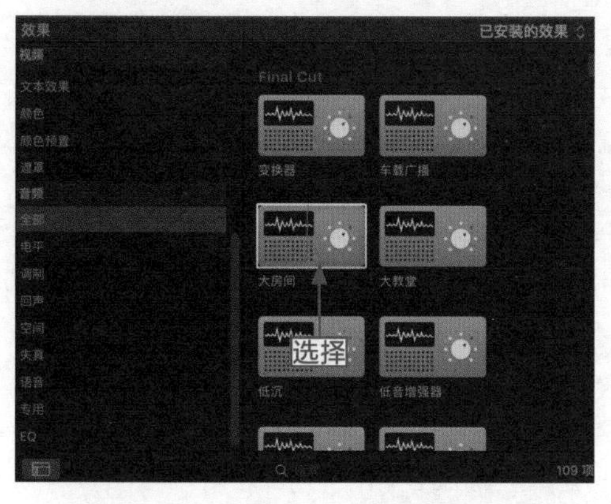

图11-94 选择“大房间”音频效果

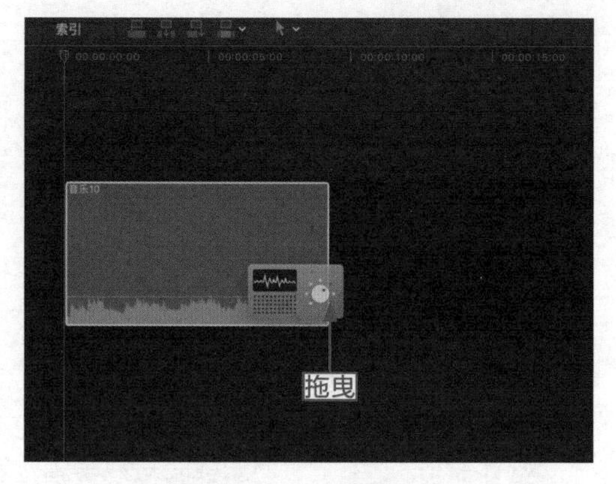

图11-95 拖曳音频效果

步骤07：切换至“音频检查器”面板，查看音频效果的参数，如图11-96所示。

步骤08：在“大房间”选项区中，单击“现场直播”旁边的下拉按钮，在弹出的下拉列表中选择“教室”选项，如图11-97所示。

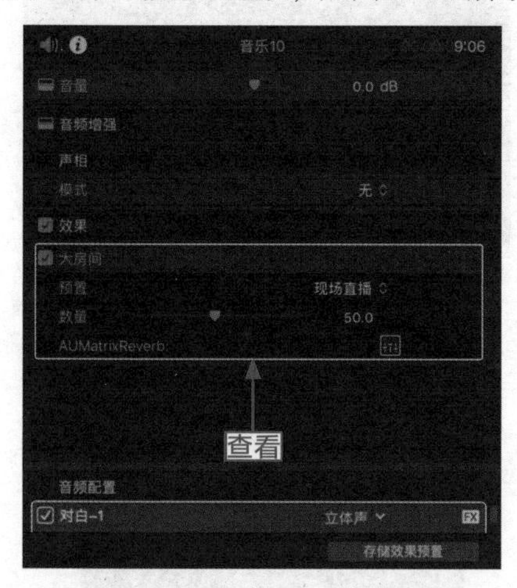

图11-96 查看音频效果的参数

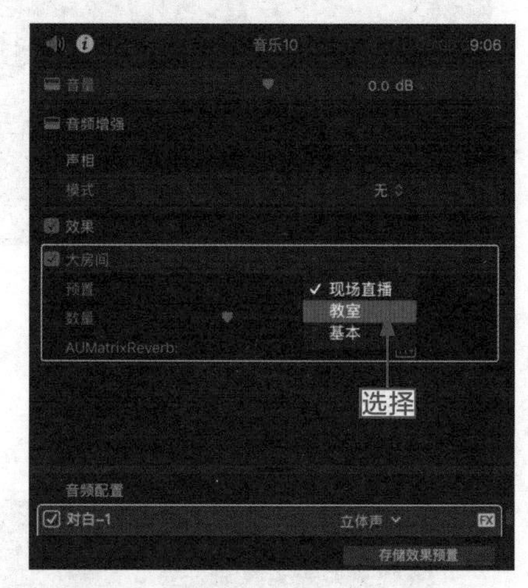

图11-97 选择“教室”选项

步骤09：单击“显示高级效果编辑器UI”按钮，如图11-98所示。

步骤10：执行操作后，打开一个音频效果编辑器，如图11-99所示，在这里可以对音频效果进行更深入的调整。

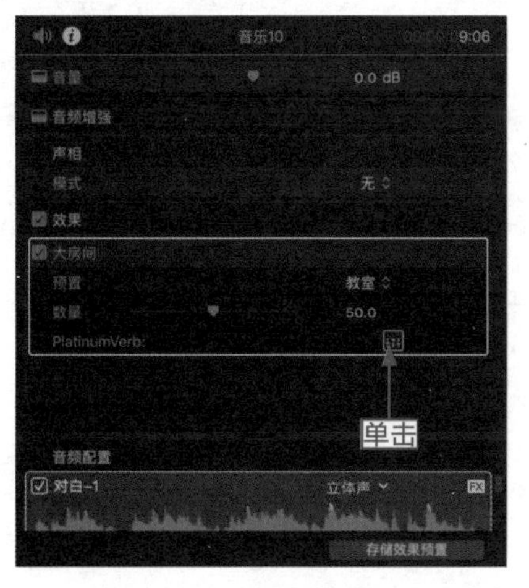

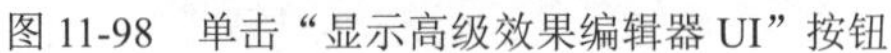
图 11-98　单击“显示高级效果编辑器 UI”按钮

图 11-99　打开音频效果编辑器

11.4　本章小结

本章主要介绍了制作音频特效的操作方法，包括修正音频素材的原始音质、适当调整音频的音量以及切换声相模式增添立体感等内容。掌握这些内容，用户可以根据需要为视频添加自己喜欢的背景音乐。

CHAPTER 12
第 12 章

输出：渲染导出视频的文件格式

在 Final Cut Pro X 中，当用户完成一段视频的编辑后，就可以将其输出为各种不同格式的文件。在导出视频文件时，需要对视频的格式、预设、输出名称、位置以及其他选项进行设置。本章主要介绍如何设置视频输出参数，并将视频输出为各种不同格式的文件。

~ 知识要点 ~

- 母版文件：将视频通过母版文件共享
- 移动设备：用于手机观看的常用格式
- 共享方式：了解视频可以共享的网站
- 单帧图像：导出视频素材的定格画面
- 序列帧：将视频分解成序列素材图像
- DVD 格式：将视频文件输出成 DVD 格式
- XML 格式：将视频文件输出成 XML 格式
- Compressor 输出：根据需要随意设置格式

~ 本章重点 ~

- 母版文件：将视频通过母版文件共享
- 移动设备：用于手机观看的常用格式
- 共享方式：了解视频可以共享的网站
- 单帧图像：导出视频素材的定格画面

12.1 共享：将项目文件传送到其他设备

随着视频文件格式的增加，Final Cut Pro X 会根据所选文件的不同，调整不同的视频输出选项，以便用户更快捷地调整视频文件的设置。本节主要介绍视频的导出方法。

12.1.1 母版文件：将视频通过母版文件共享

操练 + 视频	12.1.1 母版文件：将视频通过母版文件共享	
素材文件	素材 \ 第 12 章 \ 摩天轮 .mp4	扫描封底文泉云盘的二维码获取资源
效果文件	摩天轮 .mov	
视频文件	视频 \ 第 12 章 \ 12.1.1 母版文件：将视频通过母版文件共享 .mp4	

共享母版文件是 Final Cut Pro X 特有的一种文件输出方式，下面对其进行详细介绍。

步骤 01：选择“文件”|“新建”|“项目”命令，弹出一个对话框，如图 12-1 所示。

步骤 02：在其中设置“项目名称”为“摩天轮”，单击“好”按钮，如图 12-2 所示。

图 12-1　弹出一个对话框

图 12-2　单击“好”按钮

步骤 03：在“时间线”面板中导入素材文件（素材 \ 第 12 章 \ 摩天轮 .mp4），如图 12-3 所示。

步骤 04：在检视器窗口中预览导入的素材文件，如图 12-4 所示。

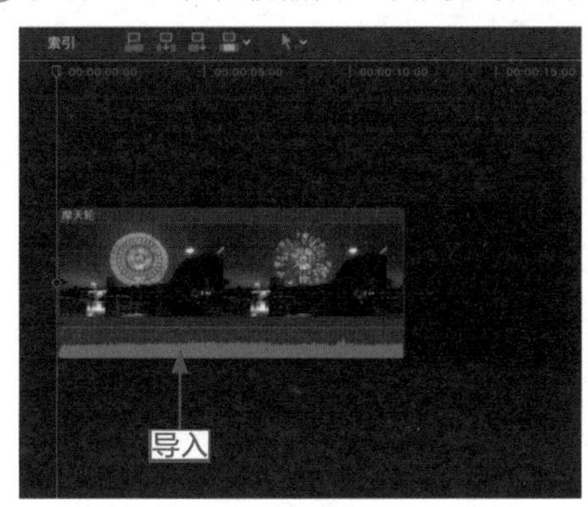

图 12-3　导入素材文件

图 12-4　预览素材

步骤 05：选择“文件”|“共享”|“母版文件（默认）”命令，如图 12-5 所示。

步骤 06：弹出“母版文件”对话框，设置“描述”为“摩天轮”，如图 12-6 所示。

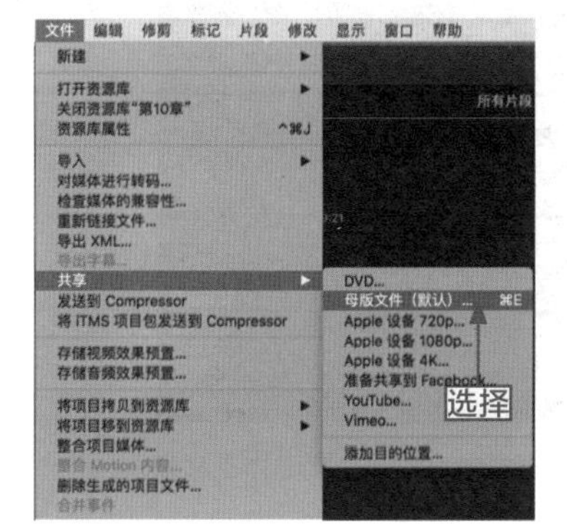

图 12-5　选择“母版文件（默认）”命令

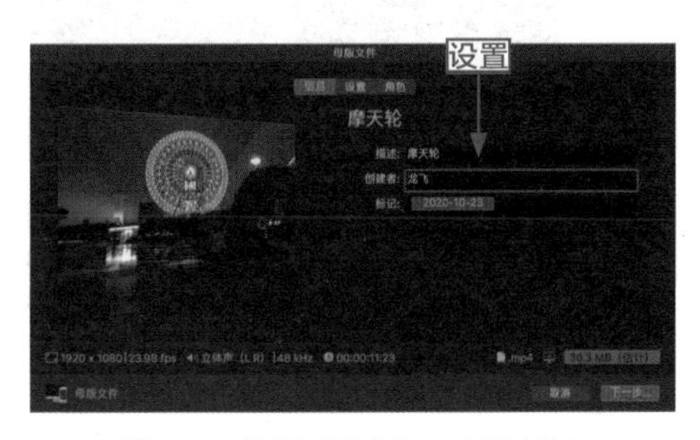

图 12-6　设置“描述”为“摩天轮”

步骤 07：将鼠标指针移动到对话框中左边的缩略图中，可以预览导出的素材画面，如图 12-7 所示。

步骤 08：切换至“设置”选项卡，如图 12-8 所示。

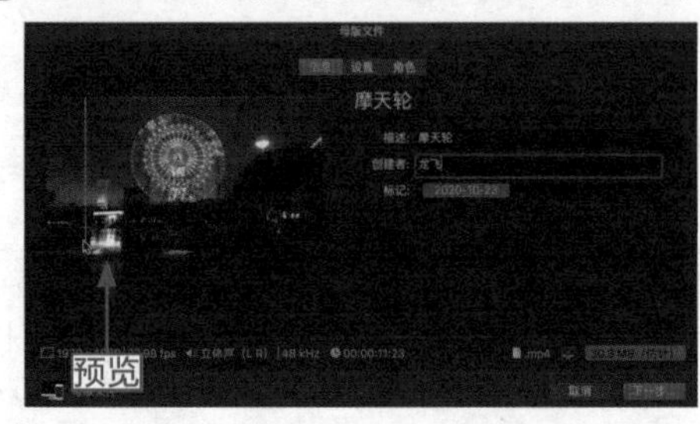

图 12-7　预览导出的素材画面

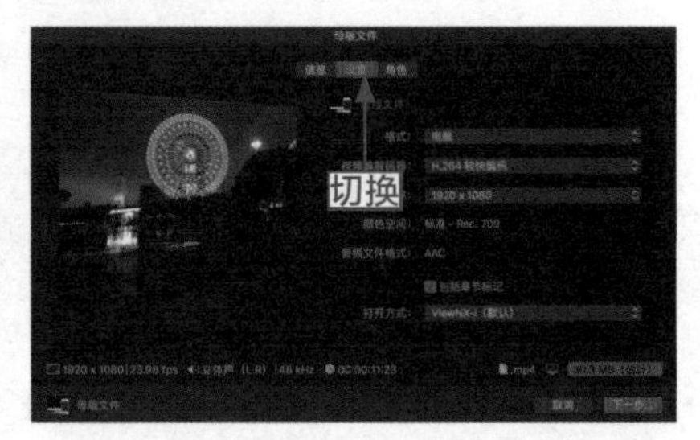

图 12-8　切换至“设置”选项卡

步骤 09：单击“格式”选项右侧的下拉按钮，在弹出的下拉列表中选择“视频和音频”选项，如图 12-9 所示。

步骤 10：单击“视频编解码器”选项右侧的下拉按钮，在弹出的下拉列表中选择 H.264 选项，如图 12-10 所示。

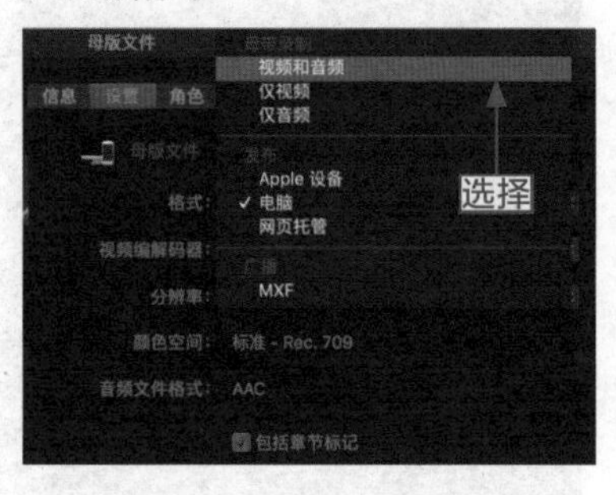

图 12-9　选择“视频和音频”选项

图 12-10　选择 H.264 选项

步骤 11：单击“打开方式”选项右侧的下拉按钮，在弹出的下拉列表中选择相应选项，如图 12-11 所示。

步骤 12：设置完成后，单击“下一步”按钮，如图 12-12 所示。

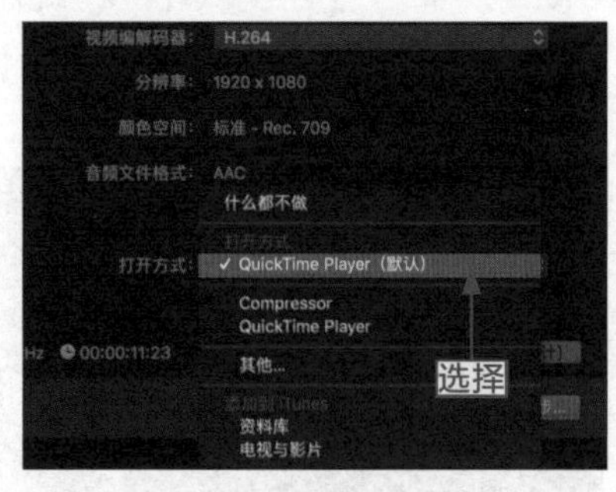

图 12-11　选择相应选项

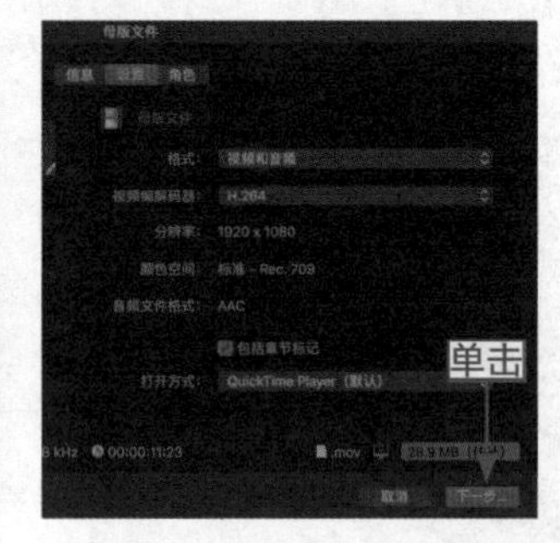

图 12-12　单击“下一步”按钮

步骤 13：弹出相应对话框，在对话框中设置文件的名称和存储路径，如图 12-13 所示。

步骤 14：单击工作界面中的“显示或隐藏‘后台任务’窗口”按钮，如图 12-14 所示。

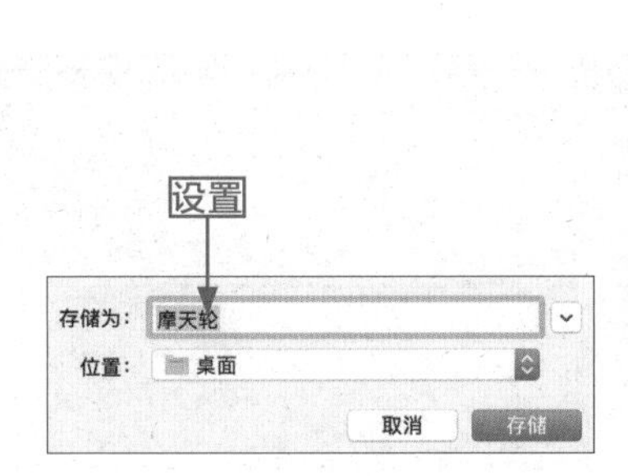

图 12-13　设置文件的名称和存储路径

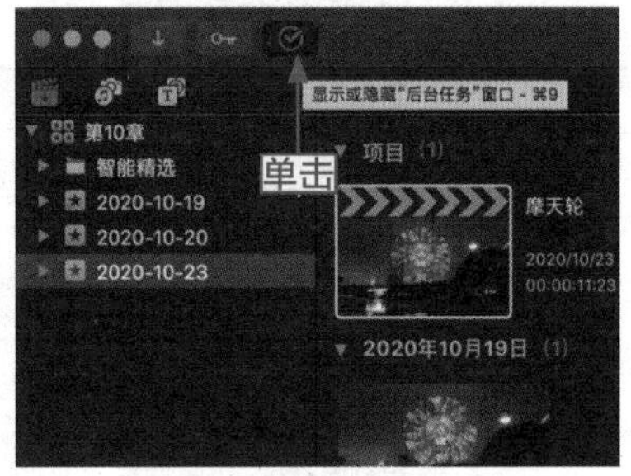

图 12-14 单击相应按钮

步骤 15：打开“后台任务”对话框，在其中可以查看文件的导出进度，如图 12-15 所示。

步骤 16：项目共享完成后，会自动弹出一个信息提示框，单击“显示”按钮，即可查看项目的存储位置，如图 12-16 所示。

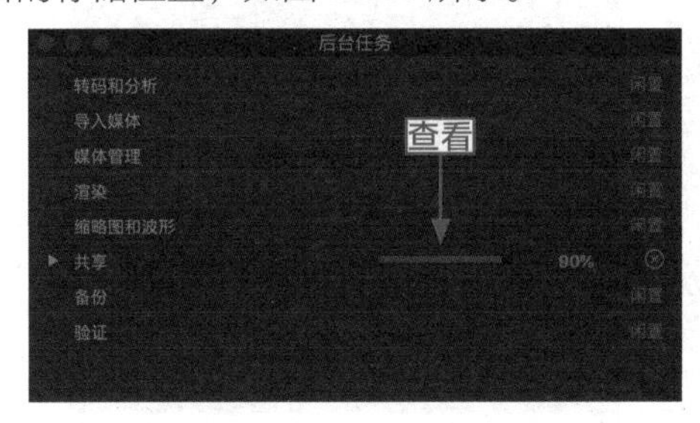

图 12-15　查看文件的导出进度

图 12-16　单击“显示”按钮

12.1.2　移动设备：用于手机观看的常用格式

操练 + 视频　12.1.2　移动设备：用于手机观看的常用格式

素材文件	无	扫描封底文泉云盘的二维码获取资源
效果文件	无	
视频文件	视频 \ 第 12 章 \12.1.2 移动设备：用于手机观看的常用格式 .mp4	

共享移动设备是导出到手机上观看的一种常用的视频格式，这种方式更适合常常刷短视频的年轻用户。

步骤 01：选择“文件” | “共享” | “Apple 设备 720p”命令，如图 12-17 所示。

步骤 02：弹出“Apple 设备 720p”对话框，如图 12-18 所示。

步骤 03：切换至“设置”选项卡，如图 12-19 所示。

步骤 04：单击“格式”选项右侧的下拉按钮，在弹出的下拉列表中选择“Apple 设备”选项，如图 12-20 所示。

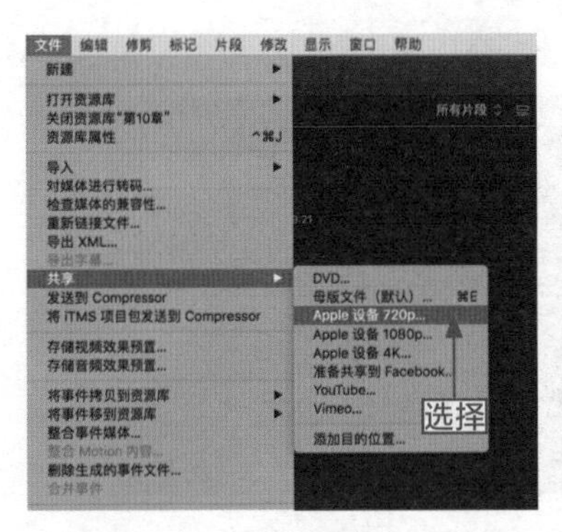

图 12-17　选择“Apple 设备 720p”命令

图 12-18　弹出“Apple 设备 720p”对话框

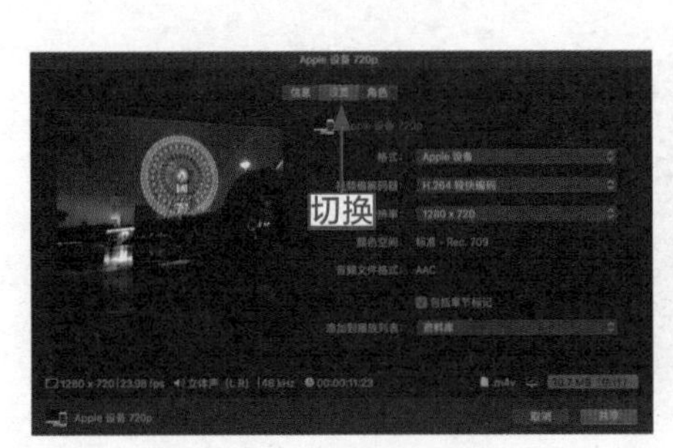

图 12-19　切换至“设置”选项卡

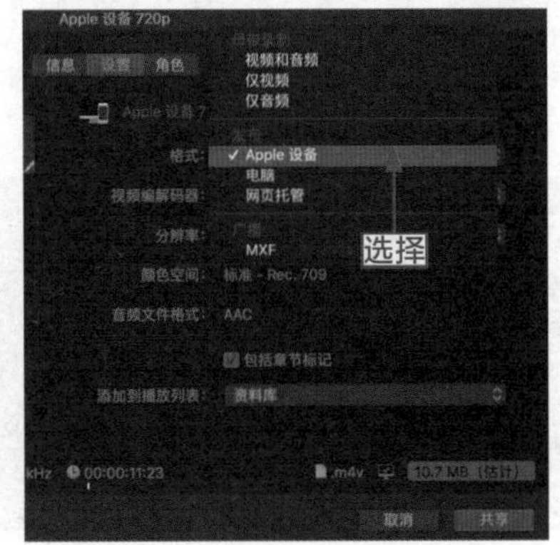

图 12-20　选择“Apple 设备”选项

步骤 05：设置完成后，单击对话框右下方的计算机图标，在弹出的列表中可以查看到支持观看视频的手机设备，如图 12-21 所示。

步骤 06：查看完成后，单击“共享”按钮，如图 12-22 所示，即可完成视频的导出操作。

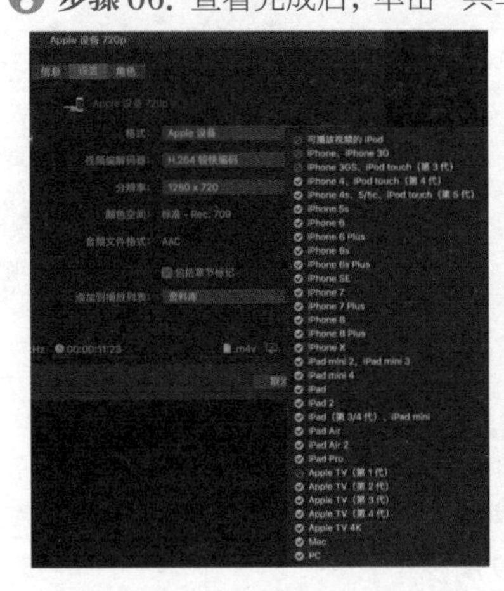

图 12-21　查看支持观看视频的手机设备

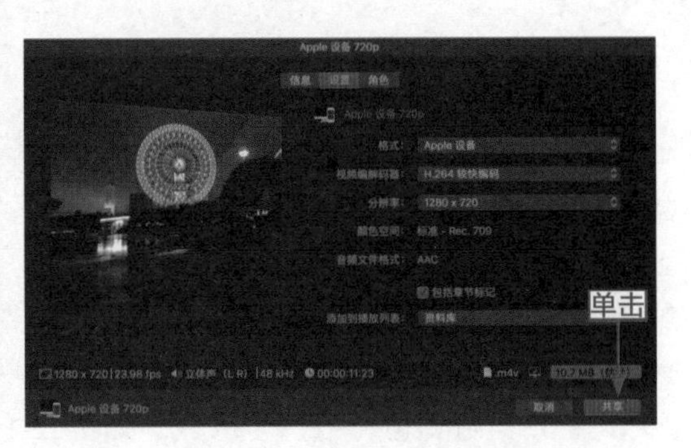

图 12-22　单击“共享”按钮

12.2　分享：将制作的视频输出到新媒体

在互联网时代，用户可以将自己制作的视频输出至新媒体平台中，与网友分享自己的作品。本节主要介绍将视频文件输出至新媒体平台的操作方法。

12.2.1　共享方式：了解视频可以共享的网站

操练 + 视频	12.2.1　共享方式：了解视频可以共享的网站	
素材文件	无	扫描封底文泉云盘的二维码获取资源
效果文件	无	
视频文件	视频 \ 第 12 章 \12.2.1　共享方式：了解视频可以共享的网站 .mp4	

在 Final Cut Pro X 中，可以将视频输出到共享网站，包括 Facebook、YouTube、Vimeo、优酷等网站，本节主要以输出到 YouTube 为例进行讲解。

步骤 01：选择“文件”|“共享”|YouTube 命令，如图 12-23 所示。

步骤 02：弹出 YouTube 对话框，切换至“设置”选项卡，如图 12-24 所示。

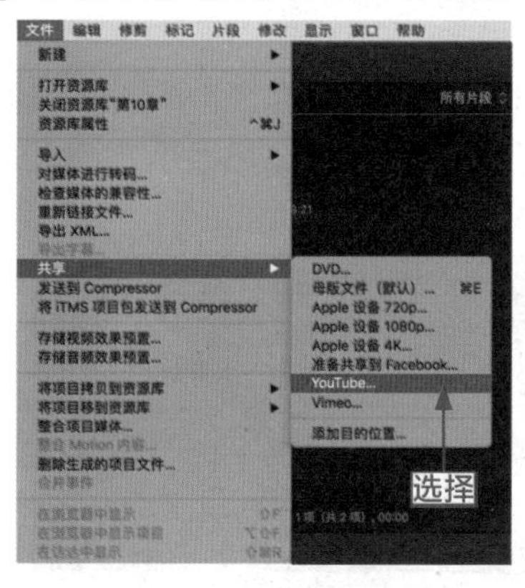

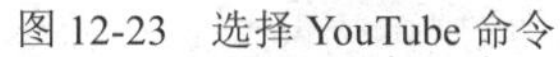

图 12-23　选择 YouTube 命令

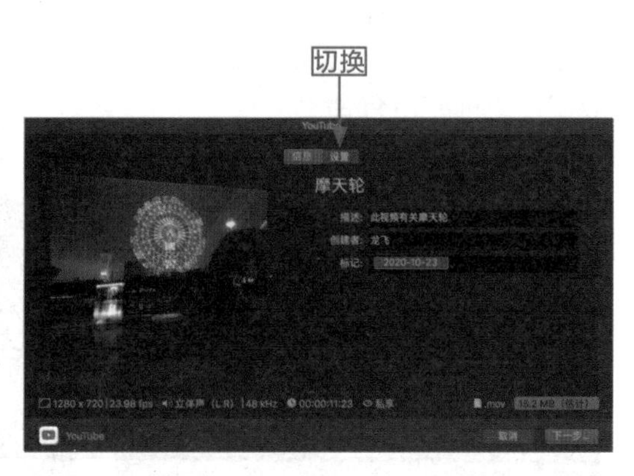

图 12-24　切换至“设置”选项卡

步骤 03：单击“隐私权”选项右侧的下拉按钮，在弹出的下拉列表中选择“公开”选项，如图 12-25 所示。

步骤 04：操作完成后，单击“下一步”按钮，弹出一个对话框，单击“登录”按钮，输入账号信息即可将文件分享到网站，如图 12-26 所示。

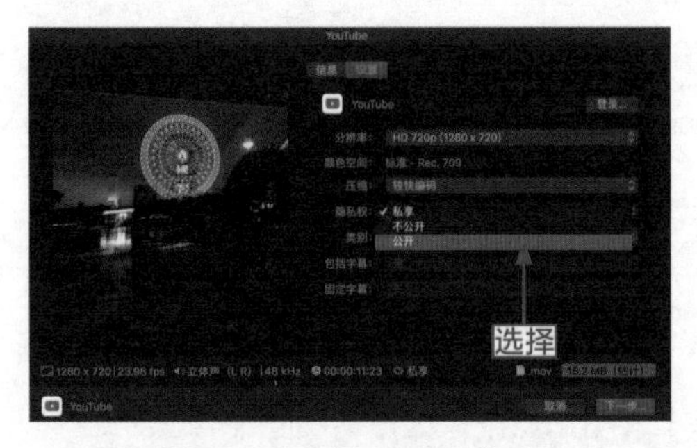

图 12-25 选择“公开”选项

图 12-26 单击“登录”按钮

12.2.2 单帧图像：导出视频素材的定格画面

操练 + 视频 12.2.2 单帧图像：导出视频素材的定格画面

素材文件	素材 \ 第 12 章 \ 水中倒影 .mp4	扫描封底文泉云盘的二维码获取资源
效果文件	水中倒影 .tiff	
视频文件	视频 \ 第 12 章 \12.2.2 单帧图像：导出视频素材的定格画面 .mp4	

单帧图像是视频中某一定格的图像画面，有时在输出文件过程中，用户会需要将定格画面用这种方式进行保存。下面介绍共享单帧图像的操作方法。

步骤 01：新建一个项目文件，在“时间线”面板中导入素材文件（素材 \ 第 12 章 \ 水中倒影 .mp4），如图 12-27 所示。

步骤 02：在检视器窗口中预览导入的素材文件，如图 12-28 所示。

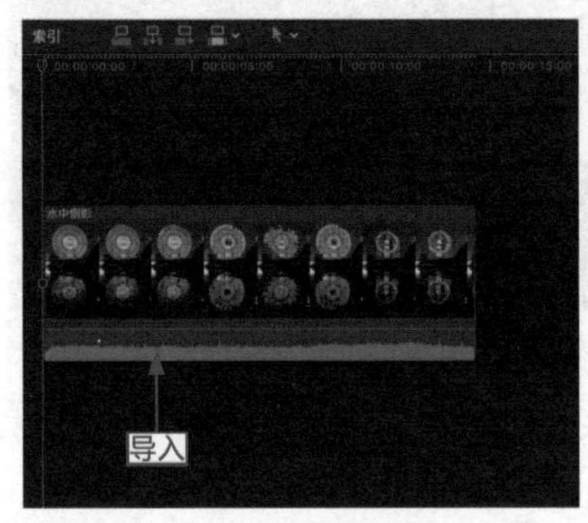

图 12-27 导入素材文件

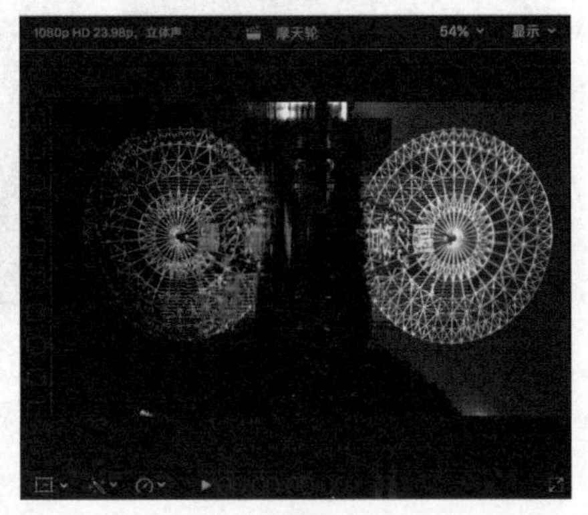

图 12-28 预览导入的素材文件

步骤 03：选择素材的一个片段，选择“编辑”|“添加静帧”命令，为“时间线”面板上的素材添加一个静帧画面，如图 12-29 所示。

步骤 04：选择“文件”|“共享”|“添加目的位置”命令，如图 12-30 所示。

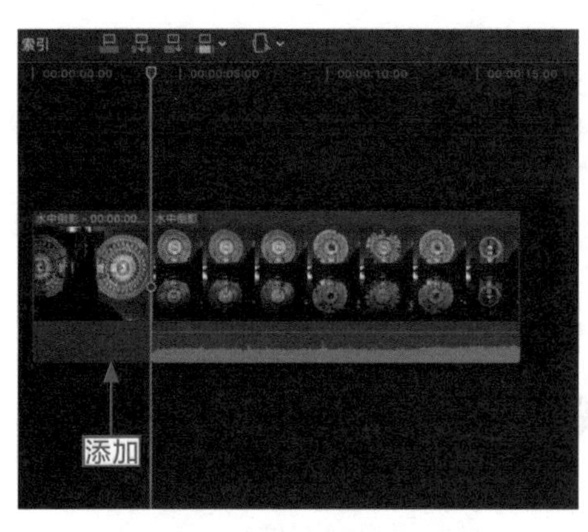

图 12-29　添加一个静帧画面

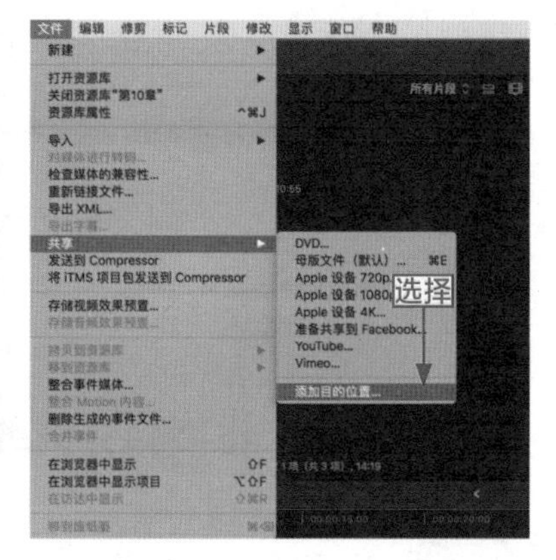

图 12-30　选择“添加目的位置”命令

步骤 05： 打开“目的位置”对话框，在其中拖曳“存储当前帧”图标至“添加目的位置”选项上，如图 12-31 所示。

步骤 06： 选择“文件”|“共享”|“存储当前帧”命令，如图 12-32 所示。

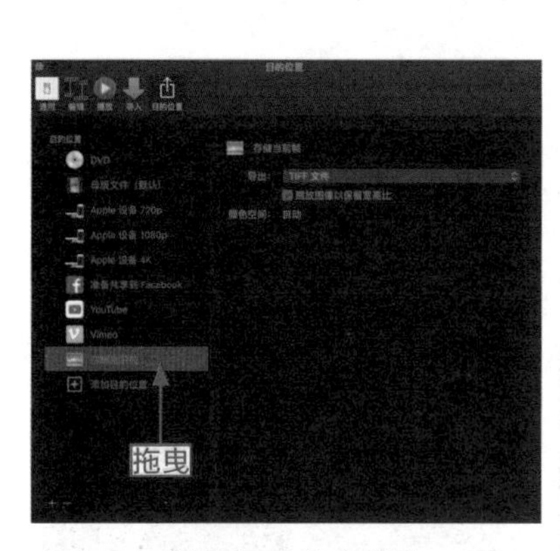

图 12-31　拖曳图标

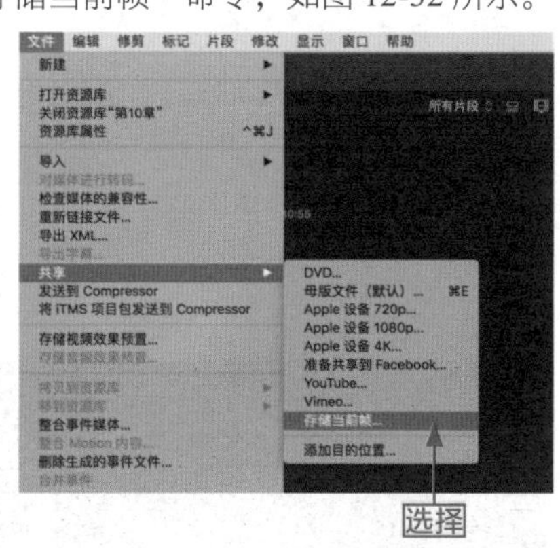

图 12-32　选择“存储当前帧”命令

步骤 07： 打开“存储当前帧”对话框，切换至“设置”选项卡，如图 12-33 所示。

步骤 08： 设置文件的导出格式，如图 12-34 所示。

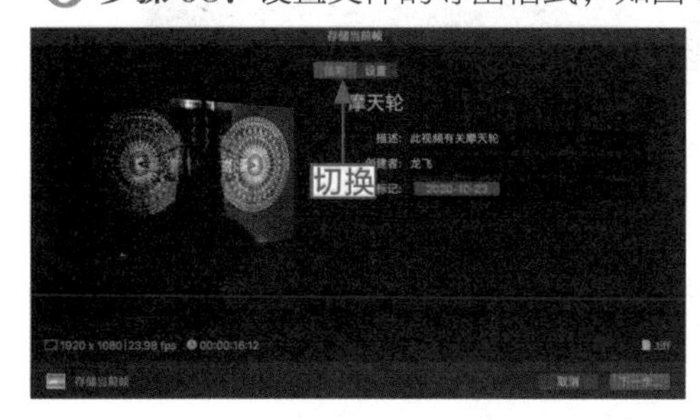

图 12-33　切换至“设置”选项卡

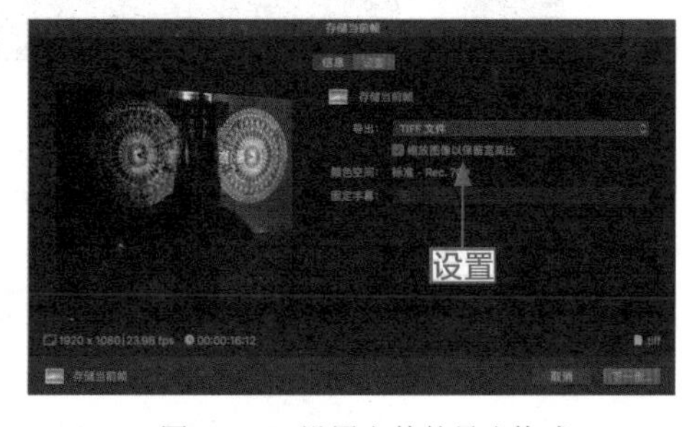

图 12-34　设置文件的导出格式

步骤 09： 单击“下一步”按钮，在“存储为”文本框中输入文件名，如图 12-35 所示。

步骤 10：输入完成后，单击“存储”按钮，即可导出静帧图像，如图 12-36 所示。

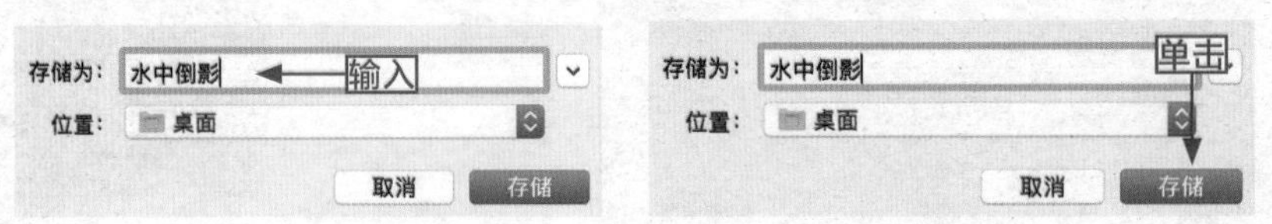

图 12-35 输入文件名　　图 12-36 单击“存储”按钮

12.2.3 序列帧：将视频分解成序列素材图像

操练 + 视频	12.2.3 序列帧：将视频分解成序列素材图像	
素材文件	素材 \ 第 12 章 \ 机器人 .mp4	扫描封底文泉云盘的二维码获取资源
效果文件	机器人 .img	
视频文件	视频 \ 第 12 章 \ 12.2.3 序列帧：将视频分解成序列素材图像 .mp4	

序列帧可以将视频分解成以帧为单位的定格画面，然后自动存储在一个文件夹中。下面介绍导出序列帧的操作方法。

步骤 01：新建一个项目文件，在“时间线”面板中导入素材文件（素材 \ 第 12 章 \ 机器人 .mp4），如图 12-37 所示。

步骤 02：选择“文件”|“共享”|“导出图像序列”命令，如图 12-38 所示。

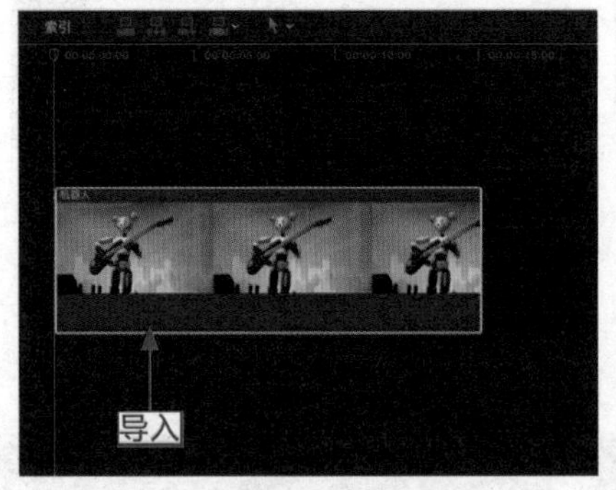

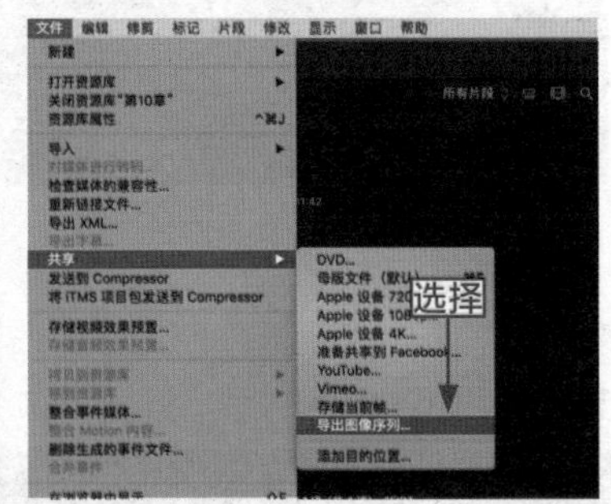

图 12-37 导入素材　　图 12-38 选择“导出图像序列”命令

步骤 03：弹出“导出图像序列”对话框，切换至“设置”选项卡，在其中设置导出格式为“TIFF 文件”，单击“下一步”按钮，如图 12-39 所示。

步骤 04：弹出相应对话框，设置文件的存储名称和位置，如图 12-40 所示。

步骤 05：单击“存储”按钮，自动生成一个文件夹，如图 12-41 所示。

步骤 06：双击文件夹，可以看到视频变成以帧为单位的图像排列在文件夹中，如图 12-42 所示。

图 12-39　单击“下一步”按钮

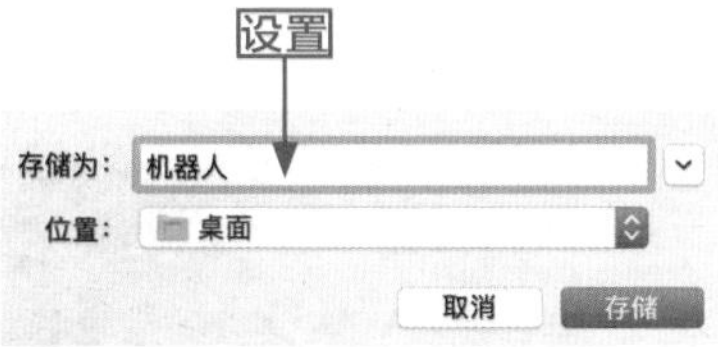

设置
存储为：机器人
位置：桌面
取消　存储

图 12-40　设置文件的存储名称和位置

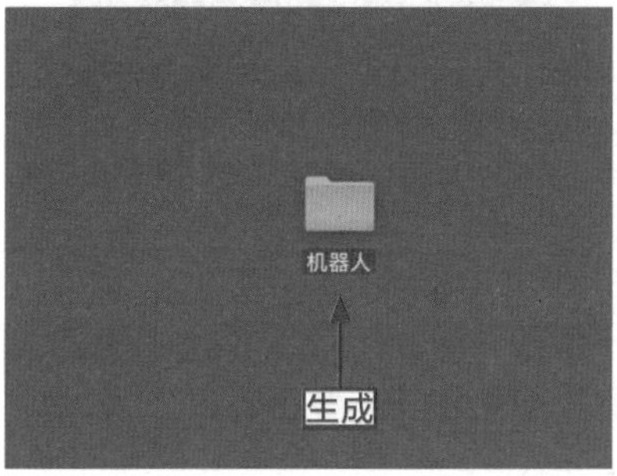

图 12-41　自动生成一个文件夹

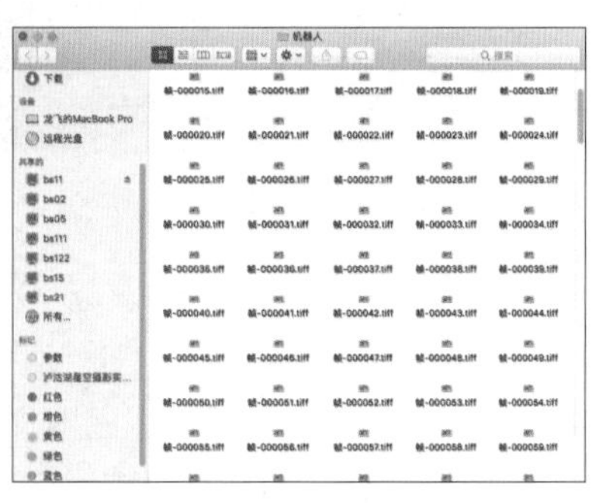

图 12-42　文件夹中的图像

12.3　输出：掌握视频文件的输出格式

在 Final Cut Pro X 中，用户还可以对轨道面板中的视频文件进行快速渲染。本节主要介绍渲染视频文件的操作方法，包括将文件输出成 DVD 格式和 XML 格式以及 Compressor 输出等内容。

12.3.1　DVD 格式：将视频文件输出成 DVD 格式

操练 + 视频　12.3.1　DVD 格式：将视频文件输出成 DVD 格式

素材文件	无	扫描封底文泉云盘的二维码获取资源
效果文件	无	
视频文件	视频 \ 第 12 章 \12.3.1　DVD 格式：将视频文件输出成 DVD 格式 .mp4	

DVD 是一种光盘模式，可方便用户将视频刻录成光盘收藏。下面介绍 DVD 格式的存储方法。

步骤 01：选择“文件”|“共享”|DVD 命令，如图 12-43 所示，弹出 DVD 对话框。

步骤 02：切换至“设置”选项卡，如图 12-44 所示。

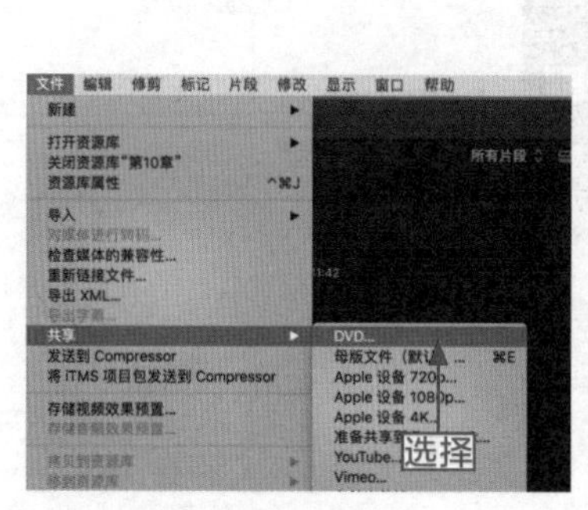

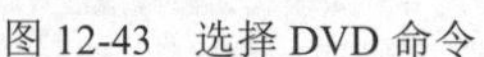

图 12-43　选择 DVD 命令　　图 12-44　切换至“设置”选项卡

步骤 03：在其中设置“输出设备”为“硬盘驱动器”、“层”为“自动”、“构建类型”为“文件”，设置完成后，单击“下一步”按钮，如图 12-45 所示。

步骤 04：弹出一个对话框，设置文件的名称和存储路径，单击“存储”按钮，如图 12-46 所示，即可将文件以 DVD 格式保存起来。

图 12-45　单击“下一步”按钮　　图 12-46　单击“存储”按钮

12.3.2　XML 格式：将视频文件输出成 XML 格式

操练 + 视频　12.3.2　XML 格式：将视频文件输出成 XML 格式

素材文件	素材 \ 第 12 章 \ 雾气弥漫 .mp4	扫描封底文泉云盘的二维码获取资源
效果文件	雾气弥漫 .fcpxml	
视频文件	视频 \ 第 12 章 \12.3.2　XML 格式：将视频文件输出成 XML 格式 .mp4	

XML 格式是一种兼容各软件的格式，每种软件对文件的格式都会有一定的局限性，而

XML 格式很好地解决了这一问题，它可以在不同软件之间相互转换。下面介绍导出 XML 文件的操作方法。

步骤 01：新建一个项目文件，在“时间线”面板中导入素材文件（素材 \ 第 12 章 \ 雾气弥漫 .mp4），如图 12-47 所示。

步骤 02：在检视器窗口中预览导入的素材文件，如图 12-48 所示。

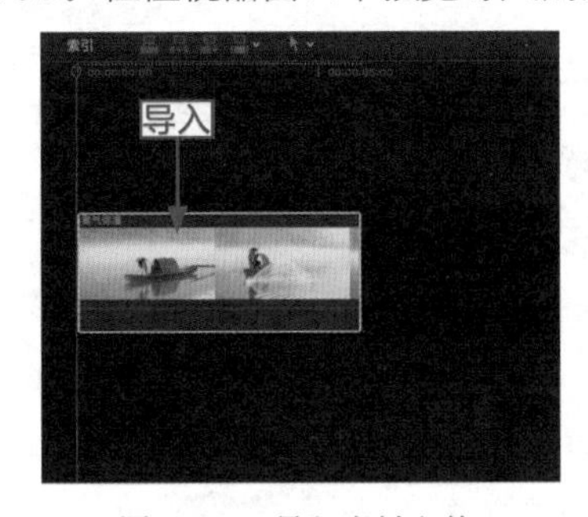

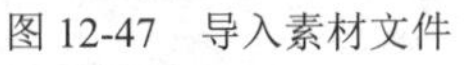

图 12-47 导入素材文件

图 12-48 预览导入的素材文件

步骤 03：选择“文件”|“导出 XML”命令，如图 12-49 所示。

步骤 04：弹出相应对话框，在其中设置文件的名称和保存路径，如图 12-50 所示。

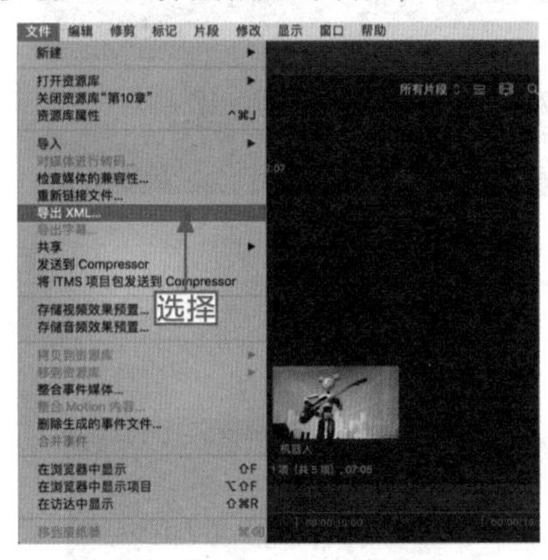

图 12-49 选择“导出 XML”命令

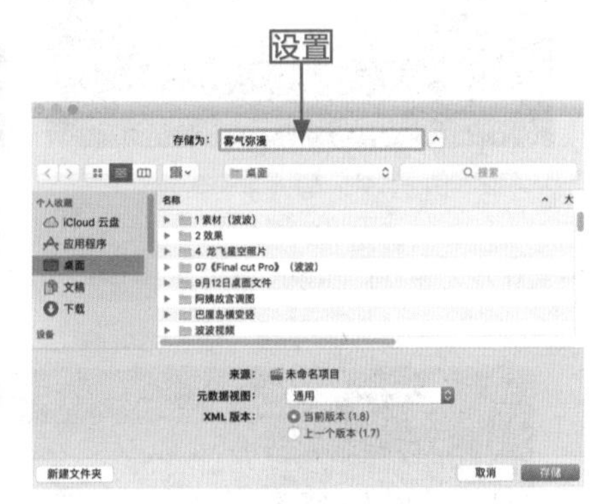

图 12-50 设置文件的名称和保存路径

步骤 05：设置完成后，单击“存储”按钮，如图 12-51 所示。

步骤 06：执行操作后，弹出一个进度条，可以查看文件的导出进度，如图 12-52 所示。

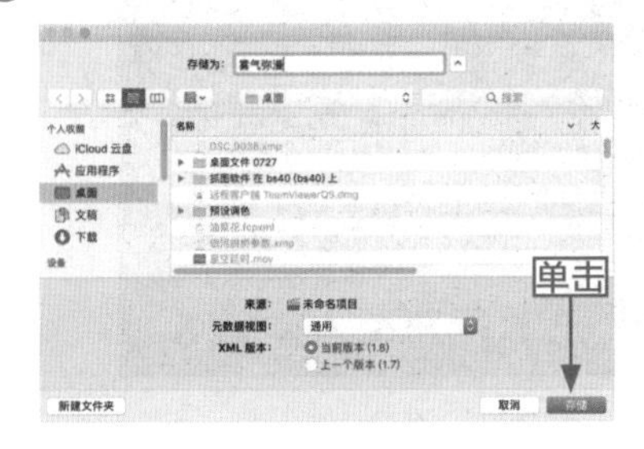

图 12-51 单击“存储”按钮

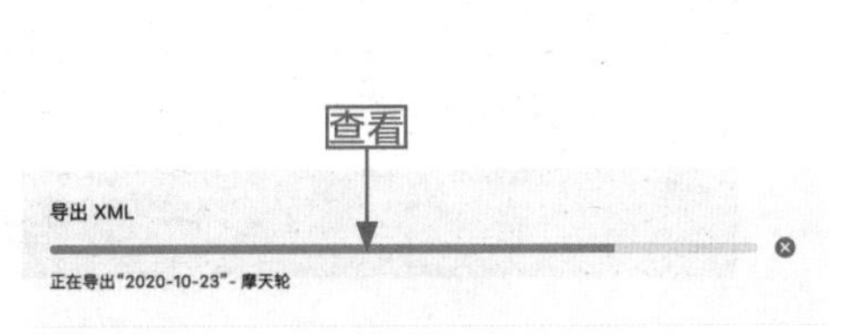

图 12-52 查看文件的导出进度

12.3.3 Compressor 输出：根据需要随意设置格式

操练+视频 12.3.3 Compressor 输出：根据需要随意设置格式

素材文件	素材\第 12 章\泸沽湖.mp4	扫描封底文泉云盘的二维码获取资源
效果文件	无	
视频文件	视频\第 12 章\12.3.3 Compressor输出：根据需要随意设置格式1.mp4	

Compressor 是一种功能强大的输出软件，用户可以根据需要在其中选择文件的输出格式。

步骤 01：新建一个项目文件，在“时间线”面板中导入素材文件（素材\第 12 章\泸沽湖.mp4），如图 12-53 所示。

步骤 02：选择“文件”|“发送到 Compressor”命令，如图 12-54 所示。

图 12-53　导入素材文件

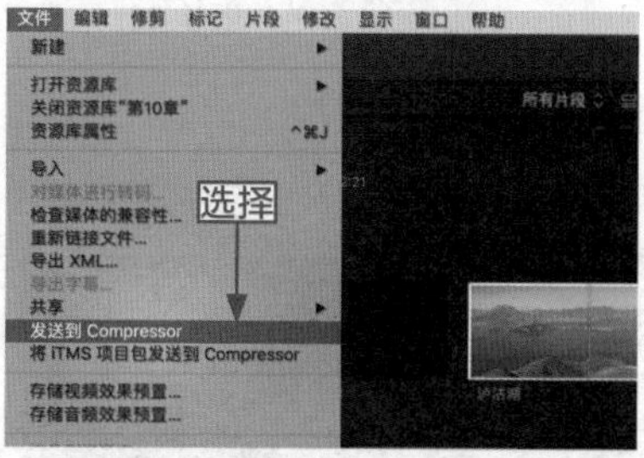

图 12-54　选择“发送到 Compressor”命令

步骤 03：弹出 Compressor 对话框，单击“播放”按钮，预览需要导出的项目文件，如图 12-55 所示。

图 12-55　预览需要导出的项目文件

步骤 04：拖曳时间轴两侧的滑块，选择需要输出的文件范围，如图 12-56 所示。

图 12-56　选择输出范围

步骤 05：单击“添加”按钮，弹出相应对话框，展开“未压缩”选项，在其中选择相应选项，如图 12-57 所示。

步骤 06：在“自定”选项区中选择“高质量输出”，然后单击“好”按钮，如图 12-58 所示。

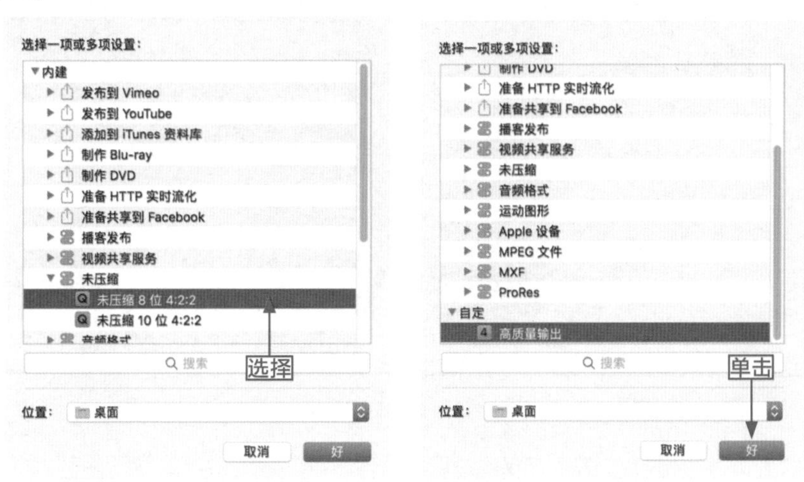

图 12-57　选择相应选项　　图 12-58　单击“好”按钮

步骤 07：设置完成后，返回之前的对话框，单击“开始批处理”按钮，如图 12-59 所示，文件便自动开始处理。

图 12-59　单击“开始批处理”按钮

12.4　本章小结

本章主要介绍了渲染导出项目文件的操作方法，包括将项目文件传送到其他设备、将制作的视频输出到新媒体以及视频文件的输出格式等内容。掌握这些知识，用户可以根据需要导出自己想要的视频格式。

PART FIVE

05

案例实战篇

CHAPTER 13

第 13 章　制作卡点视频——《照片卡点》

卡点视频是节奏感非常强的一种视频，一般以富有节奏感的音乐配上照片或视频为主。卡点视频对音乐的选择是颇为重要的，如果选择的音乐节奏感不是很强，那么制作出来的视频可能就会平淡无奇，没有爆点，因此在制作的过程中，尽量选择节奏感强的音乐作为视频的背景音乐。本章以 19 张照片为例，介绍如何制作卡点视频。

~ 知识要点 ~

- 效果欣赏
- 技术提炼
- 导入照片卡点视频素材
- 调整照片卡点时间节奏
- 导出照片卡点视频文件

~ 本章重点 ~

- 导入照片卡点视频素材
- 调整照片卡点时间节奏
- 导出照片卡点视频文件

13.1　效果欣赏与技术提炼

卡点视频是抖音上兴起的一种热门视频，好看的照片配上有节奏的音乐，给人一种赏心悦目的感觉，这也是它能成为热门视频的主要原因。

13.1.1　效果欣赏

卡点视频《照片卡点》的效果如图 13-1 所示。

图 13-1　《照片卡点》视频效果

图 13-1　《照片卡点》视频效果（续）

13.1.2　技术提炼

首先进入 Final Cut Pro X 工作界面，在资源库中插入相应的视频素材和声音素材，然后将视频素材按顺序依次添加至视频轨道中，接下来调整照片卡点时间节奏，最后输出视频文件。

13.2　视频制作过程

本节主要介绍《照片卡点》视频文件的制作过程，包括导入照片卡点视频素材、调整照片卡点时间节奏以及导出视频文件等内容。

13.2.1　导入照片卡点视频素材

操练 + 视频　13.2.1　导入照片卡点视频素材

素材文件	素材 \ 第 13 章 \ 照片卡点	扫描封底文泉云盘的二维码获取资源
效果文件	无	
视频文件	视频 \ 第 13 章 \13.2.1　导入照片卡点视频素材 .mp4	

在制作卡点视频之前，首先需要导入媒体素材文件。下面以“新建”命令为例，介绍导入

卡点视频素材的操作方法。

步骤 01：选择“文件”|“新建”|“资源库”命令，如图 13-2 所示。

步骤 02：弹出一个对话框，设置资源库名称为“卡点视频”，然后单击“存储”按钮，如图 13-3 所示。

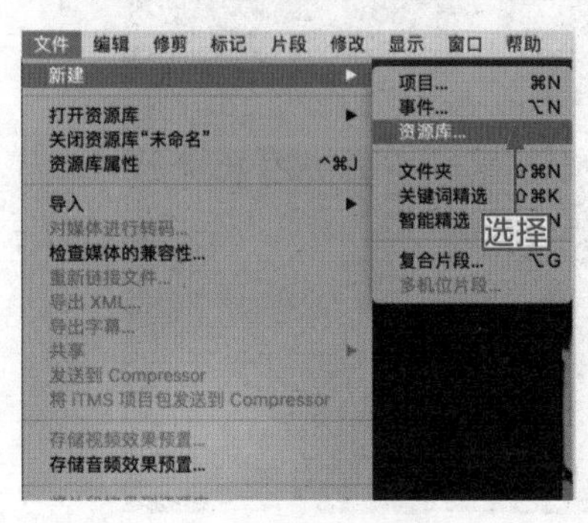

图 13-2 选择“资源库”命令

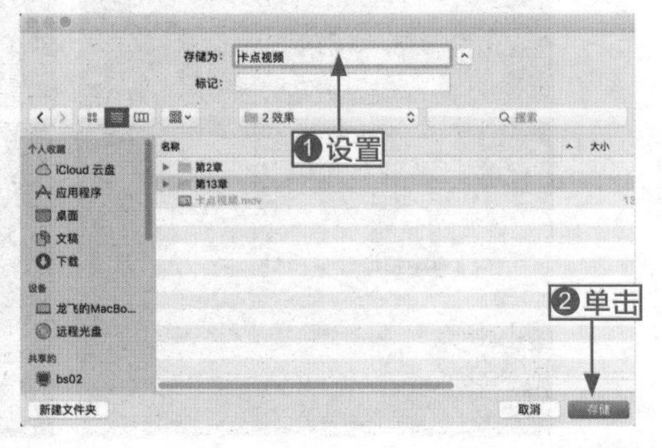

图 13-3 设置资源库名称

步骤 03：在浏览器中创建了一个资源库，选择“文件”|“新建”|“项目”命令，如图 13-4 所示。

步骤 04：弹出相应对话框，在其中设置项目的名称和属性，然后单击“好”按钮，如图 13-5 所示。

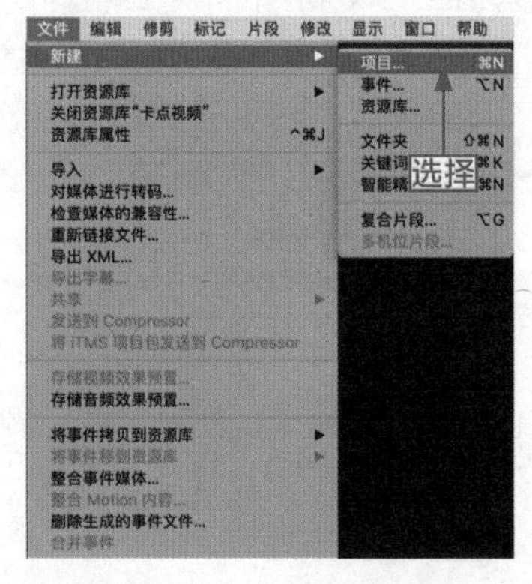

图 13-4 选择“项目”命令

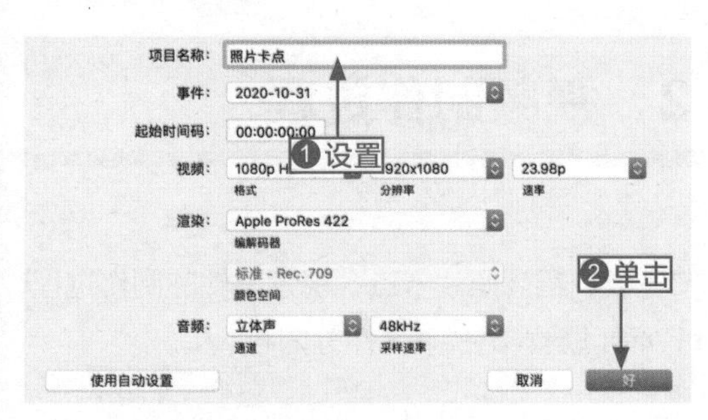

图 13-5 单击“好”按钮

步骤 05：此时事件浏览器中新建了一个项目文件，在事件浏览器中的空白处单击鼠标右键，在弹出的快捷菜单中选择“导入媒体”命令，如图 13-6 所示。

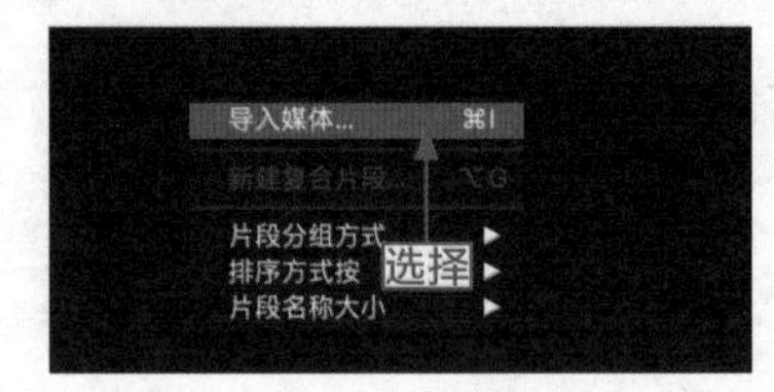

图 13-6 选择“导入媒体”命令

步骤 06：弹出“媒体导入”对话框，在其中选择需要导入的媒体素材（素材 \ 第 13 章 \ 照片卡点），如图 13-7 所示。

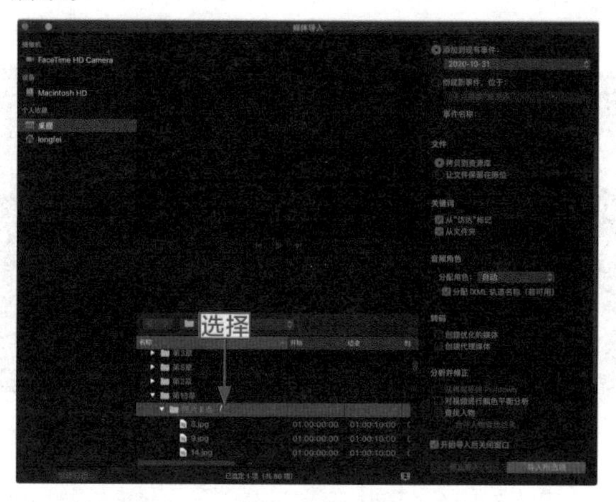

图 13-7　选择需要导入的媒体素材

步骤 07：单击“导入所选项”按钮，即可将视频素材导入浏览器中，如图 13-8 所示。

步骤 08：将事件浏览器中的素材拖曳至“时间线”面板中，如图 13-9 所示。

图 13-8　将视频素材导入浏览器中

图 13-9　拖曳素材至“时间线”面板

13.2.2　调整照片卡点时间节奏

操练 + 视频　3.2.2　调整照片卡点时间节奏

素材文件	无	扫描封底文泉云盘的二维码获取资源
效果文件	无	
视频文件	视频 \ 第 13 章 \13.2.2 调整照片卡点时间节奏 .mp4	

卡点视频最重要的就是让画面卡上音乐的节奏点，只有当画面素材与音乐节奏卡在一起时，

视频才能更有节奏感。下面介绍将素材卡在音乐节奏点上的操作方法。

步骤 01：选择事件浏览器中的音频素材，如图 13-10 所示。

步骤 02：按住鼠标左键，将其拖曳至“时间线”面板中，如图 13-11 所示。

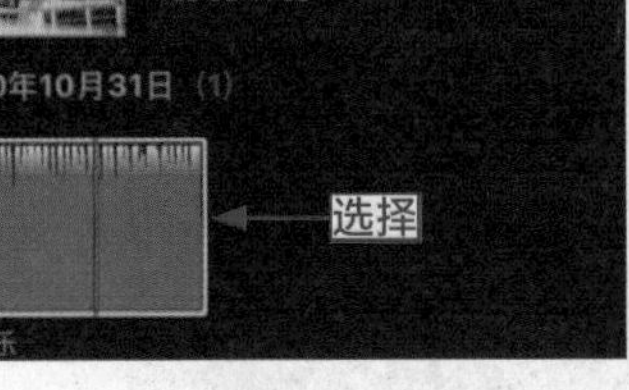

图 13-10　选择音频素材　　图 13-11　拖曳音频素材至“时间线”面板

步骤 03：单击“更改片段在时间线中的外观”按钮，在弹出的对话框中，拖曳“调整时间缩放级别”滑块至合适位置，如图 13-12 所示。

步骤 04：拖曳完成后，可以看到“时间线”面板中素材片段变长，如图 13-13 所示。

图 13-12　拖曳滑块至合适位置

图 13-13　素材片段变长

步骤 05：在对话框中拖曳“调整片段高度”滑块至合适位置，如图 13-14 所示。

步骤 06：拖曳完成后，可以看到“时间线”面板中素材片段高度发生改变，如图 13-15 所示。

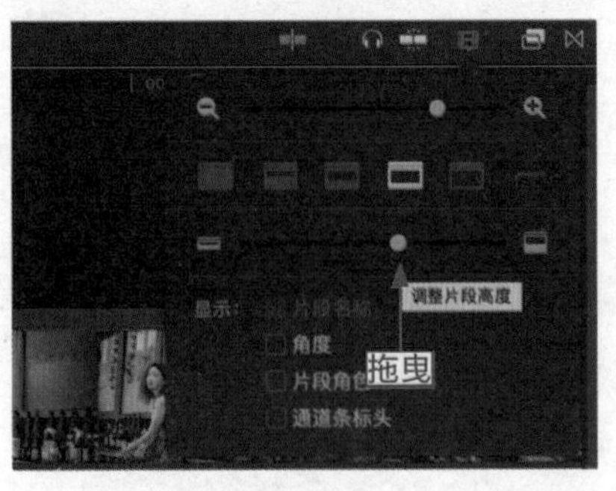

图 13-14　拖曳“调整片段高度”滑块至合适位置

图 13-15　素材片段高度发生改变

步骤 07： 选中“时间线”面板中的第一段素材，如图 13-16 所示。

步骤 08： 在选择的素材上单击鼠标右键，在弹出的快捷菜单中选择“更改时间长度”命令，如图 13-17 所示。

图 13-16　选择第 1 段素材

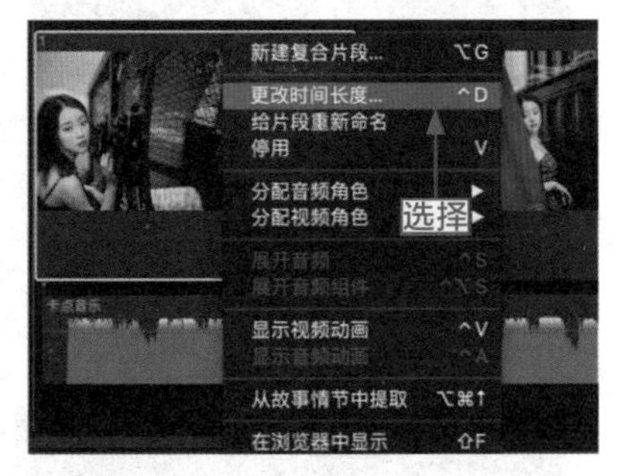

图 13-17　选择“更改时间长度”命令

步骤 09： 激活检视器中的时间码，在时间码中设置时间长度为 00:00:02:00，如图 13-18 所示。

步骤 10： 将时间指示器调整至 00:00:02:00 的位置，然后选中音频素材，按 M 键，给音频素材添加一个时间标记，如图 13-19 所示。

图 13-18　设置时间长度

图 13-19　添加第一个时间标记

步骤 11： 将时间指示器调整至 00:00:02:09 的位置，然后选中音频素材，按 M 键，给音频素材添加第二个时间标记，如图 13-20 所示。

步骤 12： 选中第二段素材片段，将鼠标指针移动到素材的末尾位置，当鼠标指针呈双向箭头形状时，按住鼠标左键并向左拖曳至音频素材的第二个时间标记处，调整素材的时间长度，如图 13-21 所示。

步骤 13： 将时间指示器调整至 00:00:02:17 的位置，然后选中音频素材，按 M 键，音频素材添加第三个时间标记，如图 13-22 所示。

步骤 14： 选中第三段素材片段，将鼠标指针移动到素材的末尾位置，当鼠标指针呈双向箭头形状时，按住鼠标左键并向左拖曳至音频素材的第三个时间标记处，调整第三段素材的时间长度，如图 13-23 所示。

图 13-20　添加第二个时间标记

图 13-21　调整素材的时间长度

图 13-22　添加第三个时间标记

图 13-23　调整第三段素材的时间长度

步骤 15: 用与上同样的方法，依次在 00:00:03:03、00:00:03:14、00:00:04:03、00:00:04:13、00:00:05:01、00:00:05:12、00:00:06:00、00:00:06:11、00:00:06:23、00:00:07:11、00:00:07:22、00:00:08:09、00:00:08:21、00:00:09:08 和 00:00:09:20 的位置添加时间标记，并将剩下素材依次调整到相应的位置，调整后的效果如图 13-24 所示。

图 13-24　查看调整后的素材

13.2.3　导出照片卡点视频文件

操练 + 视频	13.2.3　导出照片卡点视频文件	
素材文件	无	扫描封底文泉云盘的二维码获取资源
效果文件	效果 2：第 8 章 – 第 15 章 \ 第 13 章	
视频文件	视频 \ 第 13 章 \13.2.3 导出照片卡点视频文件 .mp4	

创建并保存视频文件后，用户即可对其进行渲染，渲染完成后可以将视频分享至各种新媒

体平台。视频的渲染时间根据项目的长短以及计算机配置的高低而略有不同。下面介绍输出与分享媒体视频文件的操作方法。

步骤 01： 在菜单栏中选择“文件”|“共享”|“母版文件（默认）”命令，如图 13-25 所示。

步骤 02： 弹出“母版文件”对话框，进入“信息”选项卡，在其中可以查看视频的相关信息，如图 13-26 所示。

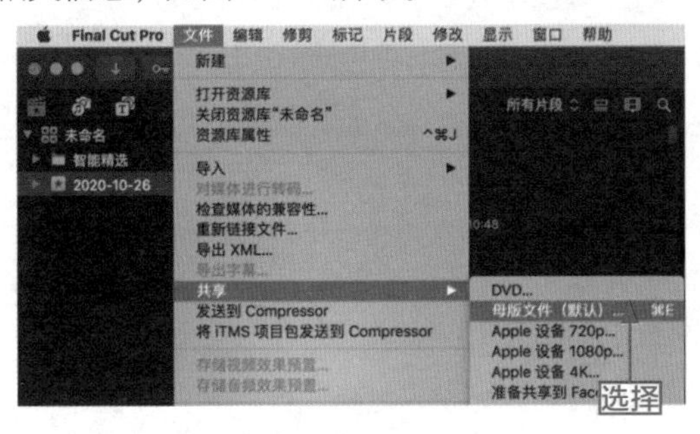

图 13-25　选择“母版文件（默认）”命令

图 13-26　查看视频的相关信息

步骤 03： 切换至“设置”选项卡，在其中可以设置视频的格式与分辨率等。设置完成后，单击右下角的“下一步”按钮，如图 13-27 所示。

步骤 04： 弹出相应对话框，设置“存储为”为“照片卡点”，然后单击“存储”按钮，如图 13-28 所示，即可导出照片卡点视频文件。

图 13-27　单击“下一步”按钮

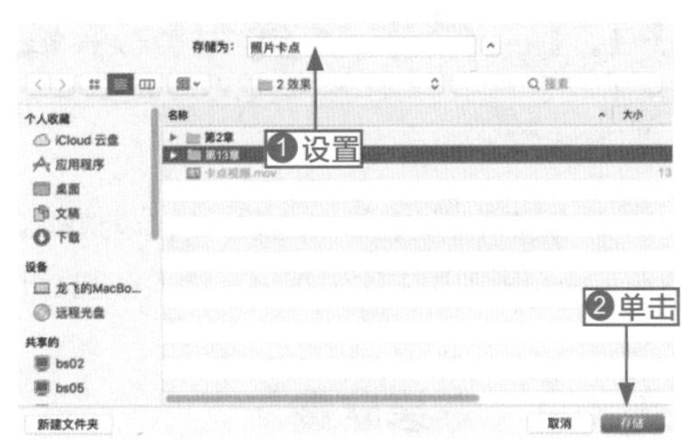

图 13-28　单击“存储”按钮

13.3　本章小结

本章主要介绍了制作卡点视频的操作方法，包括导入照片卡点视频素材、调整照片卡点时间节奏以及导出照片卡点视频文件等内容。掌握这些知识，用户可以利用自己喜欢的照片制作专属的卡点视频。

CHAPTER 14

第 14 章 制作定格视频——《定格画面》

定格视频是大家比较熟悉的一种视频类型，常出现在影视剧中。对于视频编辑爱好者来说，学习制作定格视频也是必不可少的一门功课，学会之后，可以制作自己的专属MV、定格画面视频等。本章将详细介绍定格视频的制作方法。

~ 知识要点 ~

- 效果欣赏
- 技术提炼
- 导入定格画面视频素材
- 调整定格画面时间长度
- 添加定格画面视频效果
- 导出定格画面项目文件

~ 本章重点 ~

- 导入定格画面视频素材
- 调整定格画面时间长度
- 添加定格画面视频效果
- 导出定格画面项目文件

14.1 效果欣赏与技术提炼

定格视频是从视频中选取一帧作为静止的画面，从而产生一种视觉暂留的效果。一般这种制作手法在影视剧中比较常见，让人在观看时有种眼前一亮的视觉感受。

14.1.1 效果欣赏

定格视频《定格画面》的效果如图 14-1 所示。

图 14-1 《定格画面》视频效果

图 14-1　《定格画面》视频效果（续）

14.1.2　技术提炼

首先进入 Final Cut Pro X 工作界面，在资源库中插入相应的视频素材和声音素材，然后将视频素材按顺序依次添加至视频轨道中，接下来调整素材的时间长度、添加静帧画面和视频效果，再将声音素材插入声音轨道中，最后输出视频文件。

14.2　视频制作过程

本节主要介绍《定格画面》视频文件的制作过程，包括导入定格画面视频素材、调整定格画面时间长度、为视频素材添加视频效果以及导出视频文件等内容。

14.2.1　导入定格画面视频素材

操练 + 视频　14.2.1　导入定格画面视频素材

素材文件	素材 \ 第 14 章 \ 定格视频	扫描封底文泉云盘的二维码获取资源
效果文件	无	
视频文件	视频 \ 第 14 章 \14.2.1　导入定格画面视频素材 .mp4	

在制作定格视频之前，首先需要导入媒体素材文件。下面以“新建”命令为例，介绍导入定格视频素材的操作方法。

步骤 01：选择“文件”|“新建”|“资源库”命令，如图 14-2 所示。

步骤 02：弹出一个对话框，设置资源库名称为“定格画面”，如图 14-3 所示。

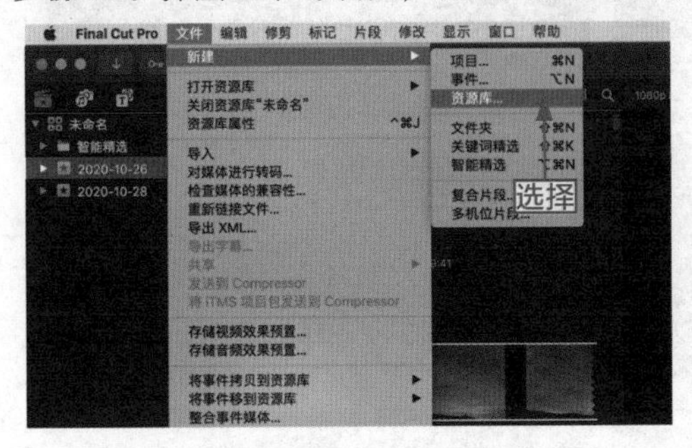

图 14-2　选择“资源库”命令

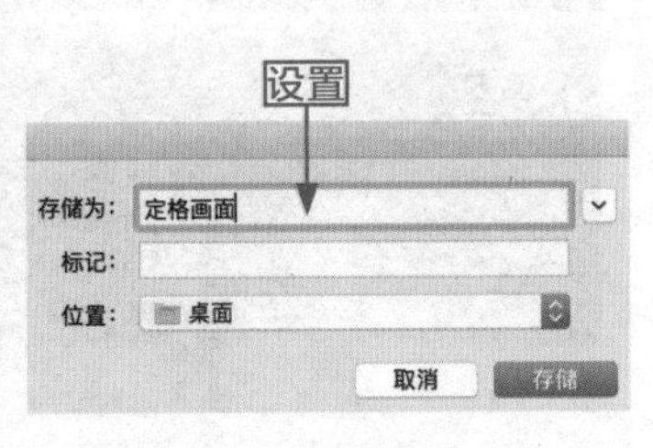

图 14-3　设置资源库名称

步骤 03：单击“存储”按钮，在浏览器中创建一个资源库，如图 14-4 所示。

步骤 04：选择“文件”|“新建”|“事件”命令，如图 14-5 所示。

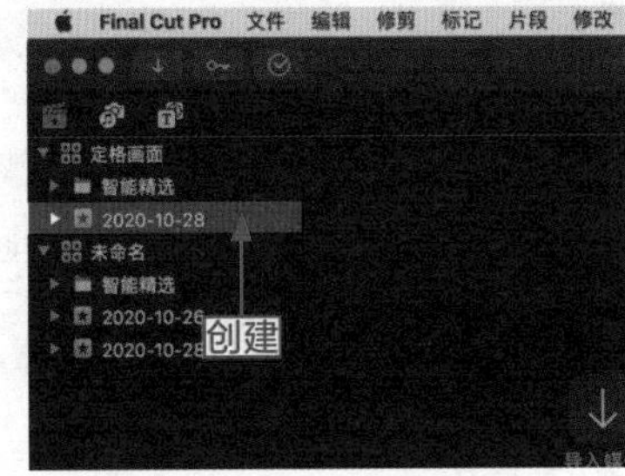

图 14-4　成功创建资源库

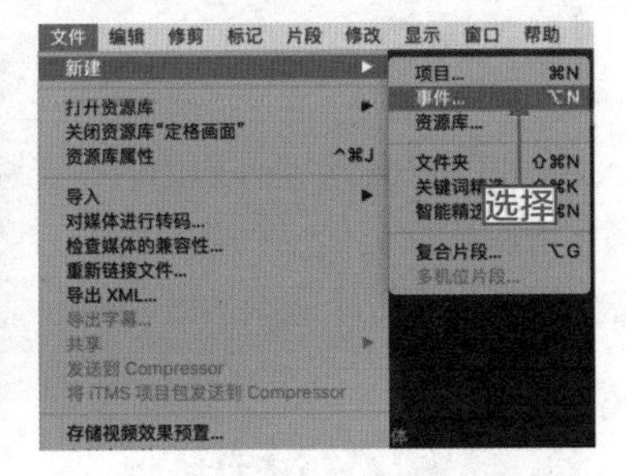

图 14-5　选择“事件”命令

步骤 05：弹出相应对话框，设置事件名称，单击“好”按钮，如图 14-6 所示。

步骤 06：选择“文件”|“新建”|“项目”命令，如图 14-7 所示。

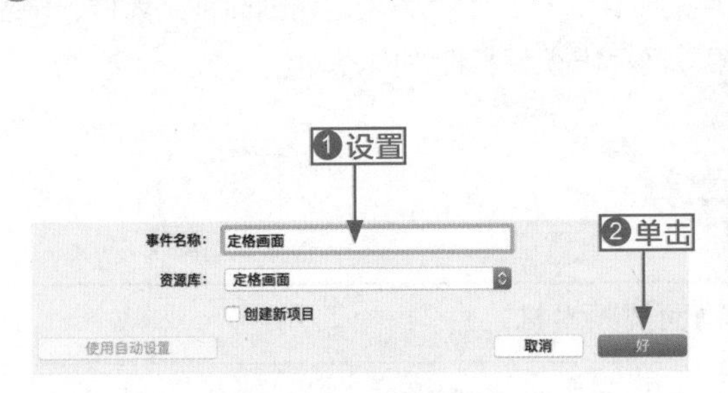

图 14-6　设置事件名称

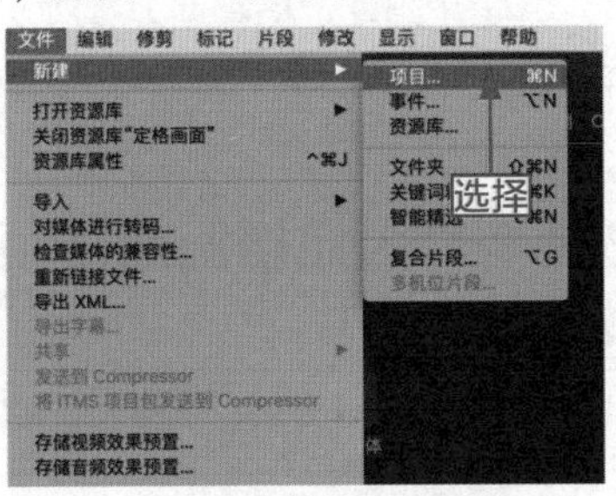

图 14-7　选择“项目”命令

步骤 07：弹出相应对话框，在其中设置项目的名称和属性，单击“好”按钮，如图 14-8 所示。

步骤 08：此时事件浏览器中新建了一个项目文件，在事件浏览器中的空白处单击鼠标右键，在弹出的快捷菜单中选择“导入媒体”命令，选择需要导入的素材文件（素材\第 14 章\定格视频），如图 14-9 所示。

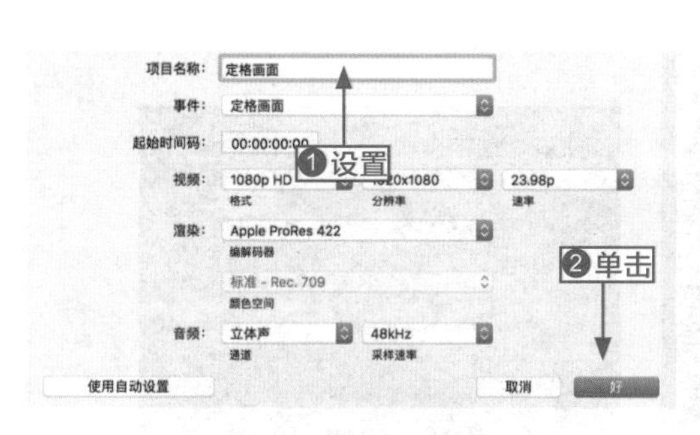

图 14-8　新建项目文件

图 14-9　选择“导入媒体”命令

步骤 09：执行操作后，即可将视频素材导入浏览器中，如图 4-10 所示。

步骤 10：将事件浏览器中的素材拖曳至“时间线”面板中，如图 14-11 所示。

图 14-10　将视频素材导入浏览器中

图 14-11　拖曳素材至“时间线”面板

14.2.2　调整定格画面时间长度

操练 + 视频　14.2.2　调整定格画面时间长度

素材文件	无	扫描封底文泉云盘的二维码获取资源
效果文件	无	
视频文件	视频\第 14 章\14.2.2 调整定格画面时间长度 .mp4	

定格视频的画面定格点需要卡上音乐节点，这样才能更好地完善视频的契合度，因此在编辑过程中需要根据背景对视频素材的时间长度进行音乐设置。

步骤 01：选中“时间线”面板中的第一段视频素材，单击“选取片段重新定时选项”按钮，在弹出的列表中选择“快速”|“2 倍”选项，如图 14-12 所示。

步骤 02：第一段视频素材上会出现一个“快速（200%）”紫色长条，将时间指示器调整到 00:00:01:06 的位置，按 Option ＋ F 组合键，为第一段素材添加一个静帧画面，如图 14-13 所示。

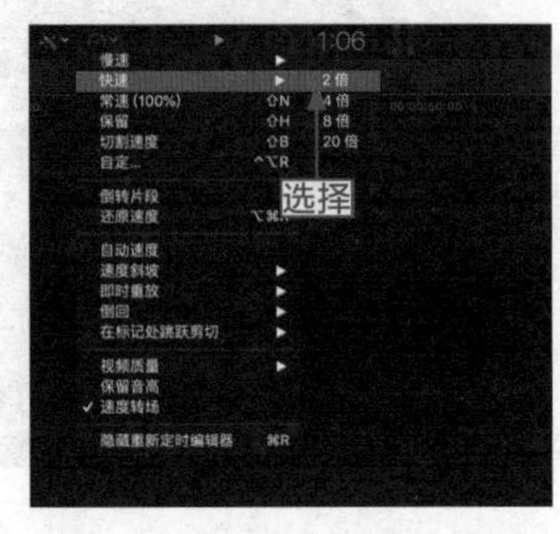

图 14-12　选择“2 倍”选项

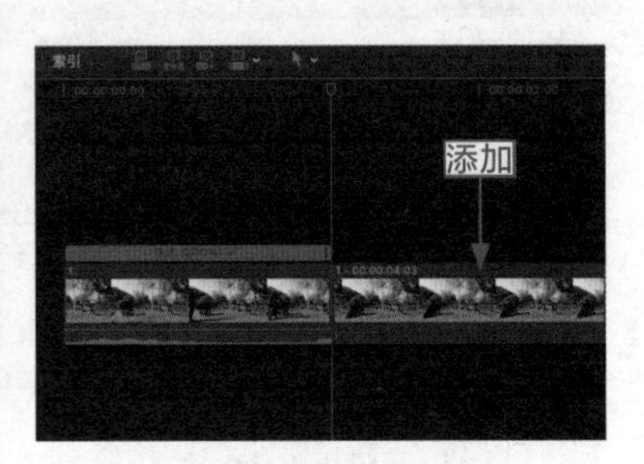

图 14-13　添加静帧画面

步骤 03：选择添加的静帧画面，单击鼠标右键，在弹出的快捷菜单中选择“更改时间长度”命令，如图 14-14 所示。

步骤 04：激活检视器中的时间码，设置时间长度为 00:00:01:08，如图 14-15 所示。

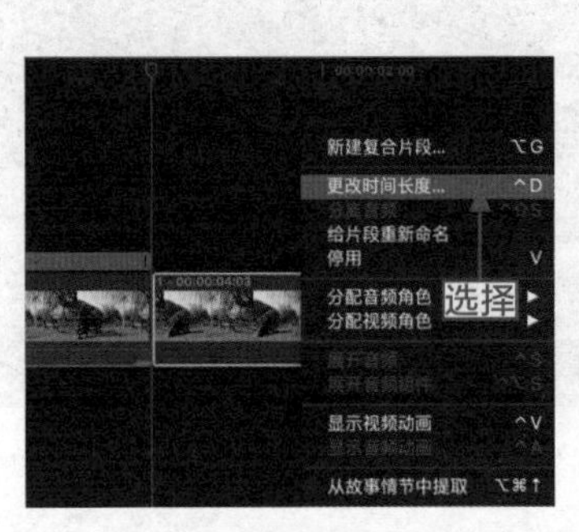

图 14-14　选择“更改时间长度”命令

图 14-15　设置时间长度

步骤 05：将时间指示器调整到 00:00:04:03 的位置，如图 14-16 所示。

步骤 06：选择第二段视频素材，按 Option ＋ F 组合键，为第二段素材添加一个静帧画面，如图 14-17 所示。

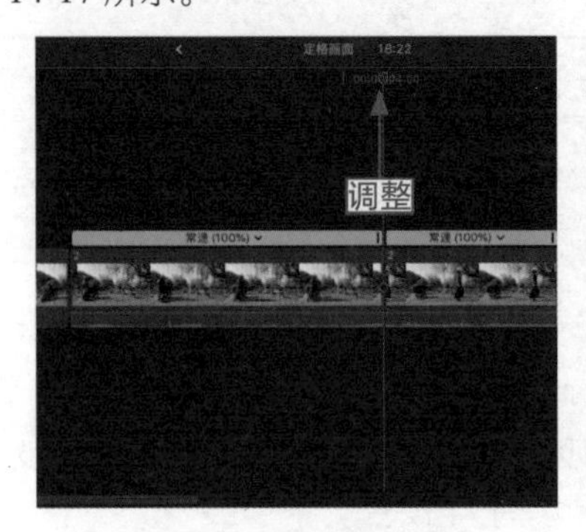

图 14-16　调整时间指示器

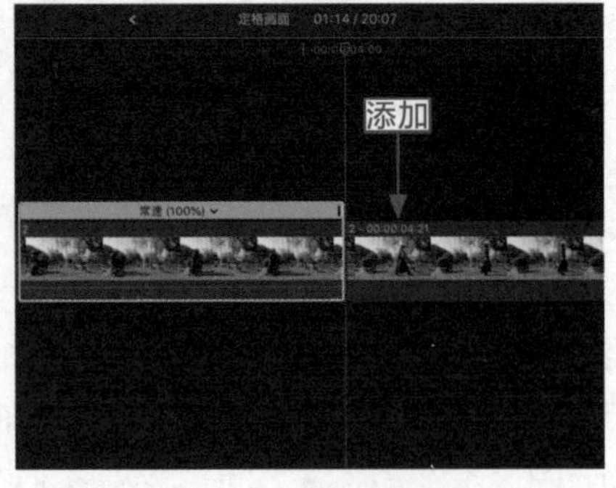

图 14-17　添加静帧画面

🅢 **步骤 07：**选择添加的静帧画面，单击鼠标右键，在弹出的快捷菜单中选择“更改时间长度”命令，如图 14-18 所示。

🅢 **步骤 08：**激活检视器中的时间码，设置时间长度为 00:00:01:09，如图 14-19 所示。

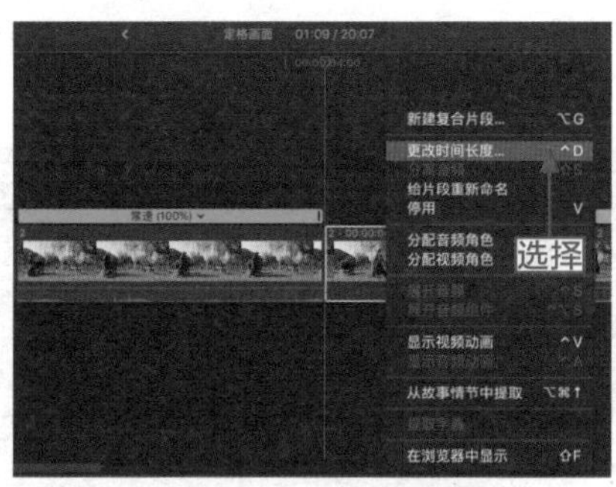

设置

图 14-18　选择“更改时间长度”命令　　　图 14-19　设置时间长度

🅢 **步骤 09：**选中“时间线”面板中的第三段视频素材，单击“选取片段重新定时选项”按钮，在弹出的列表中选择“快速”|“2 倍”选项，如图 14-20 所示。

🅢 **步骤 10：**第三段视频素材上会出现一个“快速（200%）”紫色长条，将时间指示器调整到 00:00:08:06 的位置，按 Option + F 组合键，为第三段素材添加一个静帧画面，如图 14-21 所示。

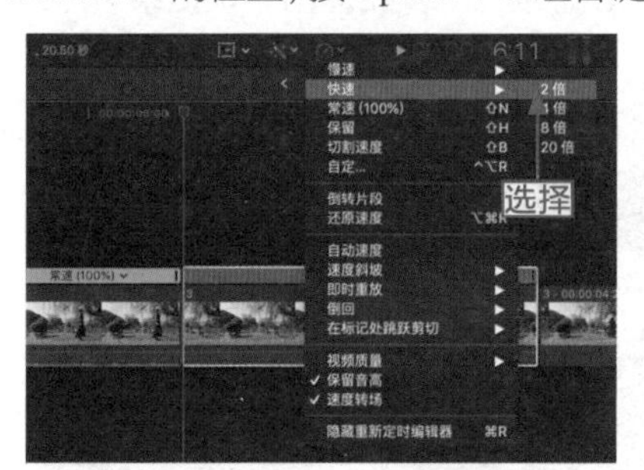

图 14-20　选择“2 倍”选项

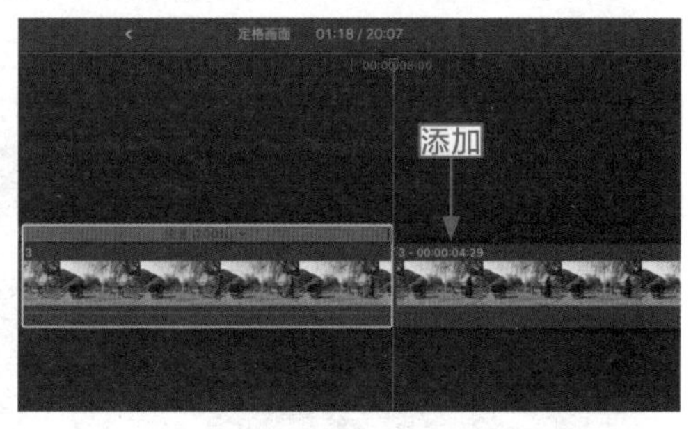

图 14-21　添加静帧画面

🅢 **步骤 11：**选择添加的静帧画面，单击鼠标右键，在弹出的快捷菜单中选择“更改时间长度”命令，如图 14-22 所示。

🅢 **步骤 12：**激活检视器中的时间码，设置时间长度为 00:00:01:09，如图 14-23 所示。

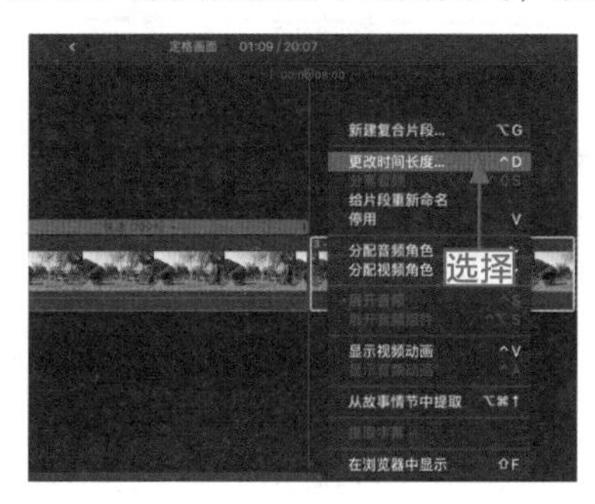

图 14-22　选择“更改时间长度”命令

图 14-23　设置时间长度

步骤13：选中“时间线”面板中的第四段视频素材，将时间指示器调整到00:00:13:00的位置，按Option＋F组合键，在第四段素材的中间添加一个静帧画面，如图14-24所示，第四段视频素材被分成两段。

步骤14：单击“选取片段重新定时选项”按钮，在弹出的列表中选择“快速”|“2倍”选项，如图14-25所示。

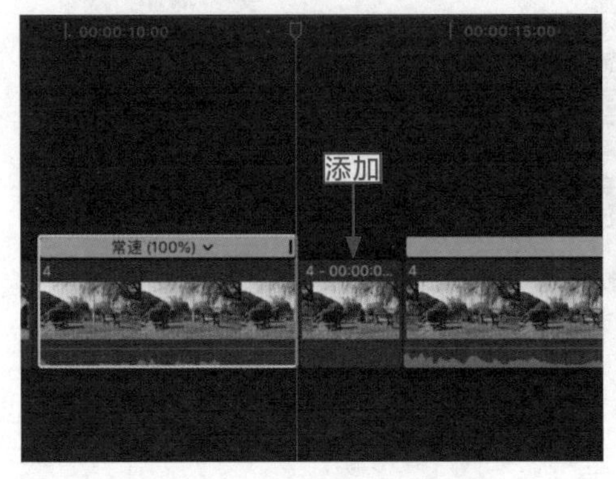

图14-24 添加一个静帧画面

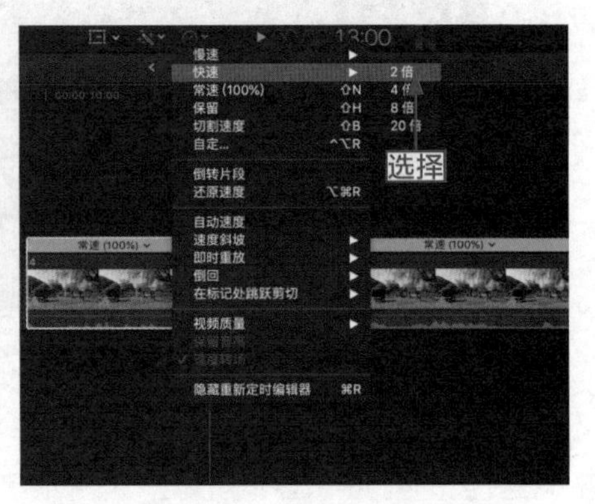

图14-25 选择“2倍”选项

步骤15：选择两段素材中的静帧图像，单击鼠标右键，在弹出的快捷菜单中选择“更改时间长度”命令，如图14-26所示。

步骤16：激活检视器中的时间码，设置时间长度为00:00:01:09，如图14-27所示。

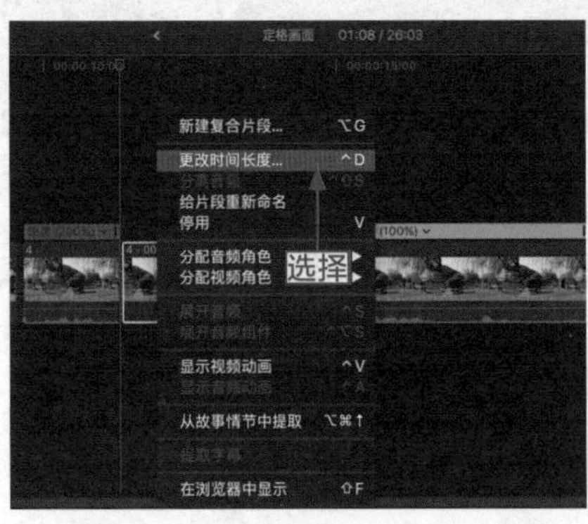

图14-26 选择“更改时间长度”命令

图14-27 设置时间长度

步骤17：选择静帧画面后面的一段素材，单击“选取片段重新定时选项”按钮，在弹出的列表中选择“快速”|“8倍”选项，如图14-28所示。

步骤18：将时间指示器调整到00:00:13:12的位置，按Option＋F组合键，添加一个静帧画面，如图14-29所示。

步骤19：选择添加的静帧画面，单击鼠标右键，在弹出的快捷菜单中选择“更改时间长度”命令，如图14-30所示。

步骤20：激活检视器中的时间码，设置时间长度为00:00:01:00，如图14-31所示。

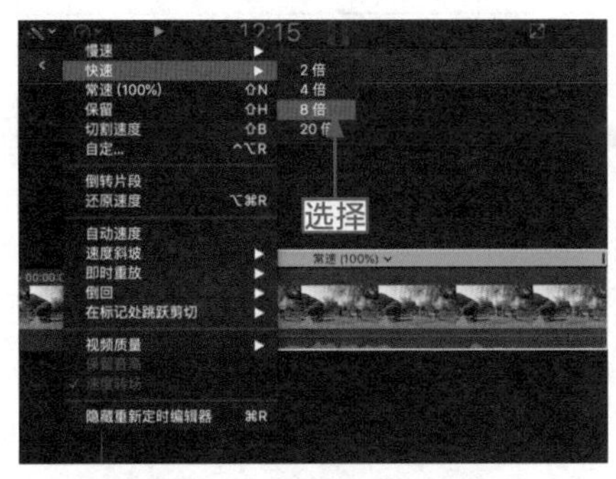

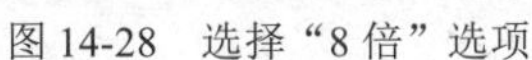
图 14-28　选择“8 倍”选项

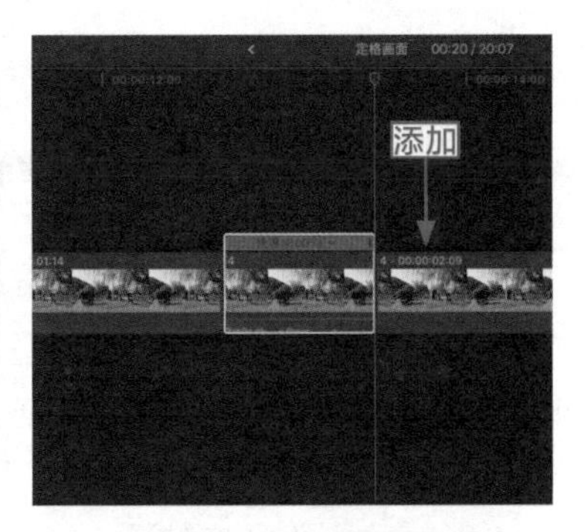

图 14-29　添加静帧画面

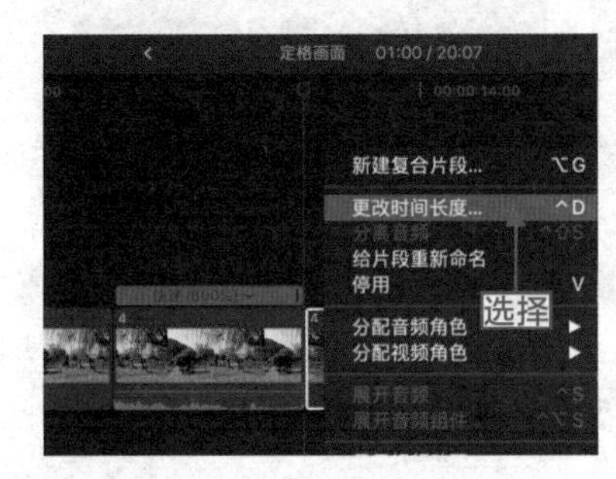

图 14-30　选择“更改时间长度”命令

图 14-31　设置时间长度

步骤 21：用与上同样的方法，分别为后面的第五段和第六段素材在 00:00:15:19、00:00:17:19、00:00:19:17 的位置添加静帧画面，并设置第六段素材的播放速度为 4 倍，添加的静帧画面的时间长度分别为 00:00:01:01、00:00:01:01 和 00:00:00:13，如图 14-32 所示。

图 14-32　设置其他素材时间长度

14.2.3　添加定格画面视频效果

本节首先给所有视频添加“颜色板”视频效果，调整视频的色彩画面，然后为视频的静帧画面添加“镜像”效果等。

操练+视频 14.2.3 添加定格画面视频效果

素材文件	无	扫描封底文泉云盘的二维码获取资源
效果文件	无	
视频文件	视频\第14章\14.2.3 添加定格画面视频效果.mp4	

步骤01：在“时间线”面板中选择第1段素材，如图14-33所示。

步骤02：打开“效果”面板，在其中选择“颜色板”视频效果，如图14-34所示，双击，即可为素材添加“颜色板”视频效果。

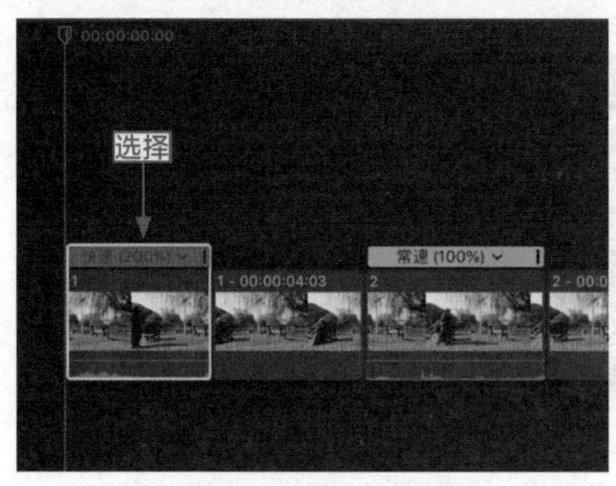

图14-33 选择第1段素材

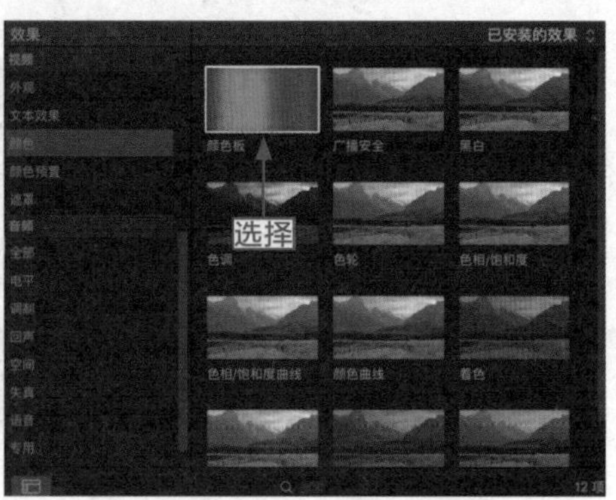

图14-34 选择“颜色板”视频效果

步骤03：打开“颜色检查器”，在其中设置“主”为46%，如图14-35所示。

步骤04：选择“颜色板”视频效果，选择“编辑”|“拷贝”命令，如图14-36所示。

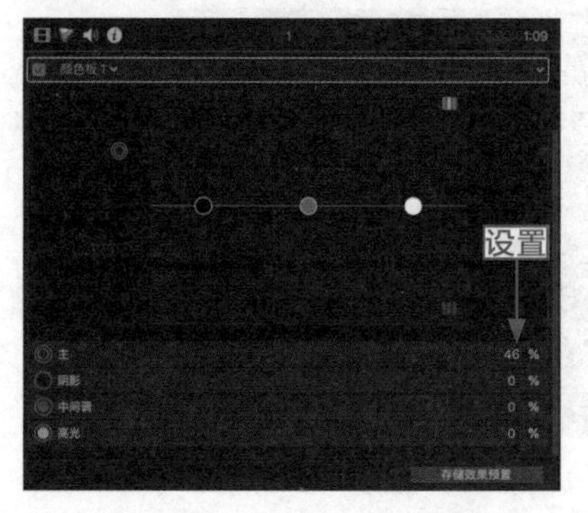

图14-35 设置“主”为46%

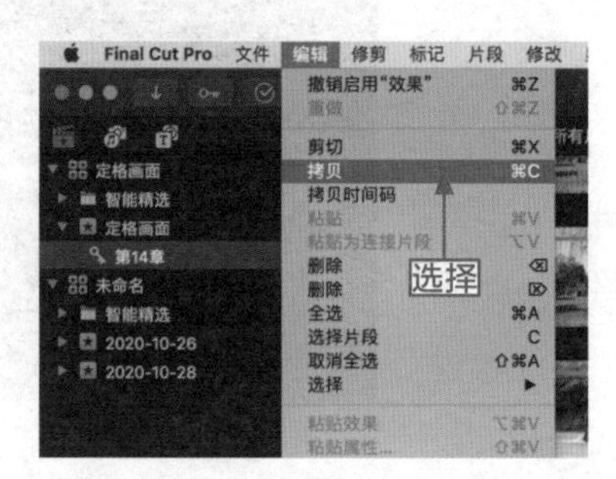

图14-36 选择“拷贝”命令

步骤05：选择“时间线”面板中的第一个静帧画面，选择“编辑”|“粘贴属性”命令，如图14-37所示，执行操作后，即可将“颜色板”视频效果复制到选择的静帧画面上。

步骤06：打开“效果”面板，在其中选择“镜像”视频效果，如图14-38所示，双击，即可为素材添加“镜像”视频效果。

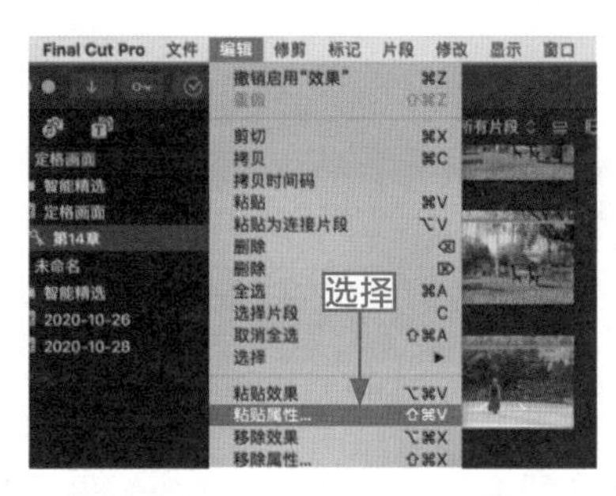

图 14-37　选择“粘贴属性”命令

图 14-38　选择“镜像”视频效果

步骤 07：在检视器中可以看到添加“镜像”视频效果后的素材，如图 14-39 所示。

步骤 08：用鼠标拖曳检视器中的白色圆点至合适位置，如图 14-40 所示，调整“镜像”视频效果的位置。

图 14-39　查看添加的视频效果

图 14-40　调整“镜像”视频效果的位置

步骤 09：用与上同样的方法，分别为剩下的素材添加“颜色板”和“镜像”效果，添加后的效果如图 14-41 所示。

图 14-41　查看添加的视频效果

14.2.4 导出定格画面项目文件

操练+视频 14.2.4 导出定格画面项目文件

素材文件	无	扫描封底文泉云盘的二维码获取资源
效果文件	效果2：第8章－第15章\第14章	
视频文件	视频\第14章\14.2.4 导出定格画面项目文件.mp4	

在为视频素材添加视频效果后，接下来就可以添加背景音乐并导出视频了，下面介绍具体的操作方法。

步骤01：将事件浏览器中的音乐素材拖曳至“时间线”面板中，如图14-42所示。

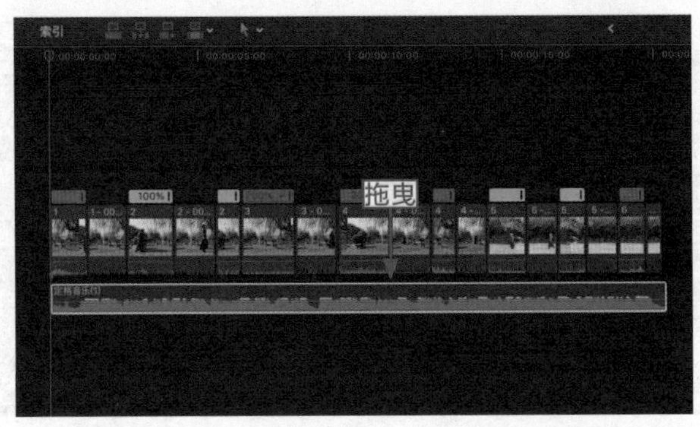

图14-42 将音乐素材拖曳至“时间线”面板中

步骤02：选择“文件”|“共享”|“母版文件（默认）”命令，如图14-43所示。

步骤03：弹出“母版文件”对话框，切换至“设置”选项卡，如图14-44所示。

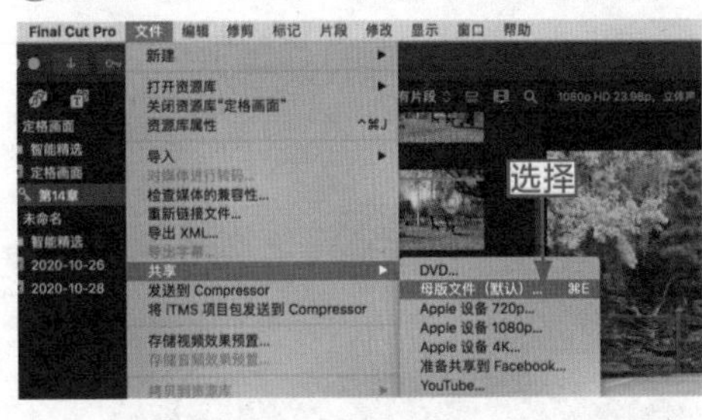

图14-43 选择“母版文件（默认）”命令

图14-44 切换至“设置”选项卡

步骤04：进入“设置”选项区，在其中可以设置视频的格式与分辨率等设置完成后，单击右下角的“下一步”按钮，如图14-45所示。

步骤05：弹出相应对话框，设置“存储为”为“定格画面”，然后单击“存储”按钮，如图14-46所示，即可导出定格画面视频文件。

图 14-45　单击“下一步”按钮

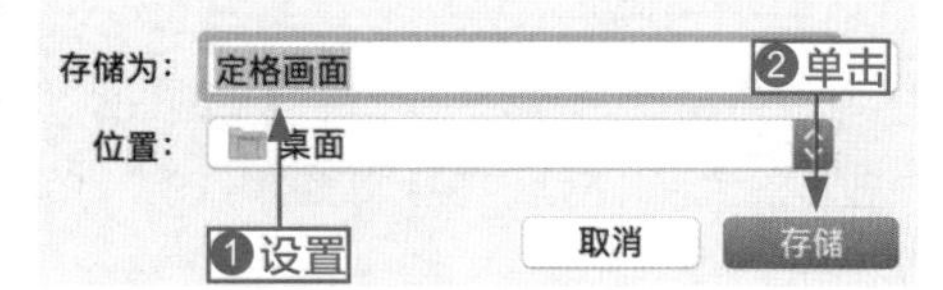

图 14-46　单击“存储”按钮

14.3　本章小结

本章主要介绍了制作定格视频的操作方法，包括导入定格画面视频素材、调整定格画面时间长度、添加定格画面视频效果以及导出定格画面项目文件等内容。掌握这些知识，用户可以合成更多精美绝伦的视频。

CHAPTER 15

第 15 章 制作延时视频——《星河耿耿》

拍摄延时视频需要花费很多时间，但是延时视频展示出来的效果是令人震撼的。本章主要介绍星空延时视频的制作方法，包括导入素材、制作字幕、添加音乐和导出视频等内容。

~ 知识要点 ~

- 效果欣赏
- 技术提炼
- 导入星空延时视频素材
- 制作星空延时字幕效果
- 添加星空延时音频文件
- 导出星空延时视频文件

~ 本章重点 ~

- 导入星空延时视频素材
- 制作星空延时字幕效果
- 添加星空延时音频文件
- 导出星空延时视频文件

15.1 效果欣赏与技术提炼

近年来，喜欢摄影的人越来越多，人们不满足于可以拍出美丽、大气的照片，还希望以视频的形式将照片展示出来，本章将介绍如何将几百张照片做成一段几秒钟的延时视频。

15.1.1 效果欣赏

延时视频《星河耿耿》的效果如图 15-1 所示。

图 15-1 《星河耿耿》视频效果

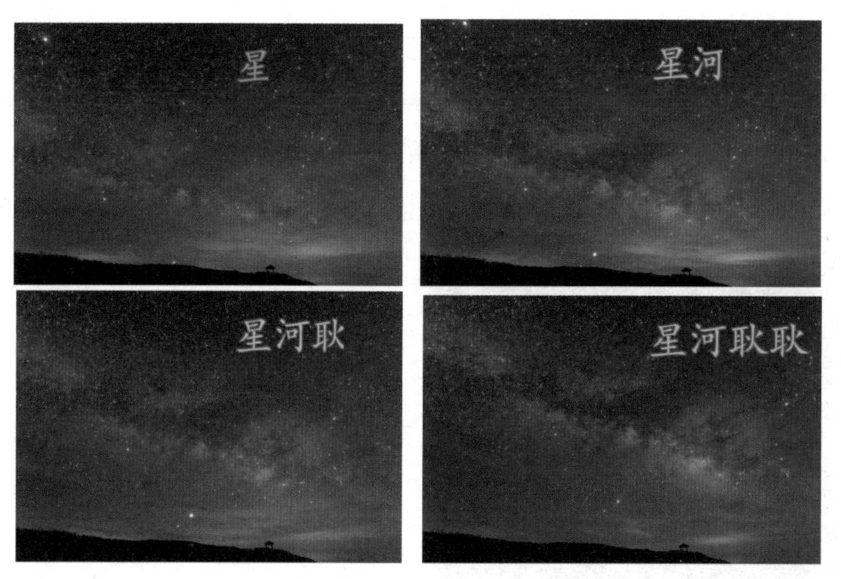

图 15-1　《星河耿耿》视频效果（续）

15.1.2　技术提炼

首先进入 Final Cut Pro X 工作界面，在资源库中插入相应的视频素材和声音素材，然后将视频素材按顺序依次添加至视频轨道中，接下来运用“视频检查器”面板，制作字幕效果，然后将声音素材插入声音轨道中，最后输出视频文件等。

15.2　视频制作过程

本节主要介绍《星河耿耿》视频文件的制作过程，包括导入星空延时视频素材、制作视频字幕效果、添加音频文件以及导出视频文件等内容。

15.2.1　导入星空延时视频素材

操练 + 视频　15.2.1　导入星空延时视频素材

素材文件	素材 / 第 15 章 / 星空延时	扫描封底文泉云盘的二维码获取资源
效果文件	无	
视频文件	视频 \ 第 15 章 \15.2.1　导入星空延时视频素材 .mp4	

在制作星空延时视频之前，首先需要导入媒体素材文件。下面以通过“新建项目”命令为例，介绍导入星空延时素材的操作方法。

步骤 01： 打开 Final Cut Pro X 工作界面，在左上角的窗格中单击鼠标右键，在弹出的快捷菜单中选择“新建项目”命令，如图 15-2 所示。

步骤 02： 弹出相应对话框，设置名称和格式，然后单击“好”按钮，如图 15-3 所示。

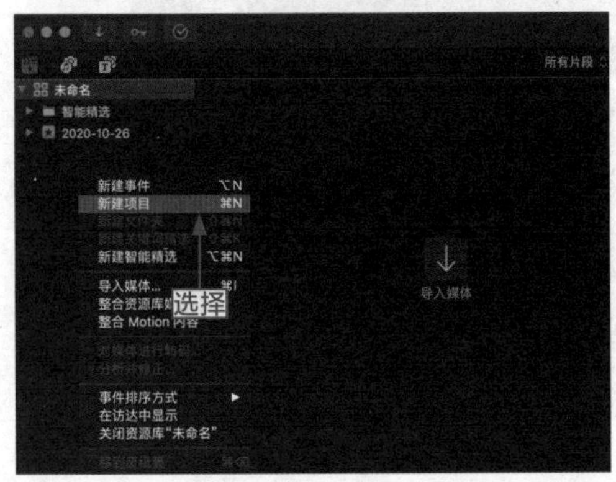

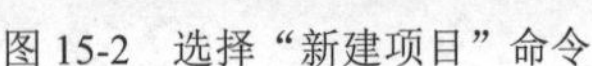
图 15-2　选择“新建项目”命令

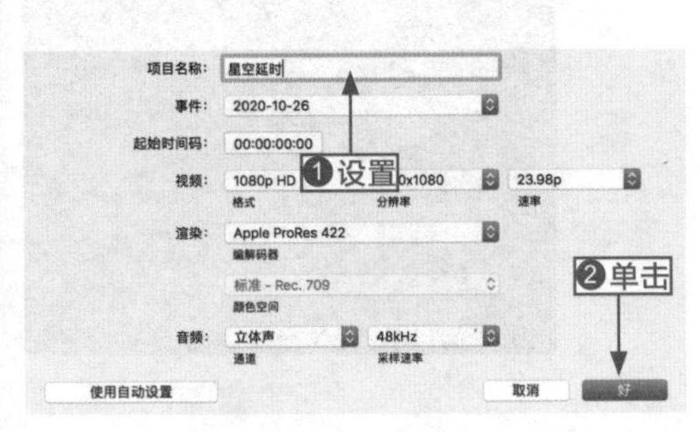

图 15-3　单击“好”按钮

步骤 03： 此时新建了一个项目文件，在左上角的“媒体”窗格中单击鼠标右键，在弹出的快捷菜单中选择“导入媒体”命令，如图 15-4 所示。

步骤 04： 打开“媒体导入”对话框，在其中选择 JPG 延时原片文件（素材\第 15 章\星空延时），然后单击“导入所选项”按钮，如图 15-5 所示。

图 15-4　选择“导入媒体”命令

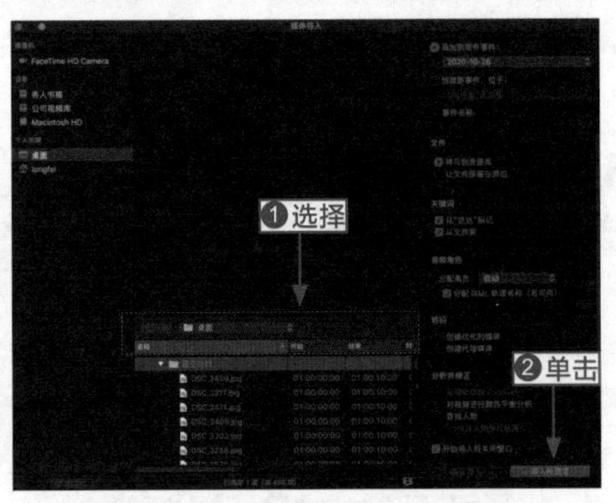

图 15-5　单击“导入所选项”按钮

步骤 05： 执行操作后，即可将 JPG 延时原片导入媒体素材库中，如图 15-6 所示。

步骤 06： 在窗格中选择刚才导入的所有媒体文件，单击鼠标右键，在弹出的快捷菜单中选择“新建复合片段”命令，如图 15-7 所示。

步骤 07： 弹出相应对话框，在其中设置“复合片段名称”为“星空延时”，然后单击“好”按钮，如图 15-8 所示。

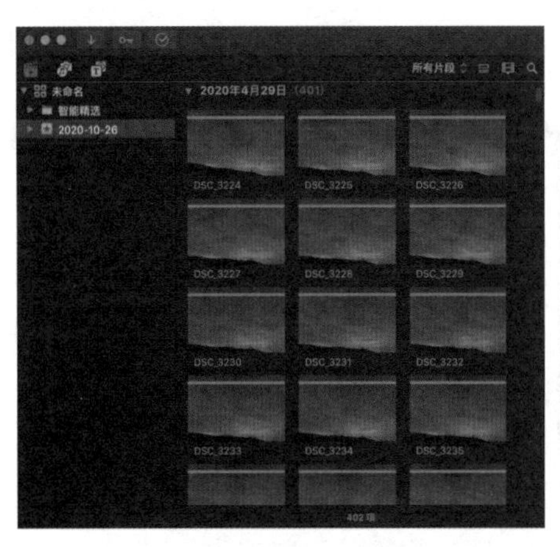

图 15-6　将素材导入媒体素材库

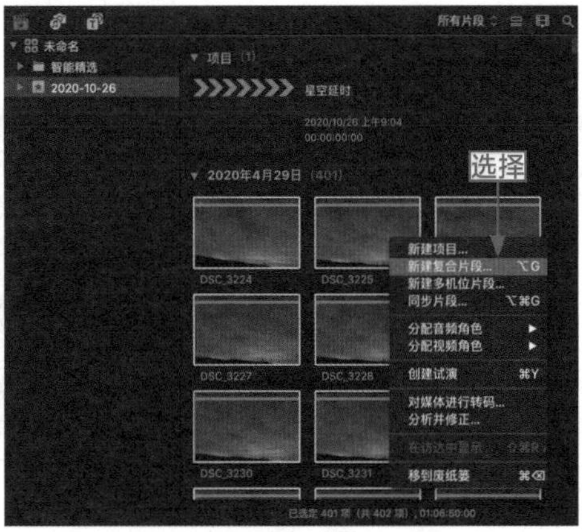

图 15-7　选择“新建复合片段”命令

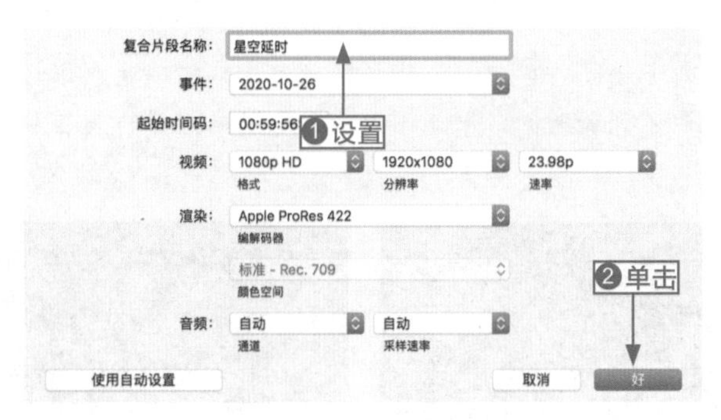

图 15-8　单击“好”按钮

步骤 08: 执行操作后，即可将导入的原片创建成复合片段，如图 15-9 所示。

步骤 09: 将创建的复合片段拖曳至下方的“时间线”面板中，显示一整条的复合片段，如图 15-10 所示。

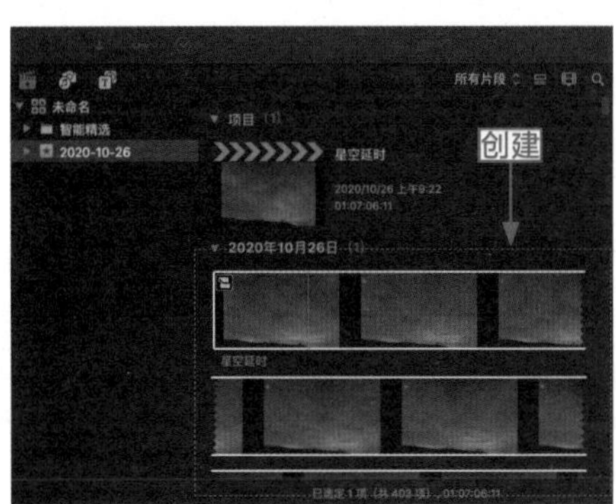

图 15-9　创建复合片段

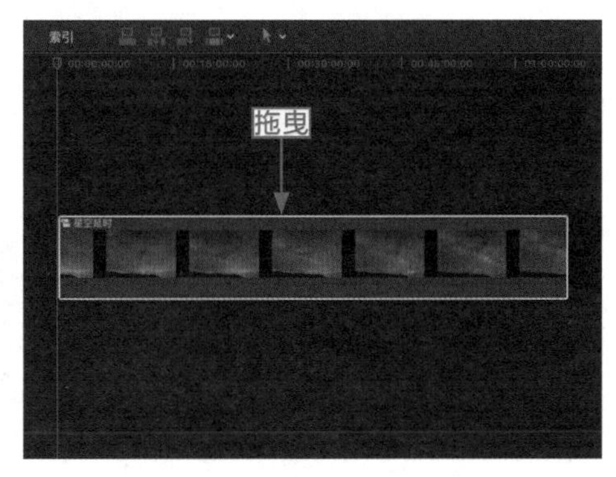

图 15-10　拖曳复合片段至“时间线”面板中

步骤 10: 单击“选取片段重新定时选项”按钮，在弹出的列表中选择“自定”选项，如图 15-11 所示。

步骤 11：弹出“自定速度”对话框，选中“时间长度”单选按钮，设置时长为 14s，如图 15-12 所示，按 Enter 键确认操作。

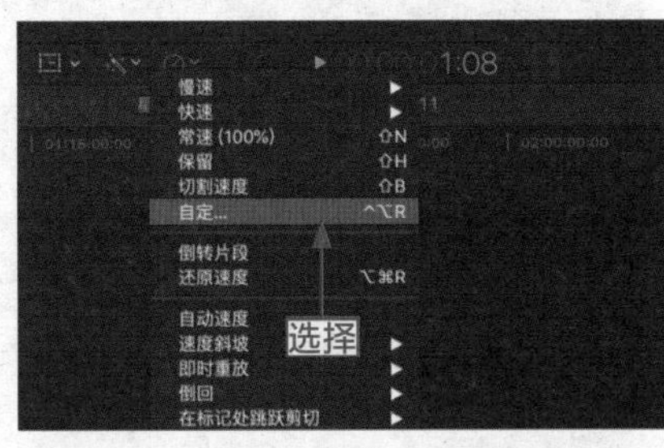

图 15-11　选择“自定”选项

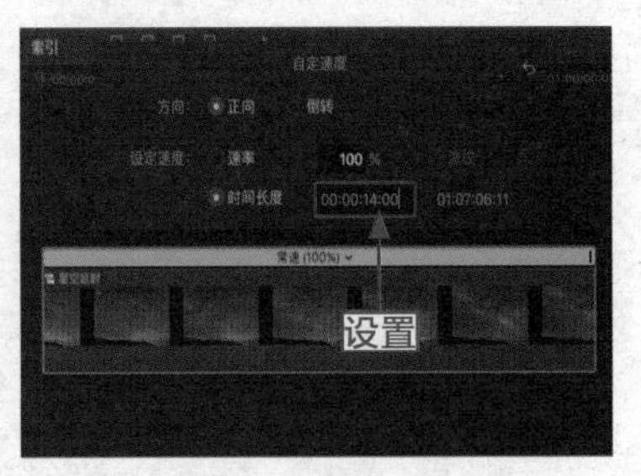

图 15-12　设置时长为 14s

步骤 12：执行操作后，即可将复合视频片段的播放时间修改为 14 秒，如图 15-13 所示。

步骤 13：在检视器中预览制作的星空延时短视频效果，如图 15-14 所示。

> **专家指点** 因为延时视频是由几百张照片合成的，所以如果不设置播放时间，预览的时间就会比较长，也达不到延时的效果。因此，为了保证视频的最佳效果，通常将播放时间设置为 20s 以内。

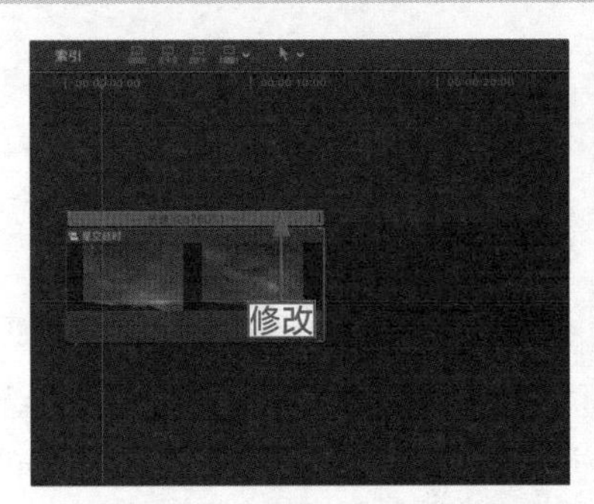

图 15-13　修改播放时间

图 15-14　预览延时短视频效果

15.2.2　制作星空延时字幕效果

操练 + 视频　15.2.2　制作星空延时字幕效果

素材文件	无	扫描封底文泉云盘的二维码获取资源
效果文件	无	
视频文件	视频 \ 第 15 章 \15.2.2 制作星空延时字幕效果 .mp4	

延时视频是以浏览图片为主的视频，因此用户需要准备好图片素材，并可以为制作完成的视频添加相应的字幕。下面介绍制作星空延时字幕效果的操作方法。

步骤 01：在“时间线”面板中，移动时间指示器至 00:00:02:00 的位置，按 Control+T

组合键，添加一个字幕文本，如图 15-15 所示。

步骤 02：双击文本框，在检视器中输入相应文字，如图 15-16 所示，并调整文字的位置。

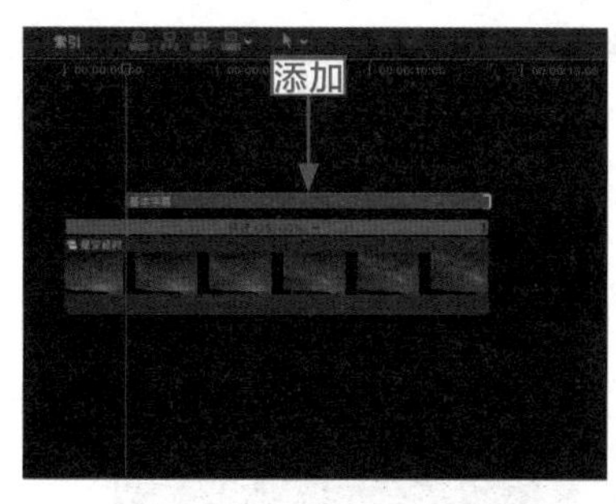

图 15-15　添加一个字幕文本

图 15-16　输入相应文字

步骤 03：在“文本检查器”中，设置“字体”为“楷体”、“大小”为 160.0、“颜色”为天空蓝，如图 15-17 所示。

步骤 04：选中“外框”复选框，单击“外框”右侧的“显示”按钮，展开“外框”选项区。单击“颜色”旁边的色块，如图 15-18 所示。

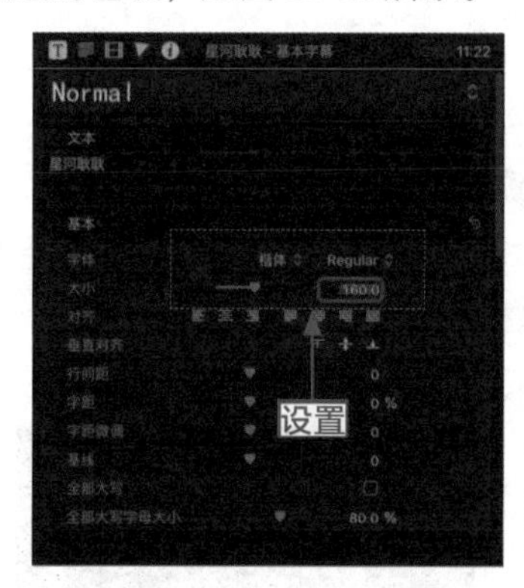

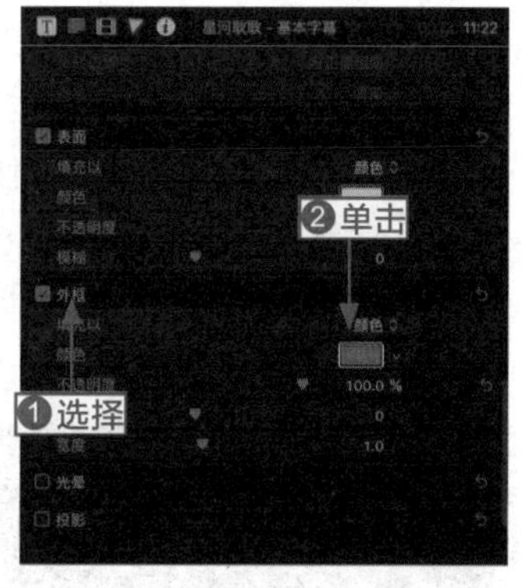

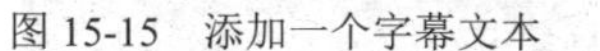

图 15-17　设置文字属性　　图 15-18　单击色块

步骤 05：弹出“颜色”对话框，切换至“铅笔”选项卡，选择“葡萄紫”，如图 15-19 所示。

步骤 06：关闭“颜色”对话框，设置“宽度”为 3.0，如图 15-20 所示。

图 15-19　选择“葡萄紫”

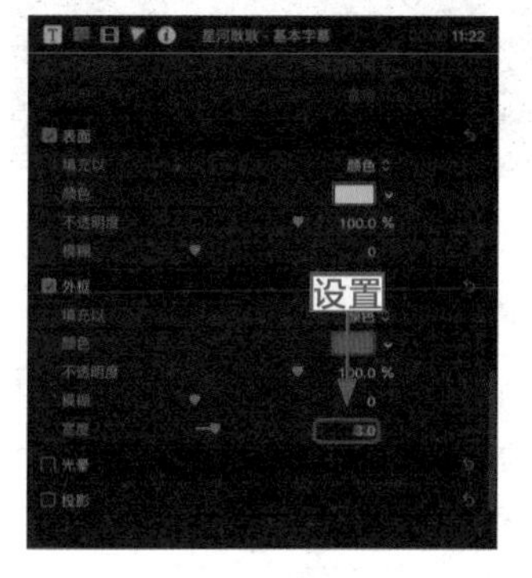

图 15-20　设置“宽度”为 3.0

步骤07：选择"时间线"面板中的文本框，单击鼠标右键，在弹出的快捷菜单中选择"显示视频动画"命令，如图15-21所示，为文本添加的关键帧都能在这里查看。

步骤08：拖曳时间指示器至00:00:02:05的位置，在"视频检查器"面板中，设置"不透明度"为30.0%；展开"裁剪"选项，单击"右"选项右侧的"添加关键帧"按钮，设置"右"为800.0px，如图15-22所示，添加第一组关键帧。

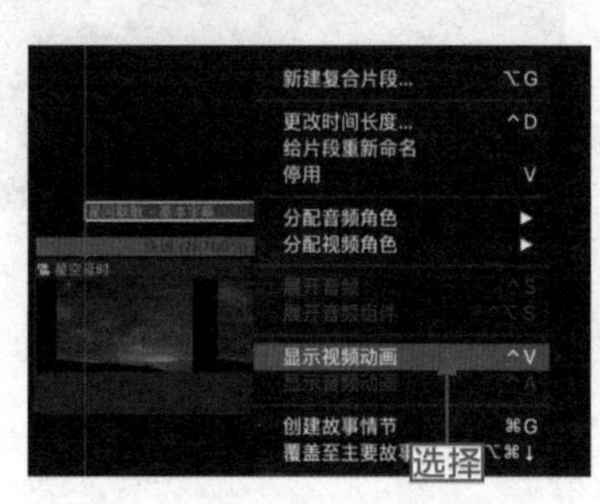

图15-21 选择"显示视频动画"命令

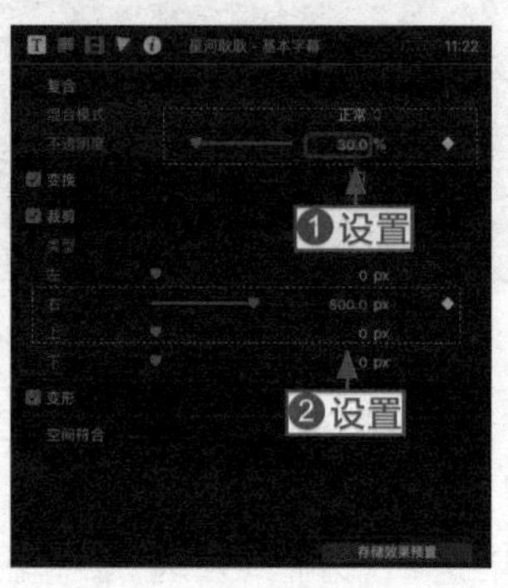

图15-22 添加关键帧（1）

步骤09：拖曳时间指示器至00:00:03:22的位置，在"视频检查器"面板中，设置"不透明度"为80.0%；展开"裁剪"选项，单击"右"选项右侧的"添加关键帧"按钮，设置"右"为632.0px，如图15-23所示，添加第二组关键帧。

步骤10：拖曳时间指示器至00:00:06:07的位置，在"视频检查器"面板中，设置"不透明度"为100.0%；展开"裁剪"选项，单击"右"选项右侧的"添加关键帧"按钮，设置"右"为460.0px，如图15-24所示，添加第三组关键帧。

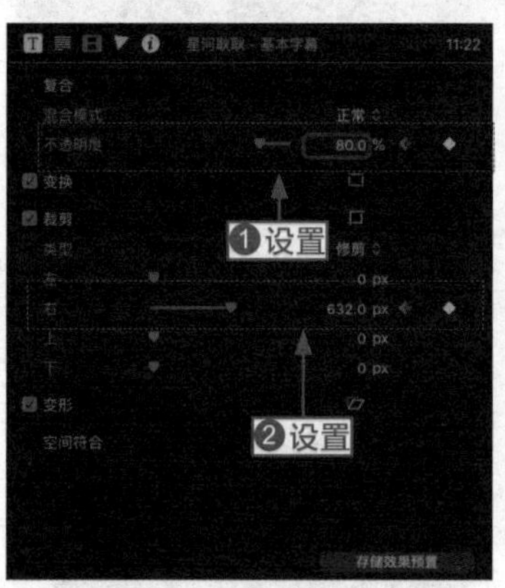

图15-23 添加关键帧（2）

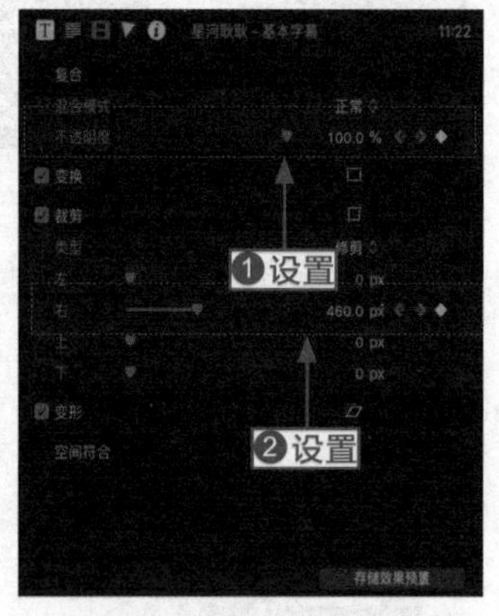

图15-24 添加关键帧（3）

步骤11：拖曳时间指示器至00:00:08:12的位置，在"视频检查器"面板中，单击"不透明度"选项右侧的"添加关键帧"按钮；展开"裁剪"选项，单击"右"选项右侧的"添加关键帧"按钮，设置"右"为305.0px，如图15-25所示，添加第四组关键帧。

步骤12：拖曳时间指示器至00:00:9:11的位置，在"视频检查器"面板中，单击"不透明度”选项右侧的“添加关键帧”按钮；展开“裁剪”选项，单击“右”选项右侧的“添加关键帧”按钮，设置“右”为 275.0px，如图 15-26 所示，添加第五组关键帧。

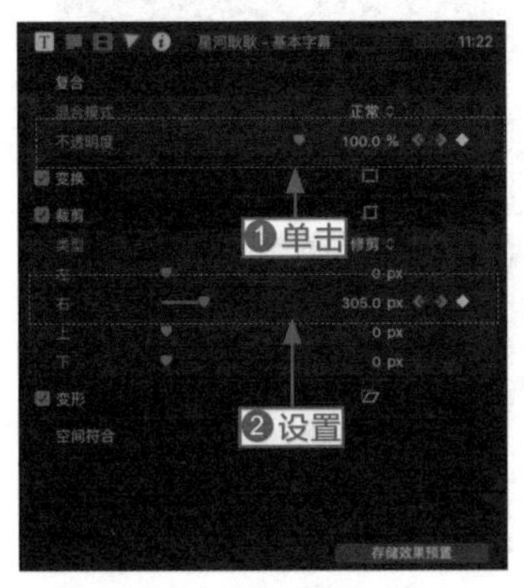

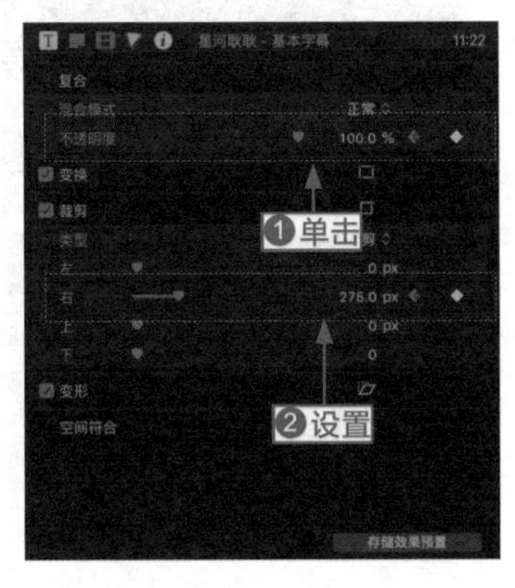

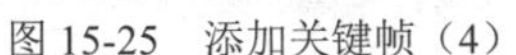

图 15-25　添加关键帧（4）　　图 15-26　添加关键帧（5）

步骤 13： 拖曳时间指示器至 00:00:10:23 的位置，在“视频检查器”面板中，单击“不透明度”选项右侧的“添加关键帧”按钮；展开“裁剪”选项，单击“右”选项右侧的“添加关键帧”按钮，设置“右”为 0.0px，如图 15-27 所示，添加第六组关键帧。

步骤 14： 设置完成后，在“视频动画”对话框中查看添加的关键帧，如图 15-28 所示。

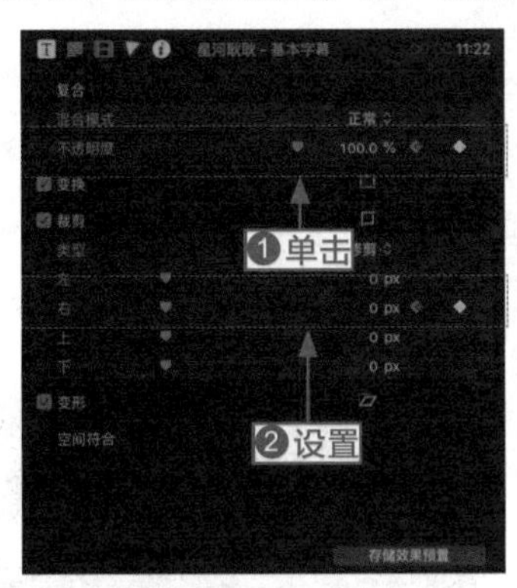

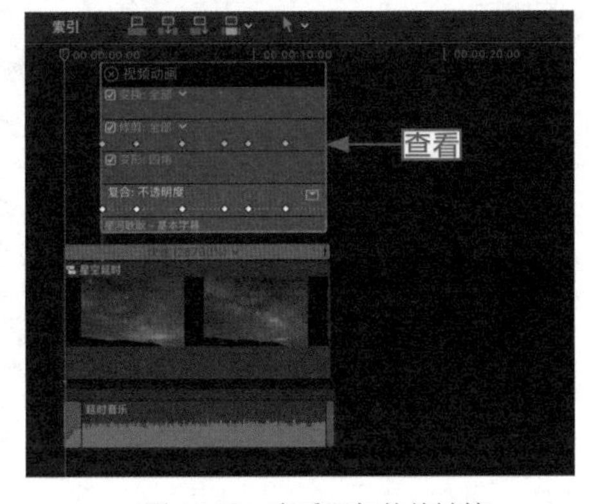

图 15-27　添加关键帧（6）　　图 15-28　查看添加的关键帧

步骤 15： 单击检视器中的“播放”按钮，预览视频的字幕效果，如图 15-29 所示。

图 15-29　预览视频的字幕效果

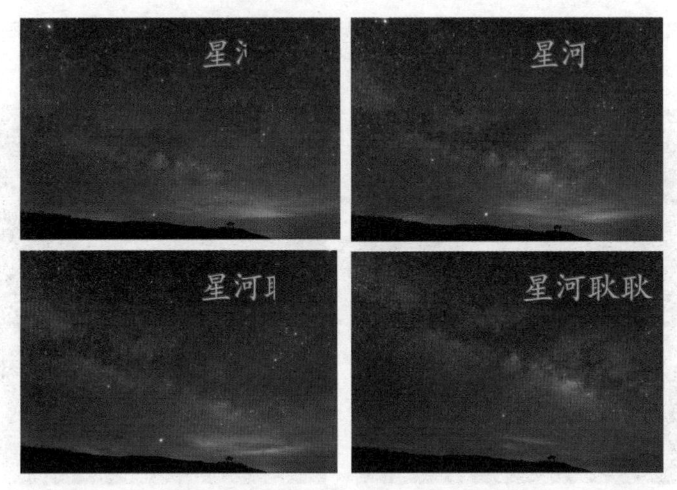

图 15-29　预览视频的字幕效果（续）

15.2.3　添加星空延时音频文件

操练 + 视频　15.2.3　添加星空延时音频文件

素材文件	素材 \ 第 13 章 \ 延时音乐 .mp3	扫描封底文泉云盘的二维码获取资源
效果文件	无	
视频文件	视频 \ 第 15 章 \15.2.3 添加星空延时音频文件 .mp4	

延时视频是一门声画艺术，音频在视频中是不可或缺的元素，音频也是一部视频的灵魂，在后期制作中，音频的处理相当重要，如果声音运用恰到好处，往往能给观众带来耳目一新的感觉。下面介绍添加背景音乐的操作方法。

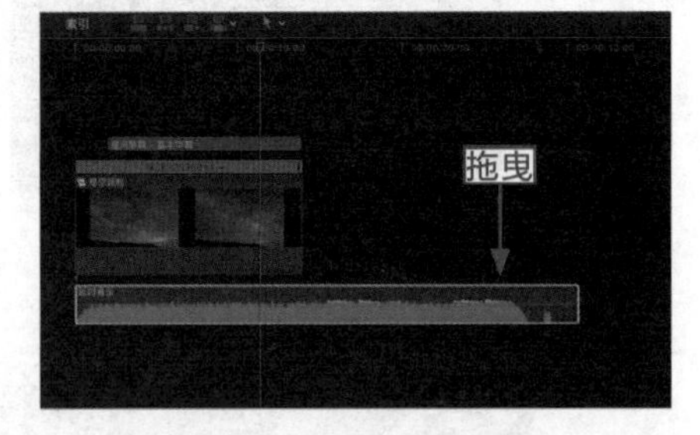

图 15-30　将音乐文件拖曳至“时间线”面板中

步骤 01：选择需要添加的背景音乐文件（素材 \ 第 13 章 \ 延时音乐 .mp3），将该音乐文件拖曳至“时间线”面板中，如图 15-30 所示。

步骤 02：单击轨道上方的“使用选择工具选择项”按钮，在弹出的列表中选择“切割”选项，如图 15-31 所示。

步骤 03：使用切割工具将音频剪辑成两段，与视频的长度对齐，如图 15-32 所示。

步骤 04：使用选择工具选择剪辑后的后段音频素材，按 Delete 键将其删除，完成音乐的编辑与修整，如图 15-33 所示。

步骤 05：切换至选择工具，选择“时间线”面板上的音频文件，如图 15-34 所示。

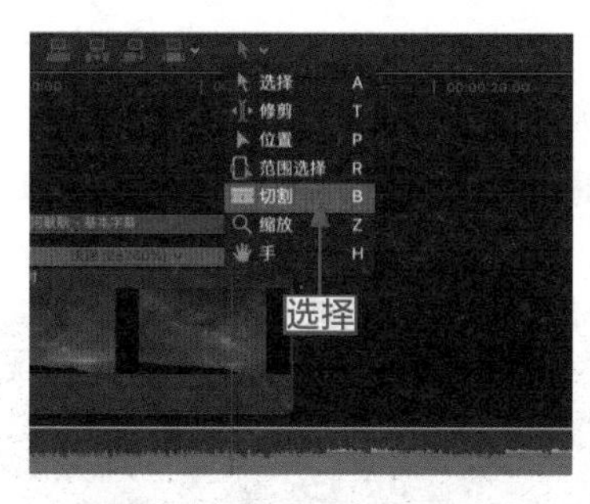

图 15-31　选择“切割”选项

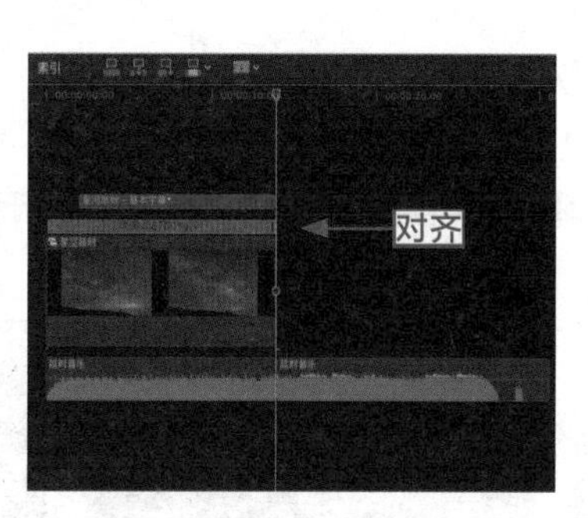

图 15-32　与视频长度对齐

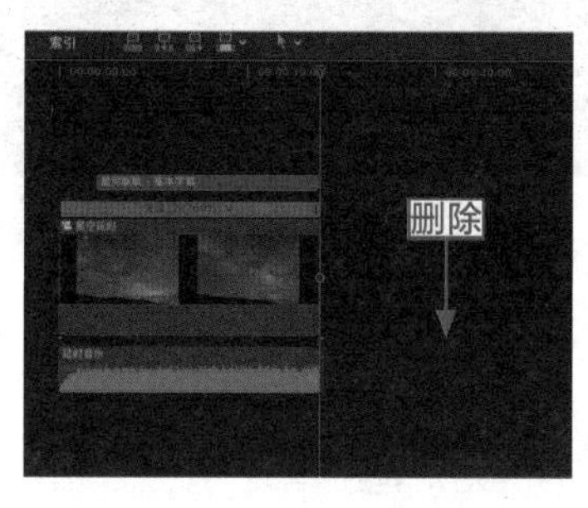

图 15-33　完成音乐的编辑与修整

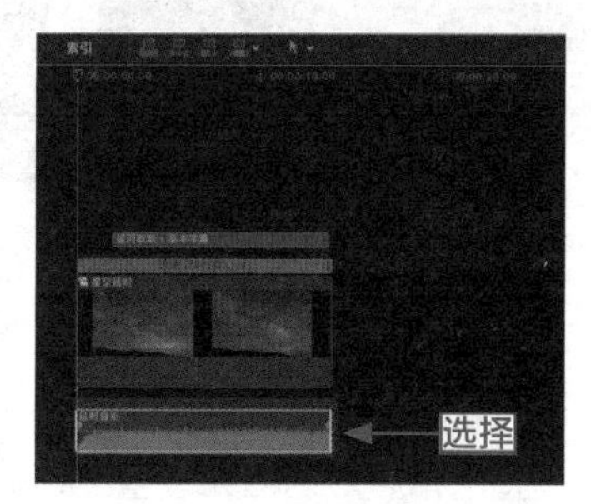

图 15-34　选择音频文件

步骤 06：选择“编辑”|“添加交叉叠化”命令，如图 15-35 所示。

步骤 07：执行操作后，即可为音频素材添加“交叉叠化”音频效果，如图 15-36 所示。

图 15-35　选择“添加交叉叠化”命令

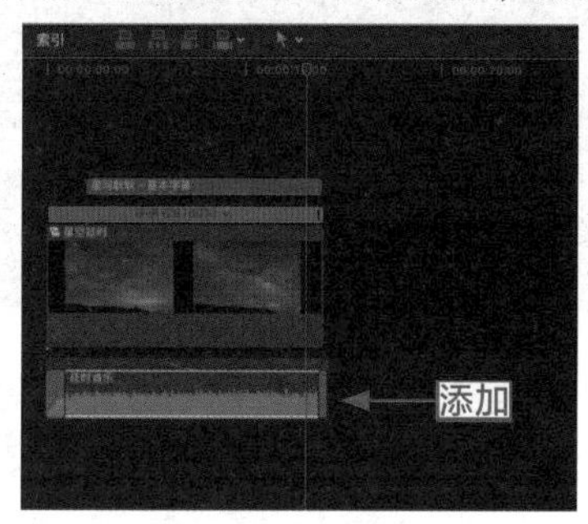

图 15-36　成功添加音频效果

15.2.4　导出星空延时视频文件

操练 + 视频　15.2.4　导出星空延时视频文件

素材文件	无	扫描封底文泉云盘的二维码获取资源
效果文件	效果 2：第 8 章 – 第 15 章 \ 第 15 章	
视频文件	视频 \ 第 15 章 \15.2.4　导出星空延时视频文件 .mp4	

视频编辑完成后，即可将其保存并导出。下面介绍导出星空延时视频文件的操作方法。

步骤 01: 在菜单栏中选择“文件”|“共享”|“母版文件（默认）”命令，如图 15-37 所示。

步骤 02: 弹出“母版文件”对话框，进入“信息”选项卡，在其中可以查看视频的相关信息，如图 15-38 所示。

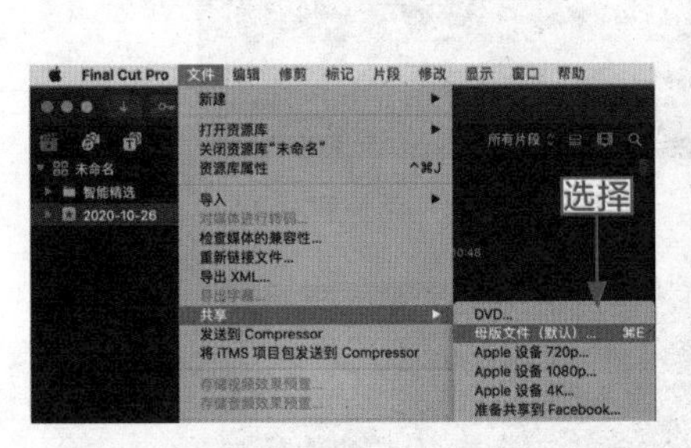

图 15-37　选择“母版文件（默认）”命令

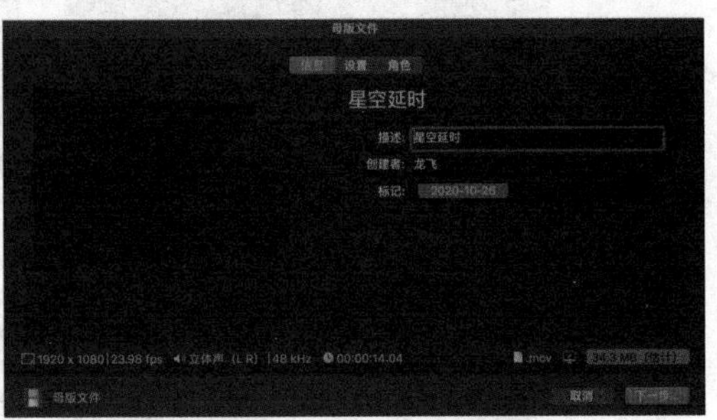

图 15-38　查看视频的相关信息

步骤 03: 切换至“设置”选项卡，在其中可以设置视频的格式与分辨率等；单击右下角的“下一步”按钮，如图 15-39 所示。

步骤 04: 弹出相应对话框，设置“存储为”为“星空延时”，然后单击“存储”按钮，如图 15-40 所示，即可导出星空延时视频文件。

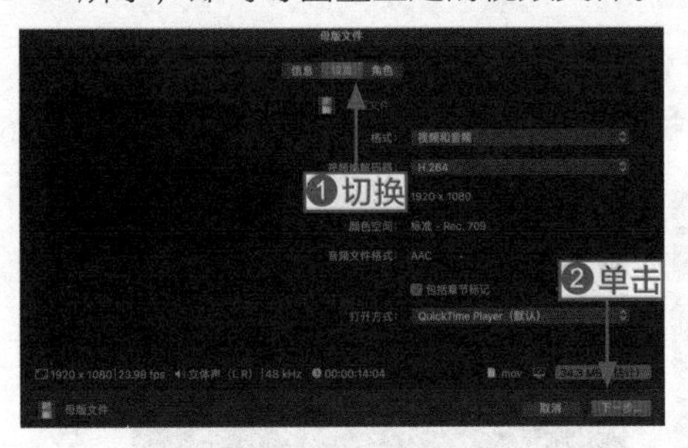

图 15-39　单击“下一步”按钮

图 15-40　单击“存储”按钮

15.3　本章小结

本章主要介绍了制作延时视频的操作方法，包括导入星空延时视频素材、制作星空延时字幕效果、添加星空延时音频文件以及导出星空延时视频文件等内容。掌握这些知识，用户可以将更多的照片制作成延时视频。